★国家示范性高等职业院校建设项目特色教材★

动物解剖生理

牛静华　张学栋　主编　　　冯永谦　主审

DONGWU JIEPOU SHENGLI

U0359610

化学工业出版社

·北京·

本书将动物解剖和动物生理的内容重新组构，分为组织学基础、家畜解剖生理、禽类解剖生理、经济动物解剖特点四个部分15章内容，并设计了17个实训项目。教材的每一节都给出了知识目标、技能目标和知识回顾，使学生的学习更具方向性；由于组织学是解剖学和生理学基础，在内容"够用、实用"的基础上，编写时以"知识链接"的方式将组织学等其他内容有机地插入其中，更好地保证知识的连续性，易于学生阅读；除此，根据动物解剖学名词术语多的特点，在章节内容之间，以"学习贴示"方式用通俗语言进行解析，帮助学生理解。实训项目注重过程的完整性，从实训的准备、实施到考核，均以学生为主体，以教师为主导，增强了实训的实效性。

本书适合作为高职高专畜牧兽医及相关专业教材。

图书在版编目（CIP）数据

动物解剖生理/牛静华，张学栋主编. —北京：
化学工业出版社，2013.8（2022.8重印）
国家示范性高等职业院校建设项目特色教材
ISBN 978-7-122-17906-7

Ⅰ.①动… Ⅱ.①牛…②张… Ⅲ.①动物解剖学-
教材②动物学-生理学-教材 Ⅳ.①Q954.5②Q4

中国版本图书馆 CIP 数据核字（2013）第 150479 号

责任编辑：李植峰　　　　　　　　　文字编辑：何　芳
责任校对：宋　夏　　　　　　　　　装帧设计：史利平

出版发行：化学工业出版社（北京市东城区青年湖南街 13 号　邮政编码 100011）
印　　装：北京虎彩文化传播有限公司
787mm×1092mm　1/16　印张 21　彩插 2　字数 624 千字　2022 年 8 月北京第 1 版第 7 次印刷

购书咨询：010-64518888　　　　　　售后服务：010-64518899
网　　址：http://www.cip.com.cn
凡购买本书，如有缺损质量问题，本社销售中心负责调换。

定　　价：49.00 元

黑龙江农业经济职业学院
国家示范性高等职业院校建设项目特色教材编审委员会

《动物解剖生理》编写人员

主　　编　　牛静华　张学栋

副 主 编　　李晓娟　王　静

编写人员　（按姓名笔画排列）

王　静（黑龙江农业经济职业学院）

牛静华（黑龙江农业经济职业学院）

李树东（黑龙江农业经济职业学院）

李晓娟（黑龙江农业经济职业学院）

张云良（黑龙江农业经济职业学院）

张学栋（黑龙江农业经济职业学院）

潘　艳（牡丹江市大湾牧业集团）

主　　审　　冯永谦（黑龙江农业经济职业学院）

编写说明

　　黑龙江农业经济职业学院 2008 年被教育部、财政部确立为国家示范性高等职业院校立项建设单位。学院紧紧围绕黑龙江省农业强省和社会主义新农村建设需要，围绕农业生产（种植、养殖）→农产品加工→农产品销售链条，以作物生产技术、畜牧兽医、食品加工技术、农业经济管理 4 个重点建设专业为引领，着力打造种植、养殖、农产品加工、农业经济管理四大专业集群，从种子入土到餐桌消费，从生产者到消费者，从资本投入到资本增值，全程培养具有爱农情怀、吃苦耐劳、务实创新的农业生产和服务第一线高技能人才。

　　四个重点建设专业遵循"融入多方资源，实行合作办学、融入行业企业标准，对接前沿技术、融入岗位需求，突出能力培养、融入企业文化，强化素质教育"的人才培养模式改革思路和"携手农企（场）、瞄准一线、贴近前沿；基于过程、实战育人、服务三农"的专业建设思路，与农业企业、农业技术推广部门和农业科研院所实施联合共建：共同设计人才培养方案，共同确立课程体系，共同开发核心课程，共同培育农业高职人才；实行基地共建共享，开展师资员工交互培训，联合开展技术攻关，联合打造社会服务平台。

　　专业核心课程按照"针对职业岗位需要、切合区域特点、融入行业标准、源于生产活动、高于生产要求"的原则构建教学内容，选取典型产品、典型项目、典型任务和典型生产过程，采取"教师承担项目、项目对接课程、学生参与管理、生产实训同步"的管理模式，依托校内外生产性实训基地，实施项目教学、现场教学和任务驱动等行动导向的教学模式，让学生"带着任务去学习、按照标准去操作、履行职责去体验"，将"学、教、做"有机融于一体，有效培植学生的应职岗位职业能力和素质。

　　学院成立了示范院校建设项目特色教材编审委员会，编写《果树栽培技术》、《山特产品加工与检测技术》、《农村经济》、《猪生产与疾病防治》等 4 个系列 20 门核心课程特色教材，固化核心课程教学改革成果，与兄弟院校共同分享我们课程建设的收获。系列教材编写突出了以下三个特点：一是编写主线清晰，紧紧围绕职业能力和素质培养设计编写项目；二是内容有效整合，种植类教材融土壤肥料、植物保护、农业机械、栽培技术于一体，食品类教材融加工与检测于一体，养殖类教材融养、防、治于一体；三是编写体例创新，设计了能力目标、任务布置、知识准备、技能训练、学生自测等板块，便于任务驱动、现场教学模式的实施开展。

黑龙江农业经济职业学院

国家示范性高等职业院校建设项目特色教材编审委员会

2010 年 11 月

前　言

学校教学改革与建设是教材建设的基础，而教材编写工作要与学校人才培养模式和教学内容体系改革相结合。根据教育部《教育部高等教育司关于加强高职高专教育教材建设的若干意见》的文件精神，教材建设要紧紧围绕培养高等技术应用型专门人才开展工作。

动物解剖生理是畜牧兽医、兽医等专业的一门重要的专业平台课。编写时以实际应用为目的，以必需、够用为原则，以讲清概念、强化应用为重点。同时，不但注重内容和体系的改革，更注重方法和手段的改革，以跟上科技发展和生产实际的需求。

通过本课程的学习，掌握动物解剖结构和生理功能等基本理论和基本技能，培养学生分析问题、解决问题的能力，为后续课程的学习搭建一个基础平台。

编者从学生的学习和阅读的角度出发组织编写，本教材的编写有如下特点。

① 内容实用性强：在内容选择上从教学实际需求出发，充分考虑知识本身的连续性，并结合国家执业兽医师考试大纲，对内容进行精心选取。

② 编写形式新颖：在编写形式上，每一节都给出了"知识目标"、"技能目标"和"知识回顾"，使学生学习更具方向性；由于组织学是解剖学和生理学基础，在内容"够用、实用"的基础上，编写时以"知识链接"的方式将组织学等其他内容有机地插入其中，更好地保证知识的连续性，易于学生阅读；除此，根据动物解剖学名词术语多的特点，在章节内容之间，以"学习贴示"方式用通俗语言进行解析，帮助学生理解。

③ 实训指导注重过程：实训指导注重过程的完整性，在实训的准备、实施、考核等方面均以学生为主体、以教师为主导，增强了实训的实效性，力求做到教师用它能"导"、学生用它能"训"。

参与编写人员及具体分工：第一章、第二章、第三章、实训五至实训十七由张学栋编写；第四章、第五章、第七章第三至四节、第八章第一节由牛静华编写；第六章、第七章第一至二节由李树东编写；第八章第二至五节由李晓娟编写；第九章由李树东编写；第十章、第十一章由张云良编写；第十二章由王静编写；第十三章、第十四章、第十五章由张云良编写；实训一至实训四由潘艳编写；最后由牛静华统稿，冯永谦主审。

本书编写中参考了许多教材，也采用了大量的模式图及实物彩图（部分标本照片由大连鸿峰集团提供），以增强真实感、直观感。这里对原书的作者及图片提供者表示感谢。

本书编写时间仓促，人员紧缺，再加上编者的水平有限，欠妥之处还请各位读者和同行的老师多提宝贵的意见。

编者

2013 年 5 月

目 录

第一部分

组织学基础部分

第一章　畜体基本结构

第一节　细　胞

细胞是生命体形态结构和生命活动的基本单位，可分为真核细胞和原核细胞，二者在功能上没有本质的区别，主要区别表现在结构上。真核细胞的遗传物质有膜包裹，形成完整的细胞核；而原核细胞的遗传物质无膜包裹，不形成完整的细胞核。畜、禽等动物体是由真核细胞组成的多细胞的生物，它们的细胞在形态结构和功能上有了明显的分化，形成各种不同类型，具备了某种特定的功能。例如：神经细胞能感受外界的刺激并能将其传递，肌细胞能产生收缩等。生命体的细胞之间分工合作，互相协调，完成动物体内复杂的生命活动。

一、细胞的形态和大小

动物体内的细胞形态多种多样，这与它们执行的功能和所在部位有直接关系。例如：肌细胞完成舒缩功能，呈细长的纤维状；血细胞在血液中呈游离状态则多呈圆形；而排列紧密的上皮细胞多呈多边形（图1-1）。

细胞的大小不一，并且相差悬殊。细胞的直径多为 $10\sim20\mu m$，但较小的仅有 $4\sim5\mu m$（如小脑的颗粒细胞），大的可达到数厘米（如鸵鸟的卵细胞）。细胞的大小与生物体的大小无关，它与细胞的功能相适应，同类细胞的体积是相近的。

二、细胞的结构

细胞的形态多样，大小不一，但有着共同的基本结构。在光镜下均可分细胞膜、细胞质和细胞核三个部分。在电镜下，根据各种超微结构还可分有生物膜包裹的膜性结构和非膜性结构两部分（膜性结构包括细胞膜、膜性细胞器和核被膜；其余的结构为非膜性结构）。

（一）细胞膜

1. 细胞膜的结构

关于细胞膜的构造，从19世纪以来提出了许多假说和模型，其中最被人们接受的是液态镶嵌模型。在电子显微镜下细胞膜可分明暗相间的三层。内、外两层色暗，为电子致密层；中层电子密度小，明亮。暗的两层认为主要由脂类构成，中间层主要由蛋白质构成（图1-2）。

脂类分子呈双层排列，构成膜的网架，是膜的基质。脂类分子亲水的头部向水相，疏水的尾部埋藏于膜的内部，并且脂质双层不对称。膜中的脂类包括磷脂、胆固醇、糖脂等，但以磷脂为主，它们使得细胞膜具有一定的流动性。

蛋白质则镶嵌在由脂类双层构成的网孔中。膜内蛋白以球状的蛋白为主。根据蛋白的功能分为受体蛋白、载体蛋白等。若按其分布则可分表在的蛋白和嵌入蛋白两类。膜的大部分功能都是由膜上的这些蛋白来完成的。膜上蛋白的数量能反映出膜的功能的复杂程度。

除此，膜的外表面还有糖类，覆盖细胞外表面的一层黏多糖物质，主要是葡萄糖、半乳糖、氨基糖神经氨酸等，人们称为细胞外被或糖萼。这些糖类与膜上脂类结合成糖脂，与膜上的蛋白结合形成糖蛋白，并突出于细胞表面，形成致密丛状的糖衣。糖蛋白和糖脂的糖残基有各种各样

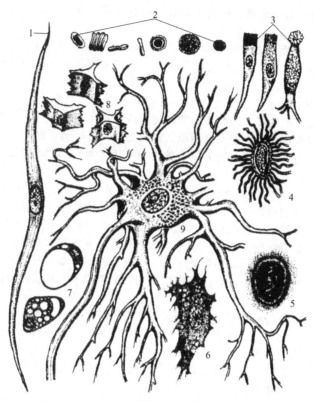

图 1-1　细胞的各种形态

1—平滑肌细胞；2—血细胞；3—上皮细胞；4—骨细胞；5—软骨细胞；
6—成纤维细胞；7—脂肪细胞；8—腱细胞；9—神经细胞

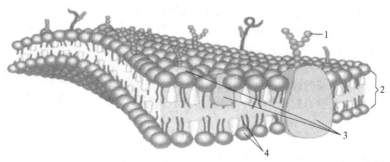

图 1-2　细胞膜结构模式图

1—糖蛋白；2—磷脂双层分子；3—蛋白质分子；4—磷脂分子

的结合方式，因而形成了各种细胞自己特有的表面结构。细胞外被普遍的存在于动物细胞的表面。细胞外被具有一定的独立性，去掉细胞外被并不会直接损伤质膜。细胞膜的许多生理功能都和细胞外被有关。

2. 细胞膜的功能

细胞所需要的分子或离子要从细胞外摄入，同时，细胞制造的产物或代谢物质要运输到细胞。生命中的许多基本现象都与细胞膜有关。

（1）物质运输功能　细胞要与环境之间发生一切联系都必须要通过质膜。膜的磷脂双层分子内部是疏水的，几乎阻碍了所有的水溶性分子的通过。但在细胞的生长发育中，除少量的水及小分子外，其他物质的交换都要通过膜的跨膜运输来实现。完成这一运输功能的是膜上的运输蛋白，它们为物质运输提供各种通道。因为细胞膜内的蛋白质可发生位置上的移动。物质通过膜的运输有三种方式。

①被动运输：是指物质顺着浓度差由高浓度向低浓度运输。脂溶性分子和不带电的小分子属于这种运输方式。如水、氧气、二氧化碳等可直接通过细胞膜；而水溶性的如糖、氨基酸等需要借助膜上的蛋白质来穿过细胞膜。此种运输方式不需要消耗能量。

②主动运输：是指物质逆着浓度差由低浓度向高浓度进入或移出细胞膜。例如，正常血浆中钠离子的浓度比红细胞中的高，而钾离子的浓度红细胞高于血浆中的，但钠离子仍能从红细胞内排出来，而钾离子却能从血浆中进入红细胞。主要是膜上的转运蛋白的参与，而且是个耗能的过程。人们通常会把参与这种运输过程的膜上的蛋白称为"泵"。运输钠离子和钾离子的就是钠钾泵，运输钙离子的就称为钙泵等。

③胞吞与胞吐作用：是大分子与颗粒物质运输的方式。主要特点是，物质进出细胞的运转过程都由膜包围，在细胞质内形成小的膜泡。膜接触到这些物质，首先发生内陷，包围这些大分子或颗粒，形成小泡（囊泡），然后小泡脱离质膜进入细胞内称为内吞或胞吞作用。胞吞作用中，内陷形成的小泡大小和胞吞的物质有关，如果小泡内物质是液体称为胞饮作用，如果是大的颗粒物（微生物或细胞碎片）则称为吞噬作用。相反，细胞质内的小泡与质膜融合，把所含物质送到细胞外就称为外排或胞吐作用。胞吐作用是将细胞内的分泌泡或其他膜泡中的物质通过细胞膜运出细胞的过程。

（2）信息的传递　多细胞动物不同细胞间及细胞与外界环境之间不断地发生信息的交流，是因为细胞能接受信息，并发生生理生化反应。而这些信息或信号并不进入细胞内，而只作用于细胞表面，细胞表面存在着能接受各种信号分子的相应的受体。膜受体是膜上嵌入蛋白并与糖萼结合，伸展出多样的糖链，使得受体能够识别不同的配体。配体就是外部的信息信号的统称。例如激素、药物和神经递质等都称为是配体。

（3）细胞识别　细胞识别是指细胞对同种和异种细胞的认识，对自己或异己细胞的鉴别。例如生物细胞之间具有的认识和鉴别能力。如烧伤病人植皮时用自己的皮肤更易成功，在血液中入侵的细菌会被白细胞吞噬等，这些都与细胞膜上细胞外被有关。

（4）参与免疫反应　细胞膜上的部分糖蛋白可以充当抗原，如血型抗原、组织相容性抗原等。它们所参与的反应就是免疫反应，即当机体的细胞、器官进入另一个机体内时，除同卵孪生外，其他都发生排斥现象；血型的形成就是由于红细胞表面抗原（糖蛋白）差异而产生的。因此，输血时要求同型，而进行器官移植时要选择组织相容性抗原接近的供体，这些与细胞膜上的糖蛋白及受体有关。

总之，细胞膜维持了细胞的形态和结构的完整性；参与机体的细胞识别、细胞运动、免疫反应等过程；保护细胞内含物，控制和调节细胞与周围环境的物质交换，为细胞的生命活动提供相对稳定的环境。

学习贴示

细胞是由膜包围、能独立进行繁殖的最小的原生质团，是单细胞和多细胞有机体结构的基本单位，是生命活动的基本单位，是一切有机体的生长和发育的基础。细胞形态多样，大小不一，功能复杂，但其仍然是由化学物质组成的。细胞的主要成分是水，占细胞成分的85%～90%；其余是干物质，干物质有核酸、糖类、脂类和蛋白质，其中蛋白质占90%，其余为无机质。组成细胞的基本元素有碳、氢、氧、氮、磷、硫、钙、钾、钠、镁等，其中，碳、氢、氧、氮元素占90%。这些成分先组成小分子的化合物，如氨基酸、脂肪酸与单糖等，再由这些小分子化合物组成核酸、蛋白质、脂肪与多糖等生物大分子。由这些大分子以复合形式组成细胞膜系统中的生物膜等相关的结构。最终它们的有机结合构成了极为精密的细胞结构体系，从而构成了生命活动的基本单位——细胞。

知识链接

原生质是构成细胞的活物质的总称，最早是由 J. E. Purkinje（1840 年）在动物细胞内和 H. von Mohl（1846 年）在植物细胞内发现的肉样物质的东西，被命名为原生质。1846 年，德国植物学家摩尔确认两者为同一物质。1879 年德国植物学家、细胞学家施特拉斯布格认为，原生质是指动植物细胞内整个的黏稠的有颗粒的胶体，包括细胞质和核质。1880 年德国植物学家汉斯坦将细胞质和核质合成一个生命单位，称为原生质体，其外包围着质膜。后来，原生质这个词泛指细胞的全部生命物质，包括细胞质、细胞核和细胞膜三部分，其主要成分为核酸和蛋白质。

细胞膜是包在细胞外的，而包在细胞内构成各种细胞器的膜一般称之为内膜。二者统称为生物膜，无论是细胞外表面的膜或是存在于细胞器上的内膜，它们同样具有生物膜的特性和功能。如物质运输，在细胞器上存在运输用的膜蛋白，能运输离子，如肌细胞的肌质网内就有运输钙的膜蛋白。

被动和主动运输这两种运输方式主要介导离子和小分子物质，而大分子物质通过细胞膜的方式是胞吞和胞吐作用。所谓的泵是能驱动离子或小分子以主动的方式穿过细胞膜的膜蛋白。泵的驱动的动力不同，分类也不同。离子泵是能驱动离子穿膜运输的跨膜蛋白。离子泵蛋白具有 ATP 酶的活性，可利用水解 ATP 提供的能量进行物质运输。这些蛋白还有其他形式的驱动方式。

胞吞和胞吐过程中，人们发现质膜发生了断裂和重新融合，是需要能量的。因此，属于主动运输过程。其中，胞吐方式中膜与质膜的融合提供了新蛋白质和脂类。不断地供应质膜的更新，确保质膜在细胞分裂前的膜的生长。这些能提供质膜更新的小泡，多数来源于细胞高尔基体分泌出来的囊泡。

受体是指位于细胞表面或细胞质中细胞器内的一类能识别并特异性地结合有生物活性的化学信号分子，进而激活或启动一系列生理生化反应，最后导致该生物活性物质的特异性效应的生物大分子。受体一般为蛋白质分子。有识别功能和把识别与接收的信号转化为胞内信号。受体不仅存在于细胞外膜，在细胞质内和细胞内膜上也存在。

（二）细胞质

细胞质是存在于细胞膜与细胞核之间的物质，是均匀的透明胶状物，包括基质、细胞器、内含物。

1. 基质

基本成分由蛋白质、糖、无机盐和水等组成。光学显微镜下观察，是均匀一致的透明质、细胞液。具有胶体的理化特性，随生理活动的变化可实现溶胶与凝胶相的转化。生活状态下，各种细胞器、内含物和细胞核均悬浮于基质中。细胞质是执行细胞生理功能和化学反应的重要部分。

2. 细胞器

细胞器是分布于细胞质内，具有一定形态的结构和化学组成，并执行一定生理功能的结构。真核细胞内的细胞器主要有线粒体、内质网、核糖体、溶酶体、高尔基体等（图 1-3）。

（1）线粒体　光镜下，呈线状或颗粒状，是由内、外两层单位膜构成的。内膜向内折叠成嵴。线粒体内含各种酶，动物细胞摄取的糖、脂肪、蛋白质等营养物质最终都是在线粒体内经这些酶的作用，彻底氧化分解成水和二氧化碳等，并释放出来能量，并以 ATP（三磷酸腺苷）的形式储存起来，供细胞利用，为细胞提供 80％ 以上的能量，故又被称为是细胞的"供能站"。除成熟的红细胞外，所有细胞均有线粒体，但数量、大小都不尽相同。代谢旺盛的细胞内含的数量多些，反之少些。例如，肝细胞中的数量就比其他一般细胞线粒体多。

（2）内质网　电镜下是一种膜性的管网系统，由相互连接的扁平囊组成。根据其表面是否有核糖体附着而分为粗面内质网和滑面内质网。

粗面内质网由扁平囊和附着在其上的核糖体（核蛋白体）组成，主要参与蛋白质的合成与运输。由核蛋白体合成的分泌蛋白质进入内质网的囊腔内，因此，囊泡是运输的通道，又是核蛋白体附着的支架。抗体的浆细胞和分泌多种酶的胰腺细胞等含粗面内质网数量较多。

滑面内质网是由单位膜构成的小管或小泡，并由分支连接成网，但在膜的表面并不附着核糖体。因其化学组成与酶的种类不同，所以其功能也较为复杂，与蛋白质的合成无关。不同的细胞其功能略有差异。例如：在睾丸间质细胞中，主要参与合成甾类激素；在肝细胞中其具有进行氧化、还原等生物转化过程中所需酶系，还有解毒的功能；在横纹肌细胞内称为肌浆网，能参与肌细胞的收缩。

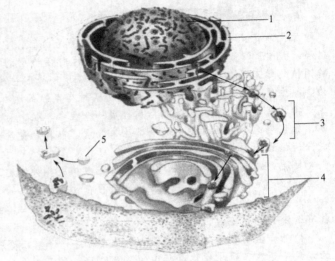

图1-3　细胞器模式图
1—细胞核；2—粗面内质网；3—滑面内质网；
4—高尔基体；5—溶酶体

（3）核糖体　又称核蛋白体，化学成分主要是核糖核酸（rRNA）和蛋白质。电镜下，由大、小两个亚基组成。有的核糖体附着于内质网上称为附着核糖体，有的游离于细胞的基质中，称为游离核糖体。核糖体与蛋白质合成有关。附着核糖体参与合成分泌蛋白，例如抗体、激素等。游离核糖体主要合成自身的结构蛋白，如膜蛋白、基质蛋白等，它们供细胞生长、代谢和增殖等使用。

（4）溶酶体　散在于细胞中，光镜下不易见到。在电镜下，呈圆形或椭圆形的小泡，含有多种酸性水解酶，如酸性磷酸酶、酸性核糖核酸酶等。溶酶体广泛存在于各种细胞内。溶酶体根据所含的底物不同，分初级和次级两类。它的功能是多方面的，但最基本的作用是降解生物大分子，维持细胞正常代谢，防止病原体的侵染。例如：能消化分解进入细胞的异物或衰老死亡的细胞碎片，使细胞内的一些结构不断更新；在高等动物中，能通过降解体内的血清脂蛋白获取胆固醇等营养成分；在饥饿状态下，溶酶体还能降解自身的生物大分子来维持细胞的生命活动；动物体内的白细胞、巨噬细胞等可吞噬细菌、病毒等病原体，也是在溶酶体内进行降解的。

（5）高尔基体　电镜下高尔基体是由单位膜构成的扁平囊泡、大囊泡和小囊泡。扁平囊泡有两面，向胞核的一面为生成面，向胞膜的一面为成熟面。小囊泡又称为运输小泡。认为是由内质网形成并脱落下来的内含合成物时与扁平囊泡接触融合，将内质网上合成的物质送到扁平囊上加工浓缩。而大囊泡是由高尔基体周围膨大部脱落而来的，其中含有高尔基体内加工浓缩好的各种物质。

高尔基体的主要的功能就是合成分泌颗粒，并能合成多糖类。在肝细胞中还与脂蛋白的合成分泌有关。此外还参与溶酶体的形成。

（6）微丝和微管　微丝由肌动蛋白组成，广泛存在于各种肌细胞内。微丝具有收缩性，参与许多生命活动如肌肉的收缩、细胞的变形运动、细胞分裂及细胞的信号传递等。细胞内还存在另一种微丝，由肌球蛋白组成，它主要存在于肌细胞中，在非肌细胞中不稳定，易于溶解。在肌细胞中它参与肌动蛋白之间的滑动，使肌细胞产生收缩。而微管则主要由微管蛋白组成，主要功能是维持细胞的形态、参与细胞内的运输、鞭毛和纤毛的运动等。微管中还有过氧化物酶体等。

细胞是构成畜体的基本结构，畜体所呈现出来的生命现象都是由细胞来完成的，细胞内作为一个"大工厂"，各细胞器才是具体参与完成"工作"的主要"机器"。各细胞器有序地排列在每个细胞内，根据细胞种类及完成功能不同，细胞器的数量和种类也会不同，并且它们之间分工明确，各自承担各自的"加工任务"，并彼此协作。机体生命活动的一切外在的表现，都是这些细胞器工作及发生在细胞质的各种生理生化反应的结果。

3. 内含物

内含物是细胞内储存的具有一定形态的营养物质或代谢产物。如脂类、糖原、蛋白质、色素等，其数量和形态可随细胞不同的生理状态而改变。

（三）细胞核

细胞核是细胞的重要组成部分，其主要功能是蕴藏遗传信息，在一定程度上控制着细胞的代谢、分化和繁殖等活动。多数细胞只有一个细胞核，也有两个或多个细胞核的，如肝细胞是双核的，骨骼肌细胞可达数百个核（图1-4）。

细胞核的形态结构在生活周期的不同阶段变化很大，细胞在两次分裂之间的时期，细胞核具有相对稳定的结构，均由核膜、核质、核仁和染色质组成。

1. 核膜

核膜将核物质和细胞质隔离开，核与细胞质间的物质代谢是通过核膜上的核孔来实现的。功能复杂、代谢旺盛的细胞核上核孔多。

2. 核质

主要是水、无机盐和酶类。

3. 核仁

主要成分是rRNA、rDNA、核糖核蛋白。

4. 染色质

主要是由遗传物质蛋白质、DNA、少量RNA等组成。

细胞核的功能一方面通过储存遗传物复制和传递实现亲代、子代的主要性状的遗传，另一方面还能控制蛋白质的合成。机体的新陈代谢是生命的基本特点，而生物体内千变万化的代谢过程都是通过酶的催化作用实现的。酶就是蛋白质，从这种角度讲，细胞核也控制着生物体新陈代谢。

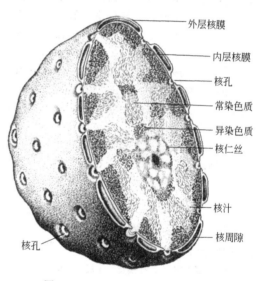

外层核膜
内层核膜
核孔
常染色质
异染色质
核仁丝

核汁
核周隙
核孔

图1-4　细胞核的立体结构模式图

三、细胞的基本生命现象

1. 新陈代谢

新陈代谢是细胞生命活动的基本特征，不断地进行着同化和异化作用。通过新陈代谢，细胞内的物质不断得到更新，保持和调整细胞内、外的平衡，以维持细胞的生命活动。细胞生命活动中，要不断地从外界摄取营养物质，并将其加工成自身可用的物质，这个过程被称为同化作用；同时，细胞又要不断地"工作"释放能量，供自身活动的需要，又要把代谢废物排出，这个过程就被称为异化作用。同化作用和异化作用的相互对立和统一就是新陈代谢。

2. 细胞的增殖

细胞的繁殖或增殖是通过细胞分裂完成的。绝大部分分裂为有丝分裂，还有少量无丝分裂，可见于白细胞、肝细胞、膀胱上皮细胞等。还有特殊的分裂方式——减数分裂，如生殖细胞的产生。

3. 感应性

感应性指细胞对外界刺激产生的反应能力。组织、细胞受到的机械、温度、化学等刺激后都会发生感应。细胞种类不同，受到刺激后的反应也不同。如神经细胞受刺激后产生兴奋和传导冲动、肌细胞可产生收缩、腺细胞可产生分泌、浆细胞可产生抗体等。

4. 运动性

活细胞在各种环境条件刺激下均能表现出不同的运动形式。常见的有以下几种。

(1) 变形运动　如中性粒细胞、组织细胞等的吞噬活动。

(2) 舒缩运动　如肌细胞的收缩运动。

(3) 纤毛、鞭毛运动　如有些上皮细胞的纤毛、精子的鞭毛的运动等。

5. 细胞的分化、衰老和死亡

(1) 细胞的分化　指在个体发育进程中，细胞发生化学组成、形态结构和功能彼此互异逐步改变的现象叫细胞的分化。此过程是不可逆的，它导致了个体的成熟、衰老和死亡。分裂和分化不同，分裂是细胞数量上的变化；而分化是质变，是功能上的差别。一般来说，胚胎时期分化程度低的细胞，其分裂繁殖的潜力强，如结缔组织的间充质细胞。分化程度较高的细胞，其分裂繁殖的潜力减弱或完全丧失，如神经细胞。还有些细胞不断地分裂繁殖同时又不断地进行分化，如精原细胞。一般所说的干细胞是指低分化的幼稚型细胞。

细胞分化既受内部遗传的影响，也受某些外界环境（如化学农药、激素等）影响。

(2) 细胞的衰老与死亡　衰老和死亡是细胞发展过程中的必然规律。不同类型的细胞，衰老进程不一致。一般来说，分化高的细胞衰老出现很慢，如神经细胞和心肌细胞，其寿命可与个体等长；相反则衰老较快，如红细胞、上皮细胞等低分化细胞仅存数十天。细胞衰老会出现代谢活动降低、生理功能减弱，形态结构也发生相应的变化。细胞衰老不是单一的因素引起的，是许多因素共同作用的结果。

当细胞衰老时，细胞质内脂肪增多，出现空泡，核崩溃或核溶解，而后整个细胞解体。死亡后体内的细胞被吞噬细胞吞噬或自溶解体，随排泄物排出体外；在体表死亡的细胞则自行脱落。

第二节　基本组织

【知识目标】

◆ 掌握组织、内皮、间皮、腺体、内分泌腺、外分泌腺、神经纤维、神经末梢、淋巴等基本概念。

◆ 掌握四大基本组织在畜体内分布及结构特点。

◆ 掌握平滑肌、心肌、骨骼肌的区别。

【技能目标】

◆ 理解组织在构成畜体后的相互关系。

◆ 能在活体上识别各主要的组织。

◆ 能在显微镜下识别基本组织。

【知识回顾】

◆ 显微镜的结构与使用。

组织是大量结构和功能上密切相关的细胞由细胞间质结合起来的细胞群。组织是构成体内各器官的基本材料。

根据组织的形态结构与功能特点，动物体内的组织可分为上皮组织、结缔组织、肌肉组织、神经组织四类。

学习贴示

畜体的各器官都由细胞和组织构成，各器官的功能也是由不同组织、细胞完成的。学习时，人们可以反过来推导记忆组织的功能。从人们的生活常识来看这些器官有哪些基本的功能，再看主要是哪种组织分布在哪，那么就能总结出该组织的主要功能。例如，单层柱状上皮，它分布于胃肠道的黏膜，想一下胃肠道有哪些功能，如保护、分泌、吸收等，不难总结出柱状上皮就有这些功能，进而推断上皮组织也具有这些功能。这样学起来会易于记忆。各组织的学习均以此类推。一种组织可能还会在另一种组织的间质中存在，例如肌组织间质中夹有结缔组织。

一、上皮组织

上皮组织简称上皮，主要分布于动物体的外表面及管腔器官的内表面，此外，还分布在腺体和感觉器官内。上皮组织的结构特征是细胞排列紧密，呈一层或多层排列，细胞间质少。上皮组织的细胞有明显的极性，一面是游离面，不和其他组织相连；另一面是基底面，以基膜与深层结缔组织相连。上皮组织内缺乏血管和淋巴管，其营养物质的获得及代谢产物的排出都是靠基膜的渗透实现的。上皮组织的功能多种多样，主要有保护、吸收、分泌、感觉和排泄等功能。

根据上皮组织的功能和形态结构不同，分为三类。

（一）被覆上皮

被覆上皮是分布最广泛的一类上皮，因细胞排列层次和形态不同分类。见表1-1。

1. 单层上皮

细胞呈单层排列，细胞的基底面与基膜相贴。

（1）单层扁平上皮　细胞呈扁平不规则多边形，单层排列为膜状，细胞核呈扁圆形，位于细胞中央。细胞间有黏合质。单层扁平上皮根据所处位置不同分为间皮和内皮，分布于心脏、血管和淋巴管内壁表面的单层扁平上皮称为内皮，以减少血液和淋巴流动时的阻力；分布于胸膜腔内脏外表面以及胸膜、腹膜和心包膜表面的单层扁平上皮称为间皮，有利于内脏器官的活动（图1-5和图1-6）。

表1-1　被覆上皮的类型和主要分布

上皮类型		主要分布
单层上皮	单层扁平上皮	内皮：心、血管和淋巴管
		间皮：胸膜、腹膜和心包膜
		其他：肺泡和肾小囊
	单层立方上皮	肾小管、甲状腺滤泡等
	单层柱状上皮	胃、肠、胆囊、子宫等
	假复层纤毛柱状上皮	呼吸管道等
复层上皮	复层扁平上皮	未角化的：口腔、食管和阴道
		角化的：皮肤表皮
	复层柱状上皮	眼睑结膜、男性尿道等
	变移上皮	肾盏、肾盂、输尿管和膀胱

（2）单层立方上皮　细胞侧面呈立方状，细胞排列紧密。细胞核大而圆，位于中央。多分布于腺体排泄管、肾小管、卵巢表面、甲状腺腺泡等处。其功能随不同器官而异（图1-6）。

（3）单层柱状上皮　由多面形高柱状细胞组成，核长圆形，位于细胞基部（彩图1）。此上皮分布于胃、肠、子宫等器官内表面及一些腺体和大排泄管内，有吸收和分泌的功能（图1-7）。

（4）假复层柱状纤毛上皮　由高低不同、形态也各异的细胞构成。看似复层，但由于细胞均起于同一基膜上因而为单层上皮。其游离面上有纤毛，故为假复层柱状纤毛上皮。此类上皮主要分布于呼吸道、睾丸输出管、输精管及输卵管等处（图1-8）。分布于呼吸道黏膜的上皮，可借纤

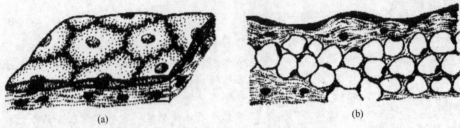

(a)　　　　　　　　　　　　　　(b)

图 1-5　单层扁平上皮

(a) 单层扁平上皮模式图；(b) 浆膜切面

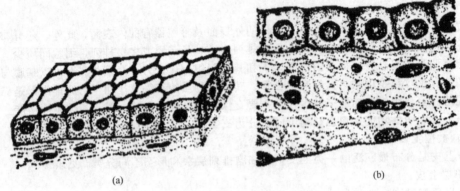

(a)　　　　　　　　　　　　　　(b)

图 1-6　单层立方上皮

(a) 模式图；(b) 马肾集合管上皮侧面观

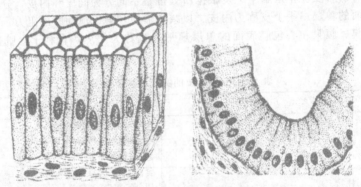

图 1-7　单层柱状上皮模式图

毛的摆动清除细胞分泌物及吸附的细菌等。

2. 复层上皮

复层上皮由两层或两层以上的上皮细胞组成，仅基底层细胞与基膜相贴。根据表层细胞形态不分可分两种：复层扁平上皮和变异上皮。

(1) 复层扁平上皮　由多层细胞构成，表层细胞扁平，呈鳞片状，深层细胞体积较大，由梭形、多角形到低柱形。最内层与基膜相贴，其分裂增殖能力较强，所以复层扁平上皮的修复能力很强，多分布于皮肤、口腔、食管、输精管、阴道等处，起到保护作用，是一种保护性上皮（图1-9）。

(2) 变异上皮　由多层细胞组成，细胞的层数和形状随器官的功能状态的变化而改变。主要分布于膀胱、输尿管等处的黏膜。当器官充盈时，变异上皮的细胞层数变少，表层细胞变得扁平；当器官缩小时，上皮变厚，细胞层数增多（图1-10和彩图2）。

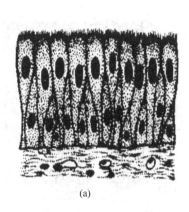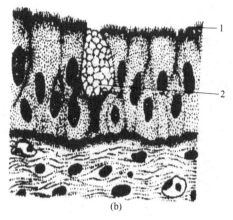

(a)　　　　　　　　　　(b)

图 1-8　假复层柱状纤毛上皮
（a）模式图；（b）气管黏膜切面
1—纤毛；2—杯状细胞

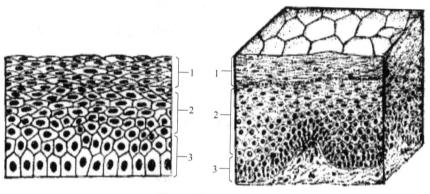

图 1-9　复层扁平上皮
1—浅层；2—中层；3—深层

　　除此之外，还有复层柱状上皮仅分布于眼睑结膜、外分泌腺的大导管和马的尿道阴茎部。而复层立方上皮则很少见，仅见于汗腺的导管。

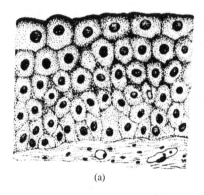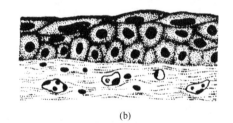

(a)　　　　　　　　　　　(b)

图 1-10　变异上皮（膀胱）
（a）收缩状态；（b）扩张状态

（二）腺上皮
　　由具有分泌功能的细胞组成的上皮称为腺上皮。结构特征：细胞多数聚集成团状、索状、管状或泡状（图 1-11）。

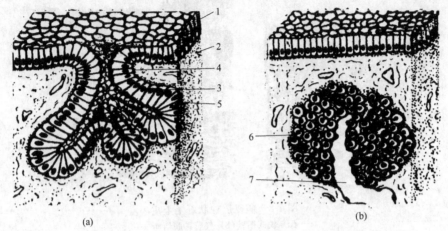

图 1-11　腺上皮模式图

(a) 外分泌腺；(b) 内分泌腺

1—上皮组织；2—结缔组织；3—腺；4—导管部；5—分泌部；6—细胞团；7—毛细血管

以腺上皮为主要成分构成的器官称为腺体。腺体又因其形态和结构不同分为外分泌腺和内分泌腺。

1. 外分泌腺

腺体的导管与表面上皮有联系，其间分泌物可经导管排到器官管腔内或体表，这种腺体称外分泌腺，亦称有管腺。外分泌腺依细胞数量不同可分为单细胞腺和多细胞腺。单细胞腺散在分布，如杯状细胞。畜体中的多数腺体为多细胞腺，如唾液腺、泪腺、胃腺、肠等。

2. 内分泌腺

腺体与表面上皮脱离，不形成导管，腺体分泌物通过渗透进入血液而运送至全身各部，这种腺体为内分泌腺，亦称为无管腺。这种腺体的分泌物，称为激素。如肾上腺、甲状腺、脑垂体等。

知识链接

腺体分泌的方式有如下几种。

（1）全浆分泌　分泌物逐渐形成，并充满于细胞质内，最后导致整个细胞崩解，分泌物与破裂的细胞一同排出。如皮脂腺分泌。

（2）顶浆分泌　腺细胞生成的分泌物，向细胞的游离缘运动并突出，然后由腺细胞的细胞膜包裹分泌物排出，排出过程中腺细胞的游离端细胞膜受到损伤，部分细胞质也失去，细胞质随细胞膜和分泌物一起排出。但损伤后的细胞膜很快就修复了。如汗腺分泌、乳腺分泌。

（3）局部分泌　腺细胞所形成的有包膜的分泌颗粒，移向细胞的游离面，然后分泌颗粒的包膜与细胞膜融合，以胞吐的方式排出分泌物。细胞内的分泌物排出并不损伤细胞的结构。如胰腺和唾液腺分泌。

（三）感觉上皮

感觉上皮又称神经上皮，由能接受外界刺激并能形成神经冲动的神经末梢所形成的特殊结构。上皮的游离端往往有纤毛，另一端与感觉神经纤维相连，此类上皮是具有特殊感觉功能的特化上皮。主要分布在舌、鼻、眼、耳等感觉器官内，具有味觉、嗅觉、视觉和听觉等功能。

二、结缔组织

结缔组织是动物体内分布最广、形态结构最多样的一大类组织。结构以细胞少、细胞间质多为特征。细胞间质由基质和纤维两部分构成。基质是无定形物质，充满于细胞和纤维之间。结缔组织不仅分布广，而且形态和功能也多样，主要功能有填充、连接、支持、防卫、营养、运输、修复等。根据结缔组织的形态结构，可分为疏松结缔组织、致密结缔组织，脂肪组织、网状组织、软骨组织、骨组织、血液和淋巴。

🖰 **学习贴示**

　　组织是由细胞和细胞间质构成的，不同的组织之所以能区分开，除了起源，是由于构成它们的细胞和间质不同。上皮组织相对简单。结缔组织分类很多，但也是由细胞和间质构成的，如致密结缔组织，它的细胞成分为成纤维细胞、巨噬细胞等。它的间质，不单一是基质成分，还有纤维等。但它和上皮组织内的间质一样，对细胞成分起支持、保护、修复的功能，结缔组织有了细胞和间质中的这些成分，才能使它具有很多功能。学习其他组织也一样，神经组织的细胞成分称为神经元，它的间质称为神经胶质细胞。神经胶质细胞可以修复、保护神经元。

　　（一）疏松结缔组织

　　疏松结缔组织是白色而柔软的结缔组织，具有一定的弹性和韧性，广泛地分布在皮下和全身各器官之间及器官内。肉眼观察呈白色网泡状或蜂窝状，故又称蜂窝组织，具有连接、支持、保护、营养、修复、运输代谢产物等作用。此类结缔组织的结构特点是：基质多，纤维和细胞成分少，结构疏松（图 1-12 和彩图 3、彩图 4）。疏松结缔组织由胶状的基质、细胞和纤维组成。

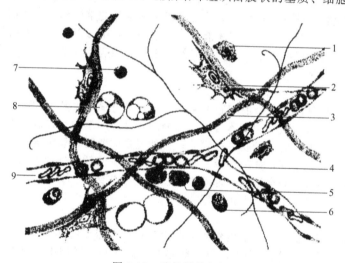

图 1-12　疏松结缔组织
1—巨噬细胞；2—成纤维细胞；3—胶原纤维；4—弹性纤维；
5—肥大细胞；6—浆细胞；7—淋巴细胞；8—脂肪细胞；9—毛细血管

　　1. 基质

　　基质为无定形的无色透明胶状物，各种细胞膜和纤维都浸埋其中。化学成分是透明质酸和蛋白质结合的黏多糖蛋白。它们和水分子一起黏合成网状的分子筛。分子筛可允许水溶性物质通过，而大于微孔的物质如病原微生物则不能通过，此结构起到一个屏障的作用。

　　2. 纤维

　　疏松结缔组织中有三种纤维，分散交织于基质中。

　　（1）胶原纤维　　数量最多，分布最广。新鲜时为白色，韧性大，抗拉性强。纤维粗细不同，直径 $1 \sim 20\mu m$，HE 染色呈淡粉红色。胶原纤维由更细的胶原原纤维构成，直径为 $20 \sim 100nm$，电镜下呈明显的周期性的横纹。胶原原纤维由胶原蛋白组成。胶原纤维在沸水或弱碱中易于溶解变为明胶，较强的酸溶液也可使其溶解。

（2）弹性纤维　呈黄色，折光性强，有良好的弹性，粗细不等。直径为 $0.2\sim1.0\mu m$，HE染色时不易着色。弹性纤维在沸水、弱酸和弱碱中不溶解，易被胰液消化，但胃蛋白酶对其无作用。

（3）网状纤维　含量少，电镜下网状纤维不成束，而是交织成网的胶原原纤维，也具有周期性的横纹，易被硝酸银镀染成黑色，主要分布于疏松结缔组织和其他组织的交界处。

3. 细胞

疏松结缔组织中所含细胞数量少，但种类较多，功能也各不相同。

（1）成纤维细胞　是疏松结缔组织中主要的细胞成分。细胞体积大、有突起，位于胶原纤维附近，功能较活跃。能分泌胶原蛋白、弹性蛋白和蛋白多糖，有产生三种纤维和基质的能力。组织破损后的修复中，其功能表现更明显。

（2）巨噬细胞　又称组织细胞。细胞呈梭形，核小。来源于血液中的单核细胞。此细胞有一定的趋化性，当细胞受到抗原或其他趋化因子的刺激时，能做变形运动。由于胞质富含溶酶体，因而有很强的吞噬能力，能吞噬进入组织的细菌、衰老死亡的细胞器及清除坏死的组织。

（3）肥大细胞　位于小血管附近，呈圆形，核小，染色浅。胞质内含粗大的颗粒。这种颗粒为水溶性，在制片过程中易被溶解，所以在普通染色标本中，一般不能识别肥大细胞。当肥大细胞受到某些药物或抗原刺激，会将颗粒及其所含物质释放出来，颗粒所含物质主要有组胺、5-羟色胺、肝素等。肥大细胞参与机体的荨麻疹、哮喘等速发型变态反应中，肥大细胞所释放的组胺等物质能使平滑肌收缩、毛细血管通透性增加、腺体分泌增强，其中肝素有防止血液凝固的作用。

（4）浆细胞　呈圆形或椭圆形，核圆形，位于细胞一侧。核内染色质多聚集成块，沿核膜呈辐射状排列，呈车轮状，故称车轮状核，是镜下识别该细胞的重要标识。浆细胞的功能是能合成和分泌免疫球蛋白，也称为抗体，参与体液免疫。浆细胞是由B淋巴细胞在抗原刺激下转变而来的，因此正常的疏松结缔组织中很少见到，但是在慢性炎症病灶内则较多，这也是机体内免疫功能增强的一个重要的表现。

（二）致密结缔组织

由大量紧密排列的纤维、少量的细胞和基质构成，形态固定。其中的细胞以有活性的成纤维细胞和无活性的纤维细胞为主。动物体内绝大部分的致密结缔组织是以胶原纤维为主，如排列不规则、互相交织的皮肤的真皮、骨膜、巩膜等；排列规则的肌腱、韧带等。也有的致密结缔组织以弹性纤维为主且排列较规则，如项韧带。致密结缔组织中的纤维排列方向与其所受的张力方向一致。动物体内的许多部位的结缔组织都不是典型的疏松或致密结缔组织，而是呈过渡的形态。致密结缔组织主要起连接、支持和保护作用。

（三）脂肪组织

由大量脂肪细胞聚集而成，成群的细胞之间由疏松结缔组织将其分隔成若干小叶。基质含量极少（图1-13）。脂肪组织主要分布在皮下、肠系膜、大网膜、肾周围及某些器官周围。主要作用是储存脂肪，参与能量代谢，缓冲和维持体温的作用。

根据脂肪细胞的结构和功能不同，可分黄色脂肪组织和棕色脂肪组织。

1. 黄（白）色脂肪组织

呈黄色（某些哺乳动物呈白色）。脂肪细胞圆形，胞质中有一个大脂肪滴，胞核和少量的胞质挤到一侧，主要分布在皮下、网膜和黄骨髓等处。有储存脂肪、保温、缓冲等作用。

2. 棕色脂肪组织

呈棕色。主要特点是组织中含有丰富的血管，脂肪细胞内散在许多小的脂肪滴和线粒体，核圆。主要存在于冬眠的幼体和成体。棕色脂肪能产生大量的热量，可使体温升高。

（四）网状组织

网状组织由网状细胞、网状纤维和无定形的基质组成，没有单独存在的网状组织。网状细胞呈星形，多突起，细胞核较大，着色淡，核仁明显。相邻的网状细胞借突起彼此相连，并有生成网状纤维的功能。网状纤维多分支，沿网状细胞分布，被网状细胞突起包围并交织成网。其基质

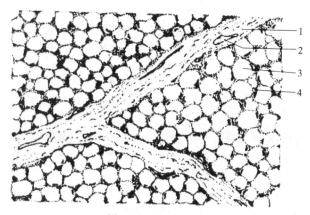

图 1-13　脂肪组织

1—小叶间结缔组织；2—毛细血管；3—脂肪细胞；4—脂肪细胞木核

是淋巴或是组织液。网状组织主要分布于淋巴结、脾脏、胸腺、骨髓等组织器官内（图 1-14）。一般认为网状组织是构成淋巴组织的支架，并为淋巴细胞和血细胞的发育提供好的微环境。

（五）软骨组织

软骨组织和覆盖在其上的软骨膜统称软骨。软骨组织由少量的软骨细胞和大量的细胞间质构成。

软骨细胞埋藏在由软骨基质形成的软骨陷窝中，间质包括胶状的基质和纤维。软骨内缺少血管和神经，其营养依靠软骨表面的软骨膜内的血管供应。除关节外，软骨表面都覆盖有一层结缔组织构成的软骨膜。软骨膜有内、外两层结构，外层为纤维层，内层含有细胞（具有很强的增殖能力）、血管及神经末梢。软骨组织坚韧而富有弹性，主要具有支持和保护作用。根据软骨基质中所含纤维成分的不同，将其分为下面几种。

1. 透明软骨

新鲜时为浅蓝色，半透明，稍有弹性。基质中的纤维主要是纤细的胶原纤维，其折光度与基质相似，因而镜下难以分辨，光镜下纤维不明显，故称为透明软骨。透明软骨有弹性，能承受压力。主要分布于骨的关节面、肋软骨、气管环、胸骨、喉等处（图 1-15）。

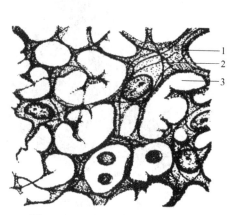

图 1-14　网状组织（硝酸银被染）

1—网状细胞；2—网状纤维；3—网眼

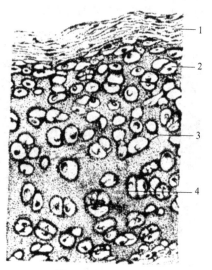

图 1-15　透明软骨

1—软骨膜；2—软骨细胞；
3—软骨细胞囊；4—基质

2. 弹性软骨

呈微黄色，有弹性，不透明，结构与透明软骨相似。间质中含有大量的弹性纤维，并交织成网。软骨细胞多分散存在。这种软骨主要分布于耳廓、会厌软骨等处。

3. 纤维软骨

新鲜时呈白色，富有韧性。基质中含大量平行排列的胶原纤维束，软骨细胞成行排列于纤维束之间。软骨与软骨膜之间无明显分界。机体内的椎间盘、半月板均为纤维软骨，有很强的抗压力。

（六）骨组织

骨组织由骨细胞和细胞间质构成（图 1-16）。因间质内有大量的钙盐沉淀，特称为骨质。骨组织是动物体内最坚硬的组织，构造复杂。骨组织具有支持、保护和造血等功能。

1. 骨细胞

为扁平状，多突起，位于骨质内，单个分散于骨板内或相邻的骨板之间，胞体所在的位置是骨陷窝。骨陷窝向周围伸出许多的骨小管，相邻的骨小管是互相通连的。骨细胞伸出突起，通过骨小管与相邻的骨细胞相连接。

2. 间质

骨基质有大量的无机物钙盐和有机物黏蛋白。其中的纤维与胶原纤维相似，称为骨胶纤维，骨胶纤维多聚集成束，分层排列，每层内的骨胶纤维相互平行，而相邻的两层的骨胶纤维则相互成约 90°角的排列，每层的纤维与基质黏合在一起，并有骨盐的沉积，其同形成的板层的结构即为骨板。骨盐就沉积于骨纤维上，使骨质既坚硬又有韧性，能承受多方面的压力，具有强大的支持作用。

正常情况下，骨中的钙与血液中的钙经常处于动态平衡和不断更新中；如血液中缺钙，骨将得不到应有的钙而发生软骨症。

板层骨根据骨板排列的紧密程度不同，又分为骨松质和骨密质两种。

（1）骨密质　分布于长骨骨干、扁骨和不规则骨的表层，结构致密而复杂。以长骨为例，在横断面上，可见几种不同的排列方式的骨板。骨密质最外层有外环骨板，沿着骨外膜的深面，是环状排列的数层骨板，骨板间有骨陷窝。接下来是骨密质中最主要的，是一种分布于骨密质中层的哈佛骨板（图 1-17），它是呈多层同心圆排列的圆筒状的骨板。哈佛骨板中央是以一个中央管为中心，是血管、神经的通路，称为哈佛管。周围是哈佛骨板。哈佛骨板和哈佛管称为骨的哈佛系统。在哈佛系统之间存在着另一种骨板，称为间骨板，是骨生长过程中旧的哈佛骨的遗迹。最内层是内环骨板，位于骨髓腔面骨内膜深层，亦呈环形排列的数层骨板。

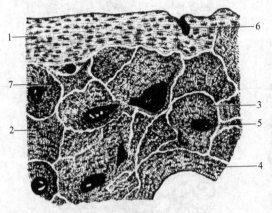

图 1-16　长骨磨片（横断面）

1—外环骨板；2—间骨板；
3—哈佛系统；4—内环骨板；
5—哈佛管；6—伏克曼管；7—黏合线

图 1-17　部分哈佛系统
（横断面高倍镜观）

1—哈佛管；2—骨小管；
3—骨陷窝；4—黏合线

（2）骨松质　分布于长骨的骨骺端、短骨的内部，呈海绵状。骨板只有简单的重叠排列方式，数层骨板构成粗细不同的骨小梁。小梁孔隙内充满红骨髓和血管。

（七）血液和淋巴

血液和淋巴是流动在血管和淋巴管内的液体性结缔组织。

1. 血液

呈红色黏稠的液体，流动在血管内，约占体重的7%。血液是一种特殊的结缔组织，由血浆和悬浮于其中的血细胞（彩图5、彩图6）组成，血浆相当于细胞间质。

（1）血浆　呈淡黄色，有黏稠性。主要成分是水，约占91%，其余为各种溶质，包括有机物和无机物。有机物主要有血浆蛋白（白蛋白、球蛋白、纤维蛋白原）、氨基酸、维生素、代谢产物。无机物主要是无机盐等。

（2）红细胞　多数家畜的红细胞都是呈双面凹的圆盘形，中央较薄，周边较厚。而骆驼和鹿的红细胞则是椭圆形的，没有细胞核和细胞器。禽类的红细胞为卵圆形，中央有一个细胞核。哺乳动物成熟的红细胞均无细胞核。单个的红细胞并不是红色的，而是黄绿色的，只有大量的红细胞集聚时才呈现出鲜红色。红细胞的细胞质中含有血红蛋白，血红蛋白有携带氧和二氧化碳的能力。红细胞的寿命平均为120天。衰老死亡的红细胞被体内的巨噬细胞所吞噬。这些红细胞会由红骨髓产生的新的红细胞来补充到血液中，以维持红细胞总数的恒定。

（3）白细胞　是有核的血细胞，无色，比红细胞略大，但数量比红细胞少。白细胞的数量受到不同生理因素的影响，在同一个体中，也会因年龄、生理情况的差异而有变化。白细胞根据其细胞质中有无染色颗粒分有粒白细胞和无粒白细胞。根据有粒白细胞中染色颗粒对染料的选择性，分中性粒细胞、嗜酸粒细胞、嗜碱粒细胞；而无粒的白细胞有单核细胞和淋巴细胞。各种白细胞的形态、构造和功能见表1-2。

（4）血小板　无色透明，球形或椭圆形，不具有完整的细胞构造，它是骨髓的巨核细胞胞质脱落的碎片。哺乳动物的血小板没有细胞核，但鸡的血小板有细胞核。每立方毫米血液中血小板的数量为25万～50万个。在血涂片上，血小板多聚集成群。血小板主要与血液凝固有关。

表1-2　白细胞的形态、构造和功能

种类	形态构造特点			功能
	形态	细胞核	细胞质	
中性粒细胞	胞体球形，直径12μm	幼稚型核肾形成熟型核分叶	含有许多细小的淡紫色的中性颗粒	具有变形运动和吞噬异物、细菌的功能；是白细胞中最多的一种
嗜酸粒细胞	圆形，直径10～15μm	核多分叶，常分二叶	含有粗大、橘红色酸性颗粒	可做变形运动，吞噬能力弱，参与免疫反应；白细胞中数量较少
嗜碱粒细胞	球形，直径约10μm	核呈S形	所含颗粒稀少，大小均匀，呈蓝紫色	抗凝血，参与过敏反应；白细胞中数量最少
单核细胞	椭圆形或圆形，直径约15μm	核肾形或卵圆形，分叶；染色质细而松散，着色浅	胞质弱碱性，有嗜天青颗粒	有强的吞噬能力，可转变为巨噬细胞，参与机体的免疫应答；白细胞中体积最大
淋巴细胞	圆形或椭圆形，直径6～16μm不等，分大、中、小三种	核大且圆，深染，一侧有凹陷	胞质少，染色淡，含少量嗜天青颗粒	小型的淋巴细胞多，分T、B两种，参与机体的免疫反应

2. 淋巴

血液中的血浆透过毛细血管壁进入到组织间隙中成为组织液，而组织液进入毛细淋巴管形成淋巴。淋巴的液体成分称为淋巴浆，和血浆相似。淋巴中的细胞成分主要为淋巴细胞和少量单核细胞。

📁 **学习贴示**

毛细淋巴管是一类结构上与毛细血管相似的管道，但其通透性比毛细血管高。在组织间隙中分布，一部分组织液（通过毛细血管渗透出来的液体成分）流入其中。关于淋巴、组织液的成分和来源可详见血液生理。

三、肌组织

肌组织是动物产生各种运动的动力组织，如四肢的运动、胃肠蠕动、心脏跳动都有赖于肌组织的舒缩来实现的。肌组织由肌细胞构成，细胞间夹有少量的疏松结缔组织和血管、神经。肌细胞细而长，也叫肌纤维，其细胞膜为肌膜，肌细胞的胞质为肌浆。肌组织所含的细胞间质极少。肌细胞中所含有肌原纤维是肌细胞收缩的物质基础。

肌组织根据形态结构、生理特性和分布的不同，可分为骨骼肌、平滑肌、心肌三种。

1. 骨骼肌

骨骼肌主要分布在骨骼上，因其肌纤维有明显的横纹，也叫横纹肌，因受意识的支配，故又称其为随意肌。骨骼肌细胞呈圆柱状，长 $1\sim4mm$，直径 $10\sim100\mu m$。长短粗细随肌肉的种类和生理状态而异。骨骼肌属多核细胞，最多可达几百个。肌浆中含有丰富的肌原纤维，沿肌纤维长轴平行排列。

骨骼肌收缩有力、快速但不持久（图 1-18）。

2. 平滑肌

平滑肌分布广泛，主要分布于血管壁、淋巴管壁、内脏器官等处，所以又称为内脏肌。因其不受意识的支配又称不随意肌。平滑肌细胞呈长棱形，平均长约 $200\mu m$，直径约为 $6\mu m$。平滑肌细胞核有一个，呈棒形或椭圆形。肌细胞表面包有一层不明显的肌纤维膜。不同的器官上平滑肌的分布情况不同，如皮肤的竖毛肌是成小束；消化道的平滑肌则成层分布。成束或成层的平滑肌细胞通常是一个细胞的尖端和另一个细胞的中部相嵌，排列整齐，肌束或肌层之间会夹着一些疏松结缔组织。平滑肌收缩缓慢而持久、有节律（图 1-19）。

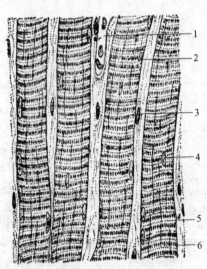

图 1-18 马骨骼肌纤维纵切

1—毛细血管；2—肌纤维膜；3—成纤维细胞；
4—肌细胞核；5—明带（I带）；6—暗带（A带）

图 1-19 平滑肌

3. 心肌

心肌主要分布在心脏，构成心壁的主要组织。心肌纤维同骨骼肌纤维都有横纹，心肌纤维呈短柱状，核为卵圆形，心肌纤维仅有一个核且位于纤维中央。心肌和平滑肌一样同属于不随意肌，不受意识的支配。心肌纤维间以闰盘为界（图1-20）。

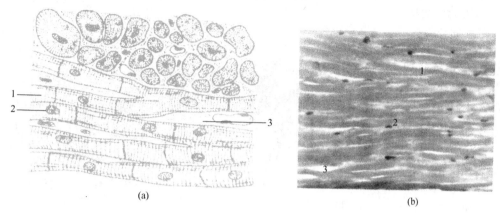

图 1-20　心肌

（a）模式图；（b）实物图

1—心肌纤维；2—心肌细胞核；3—间质

心肌能自动有节律地收缩，收缩力最强，持续时间最长，不出现强直收缩。

知识链接

闰盘是心肌纤维间连接的装置，相邻的心肌细胞质的肌膜各自伸出乳头突起并相互交错嵌合，使肌细胞的接触面积增加。这种连接是低电阻区，有利于迅速传递神经冲动。

四、神经组织

神经组织由神经细胞和神经胶质细胞组成。神经组织分布广泛，是构成脑、脊髓和外周神经的主要组织。外周神经的末端伸达器官、组织内，构成了神经末梢。

（一）神经元

1. 神经元的构造

神经细胞又称神经元，是神经系统的结构和功能的单位，是高度分化的细胞。神经元是神经组织的主要成分，由细胞体和突起构成（图1-21）。

（1）细胞体　神经元的细胞体包括细胞核及周围的细胞质。细胞体的形态多样，大小也相差悬殊。细胞体多分布于脑、脊髓和神经节中。

① 细胞核：呈球形，位于中央，核膜清楚，染色质呈细粒状，着色较淡，核仁大而明显。

② 细胞质：神经元的胞浆又称神经浆，内含特有的与支持和运输有关的神经元纤维和一些细胞器。

③ 细胞膜：神经元外包有细胞膜，也是生物膜的构造，很薄，并且和胞体一起向突起延伸。具有接受刺激并产生传导冲动的功能。

（2）突起　是从细胞体伸出的，由胞质和胞膜共同向外周延伸而成，按其形态可分轴突和树突。

① 轴突：从胞体发出的一个细长的单突称轴突，其末端有小的分支。每个神经元只有一个轴突。其长度因神经元的种类而不同，短的仅为数微米，长的可达到1m。轴突的主要作用是有运输功能并能将神经冲动从一个神经元传给另一个神经元，或传至肌细胞和腺细胞等效应器上。

② 树突：从胞体发出的一种呈树枝状的短突称树突，起始端较粗而后逐渐变细。树突的分

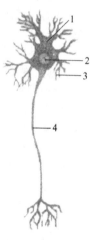

图 1-21　神经

细胞模式图

1—胞体；2—细胞核；

3—树突；4—轴突

支多少和长短也因神经元的种类不同而不同。树突的作用是接受由感受器或其他神经元传来的冲动，并将其传至胞体，分支越多，所能接受的冲动面积就越大（图1-21）。

2. 神经元的类型

神经元的种类很多，分类的方式也不同，下面按两种方式将其分类（图1-22和图1-23）。

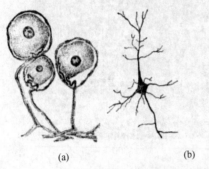

图1-22 神经细胞模式图
(a) 假单极神经元；(b) 多极神经元

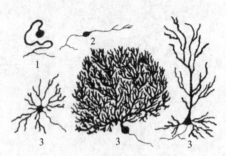

图1-23 神经元的类型
1—假单极神经元；2—双极神经元；3—多极神经元

（1）按神经元胞体突起数目分类

① 假单极神经元：从胞体伸出，看似有1个突起，但在离胞体不远处分为两支，呈"Y"形的叉，其中一个伸向外周为外周突，另一个则进入中枢成为中枢突。

② 双极神经元：在胞体上发出两个方向相反的突起（轴突、树突各1个，如嗅觉、视觉细胞）。

③ 多极神经元：有三个以上的突起从胞体上发出，1个轴突，多个树突。如大脑皮质的锥体细胞，脊髓胶质运动神经元。这种神经元的分布较广。

（2）按神经元的功能分类

① 感觉神经元：又称传入神经元，能感觉内、外刺激并把其转变为神经冲动，进而将冲动传至脑和脊髓。假单极或双极神经元多数属这类。分布于外周神经系统中。

② 中间神经元：又称联合神经元，作用为联系起感觉神经元和运动神经元，多分布于中枢神经中。这种神经元属多极神经元。

③ 运动神经元：又称传出神经元，能把中枢的冲动从中枢传至外周部分的效应器，引起肌肉收缩或腺体分泌。分布于中枢神经系统和植物性神经节内的神经元属多极神经元。

3. 神经纤维和神经

（1）神经纤维 神经元的轴突和长的树突和外边包绕的由神经膜细胞构成的鞘（施万细胞或胶质细胞）就是神经纤维。神经纤维的主要功能是传导神经冲动，这种传导主要是在轴膜上进行的。依轴突外是否包有髓鞘（脂蛋白）分有髓神经纤维和无髓神经纤维。

① 有髓神经纤维：包括三层结构，即轴突、髓鞘和外面的一薄层的施万鞘。一般中枢神经中的有髓神经纤维的髓鞘由少量的胶质细胞构成的；而在外周神经系统中有髓神经纤维的髓鞘是由施万细胞构成的。

② 无髓神经纤维：没有由脂蛋白构成的髓鞘，但有神经膜包绕。植物性神经的节后神经纤维为无髓神经纤维。

学习贴示

有髓及无髓的神经纤维都有神经胶质细胞在外面，只是包的形式不同。有髓的整个的神经纤维被卷在髓鞘内了，外面看不到神经纤维了；而无髓的类似胶质细胞向内凹陷，而神经纤维镶嵌在内，在外面能看到神经纤维。如图1-24和图1-25。

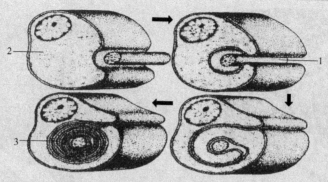

（a）髓鞘生成过程示意图
1—轴索；2—施万细胞；3—髓鞘

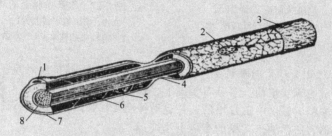

（b）光镜下有髓神经纤维模式图
1—施万细胞横断面；2—施万细胞核；3—神经内膜；4—朗飞结；
5—髓鞘和施兰切迹；6—轴索内的神经元纤维和轴浆；
7—施万鞘；8—轴膜

图1-24　有髓神经纤维

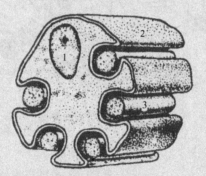

图1-25　无髓神经纤维示意图
1—施万细胞核；2—施万细胞膜；3—轴索

（2）神经　是外周神经系统中许多神经纤维束平行排列、外面包有结缔组织的索状的结构。

4. 神经末梢

神经末梢是外周神经纤维的末端分支的部分终止于其他组织的一种结构。按功能分感觉神经末梢和运动神经末梢。

（1）感觉神经末梢　它是感觉神经元的外周突起与外周器官的接触点。末端的装置称为感受器。它可以接受内环境的各种刺激，并将其传至中枢神经系统。感受器的形态和功能很复杂。常见的有游离末梢、环层小体等。

① 游离末梢：是外周末端的反复分支，结构较简单，分布于上皮细胞的基底，可移行于上皮细胞间。主要司痛觉，也有的司触觉、温觉等（图1-26）。

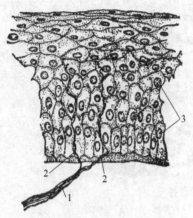

图 1-26　兔角膜游离神经末梢
1—有髓神经纤维；2—裸神经纤维的分支；
3—上皮细胞与细胞核

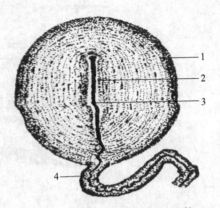

图 1-27　猫肠系膜上的环层小体
1—结缔组织被囊；2—内轴；
3—内轴中的轴索；4—有髓神经纤维

② 环层小体：体积大些，肉眼可见。为球形，是中央为无髓神经纤维、外包有扁平细胞的多层的同心圆排列成的囊状结构。多分布于皮下、肠系膜、浆膜等处（图 1-27）。

（2）运动神经末梢　是由中枢发出的，是运动神经元轴突的末梢与肌细胞膜、腺细胞组成的结构，并支配这些器官的活动。常见的有以下几种。

① 运动终板：分布于骨骼肌表面，形成板状隆起，称为运动终板。

② 内脏运动神经末梢：分布于心肌、平滑肌、腺体等处，末梢分支呈串珠状。支配平滑肌的收缩和腺体的分泌。

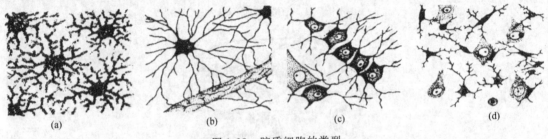

图 1-28　胶质细胞的类型
（a）、（b）星状胶质细胞；（c）少突胶质细胞；（d）小胶质细胞

（二）神经胶质细胞

神经胶质细胞（图 1-28）是神经系统中不具有兴奋传导功能的一种辅助性成分，有支持、营养、保护神经细胞的作用。此种细胞比神经细胞多达 10 倍，夹杂在神经元之间，细胞有突起，但没有树突和轴突之分。

中枢的神经胶质细胞种类多，形态也各异，有星形胶质细胞、少突胶质细胞、小胶质细胞、室管胶质细胞。分布于脑室和脊髓中央管内的室管膜有屏障作用，可保护脑和脊髓。

学习贴示

　　胶质细胞相当于神经组织的间质，它们名字不同、分布不同、功能不同。小胶质细胞来源于单核细胞，有吞噬功能。少突胶质细胞包在轴突和树突外，构成中枢神经中有髓神经的髓鞘。纤维性星形胶质细胞分布于脑和脊髓的白质内，而原浆性星形胶质细胞分布在灰质。

周围神经系统的胶质细胞主要有两类神经膜细胞即施万细胞和神经节胶质细胞。

学习贴示

HE 染色：是制作组织切片后采取的一种染色方法，主要是苏木精-伊红（hematoxylin and eosin, HE)，染出来细胞核为蓝紫色，而细胞质为淡粉红色。

关于四组织中提到过的名词淋巴，是液体结缔组织。在解剖学学习中，除了常说的四大基本组织外，常会出现"淋巴组织"，所说的淋巴组织指结缔组织之一的网状组织，形成了网状纤维，交织成网，它的功能是为血细胞和淋巴细胞提供适宜的微环境。这个网状组织中如果含有大量的淋巴细胞，就被称为淋巴组织。淋巴组织在畜体内分布广，呈弥散分布，称为弥散性的淋巴组织；如果淋巴组织形成致密的团块，称为淋巴小结或淋巴滤泡。这种淋巴组织为主的器官为淋巴器官，又称为免疫器官。可以认为，淋巴组织的细胞成分是淋巴细胞，网状组织是作为间质的一种组织（详见免疫系统）。

第三节　器官、系统和有机体的概念

【知识目标】
◆ 理解并掌握器官、系统、脏器、有机体、神经调节、体液调节、矢面、轴面、横切面等基本概念。
◆ 掌握畜体各部分的名称。
【技能目标】
◆ 能在活体上指出畜体的各部位名称。
◆ 能在活体或器官上区分长轴、横切、纵切、近端、远端等解剖学方位术语。
◆ 能区分出实质性器官、中空性器官。

一、器官

器官是由几种不同的组织按一定的规律有机地结合在一起构成的，并执行一定的生理功能，有一定外形的结构。按形态特点分中空性器官、实质性器官和膜性器官三类。

1. 中空性器官

器官内部有较大的腔体，如食管、胃、肠、气管等。结构上分内、外两层。内表面是上皮，周围是结缔组织和肌肉组织。

2. 实质性器官

器官内部没有大的空腔，如肝脏、肺脏、肾和肌肉等。它们的结构上分实质和间质两部分。实质代表该器官的主要特征的某一种组织，如脑实质部分就是神经组织，肝的实质就是肝细胞等。间质是指该器官的内部的一些辅助部分，大多为一些结缔组织、血管和神经。

3. 膜性器官

它是指覆盖在体表或体腔的一层膜，如胸膜和腹膜。它们的结构特点是表面为一层上皮，上皮下是结缔组织。

二、系统

系统是由几种功能上密切相关的器官按一定的规律联合在一起，彼此分工合作来完成体内某一方面的生理功能，这些器官就构成一个系统。如鼻、咽、喉、气管、支气管、肺这些器官按一定的顺序联合在一起完成呼吸功能，它们就组成一个系统即呼吸系统。

每个家畜都是由运动系统、被皮系统、消化系统、呼吸系统、泌尿系统、生殖系统、循环系统、内分泌系统、免疫系统、神经系统及感觉器官共同组成的。其中，消化系统、呼吸系统、泌尿系统、生殖系统称为内脏系统。构成内脏系统的各个器官为脏器。

三、有机体

有机体是由各器官和系统构成的完整的统一体。有机体内的各个器官、系统都不是独立存在的，而是相互关联的。它们的协调统一才能保证有机体的完整性。同时畜体与外界环境之间也要经常保持能动性的平衡。这种平衡要靠机体的两种调节来实现，即神经调节和体液调节。

1. 神经调节

神经调节是指神经系统对各个器官和系统活动所进行的调节。神经调节的基本方式就是反射。所谓的反射，是机体在神经系统的参与下，对内、外刺激所发出的全部的适应性反应。完成这一活动必备的结构就是反射弧。它由五个部分组合而成，缺一不可，即感受器、传入神经纤维、神经中枢、传出神经纤维和效应器，任何一个发生异常或缺失，都不会发生反射活动。

神经调节的特点是：作用范围比较局限，作用时间短，但迅速而准确。

2. 体液调节

体液因素能通过血液循环输送到全身或某些特定的器官，有选择地调节其功能活动的过程称为体液调节。体液因素很多，内分泌腺、具有分泌功能的特殊细胞或组织分泌物都参与体液调节。另外，组织本身的代谢产物也参与局部的体液调节。如组织产生的二氧化碳可以通过血中浓度的变化使呼吸运动增强或减弱。体液调节的特点是：作用范围比较广泛，作用时间长，但作用较缓慢。

动物体内各个器官系统的协调统一不是靠单一的一种调节来完成的，而是神经和体液双重因素作用的结果，而且神经调节直接或间接地支配着体液调节。从整体意义上来讲，神经调节占主要的位置。

四、畜体主要部位名称及方位术语

（一）畜体的基本结构

家畜有机体最基本的结构和功能单位是细胞。同一类型、执行共同功能的细胞组成某一种组织。全身的细胞可组成四种基本组织，即上皮组织、结缔组织、肌组织和神经组织。上述结构肉眼下不能分辨其形态，须借助显微镜观察，属于组织学研究范畴。大体解剖学观察的是器官和系统的形态构造。

为了描述方便，常以骨为基础，将畜体从外表划分。

1. 头部

包括颅部和面部。

2. 躯干

（1）颈部　包括颈背侧部、颈侧部和颈腹侧部。

（2）背胸部　包括背部、胸侧部（肋部）和胸腹侧部。

（3）腰腹部　分为腰部和腹部。

（4）荐臀部。

（5）尾部。

3. 前肢部

包括肩部、臂部、前臂部和前脚部。

4. 后肢部

分为臀部、股部、膝部、小腿部和后脚部。

具体各部位名称如下（图1-29）。

（二）解剖学常用方位术语

解剖学方位术语是解剖学的基本术语，在学习和阅读解剖学内容时首先要了解这些术语的意思，才能弄懂畜体各部和各器官的方向、位置和关系。

1. 两个轴

（1）长轴　又称纵轴，是畜体和地面平行的轴。

（2）横轴　是垂直于长轴的轴。

2. 面（图1-30）

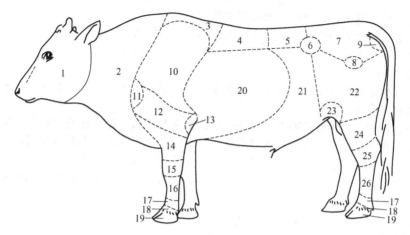

图 1-29 牛体表各部位名称

1—颅部；2—颈部；3—鬐甲部；4—背部；5—腰部；6—髋结节；
7—荐臀部；8—髋关节；9—坐骨结节；10—肩胛部；11—肩关节；
12—臂部；13—肘关节；14—前臂部；15—腕部；16—掌部；17~19—指或趾部
（系、冠、蹄节）；20—肋部；21—腹部；22—股部；23—膝部；24—小腿部；
25—跗部；26—跖部

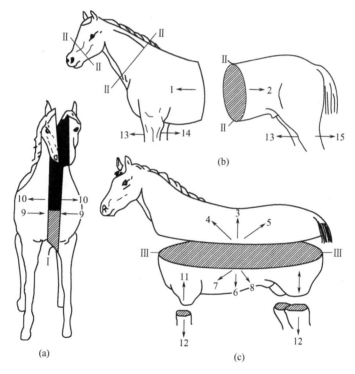

图 1-30 三个基本平面及方位

（a）正中矢状面；（b）横断面；（c）额面（水平）

I 正中矢状面；II 横断面；III 额面

1—前；2—后；3—背侧；4—前背侧；5—后侧；6—腹侧；7—前腹侧；8—后腹侧；
9—内侧；10—外侧；11—近端；12—远端；13—背侧；14—掌侧；15—跖侧

（1）矢状面　与畜体长轴并行而与地面垂直的切面。其中通过畜体正中轴将畜体分成左、右两等份的面称正中矢状面。其他矢状面称侧矢状面。

（2）横断面　与畜体的长轴或某一器官的长轴垂直的切面。

（3）额面（水平面）　与地面平行且与矢状面和横断面垂直的切面。

3. 用于躯干的术语

为了明确描述动物各部位的名称及相互关系，解剖学选用了一些部位术语。先使一头站立的家畜采取正常仁立姿势。

（1）头侧、尾侧　是相对的两点，以某一横断面为参照面，近头侧的为前，近尾侧的为后。

（2）背侧、腹侧　以某一额面为参照面，近地面为腹侧，背离地面者为背侧。

（3）内侧、外侧　以正中矢状面为参照，近者为内侧，远者为外侧。

（4）内、外　以某一腔壁为参照，位于内部者为内，位于其外者为外。与内侧和外侧意义不同。

（5）浅、深　近体表者为浅，反之为深。

4. 用于四肢的术语

（1）近端、远端　对某一部位而言，近躯干的一侧为近侧，近躯干的某一点为近端。反之称为远侧及远端。

（2）背侧、掌侧和跖侧　四肢的前面为背侧。前肢后面称掌侧，后肢的后面称跖侧。此外，前肢内侧为桡侧，外侧为尺侧；后肢的内侧为胫侧，外侧为腓侧。

第二部分

家畜解剖生理部分

第二章 运动系统

运动系统由骨骼、骨连接和肌肉三部分组成。全身的骨骼依靠骨连接连接成为骨骼，构成畜体的基本支架。肌肉附着于骨骼上，运动时骨连接为枢纽，以骨骼为杠杆，肌肉为动力。运动系统构成畜体的基本体型。

第一节 骨 骼

【知识目标】
◆ 掌握骨骼、关节、椎骨、荐骨的基本结构。
◆ 掌握全身各关节的名称、胸廓、骨盆的结构。

【技能目标】
◆ 能在活体上识别全身的主要关节、髋结节、最后肋后缘、耻骨联合、跟结节等骨性标志点。
◆ 能在活体上识别鼻骨、颧弓、下颌支、上颌窦等部位。

【知识回顾】
◆ 骨组织的结构特点。
◆ 软骨的类型分布。
◆ 骨骼肌的特点。

一、骨

骨是一种活器官，有一定的形态功能，有破坏、改造、再生愈合的能力。骨主要由骨组织构成，坚固而有弹性，有丰富的血管、神经和淋巴管。骨组织内有大量的钙盐和磷酸盐，又被称为畜体的钙、磷库，参与钙、磷的代谢与调节，骨内含有骨髓，是重要的造血器官。

学习贴示

依习惯，骨和骨骼这两个名词经常会被混用。

（一）骨的构造

骨作为器官主要由骨膜、骨质、骨髓、血管和神经组成（图 2-1）。

1. 骨膜

由结缔组织构成，被覆在除关节以外的整个骨的表面，因含有血管和神经而呈粉红色，且有感觉。

$$骨膜\begin{cases}外层：纤维层\\内层：成骨层\end{cases}$$

骨膜被覆于位于骨质的外表面，可分为内层的成骨层和外层的纤维层。纤维层有营养和保护作用，成骨层参与骨的生长、改造、再生愈合。在骨受损时，骨膜内的成骨层能修补和再生骨质。在腱和韧带附着的地方，骨膜会显著增厚，腱和韧带的纤维束会穿入骨膜，有的进入骨的骨质中，但在关节处没有骨膜，代替它的是软骨。

2. 骨质

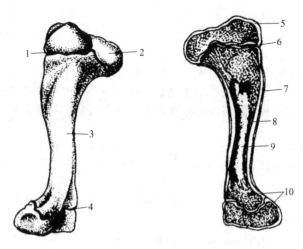

图 2-1 骨的形态与构造

1—骺软骨；2—骨端；3—骨体；4—骺软骨；5—关节软骨；

6—骺线；7—骨膜；8—骨密质；9—骨髓腔；10—骨松质

骨质是构成骨的主要成分，分骨密质和骨松质。骨密质位于骨的外周，坚硬而致密。骨松质位于骨的深部，呈海绵状，由互相交错的骨小梁构成。骨密质和骨松质的这种配合使骨既坚固又轻便。

3. 骨髓

骨髓位于长骨的骨髓腔和骨松质的间隙中，富含血管和网状纤维。幼畜全部为红骨髓，有造血功能。成年家畜长骨骨髓腔被富于脂肪的黄骨髓代替，失去造血功能，而当机体大量失血或贫血时，这些黄骨髓又能转化为红骨髓恢复造血功能。此外，在长骨两端、短骨和扁骨的骨松质之间存在终生具有造血功能的红骨髓。临床上常从胸骨或髂骨采取骨髓，以诊断疾病。

4. 血管、神经

骨的血管和神经分布于骨膜和骨质上。小的血管通过骨表面的小孔进入骨内，大的血管通过骨表面上的滋养孔进入骨髓腔内。神经与血管伴行，有些是血管的运动神经，有些是骨膜感觉神经。骨膜对张力或撕扯的刺激很敏感，故骨折时引起剧痛。

（二）骨的类型

根据骨的大小和形状，将骨分为长骨、短骨、扁骨和不规则骨四种。

1. 长骨

呈长管状，其中部称骨干或骨体，内有空腔，称骨髓腔，两端称为骺或骨端。骨干和骺之间有软骨板，称骺板，幼龄时明显，成年后骺板骨化，骺与骨干愈合（图 2-1）。骨多位于四肢的游离部，支持体重，形成运动幅度大的运动杠杆。

2. 短骨

一般呈立方形，多见于结合坚固并有一定灵活性的部分，如腕骨、跗骨等。

3. 扁骨

由内、外两层骨密质板构成，两层骨密质板之间分布着骨松质。一般多呈板状，如颅骨、肩胛骨等。扁骨常围成体腔，支持和保护重要器官，或为肌肉提供广阔的附着面。

4. 不规则骨

形状不规则，一般位于畜体中轴上，且不成对，如椎骨等。

骨的表面由于受肌肉的附着、牵引，血管、神经的通过及附近器官的压迫，形成了不同的结构，为了便于叙述，依不同形态给出的名称如下。

(1) 突起　供肌肉附着，肌肉越发达，突起越明显。小的突起称结节或小结节；顶端尖锐突起称棘，如肩胛棘；薄而锐的长形隆起称为嵴，如荐骨嵴；骨端部球状凸出部称为头，股骨的突起称为转子。如股形成关节的球状面为股骨头，而边上不形成关节的那个供肌肉附着部就是转子。

(2) 凹陷　骨面较大的凹陷称为窝，细长者为沟。指状线长的压痕为压迹。

(3) 面　骨表面较平滑的面称为面，骨的边缘称为缘，骨边缘的缺刻的凹陷称切迹，如下颌骨的切迹，供血管移行。

(4) 窦　是位于一块或数块骨的内外骨板间充气的空腔，壁内表面被有黏膜，并与外界相交通为窦。如鼻旁窦。

(5) 骨端的关节面　光滑而致密，呈球形的称头或小头，膨大而呈圆柱形的称髁，呈滑车状的称滑车；头下变细而不成关节的部分称颈；与头成关节的对应关节凹窝称关节窝。髁的附近不成关节的突起为上髁，供肌肉或韧带附着。

二、骨连接

骨连接是指骨与骨之间借骨组织、软骨组织或结缔组织相连接，称骨连接。可分成直接连接和间接连接。

(一) 直接连接

1. 纤维连接

骨间借助纤维结缔组织连接在一起，没有关节腔。如头骨的骨缝及马桡骨和尺骨间韧带结合等。这种连接牢固，不活动，故又称不动连接。成年家畜的这类骨连接常骨化成为骨性结合。

2. 软骨连接

骨间借助软骨组织相连，如骨盆联合。这种连接类型有小范围活动性，故又称微动连接。如活动范围小的，椎骨与椎骨之间的靠纤维软骨相连接（称椎间盘），再如不能活动的，骨盆底壁左右耻骨之间的连接（又称耻骨连合）。

3. 骨性结合

两骨的相对面，借骨组织相连接，完全不能活动。这种连接，一般是由软骨连接或纤维连接骨化而来。如成年牛的几块荐椎之间融合在一起，使荐椎形成一个完整的荐骨；头骨之间的缝成年后也变成骨性结合。

(二) 间接连接或滑膜连接

骨与骨之间不直接连接，中间有滑膜包围形成关节腔，能进行灵活的运动。因此，这种连接又称为滑膜连接，简称关节。如膝关节、肘关节。

1. 关节的结构

畜体各个关节虽构造形式多种多样，但均具备下列基本结构：关节面和关节软骨、关节囊、关节腔和血管神经。有的关节还形成关节盘、关节唇等辅助性结构（图2-2）。

(1) 关节面　是形成并节的骨相对的面，一般形状都相互吻合。一般为一个凹，一个凸。

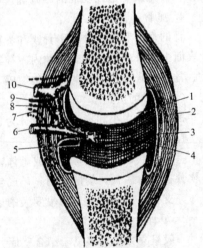

图 2-2　关节构造模式图

1—关节软骨；2—关节囊的纤维层；
3—关节囊的滑膜层；4—关节腔；
5—滑膜绒毛；6—动脉；7，8—感觉
神经纤维；9—植物性神经（交感神经
后纤维）；10—静脉

（2）关节软骨　是覆盖在形成关节的各骨相对面上的一层透明软骨，称关节软骨。关节软骨表面光滑而且有一定弹性，有减少摩擦和缓冲震动的作用。关节软骨处无血管和神经，其营养源于滑膜层所渗出的滑液。

（3）关节囊　是包围在形成关节各骨外的结缔组织囊，附着于构成关节的各骨的关节面周缘。囊壁外面的纤维层由致密结缔组织构成，有保护作用，其厚度与关节的功能相一致，负重大而活动范围小的，纤维层厚而紧，相反则薄而疏松。里面一层为滑膜层，由疏松结缔组织构成，薄而且软，能分泌滑液，滑膜常向关节腔内形成皱褶和绒毛到腔内，增加分泌和吸收面积。

（4）关节腔　是由关节软骨与和关节囊之间围成的密闭腔隙，内有滑液。滑液除润滑关节、缓冲震动外，还具有营养关节面软骨和排出代谢产物的作用。

（5）血管和神经　是来自附近血管、神经的分支。血管在关节周围形成网，神经有分布关节囊和韧带的感觉神经，也有分布于血管上的植物性神经。

2. 关节的辅助结构

关节的辅助结构是为了适应关节功能在关节的周围而形成的结构。主要包括韧带、关节盘和关节唇。

（1）韧带　是由致密结缔组织构成的纤维带，根据所在位置分囊外韧带和囊内韧带。囊外韧带在关节的侧面，位于关节囊外，多数关节均有此类韧带。囊内韧带则位于关节囊壁的纤维层与滑膜层之间，它们有增强关节稳定性的作用。也有例外的，如髋关节的关节腔内有一个囊内韧带（称圆韧带）就在关节腔内。

（2）关节盘　是位于某些关节的关节面之间的纤维软骨板。形状不定，主要是使关节面之间更相吻合一致，扩大运动范围和减轻震动的作用。如膝关节、下颌关节的各骨之间半月形的纤维软骨板，又称为半月板。

（3）关节唇　或称软骨缘，是附着在关节面周围的纤维软骨环。可增加关节窝的深度，扩大关节面。如髋臼（后肢骨中的髂骨、耻骨、坐骨围成的关节）的周围缘处的软骨环。有防止破裂的作用。

三、畜体全身骨骼

畜体全身的骨骼（图2-3、图2-4和图2-5）分为中轴骨、四肢骨和内脏骨三部分。中轴骨又

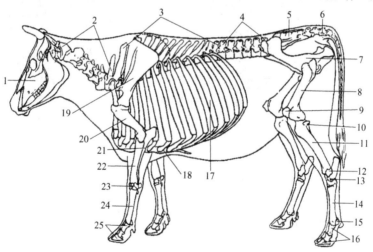

图 2-3　牛的全身骨骼

1—头骨；2—颈椎；3—胸椎；4—腰椎；5—荐骨；6—尾椎；7—髋骨；
8—股骨；9—髌骨；10—腓骨；11—胫骨；12—踝骨；13—跗骨；14—跖骨；
15—近籽骨；16—趾骨；17—肋骨；18—胸骨；19—肩胛骨；20—肱骨；
21—尺骨；22—桡骨；23—腕骨；24—掌骨；25—指骨

可分为头骨和躯干骨。四肢骨包括前肢骨和后肢骨。内脏仅个别家畜的个别器官有，如牛的心骨，位于主动脉口处。

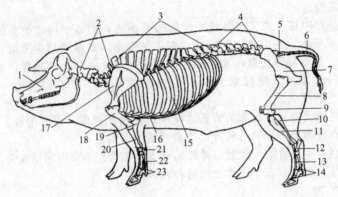

图 2-4 猪的全身骨骼

1—头骨；2—颈椎；3—胸椎；4—腰椎；5—荐骨；6—尾椎；7—髋骨；
8—股骨；9—髌骨；10—腓骨；11—胫骨；12—跗骨；13—跖骨；14—趾骨；
15—肋骨；16—胸骨；17—肩胛骨；18—肱骨；19—尺骨；20—桡骨；
21—腕骨；22—掌骨；23—指骨

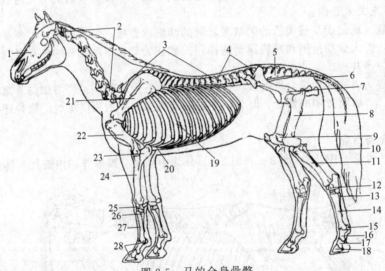

图 2-5 马的全身骨骼

1—头骨；2—颈椎；3—胸椎；4—腰椎；5—荐骨；6—尾椎；7—髋骨；
8—股骨；9—髌骨；10—腓骨；11—胫骨；12—跗骨；13—第 4 跖骨；
14—第 3 跖骨；15—近籽骨；16—系骨；17—冠骨；18—蹄骨；19—肋骨；
20—胸骨；21—肩胛骨；22—肱骨；23—尺骨；24—桡骨；25—腕骨；
26—第 4 掌骨；27—第 3 掌骨；28—指骨

(一) 头骨

头骨由扁骨和不规则骨构成。分颅骨和面骨两部分。

1. 颅骨

颅骨形成颅腔（图 2-3～图 2-6）。颅腔的后壁和底壁后部由枕骨构成；两侧壁是颞骨；底壁前部是蝶骨；顶壁包括顶骨、顶间骨和额骨的后部，额骨前部形成鼻的后上壁；颅腔和鼻腔之间是筛骨。

(1) 枕骨 构成颅腔的后壁和底壁的一部分。枕骨的后上方有横向的枕嵴。猪的枕嵴特别高大。枕骨的后下方有枕骨大孔通于椎管。枕骨大孔的两侧有枕骨通过，与寰椎构成寰枕关节。髁

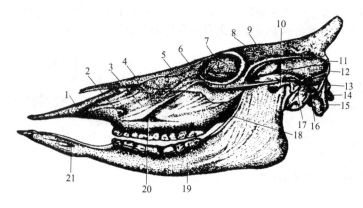

图 2-6　牛的头骨侧面

1—切齿骨；2—眶下孔；3—上颌骨；4—鼻骨；5—颧骨；
6—泪骨；7—眶窝；8—额骨；9—下颌骨冠状突；10—下颌髁；11—顶骨；
12—颞骨；13—枕骨；14—枕髁；15—颈静脉突；16—外耳；17—颞骨岩部；
18—腭骨；19—下颌支；20—面结节；21—颏孔

的外侧有颈静脉突，髁与颈突之间的窝内有舌下神经孔。

（2）顶间骨　为一单小骨，位于顶骨与枕骨之间，常与相邻骨结合，故外观不明显，构成颅腔的顶壁和后壁（牛），在脑面有枕内隆凸隔开大脑和小脑。

（3）顶骨　成对骨，位于额骨与枕骨之间，构成颅腔的顶壁和后壁（牛），其后面与枕骨相连，前面与额骨相接，两侧为颞骨。

（4）额骨　成对骨，前接鼻骨和筛骨，后势头顶骨，侧接颞骨。额骨的外部有突出的眶上突。突的基部有眶上孔。突的后方为颞窝，突的前方为眶窝，是容纳眼球的深窝。额骨的内、外板与筛骨之间形成额窦。

（5）筛骨　是颅骨的前壁，由一个垂直板、筛板和一对筛骨迷路组成。垂直板位于正中，将鼻腔后部分为左、右两部分。筛板位于颅腔和鼻腔之间，筛板上有孔，脑所形成的嗅球位于筛板后方，嗅神经通过筛孔分布于鼻黏膜上。筛骨迷路位于垂直板的两侧，由薄骨片构成。

（6）蝶骨　构成颅腔下底的前部。由蝶骨体和两对翼以及一对翼突组成，形如蝴蝶。蝶骨的后缘与枕骨及颞骨形成不规则的破裂孔。其前缘与额骨及腭骨相连处有 4 个孔与颅腔相通。4 个孔由上而下为筛孔、视神经孔、眶孔和圆孔，圆孔向后还以翼管通于后翼孔。

（7）颞骨　成对骨，位于颅腔的侧壁，又分为鳞部和岩部。鳞颞骨与顶骨、额骨及蝶骨相连。在外面有颧突伸出，并转而向前与颧骨的突起合成颧弓。颧突根部有颞髁，与下颌髁构成关节。颞骨岩部位于鳞部与枕骨之间，是中耳和内耳的所在部位。

2. 面骨

主要构成鼻腔、口腔和面部的支架。包括成对的鼻骨、泪骨、颧骨、上颌骨、颌前骨、腭骨和翼骨；不成对的犁骨、下颌骨和舌骨。

（1）上颌骨（彩图 7）　成对骨，最大，几乎与面部各骨均相连接。它向内侧伸出水平的腭突，将鼻腔与口腔分隔开。齿槽缘上具有臼齿齿槽，前方无齿槽的部分称为齿槽间缘。骨内有眶下管通过。骨的外面有面嵴和眶下孔。上颌骨内外骨板之间形成下颌窦。

（2）鼻骨　成对骨，位于额骨的前方，构成鼻腔顶壁的大部。

（3）泪骨　成对骨，位于上颌骨后背侧和眼眶底的内侧。其眶面有泪囊窝和鼻泪管的开口。

（4）颧骨　成对骨，在泪骨腹侧。前接上颌骨的后缘。下部有面嵴，并向后方伸出颞突，与颞骨的颧突结合形成颧弓。

（5）腭骨　成对骨，位于上颌骨内侧的后方，形成鼻后孔的侧壁与硬腭的后部。

（6）翼骨　是成对的狭窄薄骨片，位于鼻后孔的两侧。

（7）犁骨 单骨，位于鼻腔底面的正中，背侧呈沟状，接鼻中隔软骨和筛骨垂直板。

（8）鼻甲骨 是两对卷曲的薄骨片，附着在鼻腔的两侧壁上，并将每侧鼻腔分为上、中、下3个鼻道。

（9）下颌骨 是头骨中最大的骨，有齿槽的部分，称为下颌骨体，前部为切齿齿槽，后部为臼齿齿槽。下颌骨体之后没有齿槽的部分，称下颌支。两侧骨体和下颌支之间，形成下颌间隙。下颌支的上部有下颌髁，与颞骨的髁状关节面构成关节。下颌骨之前有较高的冠状突。下颌支内侧面有下颌孔。

（10）舌骨 位于下颌间隙后部，由几枚小骨片组成。由一个舌骨体和成对的角舌骨、甲状舌骨、上舌骨、茎舌骨及鼓舌骨构成。舌骨体有向前突出的舌突。鼓舌骨与两侧颞骨的岩部相连。舌骨有支持舌根、咽和喉的作用。

3. 鼻旁窦

头骨的内、外骨密质板之间的腔洞，内含一定气体，可增加头骨的体积而不增加其重量，并对眼球和脑起保护、隔热的作用，因其直接或间接和鼻腔相通，故称为鼻旁窦。主要有上颌窦、额窦、蝶腭窦和筛窦。兽医临床上较为重要是上颌窦和额窦。

鼻旁窦内的黏膜和鼻腔的黏膜相延续，当鼻腔黏膜发炎时，常蔓延到鼻旁窦，引起鼻窦炎。

（二）躯干骨

躯干骨包括椎骨、肋和胸骨。

1. 椎骨

按椎骨（图2-7）所在的位置可分为颈椎、胸椎、腰椎、荐椎和尾椎。所有的椎骨按从前到后的顺序排列，由软骨、关节和韧带连接一起形成身体的中轴，称为脊柱。

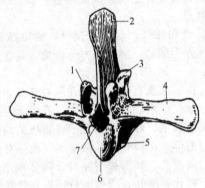

图 2-7 椎骨的一般性形态
1—前关节突；2—棘突；3—后关节突；
4—横突；5—椎头；6—椎体；7—椎孔

（1）椎骨的一般构造 各部位椎骨的形态虽然不同，但都具有共同的基本构造，即由椎体、椎弓和突起三部分构成。

① 椎体：位于腹侧，圆柱状，前端凸出为椎头，后端凹窝为椎窝。

② 椎弓：位于椎体背侧，是拱形的骨板，它与椎体共同围成椎孔，所有椎骨的椎孔按前后序列连接在一起形成一个连续的管道称为椎管，可容纳脊髓（中枢神经）。椎弓的前缘和后缘两侧各有一个切迹，相邻的切迹合成椎间孔。它是神经和血管出入椎管的通道。

③ 突起：分为三种，从椎弓背侧向上伸出的突起，叫棘突；从两侧横向伸出的突起叫横突；棘突和横突主要供肌肉和韧带附着。椎弓两侧前缘和后缘各有一对前、后关节突，它们是相邻椎骨的关节突构成关节，即前一椎骨的后关节突要与后一椎骨的前关节突之间形成关节。

（2）各椎骨形态特征

① 颈椎：一般有7枚。第1颈椎呈环形，又称寰椎（图2-8）。其两侧的横突特化形成了宽板叫寰椎翼。第2颈椎又称枢椎，椎体发达，前端突出部称为齿状突。第3～6颈椎形态相似

（图2-9、图2-10）。其椎体发达，椎头和椎窝明显；前后关节突发达，有两支横突，横突基部有横突孔，连接一起形成横突管。第7颈椎短而宽，棘突明显。

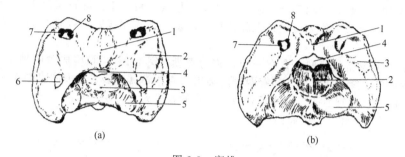

(a)　　　　　　　　　　　　　　(b)

图2-8　寰椎

（a）马的寰椎；（b）牛的寰椎

1—背侧弓；2—腹侧弓；3—寰椎翼；4—椎孔；5—后关节面；6—横突孔；7—翼孔；8—椎外侧孔

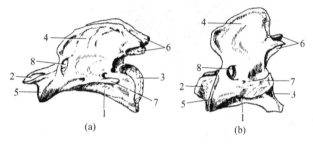

(a)　　　　　　　　　　(b)

图2-9　枢椎

（a）马的枢椎；（b）牛的枢椎

1—椎体；2—齿突；3—椎窝；4—棘突；5—鞍状
关节面；6—关节后突；7—横突；8—椎外侧孔

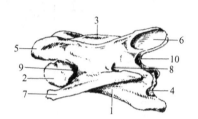

图2-10　马的第四颈椎

1—椎体；2—椎头；3—椎窝；4—棘突；
5—关节前突；6—关节后突；7—横突；
8—横突孔；9—椎前切迹；10—椎后切迹

② 胸椎（图2-11和图2-12、彩图8）：椎体大小较一致，棘突发达，横突短，游离面有关节面，与肋骨结节形成关节。椎头和椎窝的两侧都与肋骨小头成关节的关节面称肋窝。牛羊第2～6枚棘突最高，马的3～5枚棘突最高。

各种家畜胸椎的数目不同，牛和羊13枚，猪14枚或15枚，马18枚。

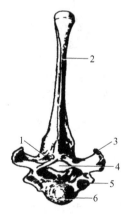

图2-11　马的胸椎前面观

1—前关节突；2—棘突；3—横突；
4—椎孔；5—肋前窝；6—椎头

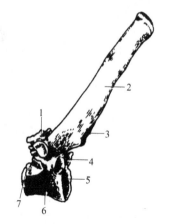

图2-12　马的胸椎侧面观

1—横突；2—棘突；3—后关节突；
4—肋后窝；5—椎窝；6—椎体；7—椎头

③腰椎：腰椎椎体长度与胸椎相近，棘突发达，高度与后位的胸椎相同；横突也较发达（图2-7）。呈上下压扁的板状，伸向两侧。构成腰部的基础，并形成腹腔的支架。腰椎数目一般为5～6枚。牛和马6枚，驴和骡为5枚，猪和羊6枚或7枚。牛的腰椎横突要更发达些，其中第3～6枚最长，这些长的横突可以扩大腹腔顶壁的横径，并在体表可以触摸到，是重要的骨性标志点。

④荐椎：成年家畜的荐椎愈合在一起，称为荐骨（图2-13），是构成盆腔顶壁的骨质基础，牛和马有5枚，羊、猪有3枚。其前端两侧的突出部叫荐骨翼。第1荐椎体腹侧缘前端的突出部叫荐骨岬。牛的荐骨腹侧面凹，腹侧荐孔也大。猪的荐椎愈合较晚。马的荐骨有4对背侧荐孔和4对腹侧荐孔，是血管和神经的通路。

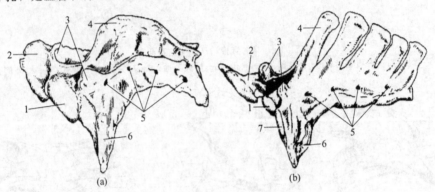

图2-13　荐骨

(a) 牛的荐骨；(b) 马的荐骨

1—椎头；2—荐骨翼；3—关节前突；4—棘突；5—荐背侧孔；6—耳状关节面；7—卵圆关节面

⑤尾椎：数目变化大，除前3枚或4枚尾椎具有椎骨的一般构造外，向后逐渐退化，仅保留有椎体。牛的前几枚尾椎的椎体腹侧有成对的腹棘，中间形成一个血管沟，供牛的尾中动脉通过。

2. 肋

肋包括肋骨和肋软骨（图2-14）。肋是弓形长骨，左右成对，构成胸廓的侧壁。其对数与胸椎数目相同：牛、羊13对，猪14对或15对，马18对。

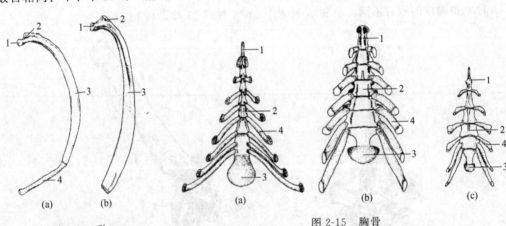

图2-14　肋

(a) 马的第8肋（内面）；

(b) 牛的第8肋（内面）

1—肋骨小头；2—肋结节；

3—肋骨；4—肋软骨

图2-15　胸骨

(a) 马；(b) 牛；(c) 猪

1—胸骨柄；2—胸骨体；3—剑状软骨；4—肋软骨

（1）肋骨　肋骨的椎骨端有肋骨小头和肋骨结节，肋骨小头与胸椎椎体上前后肋窝形成关节，肋骨结节和胸椎的横突形成上的肋凹形成关节。肋骨在畜体内是与躯体长轴垂直向后排列的，相邻肋骨间的空隙称为肋间隙。

（2）肋软骨　呈扁棒状，连于每一肋骨下端。有的肋软骨与胸骨直接相接，这些肋骨称真肋；有的肋的肋软骨不与胸骨直接相连，而是借结缔组织连于前一肋软骨上，这些肋骨叫做假肋。有些动物的后几个肋骨的肋软骨末端游离，称为浮肋。假肋的肋软骨彼此相叠，成弓形，称为肋弓，是胸廓的后界。

3. 胸骨

胸骨位于胸底部，由6～8块胸骨节片借软骨连接而成。其前端为胸骨柄，中部为胸骨体，后端为剑状软骨；在相邻的胸骨片之间形成凹陷部分，与两侧的真肋的肋软骨形成关节（图2-15）。

各种家畜的胸骨形态不尽相骨，牛的胸骨较长，呈上下压扁状，无胸骨嵴；猪的胸骨与牛的相似，但胸骨柄明显突起，马的胸骨呈船形，前部左右压扁，后部上下压扁。

4. 胸廓

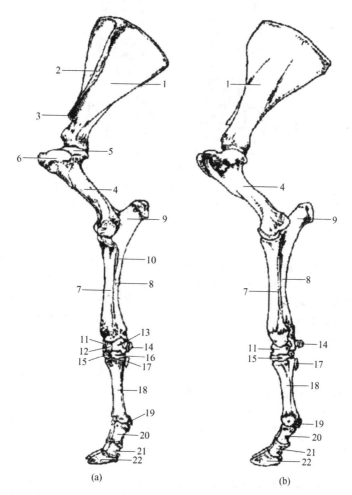

图 2-16　马的前肢骨（左）

（a）外侧面；（b）内侧面

1—肩胛骨；2—肩胛软骨；3—肩胛冈；4—冈下窝；5—冈上窝；6—盂上结节；7—肱骨；8—肱骨头；
9—外侧结节；10—桡骨；11—尺骨；12—鹰嘴；13—前臂骨间隙；14—桡腕骨；15—中间腕骨；16—尺腕骨；
17—副腕骨；18—第3腕骨；19—第4腕骨；20—第2腕骨；21—第3掌骨；22—第4掌骨

胸廓由背侧的胸椎、两侧的肋骨和肋软骨以及腹侧的胸骨围成。胸廓的前口由第1胸椎、两侧的第1肋和胸骨柄围成。胸廓的后口则由最后胸椎、两侧的肋弓和腹侧的剑状软骨所围成。

（三）前肢骨

前肢骨包括肩胛骨、肱骨、前臂骨和前脚骨。其中前臂骨包括桡骨和尺骨，前脚骨包括腕骨、掌骨、指骨（又分为系骨、冠骨和蹄骨）和籽骨（图2-2～图2-4、图2-16、图2-17）。

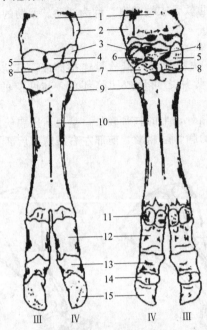

图 2-17　牛的前脚骨左侧

1—尺骨；2—桡骨；3—尺腕骨；4—中间腕骨；5—桡腕骨；6—副腕骨；7—第四腕骨；
8—第2、3腕骨；9—第5掌骨；10—大掌骨；11—近籽骨；12—系骨；13—冠骨；14—远籽骨
15—蹄骨；Ⅲ—第3指；Ⅳ—第4指

1. 肩胛骨

肩胛骨为三角形扁骨，成对，斜位于胸廓前部的外侧面。由后上方斜向前下方。其背侧缘有肩胛软骨覆盖。外侧面有一纵形隆起，称肩胛冈。牛肩胛冈远端突出明显称肩峰。猪的冈结节特别发达且弯向后方，肩峰不明显。马的肩胛冈发达，尤其肩胛冈的中部较粗大，称为冈结节。冈前方称冈上窝，后方为冈下窝。肩胛骨的远端粗大，有圆形浅凹称肩臼（肩关节窝），与肱骨形成肩关节。肩臼前方突出部为肩胛结节。

2. 肱骨

又称臂骨，为管状长骨，由前上方斜向后下方。近端后部球状关节面是肱骨头，与肩胛骨的肩臼成肩关节。两侧的内外有结节，前部内侧是小结节，外侧是大结节。骨干呈不规则的圆柱状，形成一螺旋状沟为臂肌沟，外侧上部有三角肌粗隆。肱骨远端有内、外侧髁状关节面，与尺骨形成肘关节。两髁间内面形成深窝称肘窝（或鹰嘴窝）。牛、羊、猪的则不太发达，但大结节粗大；而马的三角肌粗隆发达。

3. 前臂骨

由桡骨和尺骨组成，为长骨，位置几乎与地面垂直。

（1）桡骨　位于前内侧，发达，主要起支撑作用。其远端与近列的腕骨形成腕关节。

（2）尺骨　位于后外侧，近端发达，后上方突出形成鹰嘴，在动物体表可明显地看到。鹰嘴的前端有一个钩状的肘突，会伸入到肱骨的肘窝中。肘突的下方有凹的半月形关节面，与肱骨的远端形成关节。尺骨和桡骨是紧密结合的，但之间有一定的间隙。

在牛和羊、马等动物，桡骨发达；尺骨显著退化，仅近端发达，骨体向下逐渐变细，与桡骨

愈合，近侧有间隙，称前臂骨间隙。在猪、犬等动物，尺骨比桡骨长。

4. 腕骨

腕骨是小的短骨，位于前臂骨与掌骨之间，排成上下两列。近列有4块腕骨，自内向外为桡腕骨、中间腕骨、尺腕骨和副腕骨。远列也有四块，自内向外依次为第1、第2、第3和第4腕骨。

腕骨的数目因动物种类不同而有所不同。牛腕骨有6块，近列4块远列2块，内侧1块较大，由第2和第3腕骨愈合，外侧为第4腕骨。猪的腕骨为8块，近列4块，远列也是4块。马的腕骨为7块，近列为4块，远列为3块，第1和第2腕骨在马愈合为一块。

5. 掌骨

掌骨为长骨，近端接腕骨，远端接指骨。由内向外分别称为第1、第2、第3、第4和第5掌骨。有蹄动物掌骨有不同程度的退化。

牛和羊有发达的第3、第4掌骨，相互愈合，其他掌骨退化。猪有4个掌骨，第3、第4掌骨大，第2、第5掌骨小，缺第1掌骨。马有3个，中间是大掌骨，即第3掌骨。内侧和外侧是小掌骨，即第2和第4掌骨，缺第1和第5掌骨。

6. 指骨

完整的指骨有五块，分别是第1、2、3、4、5指骨，每一块发育完全的指骨都包括近指节骨、中指节骨和远指节骨和3枚籽骨（近籽骨2枚，位于近指节骨与掌骨之间；远籽骨1枚，位于中指节骨和远指节骨之间）籽骨为小骨，呈三角形或锥形。

牛、羊的第3、第4指发育完全，称为主指，可与地面接触，第2、第5指仅留痕迹，称悬指；每个主指各有2块近籽骨，共4块，远籽骨每主指有1块，共2块。猪有4指，第3和第4指发达，为主指，第2、第5指小，为悬指；第3、4指各有1对近籽骨和1块远籽骨，第2、5指仅有1对近籽骨。马只有第3指，近籽骨2块，远籽骨1块。

学习贴示

一个骨的近端（近列）和远端（远列）是指这块骨在动物体上离躯干近的一端为近，另一端为远。远籽骨与近籽骨的远近，指这块骨离躯干的远近而定。家畜的每个指节骨都分三节，和人手指节相似。家畜的称为系骨、冠骨和蹄骨，蹄骨构成蹄的主要骨。

（四）后肢骨

后肢骨包括髋骨、股骨、膝骨（膝盖骨）、小腿骨和后脚骨。髋骨是髂骨、坐骨和耻骨的合称。小腿骨由胫骨和腓骨组成。后脚骨包括跗骨、跖骨、趾骨和籽骨（图2-2～图2-4，图2-18～图2-24）。

1. 髋骨

髋骨为不规则骨，由背侧的髂骨和腹侧的坐骨和耻骨愈合而成。三块骨在外侧中部结合处形成一个深的关节窝称为髋臼，与股骨近端的股骨头形成关节（图2-19）。

学习贴示

分三块骨，髂骨、耻骨、坐骨，其实际是长在一块的一块骨。

（1）髂骨　位于外上方，三角形的扁骨，外侧角称为髋结节；内侧角为荐结节。

（2）坐骨　为不正的四边形，位于后下方，构成骨盆底的后部。左、右坐骨的后缘连成坐骨弓。弓的两端突出是坐骨结节。两侧坐骨的内侧缘由软骨结合在一起，称坐骨联合。

（3）耻骨　较小，位于前下方，构成骨盆底的前部。两侧耻骨的内侧缘由软骨结合形成耻骨联合。坐骨和耻骨共同围成闭孔。

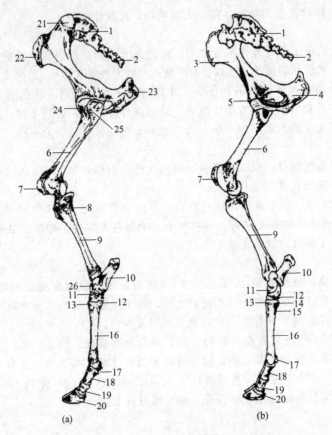

图 2-18　牛后肢骨

（a）外侧（左）；（b）内侧（右）

1—荐骨；2—尾椎；3—髂骨；4—坐骨；5—耻骨；6—股骨；7—膝盖骨；8—腓骨；9—胫骨；
10—腓跗骨；11—距骨；12—中央、第4跗骨；13—第2,3附骨；14—第1跗骨；
15—第2跖骨；16—大跖骨；17—近籽骨；18—系骨；19—冠骨；20—蹄骨；21—荐结节；
22—髋结节；23—坐骨结节；24—股骨头；25—大转子；26—踝骨

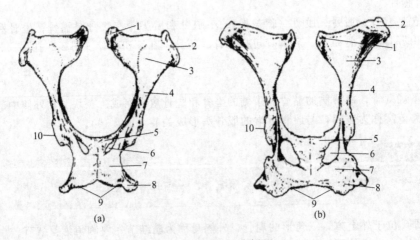

图 2-19　髋骨的背侧面

（a）马的髋骨；（b）牛的髋骨

1—荐结节；2—髂结节；3—髂骨翼；4—髂骨体；5—耻骨；
6—闭孔；7—坐骨；8—坐骨结节；9—坐骨弓；10—髋骨

（4）骨盆　由两侧髋骨、背侧的荐骨和前 4 枚尾椎以及两侧的荐结节阔韧带共同围成一个前宽后窄的圆锥形的腔（图 2-20）。前口以荐骨岬、髂骨及耻骨为界；后口的背侧为尾椎，腹侧为坐骨，两侧为荐结节阔韧带的后缘。雌性动物骨盆的底壁平而宽，雄性动物则较窄。耻骨联合和坐骨联合统称为骨盆联合。

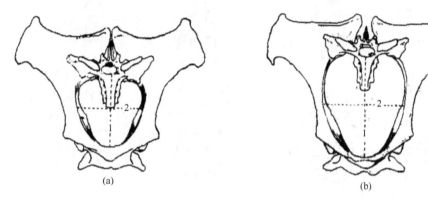

图 2-20　公马、母马骨盆的比较（前面观）

（a）公马的骨盆；（b）母马的骨盆

1—骨盆前口的纵径；2—骨盆前口的横径

2. 股骨

股骨为长骨，由后上方斜向前下方，近端内侧是球状的股骨头，与髋骨的髋臼形成髋关节。头的外侧粗大的突起是大转子。骨干呈圆柱状，内侧近上 1/3 处的嵴称为小转子。外侧缘在与小转子相对处有一较大的突，称第 3 转子。股骨远端前部有滑车状关节面，与髌骨、胫骨形成膝关节。后部由股骨内、外侧髁构成，与胫骨形成关节。

3. 髌骨

髌骨又称膝盖骨，位于股骨的远端，呈顶端向下的楔形，后面与股骨滑车状关节面、胫骨形成膝关节。

4. 小腿骨

包括胫骨和腓骨。

（1）胫骨　位于内侧，较发达，为三面棱形柱状长骨。其近端有胫骨内、外侧髁，与股骨的滑车状关节面及髌骨共同形成膝关节。远端有螺旋状滑车关节面，与胫跗骨形成跗关节。

（2）腓骨　位于外侧，较细小。腓骨近端较大，称腓骨头，远端细小。腓骨的发达程度因家畜的种类而不同。在牛、羊，腓骨退化，仅有两端，无骨体，其远端腓骨或称踝骨。猪的腓骨发达。

5. 跗骨

跗骨与前肢腕骨相似，为多排的小短骨组成，位于小腿骨与跖骨之间。一般由上、中、下 3 列组成。上列内侧是距骨，外侧是跟骨。跟骨近端粗大，称跟结节。可在动物体表摸到。中列仅有中央跗骨。下列由内向外依次是第 1、第 2、第 3 和第 4 跗骨。牛、羊的跗骨（图 2-21）共 5 枚，第 2、第 3 跗骨愈合，第 4 跗骨与中央跗骨愈合；猪共有 7 枚跗骨（图 2-22）；马的跗骨共 6 枚，第 1、第 2 跗骨愈合。

6. 跖骨

与前肢掌骨相似，也有 5 块。各动物跖骨的具体枚数与前肢相同。

7. 趾骨

与前肢相同，发育完整的趾骨有 5 块，发育完全的趾骨也有三个趾节骨和三个籽骨。三个趾节骨分别称为系骨、冠骨和蹄骨。各家畜趾骨的具体枚数与前肢指骨相同。

8. 籽骨

近籽骨 2 枚，远籽骨 1 枚。位置、形态与前肢籽骨相似。

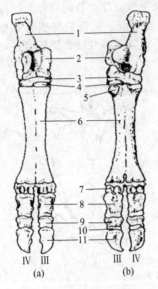
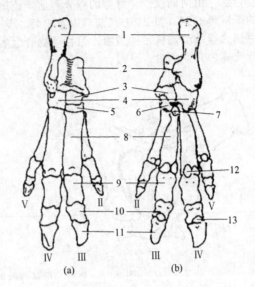

图 2-21　牛的后脚骨

(a) 背侧面；(b) 跖侧面

1—跟骨；2—距骨；3—中央第 4 跗骨；

4—第 2,3 跗骨；5—第 2 跖骨；

6—第 3、4 跖骨；7—近籽骨；8—系骨；

9—冠骨；10—远籽骨；11—蹄骨；

Ⅲ—第 3 趾；Ⅳ—第 4 趾

图 2-22　猪的后脚骨

(a) 背侧面；(b) 跖侧面

1—跟骨；2—距骨；3—中央跗骨；4—第 4 跗骨；

5—第 3 跗骨；6—第 2 跖骨；7—第 1 跗骨；8—距骨；

9—系骨；10—冠骨；11—蹄骨；12—近籽骨；13—远籽骨；

Ⅱ—第 2 趾；Ⅲ—第 3 趾；Ⅳ—第 4 趾；Ⅴ—第 5 趾

知识链接

　　以指或趾着地的动物为蹄行动物，如牛、马。以 1 个指（趾）端着地的动物则为单蹄动物，如马中有第 3 指着地；以 2 个或 4 个指（趾）着地的动物为偶蹄动物，如牛、猪。

四、畜体全身主要的骨连接

（一）躯干骨的连接

包括脊柱连接和胸廓连接。

1. 脊柱连接

包括椎体之间的连接、椎弓之间的连接。

（1）椎体间　连接相邻两个椎骨的椎体间借助韧带和纤维软骨盘相连，称椎间盘，盘的外周是纤维环，中间为髓核，起缓冲垫的作用。盘越厚，活动范围越大。

（2）椎弓间连接　包括相邻的椎骨之间关节突和棘突间连接，相邻的关节突或棘突借助短的韧带和关节囊相连。此外还有长的棘上韧带和项韧带。棘上韧带由枕骨伸延到荐骨，连于多数棘突顶端。在颈部，棘上韧带强大而富有弹性，称为项韧带，它由索状部和板状部组成（图 2-23）。

由于适应头部的灵活运动，脊柱前端与枕骨之间形成两个活动关节。

① 寰枕关节：由寰椎与枕骨构成的关节，可伸、屈和侧转运动。

② 寰枢关节：由寰椎与枢椎构成的关节，可左右转动头部。

2. 胸廓连接

包括肋椎关节和肋胸关节。

（1）肋椎关节　是每一肋骨与相应胸椎构成的关节。包括 2 个，一个是肋骨小头与胸椎椎体上肋窝之间的关节，另一个是肋骨结节与胸椎横突形成的关节。

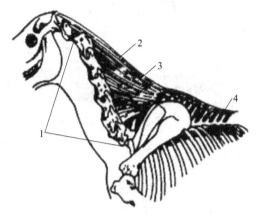

图 2-23　马的项韧带

1—颈椎；2—项韧带索状部；3—项韧带板状部；4—棘间韧带

（2）肋胸关节　是由真肋的肋软骨与胸骨两侧肋凹形成的关节。具有关节囊和韧带。活动范围较大。

（二）头骨的连接

头骨大部分为不动的连接，主要形成缝；有的形成软骨性的连接，如枕骨和蝶骨的连接。只有一个颞下颌关节具有活动性。

颞下颌关节（图 2-24）是由下颌骨的关节突与颞骨颞突腹侧关节面构成。中间有软骨板（关节盘），关节囊有外侧韧带。

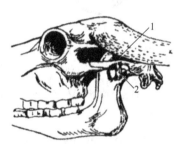

图 2-24　颞下颌关节

1—颞骨颞突；2—侧韧带

（三）前肢关节

前肢关节由上到下依次为肩关节、肘关节、腕关节和指关节。指关节由系关节、冠关节和蹄关节组成（图 2-25）。

1. 肩关节

肩关节为多轴单关节，由肩胛骨的肩臼和肱骨头构成。没有侧韧带，具有松大的关节囊。关节角在后方，站立时关节角 120°～130°。主要做伸屈运动。

2. 肘关节

肘关节是由肱骨远端和前臂骨近端构成的单轴复关节。关节囊掌侧薄，背侧厚，关节有内、外侧副韧带，固定肘关节防止其过度拉伸。肘关节角在前方，站立时关节角呈 150°，可做伸屈运动。

3. 腕关节

腕关节是单轴复关节，由桡骨远端、近列和远列腕骨以及掌骨近端构成。根据运动来看关节角顶端向前，关节角度几乎呈 180°。其关节囊的纤维层包住整个腕关节，而其滑膜层分别构成桡腕囊、腕间囊和腕掌囊。关节囊后壁厚而紧，使之只能向掌侧屈。腕关节有长的侧韧带和短的腕骨间韧带（图 2-26）。

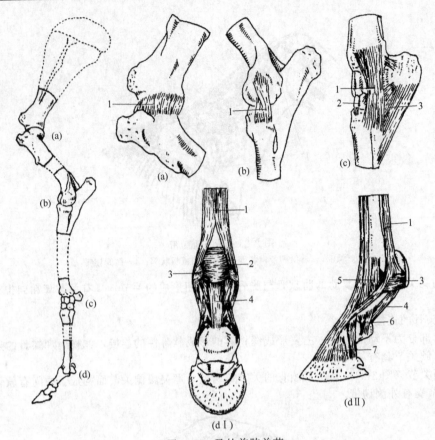

图 2-25 马的前肢关节

(a) 肩关节 1—关节囊;(b) 肘关节 1—外侧副韧带;
(c) 腕关节 1—外侧副韧带;2—骨间韧带;3—副腕骨下韧带;
(d) 指关节 (dⅠ) 掌侧面 (dⅡ) 侧面 1—悬韧带;2—籽骨间韧带;
3—籽骨侧韧带;4—籽骨下韧带;5—系关节侧副韧带;6—冠关节侧副韧带;7—蹄关节侧副韧带

4. 指关节

家畜的指关节在正常站立时呈背屈状态,包括系关节、冠关节和蹄关节。

(1) 系关节 又称球节,是单轴关节,由掌骨远端、系骨近端和一对近籽骨组成。其侧韧带与关节囊紧密相连。系关节掌侧除有强大的屈肌腱外,还有悬韧带和籽骨下韧带固定籽骨,防止关节过度背屈。

悬韧带是由骨间中肌腱质化而形成的。位于掌骨的掌侧,起于大掌骨近端,下端分为两支,止于近籽骨。

(2) 冠关节 由系骨远端和冠骨近端构成。有侧韧带紧连于关节囊。仅可做小范围的屈伸运动。

(3) 蹄关节 由冠骨与蹄骨及远籽骨构成。关节囊的背侧和两侧有强厚的侧韧带,掌侧的薄,侧副韧带强而短。蹄关节只能进行屈伸运动。

牛为偶蹄,两指关节成对,其构造与上述各指关节结构相似。两主指系关节的关节囊在掌侧相互交通。

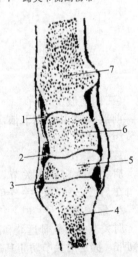

图 2-26 马腕关节的矢状切面

1—桡腕关节腔;2—腕间关节腔;3—腕掌关节腔;4—掌骨;5—远列腕骨;6—近列腕骨;7—桡骨

知识链接

　　关节按构成关节的骨的数目可分为单关节、复关节；按关节运动的轴的数目可分为单轴和多轴关节。单轴、双轴关节的区分，是指这个关节能沿着几个轴活动。单轴关节只在一个平面上，沿一个轴做屈伸运动；双轴关节能沿横轴做屈伸，还能沿纵轴做摆动；还有一种是多轴关节，就是能做旋转运动的关节。家畜有些关节是多轴关节，但由于肌肉的束缚，不能做旋转运动。如肩关节是多轴关节，但不能做旋转运动。

（四）后肢关节

　　后肢包括有盆带连接和游离部关节。盆带连接包括荐髂关节和骨盆的韧带；游离部包括髋关节、膝关节、跗关节和趾关节（图2-27）。

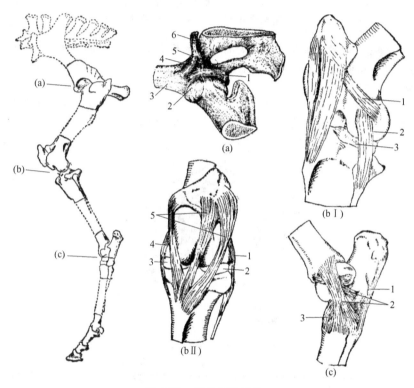

图 2-27　马的后肢关节

　　（a）马的髋关节 1—髋臼横韧带；2—股骨头；3—髂骨断头；4—股骨头韧带；5—副韧带；6—耻骨；
　　（bⅠ）马的膝关节（外侧）1—股膝关节外侧侧副韧带；2—股骨关节外侧侧副韧带；3—半月状板；
　　（bⅡ）马的膝关节（前面）1—股胫关节外侧侧副韧带；2—外侧半月状板子；3—内侧半月状板；
　　4—股胫关节内侧侧副韧带；5—膝直韧带；（c）马的跗关节（内侧面）1—跖侧韧带；
　　2—内侧侧副韧带；3—背侧韧带

1. 盆带部连接

（1）荐髂关节　由荐骨翼和髂骨翼构成。囊壁短，其周围有短纤维束固定。因此，荐髂关节运动范围很小。在荐骨与髋骨之间还有荐结节阔韧带（又称荐坐韧带），起自荐骨侧缘和第1、第2尾椎横突，止于坐骨。其前缘与髂骨形成坐骨大孔，下缘与坐骨形成坐骨小孔（图2-28）。

（2）骨盆部的韧带　指连接荐骨和髋骨之间有关的韧带，包括荐髂背侧韧带和荐结节阔韧带。

　① 荐髂背侧韧带：一部分从髂骨的荐结节起到荐骨的棘突顶端为止，另一部分由髂骨的内侧缘至荐骨的外侧缘。

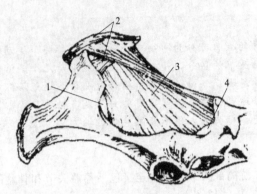

图 2-28　荐髂关节韧带

1—坐骨大孔；2—荐髂背侧韧带；3—荐结节阔韧带；4—坐骨小孔

　　② 荐结节阔韧带：又称荐坐韧带，由荐骨的侧缘和第1～2枚尾椎的横突开始，伸向坐骨棘和坐骨结节处。此韧带参与形成盆腔的侧壁。

　　2. 髋关节

　　髋关节是多轴关节，由髋臼和股骨头构成。关节角在前方。关节囊宽松。在髋臼与股骨头之间有一短而强的圆韧带。马属动物还有一条副韧带，来自耻前腱（图 2-29）。

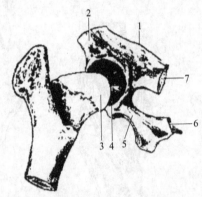

图 2-29　髋关节（髋臼拉开）

1—坐骨棘；2—髂骨；3—股骨头；4—股骨头韧带；
5—耻骨体；6—耻骨断面；7—坐骨断面

　　3. 膝关节

　　膝关节是单轴关节，包括股膝关节和股胫关节。膝关节角在后方，可做伸屈动作。

　　（1）股膝关节　由膝盖骨和股骨远端前部滑车关节面组成。关节囊宽松，有侧韧带。在前方由3条强大的直韧带（即膝外直韧带、膝中直韧带和膝内直韧带）将膝盖骨连于胫骨近端。

　　（2）股胫关节　是单轴复关节，由股骨远端后部的内外侧髁与胫骨近端构成。其间有两个半月状软骨板（即关节盘）。除有侧韧带外，关节中央还有一对交叉的十字韧带。另有半月状板韧带连于股骨和胫骨。

　　4. 跗关节

　　跗关节又称飞节，是单轴关节，是由小腿骨远端、跗骨和跖骨近端构成的单轴复关节。关节角在前方。其滑膜形成胫跗囊、近侧跗间囊、远侧跗间囊和跗跖囊。有内、外侧韧带和背、跖侧韧带。

　　5. 趾关节

　　构造与前肢指关节相同。

第二节　肌　　肉

一、概述

构成运动系统的肌肉主要是横纹肌，因其附着于骨骼上，故称为骨骼肌。

（一）肌肉的构造

构成运动系统的每一块肌肉都是一个肌器官，主要由骨骼肌纤维组成。可分为肌腹和肌腱两部分。肌腹位于肌肉的中间，肌腱位于肌肉的两端，附着于不同的骨上。

1. 肌腹

骨骼肌按一定的方向排列构成肌腹，其间有结缔组织、血管和神经、淋巴管等结构，随结缔组织分布于肌纤维之间。包在整块肌肉外面的结缔组织称为肌外膜，肌外膜伸入肌腹内将肌纤维分成小束，称为肌束膜。在每个肌纤维的外面都包有一层结缔组织膜称肌内膜。肌纤维的主要功能是收缩，产生动力。肌膜是肌肉的支持组织，营养好的家畜肌肉结缔组织间还有脂肪。血管和神经是沿肌膜伸入肌肉内的。

2. 肌腱

由致密结缔组织平行排列形成的腱纤维，是肌腹一端或两端的直接延续，坚固有韧性，有强的抗拉性，但没有收缩能力，肌腱的构造与肌腹相似，由腱纤维、腱纤维束、腱外膜和腱束膜等构成。腱纤维借肌内膜直接连接在肌纤维的端部或穿于肌腹中，使肌肉牢固地附着于骨上，有传导肌肉收缩力、减缓肌肉收缩时震动的作用。

纺锤肌或长肌末端的腱呈圆索状，就是通常说的肌腱，而扁平肌肉的腱薄而宽，则称为腱膜（如腹壁肌的腱膜）；如果腱束或腱带存在于肌肉的表面，我们就称为腱划（如腹直肌表面的腱划）。

（二）肌肉的形态

肌肉按形态不同可分为纺锤形肌、多裂肌、板状肌和环形肌4种（图2-30）。

1. 纺锤形肌

多分布于四肢。在肌肉内部，肌纤维束的排列多与肌的长轴平行，收缩时使肌肉显著缩短，从而引起大幅度的运动。纺锤形的肌肉，两端多为腱质，中部主要由肌质（肌纤维）构成。其外形常被分为上端的肌头、下端的肌尾和中部膨大的肌腹。

2. 多裂肌

主要分布于脊柱之间的椎骨之间，由许多短肌束组成，收缩的幅度不大，但收缩力较强而持久。如背最长肌（俗称里脊）、髂肋肌等。

3. 板状肌

主要分布于腹壁和肩带部，多呈薄板状，形态不一，有的呈扇形，如背阔肌；有的呈锯齿

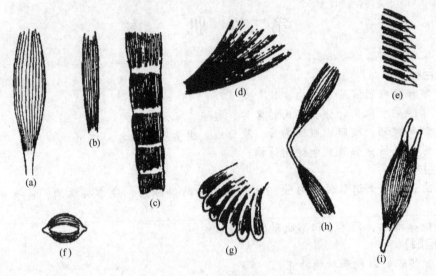

图 2-30　肌肉的形态
（a）纺锤形肌；（b）带状肌；（c）腹直肌；（d）板状肌；
（e）多裂肌；（f）环形肌；（g）锯肌；（h）二腹肌；（i）二头肌

状，如腹侧锯肌等。板状肌的腱质形成腱膜。

4. 环形肌

分布于畜体的自然孔周围，肌纤维呈环行，形成括约肌。如口轮匝肌（构成唇的主要肌肉）、肛门括约肌等，收缩时可以关闭自然孔。

（三）肌肉起止点

肌肉一般附着于两块或两块以上能活动的骨上，有的附着于软骨、筋膜、韧带或皮肤上。中间跃过一个或多个关节。肌肉收缩时肌腹变粗变短，使其两端的附着点互相靠近，牵引骨发生移位而产生运动。当其收缩时，位置不动的一端叫起点，引起骨移动的一端称止点。但有时随情况的变化，两点可互换。

（四）肌肉的作用

肌肉通过其肌腹的收缩改变长度，从而牵动骨产生运动。但家畜在运动时，每个动作往往是几块肌肉或几组肌群相互配合的结果。在一个动作中，起主要作用的肌肉称主动肌；起协助作用的肌肉称协同肌；产生相反作用的称对抗肌；参与固定某一部位的肌肉为固定肌。

（五）肌肉的命名

肌肉的名称一般是根据肌肉的功能、形态、位置以及肌纤维的方向等来命名的。如按作用命名的，如屈肌、伸肌；按形状命名的，如三角肌、圆肌；还有按纤维走向命名的，如腹直肌、斜肌等。大多数肌肉是综合几个特点命的名，少数只据其一个最明显的特征命名。

（六）肌肉的辅助器官

包括筋膜、黏液囊和腱鞘，它们的作用是保护和辅助肌肉的工作。

1. 筋膜

（1）浅筋膜　浅筋膜位于皮下，由疏松结缔组织构成，覆盖在全身肌的外表面。有些部位的浅筋膜中有皮肌。营养良好的家畜在浅筋膜内蓄积有脂肪。

（2）深筋膜　深筋膜由致密结缔组织构成，位于浅筋膜下。在某些部位深筋膜形成包围肌群的筋膜鞘；或伸入肌间，附着于骨上，形成肌间隔；或提供肌肉的附着面。主要起保护、固定肌肉位置的作用。

2. 黏液囊

黏液囊是封闭的结缔组织囊。壁内分为两层。内层衬有滑膜，滑膜能分泌滑液。外层为纤维层。黏液囊多位于骨的突起与肌肉、腱和皮肤之间，起到减少摩擦的作用。位于关节附近的黏液囊多与关节腔相通，是关节囊的突出部分形成的（图2-31）。

3. 腱鞘

呈长的筒形，是包裹于腱外的黏液囊。腱鞘也分为两层，外层是纤维层，由深筋膜增厚形成；内层为滑膜层，分壁层和脏层，贴在纤维层内面的为壁层，脏层紧贴在腱上，壁层折转变成脏层处形成的滑膜褶称为腱系膜（图2-31）。腱鞘可以减少肌腱活动时的摩擦。

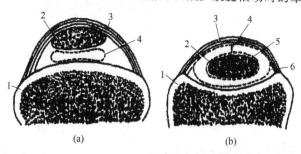

图 2-31　黏液囊和腱鞘的结构
（a）黏液囊 1—骨；2—肌腱；3—纤维膜；4—滑膜；
（b）腱鞘 1—骨；2—肌腱；3—纤维膜；4—腱系膜；
　　　　 5—滑膜脏层；6—滑膜壁层

学习贴示

腱鞘的滑膜层中的脏层与壁层是一个连续的结构，因其所覆盖的部位不同，才有了脏层和壁层之分。靠近外面一层为壁层，在里一层为脏层；在折转处称为系膜。在肌腱外包滑膜的折转处就是腱系膜。

二、全身肌肉分布

（一）皮肌

皮肌是分布于浅筋膜内的薄板状骨骼肌。皮肌收缩时，可使皮肤震颤，以驱赶蚊蝇和抖掉皮肤上的灰尘。根据其所在部位不同可分为颈皮肌、面皮肌、肩臂皮肌和躯干皮肌（图2-32）。

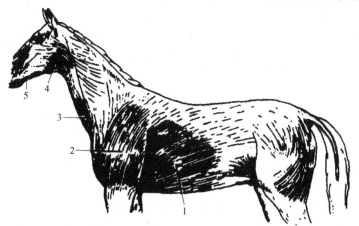

图 2-32　马的皮肌
1—躯干皮肌；2—肩臂皮肌；3—颈皮肌；4—面皮肌；5—唇皮肌

（二）头部肌

头部肌分为面部肌和咀嚼肌（图2-33）。

1. 面部肌

面部肌位于口和鼻腔周围，主要有鼻唇提肌、上唇固有提肌、鼻翼开肌、下唇降肌、口轮匝肌和颊肌。

2. 咀嚼肌

咀嚼肌是下颌发生运动的肌肉。可分闭口肌（咬肌、颞肌和翼肌）和开口肌（枕颌肌和二腹肌）。闭口肌是家畜磨碎食物的动力来源，因此很发达且有腱质。开口肌的作用主要向下牵拉下颌骨使口张开。

（三）前肢主要肌肉

前肢肌按部位分为肩带肌、肩部肌、臂部肌、前臂部肌和前脚部肌。

1. 肩带肌

肩带肌是连接前肢与躯干的肌肉。多数为板状肌。起于躯干，止于肩部和臂部（图2-33、图2-34）。主要包括斜方肌、菱形肌、背阔肌、臂头肌、胸肌和腹侧锯肌。牛还有肩胛横突肌。

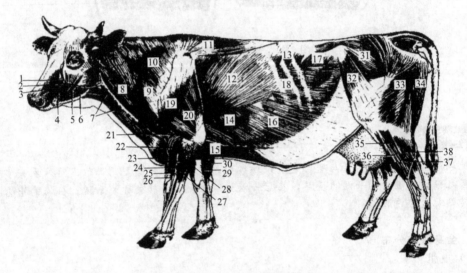

图 2-33　牛的全身浅层肌

1—鼻唇提肌；2—上唇固有提肌；3—鼻外侧开肌；4—上唇降肌；5—颊肌；6—下唇降肌；7—胸头肌；
8—臂头肌；9—肩胛横突肌；10—颈斜方肌；11—胸斜方肌；12—背阔肌；13—后下锯肌；14—胸下锯肌；
15—胸深后肌；16—腹外斜肌；17—腹内斜肌；18—肋间外肌；19—三角肌；20—臂三头肌；
21—臀肌；22—腕桡侧伸肌；23—胸浅肌；24—指总伸肌；25—指内伸肌；26—腕斜伸肌；27—指外侧伸肌；
28—腕外侧屈肌；29—腕桡侧屈肌；30—腕尺侧屈肌；31—臀中肌；32—阔筋膜张肌；
33—股二头肌；34—半腱肌腓肠肌；35—腓骨长肌；36—第3腓骨肌；37—趾外侧伸肌；38—趾深屈肌

（1）背侧肌群

① 斜方肌：为三角形薄板状肌，位于肩颈上部浅层，分颈、胸两部。起于项韧带索状部和前10个胸椎棘突，止于肩胛冈。有提举、摆动和固定肩胛骨的作用。

② 菱形肌：位于斜方肌深面，也分颈、胸两部。颈菱形肌狭长，起于项韧带索状部，止于肩胛骨前上角内侧。胸菱形肌呈四边形，起于前几个胸椎棘突，止于肩胛骨后上角内侧。具有提举肩胛骨的作用。

③ 背阔肌：板状肌呈扇形，位于胸侧壁，自腰背筋膜起始，在牛还起于第9～11肋骨、肋间外肌和腹外斜肌的筋膜，肌纤维向前止于肱骨。其作用可向后上方牵引肱骨，屈肩关节。在牛还可协助吸气。

④ 臂头肌：位于颈侧部皮下，呈长而宽的带状。起始于枕嵴、寰椎和第2～4颈椎横突，止于肱骨外侧三角肌结节。它构成颈静脉沟（颈部的颈静脉血管由此通过）的上界。牛的臂头肌前宽后窄，可明显分为上部的锁枕肌和下部的锁乳突肌。其作用为牵引前肢向前，提举和侧偏

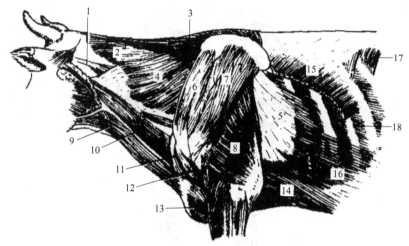

图 2-34　牛的躯干深层肌

1—头最长肌；2—夹肌；3—菱形肌；4—颈腹侧锯肌；5—胸腹侧锯肌；6—冈上肌；
7—冈下肌；8—臂三头肌；9—胸头肌；10—臂头肌；11—胸深肌；12—臂二头肌；
13—胸浅肌；14—胸深肌；15—背阔肌；16—腹外斜肌；17—后背侧锯肌；18—肋间外肌

头颈。

⑤ 肩胛横突肌：前部位于臂头肌深面，后部位于颈斜方肌与臂头肌之间。起始于寰椎翼，止于肩峰部筋膜。有牵引前肢向前，侧偏头颈的作用。马无此肌。

（2）腹侧肌群

① 胸肌：位于胸底壁与臂部之间。分为胸前浅肌、胸后浅肌、胸前深肌和胸后深肌。有内收前肢的作用。当前肢向前踏地时，可牵引躯干向前，内收和摆动前肢。

② 腹侧锯肌：位于颈胸部的外侧面，为一宽大的扇形肌。下缘呈锯齿状，位于颈胸部的外侧面，可分为颈、胸两部分。颈腹侧锯肌全是肌质（肌纤维多），胸部锯肌较薄，表面和内部混有腱层。腹侧锯肌的主要作用为举颈、提举和悬吊躯干，并能协助呼吸。

2. 肩部肌

肩部肌分布于肩胛骨的内侧及外侧面（图 2-33～图 2-35），起自肩胛骨，止于肱骨，跨越肩关节。可分为外侧组和内侧组。

（1）外侧组

① 冈上肌：位于肩胛骨冈上窝内。起自冈上窝，止腱分两支，分别止于肱骨大结节和小结节。作用为伸展或固定肩关节。

② 冈下肌：位于肩胛骨冈下窝内。起于冈下窝，止于肱骨近端外侧结节。可外展臂部和固定肩关节。

③ 三角肌：位于冈下肌的外面，呈三角形。起于肩胛冈及冈下肌腱膜。牛还起于肩峰，止于肱骨外侧三角肌结节。可屈肩关节。

（2）内侧组

① 肩胛下肌：位于肩胛骨内侧面，起于肩胛下窝，止于肱骨近端内侧小结节。牛的明显分成三个肌束，其作用是内收肱骨或固定肩关节。

② 大圆肌：位于肩胛下肌后方，呈带状，起于肩胛骨后角，止于肱骨内侧圆肌结节。其作用是屈肩关节。

3. 臂部肌

臂部肌分布于肱骨周围（图 2-33～图 2-35），起于肩胛骨和肱骨，跨越肩关节及肘关节止于前臂骨。主要对肘关节起作用。可分伸、屈两组。伸肌组位于肱骨后方，屈肌组在前方。

（1）伸肌组

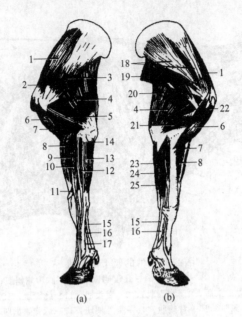

图 2-35　牛的前肢肌

(a) 外侧；(b) 内侧

1—冈上肌；2—冈下肌；3—三角肌；4—臂三头肌长头；5—臂三头肌外侧头；6—臂二头肌；
7—臂肌；8—腕桡侧伸肌；9—指内侧伸肌；10—指总伸肌；11—腕斜伸肌；12—指外侧伸肌；
13—腕外侧屈肌；14—指深屈肌；15—指浅屈肌腱；16—指深屈肌腱；17—悬韧带；18—肩胛下肌；
19—背阔肌；20—大圆肌；21—臂三头肌内侧头；22—喙臂肌；23—腕尺侧屈肌；
24—腕桡侧屈肌；25—指浅屈肌

① 臂三头肌：位于肩胛骨和臂骨后方的夹角内。主要作用为伸肘关节。

② 前臂筋膜张肌：位于臂三头肌的后缘及内侧面。以一薄的腱膜起于背阔肌的止端腱及肩胛骨的后缘，止于肘突及前臂筋膜。其作用为伸肘关节。

(2) 屈肌组

① 臂二头肌：位于肱骨前面，呈圆柱状（牛）或纺锤形（马）。起自肩胛结节，越过肩关节前面和肘关节，止于桡骨近端前面的桡骨结节。主要作用是屈肘关节，也有伸肩关节的作用。

② 臂肌：位于肱骨臂肌沟内。起自肱骨后面上部，止于桡骨近端内侧缘。其作用为屈肘关节。

4. 前臂及前脚部肌

前臂及前脚部肌是作用于腕关节和指关节的肌群，均起自肱骨远端和前臂骨近端。在腕关节上部变为腱质。作用于腕关节的肌肉的腱短，止于腕骨及掌骨。作用于指关节的肌肉其腱较长，跨过腕关节和指关节，止于指骨。除腕尺侧屈肌外，其他各肌的肌腱在经过腕关节时均包有腱鞘。前臂及前脚肌可分为背外侧肌群和掌内侧肌群（图 2-36～图 2-39）。

(1) 背外侧肌群　分布于前臂骨的背侧和外侧面。它们是作用于腕、指关节的伸肌。

① 腕桡侧伸肌：位于桡骨的背侧面，主要作用是伸腕关节。

② 腕斜伸肌：起自桡骨外侧下半部，斜伸延向腕关节内侧。有伸和旋外腕关节的作用。

③ 指总伸肌：主要起于肱骨远端前面，至前臂下部延续为腱，经腕关节背外侧面、掌骨和系骨背侧面向下伸延，止于蹄骨的伸腱突。主要作用是伸指和腕关节，也可屈肘。

④ 指外侧伸肌：在指总伸肌后方，起自桡骨近端外侧，其腱经腕关节外侧面下延，至掌部，则沿指总伸肌腱外侧缘下行。有伸指和腕关节的作用。

⑤ 指内侧伸肌：又称第 3 伸肌，马无此肌。它位于腕桡侧伸肌和指总伸肌之间，起于肱骨远端背侧，以长腱止于第 3 指冠骨近端和蹄骨内侧缘。有伸第 3 指作用。

（2）掌内侧肌群　分布于前臂骨的掌侧面，为腕和指关节的屈肌。

①腕外侧屈肌：又称尺外侧肌，位于指外侧伸肌的后方，起自肱骨远端，止于副腕骨和第4掌骨近端，作用为屈腕、伸肘。

②腕尺侧屈肌：位于前臂部内侧后部，起于肱骨远端内侧和肘突，止于副腕骨。有屈腕、伸肘作用。

③腕桡侧屈肌：位于腕尺侧屈肌前方，桡骨之后。起于肱骨远端内侧，马的止于第2掌骨近端，牛的止于第3掌骨近端。作用为屈腕、伸肘。

（四）后肢主要肌肉

后肢肌肉较前肢肌肉发达，是推动身体前进的主要动力。可分为臀部肌、股部肌、小腿和后脚部肌（图2-33、图2-36）。

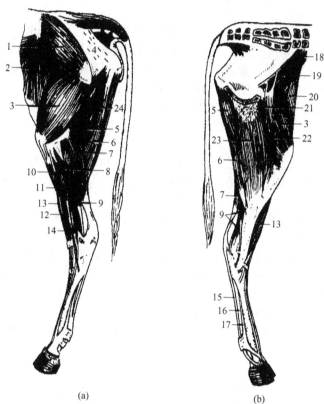

图 2-36　牛的后肢肌（外侧臀股二头肌已切除）

（a）外面；（b）内面

1—臀中肌；2—腹内斜肌；3—股四头肌；4—荐结节阔韧带；

5—半膜肌；6—半腱肌；7—腓肠肌；8—比目鱼肌；

9—趾深屈肌；10—胫骨前肌；11—腓骨长肌；12—趾长伸肌及趾内侧伸肌；13—第3腓骨肌；

14—趾外侧肌；15—趾浅屈肌；16—胫骨屈肌腱；17—悬韧带；18—腰小肌；19—髂腰肌；

20—阔肌膜张肌；21—耻骨肌；22—缝匠肌；23—股薄肌；24—内收肌

1. 臀部肌

臀部肌分布于臀部，跨越髋关节，止于股骨。可伸、屈髋关节及外旋大腿。

（1）臀浅肌　牛、羊无此肌。马的臀浅肌位于臀部浅层，呈三角形。有外展后肢和屈髋关节的作用。

（2）臀中肌　大而厚，是臀部的主要肌肉。起自髂骨翼和荐结节阔韧带，止于股骨大转子。主要作用是伸髋关节，外展后肢，由于其与背最长肌结合，还参与竖立、蹴踢和推动躯干前进等动作。

(3) 臀深肌 位于臀中肌的下面，被臀中肌覆盖。起自坐骨棘，在牛还起于荐结节阔韧带，止于大转子前部。有外展髋关节和内旋后肢的作用。

(4) 髂肌 起自髂骨腹侧面，止于小转子。因其与腰大肌的止部紧密结合一起，故常合称为髂腰肌。其作用为屈髂关节及外旋后肢。

2. 股部肌

股部肌分布于股骨周围，根据部位可分为股前、股后和股内侧肌群。

(1) 股前肌群 位于股骨前面。

① 阔筋膜张肌：位于股前浅层，起自髋结节，向下呈扇形连于阔筋膜，并借阔筋膜止于膝盖骨和胫骨前缘。有紧张阔筋膜、屈髋关节和伸膝关节的作用。

② 股四头肌：大而厚，富于肌质，位于股骨前面及两侧。作用为伸膝关节。

(2) 股后肌群 位于股后部。

① 股二头肌：位于股后外侧，是一块长而宽的肌肉。有2个头，椎骨头起于荐骨，坐骨头起于坐骨结节。有伸髋关节、膝关节、跗关节的作用。提举后肢时又可屈膝关节。

② 半腱肌：是一块大长肌，起始于股二头肌后方，向下构成股部后缘，止端转到内侧。其作用同股二头肌（股二头肌与半腱肌之间肌沟为股二头肌沟）。

③ 半膜肌：呈大的三棱形，位于半腱肌后内侧。起于坐骨结节（马、牛）和荐结节阔韧带后缘（马），止于股骨远端内侧。有伸髋关节并内收后肢的作用。

(3) 股内侧肌群 位于股部内侧。

① 股薄肌：薄而宽呈四边形，位于股内侧皮下。有内收后肢的作用。

② 耻骨肌：位于耻骨前下方，起于耻骨前缘和耻前腱，止于股骨中部的内侧缘。可内收后肢和屈髋关节。

③ 内收肌：呈三棱形，位于耻骨肌后面，起于耻骨和坐骨的腹侧面，止于股骨。可内收后肢，也可伸髋关节。

④ 缝匠肌：呈狭长带状，位于股内侧前部，半膜肌的前方。起于髂骨盆面髋筋膜和腰小肌腱，止于胫骨近端内面。有内收后肢的作用。

3. 小腿和后脚部肌

小腿和后肢部肌的肌腹多位于小腿部的周围，在跗关节均变为了腱质，其腱在通过跗部时大部分都包有腱鞘。此处肌肉多为纺锤形肌，作用于跗关节和趾关节，可分为背外侧肌群和跖侧肌群。

(1) 小腿背外侧肌群

① 趾长伸肌：位于小腿背外侧部，有伸趾关节、屈跗关节的作用。

② 趾外侧伸肌：位于小腿的外侧部，起于胫骨近端外侧及腓骨，于跗中部并入趾长伸肌腱（马），或沿趾长伸肌腱的外侧缘下行，止于第4趾冠骨（牛、猪）。作用同趾长伸肌。

③ 第3腓骨肌：发达的纺锤肌，位于小腿背侧的浅层。作用是屈跗关节的作用。

④ 胫骨前肌：紧贴于胫骨前外侧，被趾长伸肌覆盖。有屈跗关节的作用。

⑤ 腓骨长肌：马无此肌，在小腿背外侧部，位于趾长伸肌和趾外侧伸肌之间。起于胫骨外侧髁和腓骨，止于跖骨近端和第1跗骨。有屈跗关节和旋内后脚的作用。

(2) 小腿跖侧肌群

① 腓肠肌：位于小腿后部，分内、外两头，起自股骨远部跖侧，于小腿中部变为腱，与趾浅屈肌腱扭结一起，止于跟结节。其作用为伸跗关节。腓肠肌腱以及附着于跟结节的趾浅屈肌腱、股二头肌腱和半腱肌腱合成一粗而坚硬的腱索，称为跟总腱。

② 趾浅屈肌：肌腹夹于腓肠肌二头之间，肌腹不发达，几乎全为腱质。其主要作用是屈趾关节。

③ 趾深屈肌：肌腹位于胫骨后面，以三个肌头起于胫骨后面。其作用为屈趾关节。

④ 腘肌：位于膝关节后面。为厚的三角形，止于胫骨近端后面。有屈股胫关节的作用。

（五）躯干肌

躯干肌包括脊柱肌、颈腹侧肌、胸廓肌和腹壁肌（图 2-33 和图 2-37）。

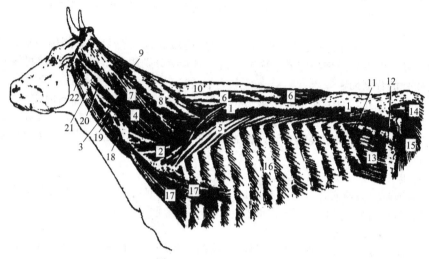

图 2-37　牛脊柱背侧肌

1—背腰最长肌；2—颈最长肌；3—寰最长肌；4—头最长肌；5—背髂肋肌；
6—背颈棘肌和半棘肌；7，8—头半棘肌；9，10—项韧带索状部；11—肋缩肌；12—腹内斜肌；
13—腹外斜肌；14—臀中肌；15—阔筋膜张肌；16—肋间外肌；17—斜角肌；
18，19—颈横突间肌；20—头后斜肌；21—头长肌；22—头前斜肌

1. 脊柱肌

脊柱肌是指支配脊柱活动的肌肉，分背侧肌群和腹侧肌群。

（1）背侧肌

① 背最长肌：位于胸、腰椎棘突和肋骨椎骨端，自髂骨、荐骨向前，伸延至最后颈椎。两侧同时收缩时可伸腰背，另外还有伸颈、侧偏脊柱和助呼吸的作用。

② 髂肋肌：位于背最长肌的腹外侧，由一系列斜向前下方的肌束组成。收缩时可向后牵引肋骨，协助呼吸。它与背最长肌间形成髂肋肌沟，是重要的肌性标志。

③ 夹肌：位于颈侧部，呈三角形。其后部被斜方肌及颈腹下锯肌覆盖。两侧夹肌同时收缩可抬头颈，单侧收缩可偏头颈。

（2）脊柱腹侧肌群　不发达，仅存在于颈、腰部。它们位于椎体的腹侧。

颈部有斜角肌，起于最后 4～5 颈椎，止于第 1～3 肋，可牵引前部肋向前，协助呼吸。头长肌，起于第 2～6 颈椎止于枕骨基部，可屈头。

腰部有腰大肌，可屈髋关节；腰小肌有屈腰荐关节和下掣骨盆的作用。

2. 颈腹侧肌

（1）胸头肌　位于颈下部的外侧，构成颈静脉沟的下缘，起自胸骨柄，止于下颌骨后缘，呈长带状。与臂头肌一起构成颈静脉沟（重要，有肌性标志）。

（2）胸骨甲状舌骨肌　位于气管的腹侧，扁平带状肌，起自胸骨柄，起始部被胸头肌覆盖。其作用为向后牵引舌和喉，协助吞咽。

（3）肩胛舌骨肌　薄长带状。自肩胛内侧走向前，止于舌骨体。它位于颈侧，臂头肌的深面，在颈前部，经颈总动脉和颈静脉之间穿过。作用同胸骨甲状舌骨肌。

3. 胸壁肌

胸壁肌位于胸侧壁和胸腔后壁，其收缩舒张能改变胸腔的容积，参与呼吸，又称为呼吸肌。主要有肋间内肌、膈肌、肋间外肌等。

（1）吸气肌　除膈肌外，均分布于胸侧壁上，肌纤维斜向后下方。

① 肋间外肌：位于相邻两肋骨间隙内，起自前一肋骨后缘，斜向后下方止于后一肋骨的前

缘。肌纤维走向后下方。其作用是向前外方牵引肋骨，扩大胸腔，引起吸气。

② 前背侧锯肌：薄而宽，呈四边形，位于胸壁前上部，背最长肌的表面，由几片薄肌组成。起于胸腰筋膜，止于第5～11（马）或6～9（牛）肋骨近端的外侧面。其作用为可向前牵引肋骨，可协助吸气。

③ 膈肌：是一圆拱形凸向胸腔的板状肌，构成胸腹腔间的分界。其周围由肌纤维（肌肉）构成，称肉质缘；中央是强韧的腱质，称中心腱。肉质缘分别附着于前4个腰椎腹侧面、肋弓内侧面和剑状软骨的背侧面。

膈的上面有三个孔，自上而下为：①主动脉裂孔，在腰椎附着部，膈的肉质缘部分称为左、右膈脚。两脚间有一个裂孔供主动脉通过；②食管裂孔，位于右膈脚肌束中，接近中心腱；③后腔静脉裂孔，位于中心腱偏中线的右侧。膈的收缩和舒张改变了胸腔前后径，从而导致呼吸，故膈是重要的呼吸肌。

（2）呼气肌

① 后背侧锯肌：为薄肌片，位于胸壁后下部，背最长肌的表面。肌纤维走向前下方，起自腰背筋膜，肌纤维方向为后上至前下，止于后3个（牛）肋骨或后7、8肋（马）的后缘。作用是向后牵引肋骨，协助呼气。

② 肋间内肌：位于肋间外肌深面相邻的两肋间，肌纤维方向自后上向前下，起于后一肋肋骨和肋软骨的前缘，止于前一个肋骨的后缘。作用为牵引肋骨向后并拢，协助呼气。

学习贴示

　　肋骨的前后缘，是指肋骨在活体位置时，离头侧近的一边为前缘，相反的一边为后缘。

4. 腹壁肌

腹壁肌位于腹腔侧壁和底壁，由四层纤维走向不同的板状肌构成（图2-38）。其表面覆有腹壁筋膜。在牛、马其腹壁深筋膜含有大量的弹性纤维，呈黄色，特称为腹黄膜。它可加强腹壁的强韧性。

在动物的腹腔底壁正中，有一条由两侧的腹壁肌的腱膜形成的白线，称为腹白线。它起自剑状软骨，止于耻骨前腱，位于腹底壁正中上的一条白色的纤维索，是由腹壁两侧四层肌肉的腱膜交织而成的。白线的中部有脐。

腹壁肌由腹白线分开，腹壁两侧自浅至深分别有腹外斜肌、腹内斜肌、腹直肌和腹横肌（图2-38）。

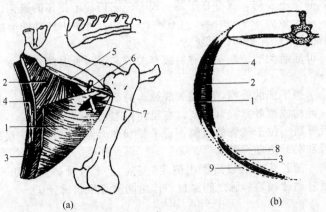

（a）　　　　　　　　　　（b）

图2-38　马腹壁肌模式图
（a）外侧面；（b）横断面

1—腹外斜肌；2—腹内斜肌；3—腹直肌；4—腹横肌；5—腹股沟韧带；
6—腹股沟管腹环；7—腹股沟管皮下环；8—腹直肌内鞘；9—腹直肌外鞘

（1）腹外斜肌　为腹壁肌的最外层，以锯齿状起自最后 9～10 肋的外侧面及肋间外肌的腱膜上，肌纤维由前上方斜向后下方，在肋弓下约一掌处变为腱膜，以腱膜止于腹白线、耻骨前腱和髋结节。腹外斜肌的肌腱部分（即腱膜）在耻骨前腱到髋结节的部分称为腹股沟韧带，是构成腹股沟管的后外侧壁。

（2）腹内斜肌　腹壁的第二层肌肉，位于腹外斜肌深面，其肌质部较厚，起自髋结节牛还起自第 4～5 腰椎横突，呈扇形向前下方扩展，逐渐变为腱膜，止于耻骨前腱、腹白线及最后肋后缘内侧面。腹内斜肌约在腹壁中部，就变成腱膜，腱膜此处分成了深、浅两层。浅层与腹外斜肌的腱膜交织，一起覆盖在腹直肌外，形成腹直肌的外鞘。深层与腹横肌的腱膜交织，覆盖在腹直肌上，形成腹直肌的内鞘。

（3）腹直肌　为一宽带状肌，左、右两肌并列于腹腔底的白线两侧，肌纤维纵行，有数条横向的腱划将肌纤维分成数段。牛的腹直肌起自胸骨和后 10 肋骨肋软骨的外侧面，马则起于胸骨和第 4 肋以后的肋骨的肋软骨的腹外侧面，最后以强厚的耻前腱止于耻骨前缘。腹直肌表面牛有 3～6 条（马有 9～11 条）腱划（腱束或腱带存在于肌肉的表面特称为腱划）。

学习贴示

在腹直肌的第 2～3 腱划之间有乳井，供乳腺的腹皮下静脉通过（见心血管系统）。

（4）腹横肌　是腹壁的最内层肌，以肉质起自腰椎横突及最后肋下的内侧面，肌纤维上下行，以腱膜止于腹白线两侧。

（5）腹股沟管　位于耻骨前腱的外侧，是腹内斜肌（形成管的前内侧壁）与腹股沟韧带（形成管的后外侧壁）之间的斜行裂隙（图 2-38）。是通过腹底壁后部的扁管，有两个口，一个是与腹腔相通的腹股沟腹环，由腹内斜肌和腹股沟韧带围成的，长约 15cm；另一个是与腹部的皮肤下相通，称为皮下环，是腹外斜肌的肌腱膜上的一个卵圆形的裂孔，长约 10cm。母畜的腹股沟管仅供血管和神经通过，而公畜则内有精索（详见生殖系统）等结构。

（6）耻骨前腱　指左、右两侧腹直肌止于耻骨前时，形成强而厚的腱质。是腹股沟管皮下环的内界。

腹壁肌各层肌纤维走向不同，彼此重叠，再加上腹黄膜，形成了柔韧的腹壁，对腹腔内器官起着重要的支持和保护作用。腹肌收缩时，可增大腹压，有助于呼气、排便和分娩等活动。

三、肌肉生理

（一）骨骼肌的结构特点

1. 骨骼肌的蛋白质

骨骼肌是由骨骼肌纤维构成，骨骼肌纤维内部都有大量的肌浆，相当于其他细胞的细胞质。肌浆中除了含有其他细胞中所含有的线粒体等细胞器外，还含有大量平行排列成束的肌原纤维。

在电镜下观察骨骼肌纤维，会显现出有规则的明暗相间的横纹（图 2-39），主要是因为肌原纤维内部组成物质的结构和光学性质的不同造成的。暗的部分称为 A 带，明的部分称为 I 带；暗带（A 带）较宽，其宽度比较固定；明带（I 带）较窄，其宽度在肌纤维收缩时产生变化，舒张时较宽，收缩时变窄。在暗带中间有一条亮纹，叫 H 带；H 带正中有一条深色线，叫 M 线（中膜）。在明带正中间有一条暗纹，叫 Z 线（间膜）。肌原纤维每两条 Z 线之间的部分叫肌小节，它由两个半段的 I 带和一个完整的 A 带组成。肌肉的收缩是由于交错穿插的两组肌微丝彼此滑动而引起的。

在电镜下，胶原纤维由许多的微丝组成。这种微丝分两种：一种为粗微丝（图 2-40），另一种是细微丝（图 2-41）。粗微丝又称为肌球蛋白微丝，全部由肌球蛋白构成。另一种细的又称为肌动蛋白微丝，主要由肌动蛋白构成。除此之外，肌原纤维内还含有肌原蛋白和肌钙蛋白。粗细肌丝直接参与骨骼肌的收缩，而肌原蛋白和肌钙蛋白则不直接参与骨骼肌的收缩，但能调节骨骼肌的收缩活动，故称为调节蛋白。

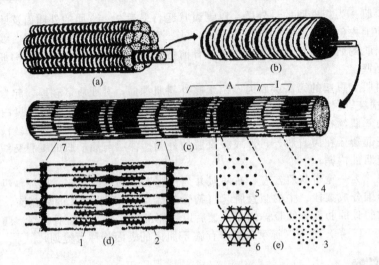

图 2-39　骨骼肌纤维结构模式图

(a) 肌纤维束；(b) 一条肌纤维；(c) 一根肌原纤维；(d) 一节肌节（模式图）；
(e) 肌原纤维横切示不同部位肌微丝排列；1—肌球蛋白微丝及其横突；2—肌动蛋白微丝；
3—A 带及过 A 带横切面；4—I 带及过 I 带横切面；5—H 带及过 H 带横切面；
6—M 线及过 M 线横切面；7—Z 线（两 Z 线之间为一段肌节）

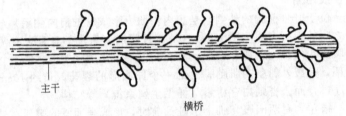

图 2-40　粗肌丝的结构模式图

　　骨骼肌内的肌球蛋白和肌动蛋白在肌原纤维中是平行排列的，并有各自固定的部位，使得彼此保持一定的距离。在肌节中，肌球蛋白微丝排在 A 带中，肌动蛋白贯穿于 I 带和 A 带之间，它的一端附着于 Z 线上，另一端插入 A 带的肌球蛋白微丝之间其排列（图 2-39～图 2-41）。就是由于它们排列得整齐和规律，使得在镜下骨骼肌呈现出明暗相间的条纹状。在肌肉收缩时，肌动蛋白就像刀入鞘一样，产生滑动，进入肌球蛋白微丝之间的空隙内。

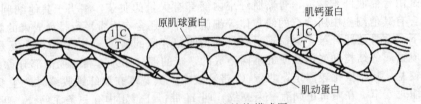

图 2-41　细肌丝的结构模式图

2. 骨骼肌中的小管系统

　　除肌原纤维外，肌浆中还有肌红蛋白、糖原颗粒和丰富的线粒体。此外，还有一种特别的结构，称为肌浆网。它在其他普通细胞内称为滑面内质网，在肌细胞中其呈管状，称为肌小管（终末池或纵管）。在肌小管内有钙离子，它对肌原纤维的收缩和舒张具有重要的意义。另外，肌浆中有一种 T 系统，由横管构成，是肌纤维膜内陷构成的。与肌原纤维相垂直，不与肌浆网的管道相通。横管与肌浆管（纵管）构成一个三联管结构。

　　当肌细胞兴奋时，出现在肌细胞膜上的动作电位可沿着横管系统迅速传入细胞内部。纵管是肌细胞内的钙库，其膜上有钙泵，能通过对钙的储存、释放与回收，触发或终止肌原纤维的收缩。三联管结构是将肌细胞膜的电位变化和细胞内的收缩过程衔接或耦联起来的关键部位。

（二）骨骼肌收缩过程

1. 运动终板的特殊结构

骨骼肌的运动受到神经控制，而神经对骨骼肌的调控是依靠分布于骨骼肌上神经末梢来实现的。神经末梢分布于骨骼肌上形成的卵圆形结构就是运动终板，是运动神经末梢和肌细胞（即肌纤维）相接触的部位。一条运动神经末梢，经反复分支可达几十至几百条以上，每一分支都支配一条肌纤维。当运动神经末梢分支的末端接近肌纤维时，失去髓鞘，并再分成更细的分支，即神经末梢，裸露的神经末梢贴附于肌膜上。

在电镜下，形成运动终板的肌细胞膜发生了内陷，形成槽突触槽，而神经末梢的轴突膨大部正好嵌入槽内，神经末梢轴突膜形成了突触前膜，骨骼肌细胞的槽内膜之间有 20nm 的间隙，称为突触间隙（图 2-42）。后膜就是肌细胞内陷的细胞膜。在前、后膜之间有神经末梢，其内存在大量突触小泡和线粒体，突触小泡内含有乙酰胆碱。后膜上有较多的蛋白质分子，它们最初被称为 N 型乙酰胆碱受体，现已证明它们是一些化学门控通道，具有能与乙酰胆碱特异性结合的亚单位和附着其上的胆碱酯酶。

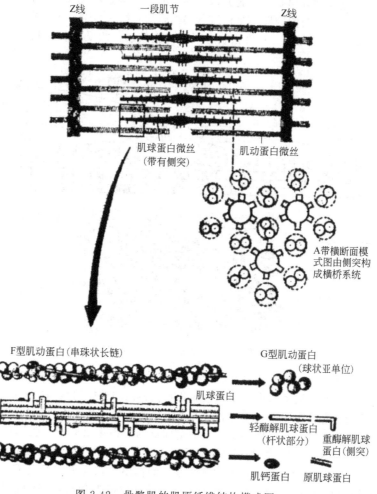

图 2-42 骨骼肌的肌原纤维结构模式图

2. 神经-肌肉兴奋传递过程

当神经冲动传到运动神经末梢时，立即引起接头轴突膜去极化，其突触小泡释放出乙酰胆碱，乙酰胆碱作用于后膜上的受体上，使后膜改变对钠离子的通透性，使钠离子内流，引起突触后膜发生去极化，接着后膜对钾离子的通透性瞬间增高，于是 Na^+ 跨膜内流和 K^+ 跨膜外流，终板后膜去极化引起运动终板内产生局部的运动终板电位（详见动作电位产生）。

　　终板电位以电紧张的形式影响终板膜周围的一般肌细胞膜，引起了周围肌细胞膜的去极化。当终板电位使一般肌纤维膜的静息电位达到阈强度时，即激发一次动作电位。这个电位向整个肌细胞传递，这样完成一次神经肌肉之间的兴奋传递。需要说的是，动作电位并不产生在运动终板即神经与肌肉的接头处，而产生于与之相邻接的肌细胞膜上。

　　（三）骨骼肌收缩的机制

　　1. 肌纤维中收缩蛋白

　　骨骼肌细胞内存在的粗肌丝和细肌丝，它们分别由肌球蛋白、肌动蛋白、肌原蛋白和肌钙蛋白组成。在骨骼肌的肌浆中，肌球蛋白分子是呈手杖样的（图 2-43），许多手杖样肌球蛋白分子平行排列形成肌球蛋白微丝，即粗肌丝。肌球蛋白分子的头端具有一个侧突构成横桥。侧突内含有丰富的三磷酸腺苷酶，在肌肉收缩时能与肌动蛋白结合。肌动蛋白在肌浆内呈球形的大分子物质（图 2-43），许多球状的肌动蛋白连接在一起呈串珠样，并且扭转成绳即称为纤维型肌动蛋白。这些绳索样的纤维蛋白在肌原纤维中平行排列，构成细肌丝，细肌丝从 Z 线伸出，构成了明带（I 带）的一部分，还会伸入暗带（A 带）内。在空间中，每条粗肌丝周围会有 6 个绳索状的细肌丝围绕。在静息状态下，两侧的肌动蛋白肌丝（细肌丝）插入暗带（A 带）之间是有一定的距离的，这个距离就是 H 带的宽度。在舒张状态下距离就较远，相反在收缩状态下则距离较近或 H 带消失。

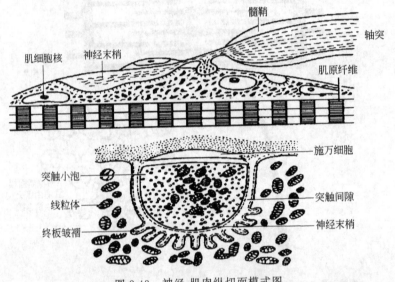

图 2-43　神经-肌肉纵切面模式图

　　肌肉收缩时，肌球蛋白的横桥要和肌动蛋白相结合，而肌动蛋白能调节两种调节蛋白，影响肌肉的收缩过程。一个是肌动蛋白分子所形成相互扭转的串珠样的结构中还扭绕着螺旋样的原肌蛋白分子，在肌肉静息状态时，它的位置正好能阻挡肌动蛋白与横桥之间的结合。而在螺旋形的原肌蛋白的分子链中，每隔一定的距离夹着一个球形的肌钙蛋白分子。肌钙蛋白有三个亚单位：亚单位 C 与 Ca^{2+} 有特别强的亲和力，它能与钙结合，参与肌原纤维的收缩启动；亚单位 T 的作用是使肌钙蛋白分子与原肌球蛋白结合；亚单位 I 的作用是在亚单位 C 与 Ca^{2+} 结合时，能将信息传递给原肌球蛋白，引起后者的分子构型改变，从而解除对横桥与肌动蛋白的结合的阻挡作用，使肌肉产生收缩。

　　2. 骨骼肌收缩过程中神经-肌肉的兴奋耦联作用

　　在运动终板上形成的电，在肌纤维上以动作电位的形式通过肌膜和肌纤维中的小管系统传入纤维内部，引起骨骼肌纤维的去极化和兴奋并导致收缩，肌纤维的兴奋和收缩的因果关系称为兴奋-收缩耦联（图 2-44）。

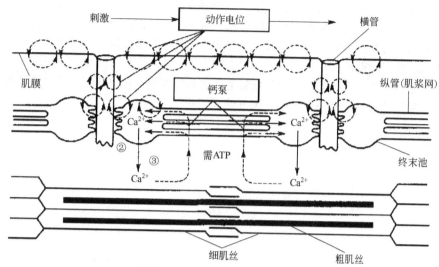

图 2-44　兴奋-收缩耦联示意图

当动作电位经过神经-肌肉接头引起肌膜兴奋后，所产生的动作电位可通过横管系统一直传播到细胞深部，从而引起肌浆网（纵管）膜对 Ca^{2+} 的通透性突然升高，储存在终末池中的 Ca^{2+} 顺着浓度梯度外流，肌浆 Ca^{2+} 浓度迅速升高，肌动蛋白中的肌钙蛋白会与 Ca^{2+} 离子结合，引发肌动蛋白构型的转变，解除它对肌球蛋白的横桥与肌动蛋白结合的阻止作用，同时也解除了肌浆内肌动球蛋白 ATP 酶的抑制作用。

这时肌球蛋白的横桥与肌动蛋白的有活性部分结合，形成肌动球蛋白复合物。同时，被解除抑制的肌动球蛋白 ATP 酶，在 Mg^{2+} 激活下，分解了 ATP，释放能量，引起肌肉收缩。

肌纤维的动作电位消失后，肌浆网膜恢复极化状态。终池对 Ca^{2+} 的通透性降低，肌浆网膜上的钙泵（Ca^{2+}-Mg^{2+}-ATP 酶）的主动转运使肌浆内的 Ca^{2+} 浓度重新下降。这时与肌钙蛋白亚单位 C 结合的 Ca^{2+} 重新离解，使肌钙蛋白-原肌球蛋白复合物对 Mg^{2+} 和 ATP 酶的抑制作用恢复，肌纤维转入舒张状态。钙在整个的兴奋-收缩耦联作用中起重要的作用。

总体上说，骨骼肌的收缩基本过程是在肌动蛋白与肌球蛋白的相互作用下将分解 ATP 释放的化学能转变为机械能的过程，能量转换发生在肌球蛋白头部与肌动蛋白之间。

（四）骨骼肌收缩的几个特点

1. 等张收缩和等长收缩

骨骼肌兴奋后可发生长度和张力两种机械性变化，肌肉在收缩时长度发生变化而张力不变的称等张收缩；张力发生变化而长度不变的称等长收缩。动物体内肌肉收缩都是包括两种程度不同的混合收缩。肌肉长度的变化可以完成各种运动，张力的变化可以负荷一定的重量。

2. 单收缩

骨骼肌接受单个刺激就产生一次收缩，收缩完毕后又迅速恢复原状，这种收缩称为单收缩。它是肌肉收缩的最为简单的形式。

单收缩的过程中从肌肉接受刺激开始至肌肉产生收缩经历的一段时间，这个阶段冲动在肌肉内传递，肌细胞产生动作电位也在肌肉间传播，而且细胞内发生着复杂的生理生化反应过程；然后肌肉开始缩短，缩到最短时，随后发生舒张。缩短与舒张主要与肌细胞内的生理生化反应相关。

3. 强直收缩

骨骼肌接受运动神经发来的神经冲动而兴奋，这种冲动是不间断地在骨骼肌上传递的，骨骼肌总是在没有完成前一个单收缩之前就产生另一个单收缩，它总是把许多单收缩综合在一起，形成了所谓的强直收缩。因此，畜体内的骨骼肌在一系列的神经冲动刺激下一直保持收缩状态，时间也较长。一块肌肉收缩力量的大小，取决于参与收缩的肌纤维的数量和运动神经传出冲动的频率及强直收缩的持续时间的长短。

动物体的运步、伫立等活动都是靠骨骼肌的强直收缩来完成的。肌紧张是维持动物体正常姿势的基本的反射活动，姿势改变则是肌紧张重新分配的结果。

第三章　被皮系统

被皮系统包括皮肤及皮肤的衍生物。皮肤的衍生物有毛、皮肤腺（乳腺、汗腺、皮脂腺）、蹄、角、枕等。

一、皮肤

（一）皮肤的构造

皮肤覆盖于动物体表，在天然孔（口裂、鼻孔、肛门和尿生殖道外口等）处与黏膜相接。家畜皮肤的厚度会因家畜的种类、年龄、部位不同而不同，一般牛的皮肤要比羊的厚；成年动物比幼龄动物厚；同一个动物背侧和四肢外侧比腹侧和四肢内侧厚。虽然皮肤的薄厚不同，但其结构都是大同小异，都由表皮、真皮和皮下组织三部分构成。

1. 表皮

表皮为皮肤最外面的一层，由角化的复层扁平上皮构成。表皮内没有血管和淋巴管，但有丰富的神经末梢分布。表皮的营养来源于表皮最后一层与真皮层相接部。在有毛区的表皮可分4层，由浅向深依次为角质层、颗粒层、棘层、基底层。在无毛区（乳头、牛的鼻唇镜）表皮分5层结构，角质层下面多一层透明层。

（1）角质层　为表皮的最表层，由几层到几十层已角化的扁平细胞构成。胞质内充满角蛋白，对酸、碱、摩擦等因素有较强的抵抗力。表层的细胞死亡后，脱落形成皮屑。

（2）透明层　由数层扁平的细胞构成。胞质内含透明角质蛋白颗粒液化生成的角母素，胞质均呈透明状，因而细胞间界限不清。此层结构只有鼻镜、乳头和肉食动物足底的垫处的无毛皮肤处有。

（3）颗粒层　位于角质层的深层，由1～4层梭形细胞组成，细胞界限不清。此层细胞的特点是胞核渐趋退化消失，胞质内出现透明角质蛋白颗粒。普通染色呈强嗜碱性，胞核较小，染色较淡。老化的细胞继续被推送到颗粒层里。表皮薄的地方，此层亦薄。

（4）棘层　在颗粒层下面，由数层大的多角形细胞组成，胞核位于中央。近颗粒层细胞变成扁平状。棘层细胞胞质丰富，含有核蛋白体，胞质嗜碱性。深层的棘层细胞有分裂和增生能力。

在棘层靠近基底层的细胞之间有黑素细胞分布。色素与皮肤的颜色有关，并能吸收紫外线，防止损伤皮肤的深部组织。

（5）基底层　为表皮的最深层，借基膜与真皮相接，基底层细胞皆附在基底膜上，由一层低柱状细胞构成，细胞核圆，细胞基部有微细的短突伸入基底膜内，加强了表皮的附着力，并有吸收真皮的营养的作用。基底层的细胞分裂比较活跃，不断产生新细胞并向浅层推移，以补充衰老、脱落的角质细胞。

表皮中没有血管，细胞的营养供应和代谢产物的排泄都是依靠细胞间隙的组织液与真皮毛细血管内的血液之间的物质扩散来实现的。

2. 真皮

真皮位于表皮深层，是皮肤最厚层，由致密结缔组织构成，含有大量的胶原纤维和弹性纤维，细胞成分较少。因此，真皮层坚韧且富有弹性，皮革就是由真皮鞣制而成的。真皮由浅入深可分成乳头层和网状层，其中含有丰富的血管、淋巴管和神经，能营养皮肤并感受外界刺激。此外，真皮内还有汗腺、皮脂腺、毛囊等结构。临床做皮内注射，就是把药物注入真皮层内。

(1) 乳头层　紧靠表皮，与表皮的基膜相接。结缔组织形成许多乳头状的突起，称真皮乳头，以扩大真皮与表皮的接触面，有利于二者的密切结合和表皮的营养及代谢。乳头层内含丰富的毛细血管和毛细淋巴管，还有游离神经末梢以供应表皮营养和感受外界的刺激。

(2) 网状层　位于乳头层的深面，较厚，细胞成分比乳头层少，大量的粗大的胶原纤维和弹性纤维交织成网排列，其中含有大的血管、淋巴管和神经，并有汗腺、皮脂腺和毛囊等结构分布其中。

3. 皮下组织

皮下组织又称浅筋膜，位于皮肤的最深层，由疏松结缔组织构成。皮肤借此层与下面的肌肉或骨膜相连，使皮肤具有一定的活动性。营养良好的家畜在皮下组织内蓄积大量的脂肪细胞。临床做皮下注射，就是把药物注入此层内。

(二) 皮肤的作用

皮肤是身体的保护器官，保护机体免受外界环境中各种有害物质的伤害，同时防止体内的各种营养物质、电解质和水分的丢失。皮肤的防护功能主要有以下几方面。

1. 防化学物质和微生物侵入

皮肤对化学物质的防护主要在角质层，角质层结构紧密，形成一个完整的半通透膜，除了有汗管向外排出汗液外，不存在大的孔道。角质层对微生物有良好的屏障作用，在正常情况下，细菌和病毒一般不能由皮肤进入人体；当皮肤破损，防御能力被破坏时，容易受到致病菌的感染；皮肤表面偏酸性，不利于微生物的生长，皮脂中的某些游离脂肪酸对寄生菌的生长有抑制作用。

2. 防紫外线伤害

表皮细胞对紫外线有吸收能力，表皮基底层的黑色素细胞产生的黑色素颗粒对紫外线的吸收作用最强。

3. 防止水分和电解质的丢失

首先，表皮角质层的独特结构足以防止脱水；水分子要通过角质层，就必须出入几层结构紧密的角质细胞和富含脂质的细胞间物质。

4. 皮肤的其他功能

皮肤内有感觉神经和运动神经，它们的神经末梢和特殊感受器广泛地分布在表皮、真皮和皮下组织内。皮肤具有触知感觉功能。同时皮肤还通过皮肤血管收缩、汗腺的分泌参与体温的调节。

> **学习贴示**
>
> 皮肤的衍生物中除皮肤腺外，其他衍生物都基本具有皮肤的结构特点，只是由于分布的位置和功能不同，结构发生了特化，在学习时仍可用皮肤的三层结构来学习和记忆。例如：蹄匣是表皮衍化的，真皮衍化来的就是肉蹄，而皮下组织衍生了蹄球和蹄叉。按皮肤的结构来学习蹄的结构会更便于理解和记忆。

二、毛

1. 毛的形态与分布

畜体的毛概括地分为被毛和长毛两类。被毛细短，为生长在躯体表面的一般体毛，具有保暖作用；长毛粗而长。生长在畜体一些部位的特殊长毛也有特殊的名称，如猪颈部的长毛称猪鬃；公山羊下颌处长毛称的髯；牛、猪、马唇部的长毛称触毛等。

2. 毛的结构

毛由表皮特化而来。毛是由角化的上皮细胞构成的，坚韧而且有弹性。可分为毛干和毛根两部分。露在皮肤外面的叫毛干，埋在真皮和皮下组织内的叫毛根。毛根的末端膨大部叫毛球，毛球的细胞分裂能力很强，是毛的生长点。毛球的底部凹陷，真皮的结缔组织突入毛球的凹陷内形成毛乳头，内含有丰富的血管、神经，毛可以通过毛乳头得到营养。

3. 毛囊和竖毛肌

毛根周围包有由上皮组织和结缔组织形成的管状鞘，称毛囊。在毛囊的一侧有一束斜向上行的平滑肌，称竖毛肌。竖毛肌止于毛乳头，受交感神经支配，当竖毛肌收缩时可引起毛竖立，还能协助皮脂腺的分泌物排出。

毛有一定寿命，生长到一定时期就会脱落，为新毛所代替，这个过程称为换毛。换毛的方式有两种，一种为持续性换毛，另一种为季节性换毛。第一种换毛不受季节和时间的限制，如马的鬃毛、尾毛、猪鬃、绵羊的细毛。第二种，每年春秋两季各进行一次换毛，如脱毛。大部分家畜既有持续性换毛，又有季节性换毛，是混合性换毛。不论什么类型的换毛，其过程都一样，当毛生长到一定时期，毛乳头的血管萎缩，血流停止，毛球的细胞停止生长，并逐渐退化和萎缩，最后与毛乳头分离，毛根逐渐脱离毛囊，向皮肤表面移动。毛乳头周围的上皮又增殖形成新毛，最后旧毛被新毛推出而脱落。

三、皮肤腺

皮肤腺位于真皮内，由表皮陷入真皮内形成，包括乳腺、汗腺和皮脂腺。

（一）乳腺

乳腺是哺乳动物所特有的。在雌雄两性动物虽都有乳腺，但只有雌性的能充分发育形成乳房并具有泌乳能力。乳腺属复管泡状腺。

1. 乳房的结构

乳房的外面被覆着一层薄而有色素的皮肤，皮肤外面大部分缺少被毛，分布有许多的皮脂腺和汗腺，除乳头外，皮下均有两层筋膜（图3-1）。

（1）乳腺的间质　包括浅筋膜和深筋膜。

① 浅筋膜：与肌肉表面的浅筋膜没有区别，深筋膜内含有大量的弹性纤维，中央部有来自于腹黄膜（对于大家畜）内分出来的两个板，下行于体正中矢状面，形成了腺体之间的中隔，并构成了悬韧带（在两个中隔板之间有一些完整的疏松结缔组织，所以当一个腺体有病可切除另一侧的乳腺），将乳腺分成左右两部分。

② 深筋膜：覆盖在乳房外侧的隆突面上，并深入乳腺组织内部，对乳腺起支持作用，并构成乳腺的间质（由富含有血管、淋巴管和神经纤维的疏松结缔组织构成），将乳腺的实质分隔成许多腺叶和腺小叶，随结缔组织进入乳腺的还有血管、神经、淋巴管等，它们是乳腺的支架结构（图3-1）。乳腺的间质成分会随着动物生理状态、年龄、营养状态、泌乳周期等不同而变化。

（2）乳腺实质　由分泌部和导管部组成。

① 分泌部：包括腺泡和分泌小管，周围有丰富的

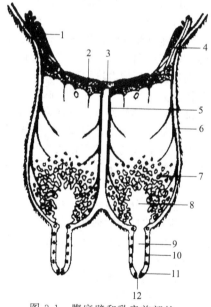

图 3-1　腹底壁和乳房前部的
垂直切面模式图

1—腹内斜肌；2—腹直肌；3—腹白线；
4—阴部外血管；5—悬韧带；6—外侧韧带；
7—输乳管；8—腺乳池；9—乳头乳池；
10—乳头静脉；11—括约肌；
12—乳头管（内）

毛细血管网。腺泡由腺上皮构成，具有分泌乳的功能。但只有活动期（母畜妊娠后期开始）才分泌乳汁。分泌小管由单层立方上皮细胞构成。

②导管部：包括输送乳汁的各级管道。乳汁经由分泌小管开始汇入小叶间的导管，小叶间导管再汇集成较大的输乳管，再进入乳房下部的乳池，经乳头管由乳房排出。自然情况没有排乳反射时，乳汁不会从乳头管内排出。

2. 各家畜乳房的特点

（1）牛乳房　由3对乳腺合成，但最后一对乳腺常不发育。整个乳房呈倒置圆锥状，悬吊于耻骨部的腹下壁，位于腹壁后部，一直伸延到骨盆底下面的两股之间。乳房由较明显的纵沟和不明显的横沟分为四个乳丘，每个乳丘的导管系统是互不相通的。每个乳丘上有一个乳头，乳头多呈圆柱形或圆锥形。每个乳头有一个乳头管（图3-1）。左右两侧乳腺的深筋膜在中线合并成乳房间隔（悬韧带），向上与腹黄膜相连。牛乳房与阴门裂之间呈线状毛流的皮肤纵褶称为乳镜，对鉴定产乳能力有重要意义。

学习贴示

　　乳镜从外观上能看见或能触摸到，主要因为在这个部位的皮下有一条较粗的血管——腹壁皮下静脉，为乳腺的血液回流的血管，它从腹皮下到腹壁肌的乳井处进入胸腔，流入至胸内静脉，然后回心。

（2）羊乳房　结构与牛的相似，但每侧只有1个乳头。

（3）猪乳房　成对排列于腹白线两侧，常有5～8对，每个乳房有1个乳头，每个乳头有两个乳头管。

（4）马乳房　与羊的相似，但每个乳头有2～3个乳头管。

（二）汗腺

汗腺能分泌汗液，以散发热量、调节体温。汗液中除水（占98％）外，还含有盐、尿素、尿酸、氨等代谢产物，故汗的分泌还是畜体排泄代谢产物的一个重要途径。汗液的排出量及成分随体内代谢和环境温度而变化。

汗腺为单管状腺，位于皮肤和皮下组织内，多开口于毛囊，少数直接开口于皮肤表面。分为分泌部和导管部两部分。各种家畜汗腺的分布不同，发达程度也不同。

牛、绵羊和马的汗腺发达；牛颈部的汗腺发达，而猪的汗腺只有趾间部的汗腺发达。

汗腺在畜体的其他部位还特化成为其他腺体，如外耳道皮肤内的耵聍腺、牛鼻唇镜处的鼻唇腺等均为汗腺衍化来的。

（三）皮脂腺

皮脂腺为分支泡状腺，位于真皮内，毛囊和立毛肌之间（图3-2）。由一个或几个囊状的腺泡与一个共同的短导管构成。导管为复层扁平上皮，大多开口于毛囊上段，也有些直接开口在皮肤表面。腺泡周边是一层较小的幼稚细胞，有丰富的细胞器，并有活跃的分裂能力，生成新的腺细胞。皮脂腺分泌脂肪，有润滑皮肤和被毛的作用。

皮脂腺遍布家畜的全身，能分泌皮脂，有滋润皮肤和被毛的作用。其发达程度因家畜的种类和家畜身体部位不同而不同。羊和马的皮脂腺发达，猪的不发达。而且畜体有些部位没有皮脂腺，如角、蹄、枕、牛的鼻唇镜等处皮肤内就没有皮脂腺。和汗腺一样，畜体内还有一些部位的皮脂腺特化成一些腺体，如肛门腺、包皮腺等。

四、蹄

蹄是由指（趾）端着地的部分的皮肤特化来的结构。着地的蹄的数与指骨或趾骨的数目相同。奇蹄动物就是一个或奇数指（趾）骨的家畜，如马；而偶蹄动物是有偶数指（趾）骨着地的家畜，如牛、羊、猪等。

　　无论是奇蹄或是偶蹄，蹄的结构基本是相似的，都是由皮肤演变而成的，具有表皮、真皮和皮下组织等结构。表皮特化的结构称为蹄匣，无血管和神经；真皮内含有丰富的血管和神经，呈鲜红色，感觉灵敏，通常称之为肉蹄；而皮下组织只有蹄的蹄球（偶蹄）、蹄叉（奇蹄）等部位具有类似的结构，其他部分缺少这一层。动物的蹄均可分蹄缘、蹄冠、蹄壁和蹄底四个部分。

　　（一）牛（羊）蹄的结构

　　牛、羊为偶蹄动物，其第3、第4指（趾）为着地端。每指（趾）端有4个蹄，直接与地面接触的两个称为主蹄，不能着地的两个称为悬蹄（图3-2）。蹄的形状与其指节骨相似，呈三棱形，牛蹄由蹄缘、蹄冠、蹄壁、蹄底和蹄球（指或趾枕）几部分构成。蹄缘是蹄与皮肤相接触部位；蹄冠是指蹄缘与蹄壁之间的部位；蹄壁是构成蹄的前、后和两个侧壁；蹄底是蹄的底面。

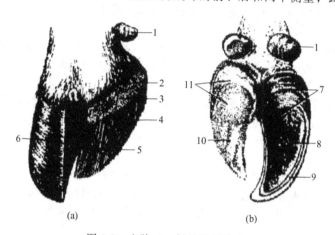

图 3-2　牛蹄（一侧的蹄匣除去）

（a）背面；（b）底面

1—悬蹄；2—肉缘；3—肉冠；4—肉壁；5—蹄壁的轴面；6—蹄的远轴面；
7—蹄球；8—蹄底；9—白线；10—肉底；11—肉球

　　1. 主蹄

　　主蹄有三个面，轴面、远轴面和底面。远轴面自两边凸，并有一个嵴平行于冠状缘，其前部在嵴间形成凹面，与地表面形成30°的角；轴面为凹面，呈沟状，只在着地端与另一趾相接触；底面或接地的面，向上凹，蹄底的前部凹，前端尖，与地面相接触，后部呈球形，与皮肤相延续，分蹄匣和肉蹄两部分。

　　（1）蹄表皮　又称蹄匣，构成蹄的背壁和侧壁，分蹄缘角质、蹄冠角质、蹄底角质、蹄壁角质和蹄球角质。

　　①蹄缘角质：较薄且柔软，色浅。

　　②蹄冠角质：位于蹄缘角质的下方，比蹄缘角质坚硬，色淡。蹄匣角质构成蹄壁的轴面和远轴面。近轴面平，是指主蹄的两个指（趾）相邻的面；远轴面凸。

　　③蹄底角质：接蹄壁的底缘，与地面接触，中间部分向蹄底方向凸起，由许多角质的小管开口，与蹄底的真皮层形成许多的乳头伸入蹄底的角小管的开口中，使蹄底的角质与蹄底的肉蹄部分能结合得更紧密。

　　④蹄壁角质：是构成蹄匣的角质层，由外向内依次为釉层、冠状层和小叶层。蹄壁角质的下缘直接与地面接触的部分为蹄壁底缘。

　　a. 釉层：位于蹄壁表皮的最表面，由角质化扁平细胞构成，幼畜的釉层明显，成年家畜常因脱落而不完整。

　　b. 冠状层：是蹄壁最厚的一层，由纵行的角质小管和小管间角质构成。角质中常有色素，使蹄壁呈深暗色，最内层角质较软，缺乏色素。

　　c. 小叶层：是蹄壁最内层，与肉蹄相接。由许多纵行排列的角质小叶构成，叶间有一定间隙。角小叶柔软，它与蹄壁角质的小叶层的角小叶相互嵌合，可使蹄壁与肉蹄之间连接得更紧密。

⑤蹄白线：在牛的主蹄的蹄壁角质的横断面有一条色淡的白线，是由蹄壁的角小叶层与叶部的角质构成，与蹄底的角质的边缘相嵌合。

⑥蹄球角质：是覆盖在蹄踵壁指（趾）枕上角质层，较柔软，常呈层裂开，其裂缝可能成为感染的途径。

(2) 蹄真皮（肉蹄） 由真皮演化而成，富含血管神经，供应表皮营养，并有感觉作用，与蹄匣各部相对应，形状也与蹄匣相似。分为蹄缘真皮、蹄冠真皮、蹄壁真皮、蹄底真皮和蹄球真皮几部分。

①蹄缘真皮（肉缘）：位于蹄缘角质的深面。其与皮肤相连的部分称为肉缘。表面也有细小的乳头，与蹄匣的蹄缘密贴。

②蹄冠真皮（肉冠）：肉壁的上缘呈环形的隆起，称为肉冠，与蹄冠部相接，位于蹄冠沟内。由真皮和皮下组织构成，表面有很多稠密细长的小乳头，伸入蹄冠沟内的小孔中。肉冠内有血管和神经，感觉敏锐。

③蹄壁真皮（肉壁）：和蹄壁角质相对应，无皮下组织，与蹄骨的骨膜紧密接合，包括蹄缘真皮、蹄冠真皮和真皮小叶3部分。

④蹄底真皮（肉底）：与蹄底角质相适应，其乳头插入蹄底角质的小孔中，也无皮下组织，和骨膜紧密相连。

⑤蹄球真皮（肉球）：皮下组织发达，含有丰富的弹性纤维，构成指（趾）端的弹力结构。

(3) 蹄的皮下组织 蹄底和蹄壁无皮下组织。蹄缘和蹄冠处的皮下组织较薄，而在蹄球处有发达的皮下组织，由胶原纤维和弹性纤维组成，富有弹性。四肢着地时可缓冲震荡。

2. 悬蹄

悬蹄为不着地的小蹄，结构和主蹄相似。

(二) 马蹄结构

马为奇蹄动物。马蹄不分主蹄与悬蹄，第3指（趾）为着地端。指（趾）端直接与地面接触（图3-3）。蹄的形状似牛的两个主蹄合并，与其指节骨相似，蹄由蹄表皮、蹄真皮（肉蹄）和蹄皮下组织组成。

1. 蹄表皮

蹄表皮又称蹄匣，是蹄的角质层，结构与牛、羊相似，由蹄缘角质、蹄冠角质、蹄壁角质、蹄底角质和蹄叉角质组成。

(1) 蹄缘角质 同牛蹄。

(2) 蹄冠角质 同牛蹄。

(3) 蹄壁角质 也分三层，釉层、冠状层和小叶层，结构同牛蹄。

(4) 蹄底角质 位于蹄的底面，向蹄的底面凸起，近似半圆形。为向着地面略凹陷的部分，结构似牛蹄匣的角质底。

(5) 蹄叉角质 由指（趾）枕的表皮形成，与皮肤的结构相似。蹄叉呈楔形，位于蹄底的后方，角质层较厚，并且富有弹性。蹄叉向蹄底的中内伸入，形成蹄叉尖部。蹄叉的底面形成蹄叉中沟，两侧与蹄支之间形成蹄叉侧沟。

马蹄的蹄白线也是在蹄底缘横断面上的一条白色的线，也是由蹄壁的角小叶层与叶间的角质构成，是蹄壁在近地面处向蹄底延伸的部分。在此处蹄壁与蹄底角质相接。蹄白线是确定蹄壁角质层厚度的标准，也是装蹄下钉的标志。

2. 蹄真皮

蹄真皮又称肉蹄，位于蹄匣内，同样富含血管和神经，呈鲜红色并有感觉。形态与蹄匣相似，可分为蹄缘真皮、蹄冠真皮和蹄壁真皮、蹄底真皮和蹄叉真皮五个部分。其结构分别与牛、羊肉蹄相似。

(1) 蹄缘真皮（肉缘） 同牛蹄。

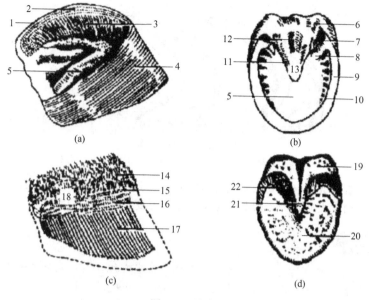

图 3-3　马蹄

（a）蹄匣；（b）蹄匣的底面；（c）肉蹄；（d）肉蹄的底面

1—蹄缘；2—蹄冠沟；3—蹄壁小叶层；4—蹄壁；5—蹄底；6—蹄球；7—蹄踵角；

8—蹄支；9—底缘；10—白线；11—蹄叉侧沟；12—蹄叉中沟；13—蹄叉；

14—皮肤；15—肉缘；16—肉冠；17—肉壁；18—蹄软骨的位置；19—肉球；

20—肉底；21—肉叉；22—肉支

（2）蹄冠真皮（肉冠）　同牛蹄。

（3）蹄壁真皮（肉壁）　同牛蹄。

（4）蹄底真皮（肉底）　由真皮构成，同牛蹄。

（5）蹄叉真皮（肉叉）　形状与蹄叉相似，表面也有许多乳头。

3. 蹄的皮下组织

马蹄同牛蹄一样，蹄底和蹄壁无皮下组织。蹄缘和蹄冠处的皮下组织较薄，而在蹄叉处有发达的皮下组织，由胶原纤维和弹性纤维组成，富有弹性。四肢着地时可缓冲震荡。

（三）猪蹄的特征

猪蹄（图 3-4）为偶蹄，有两个主蹄和两个副蹄，结构与牛蹄相似。蹄内有完整的指（趾）节骨。

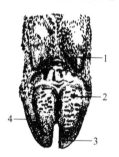

图 3-4　猪蹄的底面

1—副蹄；2—蹄球；3—蹄底；4—蹄壁

五、角

角（图 3-5）是由被覆于额骨上骨质角突上的皮肤衍化来的。角分为角根、角体和角尖 3 部分。角根与额部皮肤相连续，此处角质柔软，有稀疏的毛。角体是自角根向角尖延续部分。角的厚度由角根向角尖角质逐渐增厚，直至变成实体。角的结构也分为表皮和真皮。表皮形成坚硬的

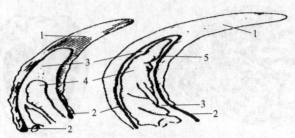

图 3-5　牛角纵切面

1—角尖；2—角根；3—额骨角突；4—角腔；5—角真皮

角质。角质有角小管构成。真皮紧贴在额骨角突的骨膜上，有发达的乳头。自乳头表面基底层不断增生角质。真皮内含血管神经，因此角保持一定的温度。

知识链接

　　枕是脚的掌侧或跖侧的皮肤粗大部分，呈枕状而富有弹性。它也是皮肤的衍生物，分表皮、真皮、皮下组织三层。表皮角质层发达，形成许多小突或小栉。真皮含有丰富的神经末梢。皮下层很厚，含有大量弹性纤维和脂肪。因此，当动物站立时，枕可起支持和缓冲的作用。同时，它也是一个重要的感觉器官。

　　掌行动物（如猫、犬等）前肢包括腕枕、掌枕、指枕，后肢包括跗枕、跖枕、趾枕。蹄行动物仅保留有指（趾）枕，其余退化或消失。

　　（1）腕（跗）枕和掌（跖）枕　马的腕（跗）枕退化后形成一个黑色椭圆形的角化物，被称为附蝉。马的掌（跖）枕退化成一堆角化物，俗称为距，位于近指节（趾骨）的掌面上，被距毛所覆盖。

　　牛、羊、猪没有腕枕和跗枕。

　　（2）指（趾）枕　指（趾）枕在指（趾）端的掌后方又称蹄枕，富有弹性，运步时起缓冲作用。结构与皮肤相似。

　　马的指（趾）枕在马的蹄后部参与形成枕球或蹄球，前端尖，伸向蹄底，形成蹄叉。牛、猪、羊的指（趾）枕形成蹄球，而没有蹄叉。

第四章　消化系统

第一节　概　述

一、内脏

内脏包括消化、呼吸、泌尿和生殖器官。但广义的内脏还包括体腔里的其他一些器官，如心脏、内分泌腺等。在解剖学中内脏可依据有无较大而明显的空腔，分为有腔内脏和实质性内脏两大类。

（一）有腔内脏

大部分呈管状，又称管状内脏（图 4-1），管壁一般由四层构成。

1. 黏膜层

黏膜层为腔性器官的最内层，因表面经常覆盖有分泌的黏液而得名。淡红色，柔软而有伸展性。黏膜由内向外分别为以下三层。

（1）黏膜上皮　由不同的上皮组织构成，完成各个不同部位的不同功能，如保护、吸收或分泌等。在黏膜上，除由杯状细胞构成的单细胞腺外，还形成各种壁内腺，深入黏膜固有层和黏膜下层内。有的腺体非常发达，延伸出壁外形成壁外腺，属于实质性内脏。有腔内脏的壁内除分布有淋巴管、血管和神经丛外，还有淋巴组织构成的淋巴小结，多见于黏膜固有层和黏膜下层，如淋巴孤结、淋巴集结、扁桃体等。

（2）黏膜固有层　为结缔组织，形成黏膜上皮的支架。内除血管丛外，常分布有腺体。

（3）黏膜膜肌层　为薄层平滑肌，形成黏膜下组织与黏膜固有层的分界，其收缩活动可促进黏膜的血液循环、腺体分泌以及上皮的吸收作用。

2. 黏膜下组织

黏膜下组织连接肌层和黏膜层，由结缔组织构成。在管腔容积变化不大的部位为较致密的结缔组织；在管腔随生理状态而有较大改变的部位则为疏松结缔组织，当空盛时允许黏膜集成皱褶，如胃、肠、食管、膀胱等。黏膜下组织内含有较大的血管丛、淋巴管、神经丛，有些部位还分布有腺体，如十二指肠腺、食管腺等分布于此层内。

3. 肌膜

在外膜之内，大部分由平滑肌构成，分外纵层和内环层两层。由于两层肌纤维的交替收缩，可压迫内容物并使其向一定方向移动。在器官的入口和出口处，环层常增厚而形成括约肌（如幽

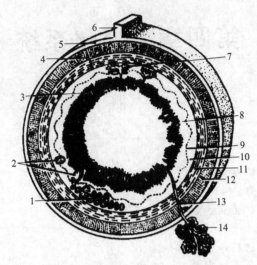

图 4-1　管腔性器官膜式图
1—淋巴集结；2—淋巴孤结；3—黏膜上皮；4—肌层；5—肠系膜；
6—肠系膜；7—黏膜下腺；8—固有膜；9—黏膜肌层；10—黏膜下层；
11—内环形肌；12—外环形肌；13—腺管壁外；14—壁外腺

门括约肌等），起开闭作用。有些部位的肌膜由横纹肌构成，如牛的食管，完全由横纹肌构成。还有些部位则由横纹肌构成一些特殊的肌肉，如咽部的咽肌、肛管的肛提肌等。也有些管状内脏没有完整的肌膜，壁内具有软骨支架，以保持管腔经常处于扩张状态，如气管。

4. 外膜

外膜是管壁的最外层，由富含弹性纤维的疏松结缔组织构成，是管壁与周围其他器官联系固定的组织。如在外膜的外表面覆盖一层间皮称为浆膜，如胃、肠浆膜，它表面更光滑，可减少器官运动时的摩擦。

（二）实质性内脏

大多数实质性内脏是主要由上皮组织构成的腺体，没有明显的空腔，而以导管与有腔内脏相联系，将分泌物排入其中，如肝、肾等。有的腺体在发生过程中导管缺失，形成内分泌腺，分泌物则直接渗入血管或淋巴管。有的内脏形成许多较细的管腔分支，如肺。也有的实质性内脏并无腔及导管，如卵巢和脾。实质性内脏以上皮组织或其他组织构成实质，亦称主质，与该器官的特定功能有关，而由结缔组织构成被膜（纤维膜）和支架（小梁），称为间质，血管和神经沿间质分布。有的实质性内脏外面尚包有浆膜，有的还包有脂膜。

血管、淋巴管、导管和神经出入实质器官的部位称为"门"，如肝门、肾门和肺门等。

学习贴示

在解剖学中，能接触到有腔的器官基本都由四层结构组成，但由于功能需要，个别腔性器官某一层或几层内的具体组织学结构有所变化。如气管就没有明显的肌层，而为了保证进气通畅，变成了软骨环。

二、体腔

体腔为体内藏纳大部分内脏的腔隙，可分为胸腔、腹腔和盆腔三部分。

（一）胸腔

胸腔位于胸部，藏心、肺、气管、食管和大血管等。呈平卧的截顶圆锥形，肉食兽和猪的似圆桶状，草食兽的前部较侧扁。四壁由胸椎、肋骨和肋软骨、胸骨及肋间肌等构成。前口呈卵圆形，由第一胸椎、第一对肋以及胸骨柄围成。后口成倾斜的卵圆形，较大，由最后胸椎、最后一对肋骨、肋弓以及胸骨的剑状突围成。后口以膈肌（圆顶状的肌肉）与腹腔分隔开。胸腔内衬浆膜。

（二）腹腔

腹腔是最大的体腔，内有大部分消化器官以及肾、脾、一部分子宫和大血管等。腹腔呈卵圆形，长轴从后上方略斜向前下方，背侧壁为腰椎和腰肌；侧壁和底壁为腹肌，侧壁还有假肋的肋骨下部和肋软骨及肋间肌；前壁倾斜并向胸腔隆起的膈。腹腔向后与盆腔相连通。腹腔上有五个开口，三个在膈上，一对在腹股沟部。

为了便于说明腹腔内各内脏器官的局部位置，常以假想的两个横切面来把腹腔划分为三个部分。通过最后肋骨后缘和髋结节前缘，做两个横断面，把腹腔分为腹前部、腹中部和腹后部（图 4-2）。

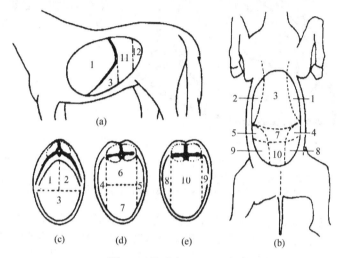

图 4-2　腹腔各区的划分
（a）侧面；（b）腹面；（c）腹前部横断面；（d）腹中部横断面；（e）腹后部横断面
1—左季肋部；2—右季肋部；3—剑状软骨部；4—左髂部；5—右髂部；6—腰部；7—脐部；8—左腹股沟部；9—右腹股沟部；10—耻骨部；11—腹中部；12—腹后部

1. 腹前部

腹前部最大，又通过肋弓的弧形平面分为腹侧的剑状软骨部和背侧的季肋部。后者以正中矢状切面再分为左、右季肋部。

2. 腹中部

在腹中部通过腰椎横突末端做两个矢状切面，将其分为左右腹外侧部或髂部和中间部。中间部又以第一肋骨的中点做一个额面而分为背侧的肾部（或称腰部）、腹侧的脐部。

3. 腹后部

腹后部最小，将腹中部的两个侧矢状切面向后延续，使腹后部分为三部分，两侧的左右腹股沟部和中间的耻骨部。

（三）盆腔

盆腔是最小的体腔，位于骨盆内，有直肠和肛管、膀胱及一部分生殖器官。背侧壁为荐骨和前 3～4 个尾椎；侧壁主要为髂骨和荐结节阔韧带；底壁为耻骨和坐骨。后口由尾椎、荐结节阔韧带后缘、坐骨结节和坐骨弓围成，以会阴筋膜封闭，有肛门和阴门等穿过筋膜。

三、浆膜和浆膜腔

（一）浆膜

浆膜是体腔内衬的一层光滑、透明的薄膜（由间皮细胞组成），它贴在体壁内表面的部分，叫做浆膜壁层。包在内脏各器官外表面的部分，称为浆膜脏层。存在于壁层和脏层之间的腔隙为浆膜腔，腔内有少量浆液，以减少器官在活动时的摩擦。浆膜能渗出适量浆液，起润滑作用，并能将混入的异物一起再吸收。在胸腔内的浆膜称为胸膜，在腹腔和骨盆腔内的浆膜为腹膜。

（二）浆膜腔

由胸膜或腹膜壁层和脏层围成的腔隙分别称为胸膜腔（左、右各1个）和腹膜腔（1个，图4-3）。浆膜是表层，为间皮，深部为疏松结缔组织构成的浆膜下组织，有些部位具有脂肪。浆膜移行而转折于体壁与内脏之间或内脏与内脏之间的双层浆膜，则形成浆膜襞，起联系和固定作用。常依所在部位而有各自的名称，如系膜、网膜、韧带和皱褶。

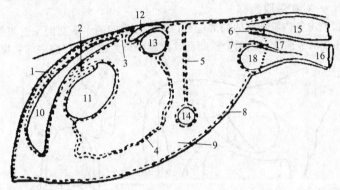

图 4-3　腹腔和腹膜腔模式图

1—冠状韧带；2—小网膜；3—网膜囊孔；4—大网膜；5—肠系膜；6—直肠生殖陷凹；
7—膀胱生殖陷凹；8—腹膜壁层；9—腹膜腔；10—肝；11—胃；12—胰；
13—结肠；14—小肠；15—直肠；16—阴门；17—阴道；18—膀胱

（1）系膜　是指腹腔的顶总与肠管之间宽而大长的腹膜褶，如空肠系膜和小结肠系膜等。

（2）网膜　是以胃为中心，连接肝、脾和肠等器官的腹膜褶，因其外观呈网格状称为网膜，网膜是双层的浆膜褶，根据所联系的器官和位置不同分为大网膜、小网膜。

（3）韧带和皱褶　为连于腹腔、骨盆腔壁与脏器官之间或脏器与脏器官之间短而窄的腹膜褶，如回盲韧带、十二指肠结肠带。

🖐 学习贴示

浆膜是机体的一部分，有人把它划分为膜性器官。它和其他的腔性、实质性器官一样，它由两种组织有规律地排列构成，一层是上皮组织，另一层是结缔组织，作为器官就具备一定的生理功能，也会发生病变，当浆膜受到机械的、化学的或有毒物质的刺激时，易引起炎症变化等。

🖐 知识链接

（1）肠腺　是肠黏膜内形成的单管状腺（参见上皮组织），上皮下陷到固有肠黏膜，开口于肠绒毛表面的黏膜表面。

（2）血管丛　有动脉和静脉血管丛两种。以肠内血管分布为例，血管由动脉发出，在肠外层浆膜处发出分支，供给浆膜与肌层。主干再穿过肌层向下到黏膜下组织。在此形成大的动脉的血管丛，其分支分布于肌层，有部分进入黏膜层和固有层内，在肠腺等周围形成毛细血管网，在黏膜内这些毛细血管网汇合成小的静脉，返回黏膜下组织，形成静脉丛和较大的静脉，又随动脉离开肠壁。

（3）肠绒毛　肠壁结构中的黏膜上皮和固有膜一起突入肠腔形成的指状的结构。

（4）淋巴孤结　淋巴组织形成的淋巴小结在黏膜内单独存在称为淋巴孤结。

（5）淋巴集结　淋巴组织形成的淋巴小结在黏膜内聚集成群称为淋巴集结。

第二节 消化器官结构

【知识目标】
- ◆ 掌握动物消化系统的组成及找出其主要区别。
- ◆ 理解并掌握齿垫、鼻唇镜、食管沟、瓣胃沟、瘤胃前庭位置、结构。
- ◆ 掌握肠管之间的各段分界及特点。

【技能目标】
- ◆ 能在活体上识别各消化器官各部分结构。
- ◆ 能在活体上指出各主要消化器官的体表投影位置及生理音听取部位。

【知识回顾】
- ◆ 腔性器官的四层结构。
- ◆ 腹腔分区中各区的位置名称。
- ◆ 韧带、网膜的概念。
- ◆ 外分泌腺的概念。

家畜的消化器官包括消化管和消化腺两大部分（图4-4）。消化管包括口腔、咽、食管、胃、小肠和大肠，末端以肛门开口于体外。均为腔性器官，由黏膜、黏膜下组织、肌膜和外膜或浆膜四层构成。消化腺分为壁内腺和壁外腺。壁内腺广泛分布于消化管的黏膜以及黏膜下组织内，前者如胃腺、肠腺，后者如食管腺、十二指肠腺。壁外腺有唾液腺以及肝和胰。唾液腺的导管开口于口腔，肝和胰的开口于十二指肠。

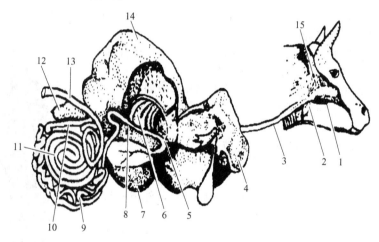

图4-4 牛消化系统模式图

1—口腔；2—咽；3—食管；4—肝；5—网胃；6—瓣胃；7—皱胃；8—十二指肠；
9—空肠；10—回肠；11—结肠；12—盲肠；13—直肠；14—瘤胃；15—腮腺

👆 **学习贴示**

对于解剖学各系统中器官的学习，主要学各系统器官的位置、形态、结构。位置要学习它在哪个腔，由什么固定，和哪些器官相邻；形态是要用解剖学术语描述出它长什么样、颜色、质地；结构学是这个器官由哪些组织构成。对于消化系统来讲，基本上都是腔性器官，都具备相似的四层结构。

一、口腔的结构

口腔是消化管的起始部。口腔的前壁为唇，两侧为颊，背侧壁是硬腭，底面有舌附着。口腔后接咽的口咽部。口腔内表面有黏膜被覆，口腔黏膜由上皮及薄层结缔组织构成。口腔黏膜光滑，湿润，呈粉红色。口腔以齿弓为界分为口腔前庭和固有口腔两部分。

（一）口腔前庭

在唇、颊与齿（齿弓）之间的间隙称为口腔前庭。

1. 口唇

为皮肤-肌肉褶，构成口腔的前壁，分为上唇和下唇。两唇之间围成口裂，是口腔的入口。口裂的两端会合成口角。口唇的基础肌肉主要是横纹肌（口轮匝肌），唇的外层为皮肤，除具有被毛外，并分布有长而粗的触毛，内面附有黏膜，黏膜的颜色因家畜种类不同而异。黏膜的深层有唇腺，腺管直接开口于唇黏膜的表面（图4-5）。

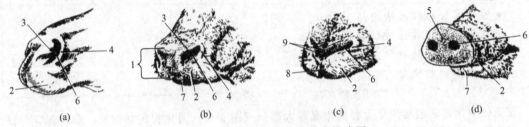

图4-5 各种动物的唇和鼻端半模式图

(a) 马；(b) 牛；(c) 羊；(d) 猪

1—鼻唇镜；2—上唇；3—内侧鼻翼；4—外侧鼻翼；5—吻突；

6—鼻孔；7—下唇；8—人中；9—鼻镜

（1）牛　唇短而厚，不灵活，上唇中部和两鼻孔之间的无毛区，称为鼻唇镜，表面有唇腺分泌的液体。唇黏膜上有角质化锥状乳头，尖端向后。

（2）羊　口唇薄而灵活，上唇中间有明显的纵沟，在鼻孔间形成鼻镜，在牛、羊的颊黏膜上有许多尖端向后的锥状乳头。在颊肌的上缘和下缘均有颊腺，腺管直接开口于颊黏膜表面。

（3）猪　口裂大，唇的活动性小，上唇与鼻连在一起构成吻突。

（4）马　唇运动灵活，是采食的主要器官，在唇的皮肤上有粗长的触毛，在唇的黏膜上有色素沉着。

2. 颊

颊位于口腔侧壁的皮肤-肌褶，主要由颊肌构成，外覆有皮肤，颊内衬有黏膜。牛、羊的颊有许多尖端向后的乳头。黏膜上、下缘有颊腺，颊腺直接开口于颊黏膜的表面，草食兽较发达。此外，牛在第5臼齿相对的颊黏膜还有腮腺的管的开口。颊参与咀嚼和吸吮作用。

3. 齿

（1）齿的概念　是体内最坚硬的器官，镶嵌于切齿骨、上颌骨和下颌骨的齿槽内，由于齿排列成弓状，故分别称为上齿弓和下齿弓。齿具有切断、撕裂和磨碎食物的作用。

（2）齿的种类　根据齿的位置和结构特征，可分为切齿、犬齿和颊齿。颊齿又可分为前臼齿和臼齿。切齿由内向外依次称为门齿、中间齿和隅齿。

（3）齿的结构　见图4-6，每个齿可分齿根、齿颈和齿冠三

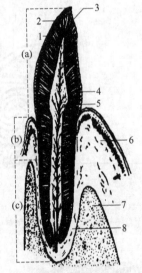

图4-6 牛切齿（短冠齿）的构造

(a) 齿冠；(b) 齿颈；(c) 齿根

1—齿骨质；2—釉质；3—咀嚼面；

4—齿质；5—齿髓腔；6—齿眼；

7—下颌骨；8—齿周膜；

部分。

① 齿根：以齿周膜埋植于齿槽中；颊齿可有 2~6 个齿根。

② 齿颈：略细，被齿根包裹。

③ 齿冠：突出于口腔内，具有 4~5 个面，即前庭面、舌面、1~2 个接触面、嚼面。前庭面分为唇面和颊面。接触面分为近中面和远中面。嚼面又称磨面、咬合面，为上、下齿弓互相咬合和进行咀嚼的面，形态不仅因齿的种类而异，也因动物种类而有不同，并可随磨灭程度发生改变。

齿由三种高度钙化的组织构成。①齿质，构成齿的大部分，略带黄色，含钙高达 70%~80%。②釉质，在齿冠部分的齿质外面被覆有光滑而坚硬，呈乳白色，含钙达 97%。对齿起保护作用，当釉质被破坏时，微生物才容易侵入，使齿发生蛀孔。③黏合质，包于齿根或整个齿质表面，其结构与骨相似，含钙达 60%~70%。齿的内部有空腔，开口于齿末端的根尖孔，齿腔内的血管、神经与结缔组织一起称为齿髓。

4. 齿龈

齿龈是包裹在齿颈周围和上、下颌齿槽缘的黏膜，与口腔黏膜相延续，分布的感觉神经较少，而血管丰富，呈淡红色。齿龈无黏膜下组织，与骨和齿紧密相连。齿龈伸入齿槽内，移行为齿槽骨膜，将齿固着于槽。

5. 各种家畜的齿的特点

（1）牛齿　牛没有上切齿，由硬腭的前端的黏膜角化形成的齿垫。下切齿齿冠铲形，齿根细短，脱换有一定的规律，常作为年龄鉴定的依据。乳切齿一般可保留到 2 岁左右，恒门齿最先出现为 2 岁，2~5 岁时内中间齿恒齿出现，3 岁时外中间恒齿出现；4 岁后齿冠全部磨平。

（2）猪齿　除犬齿为长冠齿外，其余的均为短冠齿。上、下切齿各有三对，即门齿、中间齿和边齿。犬齿与切齿和前臼齿之间形成较宽的间隙，颊齿每侧为 7 枚。犬齿很发达，第一臼齿小有时不存在。

（3）马齿　齿冠长，磨面上有一漏斗状齿窝。窝内填充食物的残渣，腐败变质呈黑色，因而称为黑窝（又称齿坎）。当齿磨损后，在磨面上可见到内外两圈明显的黏质褶。它们之间为齿质，以后随着年龄的增长，齿冠磨损加大，黑窝逐渐消失，齿质暴露，成为一黄褐色的斑痕，称为齿星。因此常可根据马切齿的出齿、换齿、齿冠磨损情况、齿星的出现等判定马的年龄。

知识链接

齿式见图 4-7。齿沿上、下颌的齿槽弓排列成上、下齿弓。上下颌宽度基本像等腰三角形的动物，上下齿弓互相对合，称为等腰三角形的杂食兽；在上颌宽而下颌窄的动物，上齿弓的内侧半与下齿弓的外侧半相对合称为不等颌，如草食兽。每一齿弓的各齿由于功能不同，在动物进化过程中分化为不同形态称为异形齿，有别于较原始的同形齿。

异形齿分为切齿、犬齿和颊齿。切齿每侧有三个，并列于唇的后方，由齿弓的正中向外顺次称为门齿、中间齿和边齿。犬齿又称尖齿，每侧只有一个，位于切齿与前臼齿之间的齿间隙中。前臼齿每侧 4 个，第一个常缺少。齿每侧 2~4 个，一般 3 个。在家畜，除臼齿和赴前臼齿外，其余各齿在动物一生中要脱换一次，属于再出齿，第一代是乳齿，第二代是恒齿。齿的出生和脱换有一定时间及次序，在畜牧业实践上常用此估测家畜的年龄。

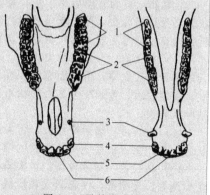

图 4-7　马的齿示意图
1—臼齿；2—前臼齿；3—犬齿；
4—隅齿；5—中间齿；6—门齿

（二）固有口腔

固有口腔是口腔在齿弓以内的部分，顶壁为腭，口腔的底则由上下颌骨和位于两下颌骨之间的肌肉等软组织部被覆黏膜构成的，主要部分被舌所占据。

1. 硬腭

硬腭（图 4-8）是构成固有口腔的顶壁，向后与软腭相延续。硬腭黏膜层厚而坚实，黏膜下层有丰富的静脉丛。硬腭正中有一条腭缝，腭缝两侧有多条横行腭褶，腭褶的个数因家畜不同而不同（牛约 20 个、羊 14 个、猪 20～22 个）前部的腭褶高而明显，向后逐渐变低而消失。羊、猪、马的游缘光滑，牛的则呈锯齿状。在腭缝前端有一突起，称为切齿乳头。牛、羊、猪和幼驹的切齿乳头两侧有齿头管（又称鼻腭管）的开口，管的另一端通鼻腔。马的则不明显。

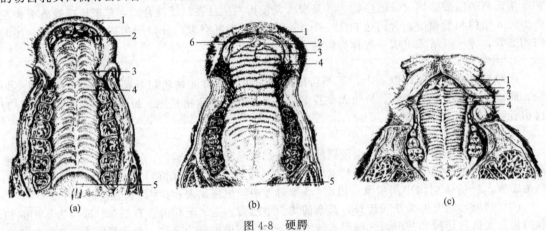

图 4-8　硬腭

（a）马；（b）牛；（c）猪

1—上唇；2—切齿乳头；3—腭缝；4—腭褶；5—软腭；6—齿垫

2. 舌

舌由舌骨、舌肌和舌黏膜构成。舌肌属横纹肌，均起于舌骨和上颌骨，而于舌内走向不一，有纵、横和垂直三种肌束，所以舌的运动灵活。口腔底的前部，舌尖下面有一对突出物称为舌下肉阜，牛的长管舌下腺在此开口。

舌可分为舌尖、舌体和舌根 3 部分。舌尖为舌的前端游离部分，活动性大，向后延续为舌体。舌体是位于左、右列臼齿之间并附着于口腔底壁的部分。在舌尖与舌体交界处的腹侧有一条与口腔底相连的黏膜褶，称舌系带。舌根为附着于舌骨的部分，它与软腭间构成咽峡或口咽部。

舌黏膜上皮为复层扁平上皮，黏膜层内有腺体。黏膜表面有多种乳头，其中丝状乳头和圆锥状乳头及豆状乳头（见于反刍动物）起机械作用，轮廓乳头、菌状乳头和叶状乳头为味觉乳头，乳头内有味觉感受器——味蕾，以辨别食物的味道（图 4-9）。

（1）牛（羊）舌　牛舌尖较尖，灵活，舌背后部有一椭圆形隆起，称为舌圆枕（彩图 9）。舌根和舌体较宽厚，舌背面有大量角质化的锥状乳头，致使舌面粗糙。舌圆枕前方锥状乳头尖硬，尖端向后，舌圆枕上乳头形状不一，呈圆锥状或扁豆状，舌圆枕后方的乳头长而软。牛、羊缺叶状乳头。

（2）猪的舌　猪舌窄而长，舌尖薄，无舌下肉阜。除有丝状乳头、菌状乳头、轮廓乳头和叶状乳头外，在舌根处还有长而软的锥状乳头。

（3）马的舌　马舌较长，舌尖扁平，舌体较大。舌表面有四种乳头，丝状乳头密布于舌背及舌尖两侧，无味蕾，仅起感觉和机械作用。

二、唾液腺

唾液腺是能分泌唾液的腺体，包括三对大型的唾液腺，即腮腺、上颌腺和舌下腺，还有一些壁内腺，如唇腺、颊腺、腭腺和舌腺。唾液主要可润湿食料，便于进行咀嚼和吞咽。各种家畜唾液腺见图 4-10。

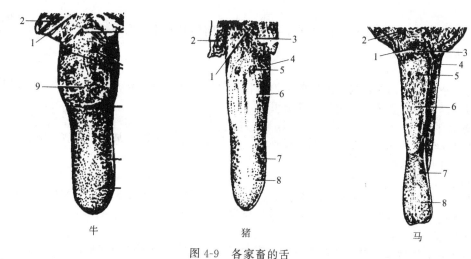

图 4-9　各家畜的舌

1—舌扁桃体；2—腭扁桃体；3—舌根；4—叶状乳头；5—轮状乳头；6—舌体；7—菌状乳头；8—舌尖；9—舌圆枕

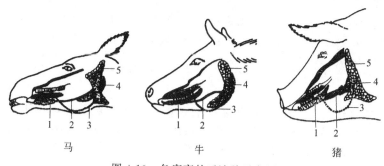

图 4-10　各家畜的唾液腺示意图

1—舌下腺；2—下颌腺；3—腮腺管；4—下颌腺；5—腮腺

1. 腮腺

（1）牛的腮腺　大部分位于咬肌后部表面，腮腺管开口于第 5 上臼齿相对的颊黏膜上的唾液乳头。羊的腺管开口于第 3、第 4 上臼齿相对的颊黏膜上，位于耳的下方，下颌骨后缘，为不正四边形。腮腺管起于腺体前缘，经下颌向前延伸，至下颌骨血管切迹处绕至面部，随同面动脉一起沿咬肌前缘向上延伸，穿过颊肌再与第 3 上前臼齿相对处，开口于颊黏膜上的唾液乳头。

（2）猪的腮腺　很发达，呈三角形，腮腺管开口于第 4、第 5 上臼齿相对的颊黏膜上。

（3）马的腮腺　很大，位于耳根的腹侧，在下颌骨后缘与寰椎翼之间，呈灰黄色。腺管开口在第 3 臼齿所对的颊黏膜腺乳头上。

2. 下颌腺

（1）牛的下颌腺　发达，腺体下缘达下颌间隙与对侧腺体几乎相接，活体触诊时易与其外侧的下颌淋巴结相混。

（2）猪的下颌腺　呈球形或扁圆形，下颌腺管开口于舌系带两侧口腔底壁黏膜面上。

（3）马的下颌腺　呈月牙形，位于下颌内侧，其后部被腮腺覆盖，下颌腺管在下颌支内侧前行，开口于舌下肉阜。

3. 舌下腺

（1）牛的舌下腺　分上、下两部。上部为短管舌下腺或多管舌下腺，腺体长而薄，以许多小管开口于口腔底。下部为长管或单管舌下腺，腺体短而厚，以一条总导管与下颌腺管伴行或全并，开口于舌下肉阜。

（2）猪的舌下腺　分为短管和长管舌下腺两部分，开口于舌体两侧及舌系带附近口腔底壁黏膜面上。

（3）马的舌下腺   长而薄，位于舌体和下颌骨之间的黏膜下，舌下腺管有30多条，均开口于口腔底舌下黏膜褶上。

三、咽

咽是一个漏斗状的肌性囊，其内腔称为咽腔，咽腔可分为鼻咽部、口咽部和喉咽部。其中口咽部、喉咽部为消化管和呼吸道的公共通道。

1. 鼻咽部

鼻咽部指软腭的背侧，是鼻腔的直接延续。前方有两个鼻后孔通鼻腔，两侧壁上各有一个咽鼓管咽口，经咽鼓管与中耳相通。

2. 口咽部

口咽部又称咽峡，位于软腭和舌根之间，是口腔的延续。其侧壁黏膜上有扁桃体窦以容纳扁桃体，马无明显扁桃体窦，腭扁桃体位于舌根与腭舌弓交界处。

3. 喉咽部

喉咽部为咽的后部，位于喉口背侧，上有食管口通食管，下有喉口通喉。

> **学习贴示**
>
> 咽有七个孔与外界相通。咽是消化管和呼吸道的交叉通道，吞咽时，软腭提起，隔开鼻咽部和口咽部，喉头前移，关闭喉门，食物由口腔经咽入食管；呼吸时，软腭下垂，空气经咽到喉或由喉经咽到鼻腔。

四、软腭

软腭位于硬腭延续向后并略下垂的黏膜-肌性褶，伸入咽腔前部称为腭帆。前缘附着于腭骨水平部上；后缘为弓形的游离缘，达喉的会厌附近形成一对黏膜襞，称为腭咽弓。软腭与舌根相连的黏膜褶称为腭舌弓；在舌根两侧，腭舌弓和腭咽弓之间，为腭扁桃体所在部位。

软腭的腹侧面与口腔硬腭黏膜相连，覆以复层扁平上皮；背侧面与鼻腔黏膜相连，覆以假复层柱状纤毛上皮。在两层黏膜之间夹有肌肉和一层发达的腭腺，腺体以许多小孔开口于软腭腹侧面黏膜的表面。

软腭的生理功能主要是在吞咽过程中起到活瓣的作用，即在呼吸时软腭下垂，空气经咽到喉或鼻腔；吞咽时，软腭提起，关闭鼻咽部，同时会厌软骨翻转盖喉口，食物由口腔经咽入食管。

> **学习贴示**
>
> 人们常说的口腔深处的"小舌头"，其实就是软腭的下垂部分。

> **知识链接**
>
> 咽和软腭的黏膜内分布有淋巴组织（淋巴组织由淋巴细胞和网状组织构成）。大量的淋巴组织分布于消化道入口，外被有结缔组织膜的淋巴器官，被称为扁桃体。其表面或是较平或是形成扁桃体小窝。家畜扁桃体可分为下列几群：舌扁桃体，位于舌根部。腭扁桃体，位于口咽部侧壁上；但猪没有。腭帆扁桃体，在软腭的口腔面黏膜下；猪的较发达。会厌旁扁桃体，在会厌的基部。咽扁桃体，位于鼻咽部顶壁内。咽鼓管扁桃体，在咽鼓管咽口的侧壁内。这些扁桃体的位置为国家执业兽医师考点范畴。

五、食管

（一）食管的位置及路径

食管是连于咽和胃之间的肌质管，按部位可分为颈段、胸段和腹段。

颈段食管起始位置在喉和气管背侧；至颈中部逐渐偏至气管的左侧，到胸腔前口处则位于气管的左方的背外侧。食管的胸段又转至气管背侧，行于胸腔的纵隔内，经气管叉、心基而过主动脉弓右侧，在胸主动脉下方向后行，直至膈的食管裂孔。食管的腹段很短，穿过食管裂孔后经肝的食管压迹而以贲门开口于胃。猪的食管沿气管背侧行走时，不发生偏转。

> **学习贴示**
>
> 　　内脏所说的压迹可以理解为脏器之间相互的压痕，但将相邻脏器拿开，这个压痕会消失。而切迹则可理解为脏器上如切削过的圆滑平整的边界，为相邻脏器之间永久的压痕。如肝上有肾的切迹，即将肾取出后该痕迹仍存在。在骨骼中的压迹则指的是骨表面较浅的凹陷。

（二）食管结构

食管属于腔性器官，其组织学结构符合腔性器官的一般性结构特点。

（1）黏膜层　被覆有复层扁平上皮，黏膜肌层分散有平滑肌束，在靠近胃处才变为完整的肌层。猪和犬的食管前半段完全没黏膜肌层。黏膜下层内有混合腺，称为食管腺，食管腺的分布情况依动物种类不同而不同。反刍动物及马仅见于咽和食管的连接处，猪则集中于食管的前半段，而中后部减少。

（2）肌层　肌层的构造因动物不同结构不同。反刍动物、马和肉食动物有三层，而猪可达四层。但食管的起始部均为横纹肌，向胃端不断过渡为平滑肌。马食管的后 1/3 为平滑肌；猪中段才出现平滑肌；犬和反刍动物肌层全部由横纹肌构成。

（3）外膜　为浆膜，由疏松结缔组织构成。

六、胃

根据胃室多少又可分为单室胃（又称单胃，猪、马、犬等大多数动物胃均为此种类型）和多室胃（又称复胃，牛、羊的胃为此类型）。

（一）单胃的位置、形态

胃一般呈"J"字形囊，但常因家畜的种类与饱食度不同形态有所不同。胃是消化管道中的膨大部分，胃位于腹腔内，前端以贲门接食管，后端经幽门与十二指肠相通。胃的前面为壁面，与膈和肝相贴；后面为脏面，与肠相接；从贲门到幽门，沿两个面形成两个缘，凸缘为胃大弯，凹缘为胃小弯，向右、向前和向上，在小弯的急转处形成角切迹。胃可以分为几个部分：从角切

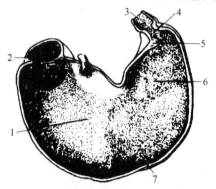

图 4-11　猪胃黏膜分区

1—贲门腺区；2—胃憩室；3—十二指肠；4—幽门；
5—幽门圆枕；6—幽门腺区；7—胃底腺区

迹到贲门为胃体；从贲门以上为胃底；贲门周围为贲门部；从角切迹到幽门为幽门部，幽门部又分成幽门窦和幽门管两部分。

1. 猪胃

猪胃位于左季肋部，少部分越过体中线到达剑状软骨部。饱食时，胃大弯可伸达剑状软骨和脐之间腹腔底壁。胃的壁面朝前，与膈、肝接触；脏面朝后，与大网膜、肠、肠系膜等相接触。猪胃呈扁椭圆囊状。胃的左端大而圆凸，有一盲突称胃憩室。右端幽门部较细，在幽门处自小弯一侧胃壁向胃的内腔凸出，呈一纵向长的鞍形隆起，称为幽门圆枕，它与对侧的唇形隆起相对，具有关闭幽门的作用（图4-11）。

学习贴示

关于脏器的壁面和脏面的区分，主要是依活体时，这个器官的左右或前后贴近正中矢状面或离正中横断面远近而言的。离正中矢状面近或离横断面近的一面，并与其他脏器相贴的面，常称为脏面；相对离正中矢状面或正中横断面远点的面，称之为壁面。以猪胃为例，它的壁面指离正中横断面远的面、离膈近的面；而其相反的面就称之为脏面。

2. 马胃

马胃大部分位于左季肋部，少部分位于右季肋部，壁面紧贴膈和肝，脏面邻接大网膜、大结肠、胰、小结肠和小肠。胃大弯有大网膜附着，其左部邻脾。小弯有小网膜附着。胃盲囊在胃的最高点上。

马胃黏膜分为腺部和无腺部。无腺部的结构与食管相似，缺消化腺，黏膜苍白，它占据整个胃盲囊和幽门口以上的胃黏膜区。腺部黏膜富有皱褶，呈红褐色或灰色，内有丰富的贲门腺、胃底腺和幽门腺分布。幽门黏膜形成一环形褶称为幽门瓣（图4-12和图4-13）。

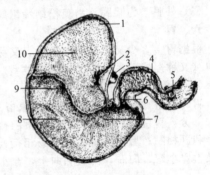

图4-12　马的胃和胰

1—胃大弯；2—胃小弯；3—幽门与十二指肠连接处；4—肝管断端；5—胰管；6—胰头；7—十二指肠；8—胰右叶；9—肝门静脉；10—胰左叶；11—胃盲囊；12—食管

图4-13　马胃黏膜

1—胃盲囊；2—贲门；3—食管；4—十二指肠；5—十二指肠憩室；6—幽门；7—幽门腺区；8—胃底腺区；9—褶缘；10—食管部（无腺部）内

知识链接

单室胃壁的结构（胃属于腔性器官，具有腔性器官的一般性结构）

1. 胃黏膜层

黏膜形成许多皱褶，当食物充满时，皱褶变低或消失。在腺部黏膜表面有许多凹陷，称胃小凹，是胃腺的开口。胃的无腺部很小，仅位于贲门周围，呈苍白色，上皮为复层扁平上皮，其余的有腺部的黏膜上皮由单层柱状上皮组成。贲门腺区很大，由胃的左端达中间，呈淡灰色。胃底腺区较小，沿胃大弯分布，呈棕红色。幽门腺区位于幽门部，呈灰白色。

① 固有层：很发达，由富含网状纤维的结缔组织构成，此外，还含有来自黏膜肌层的平滑肌纤维、浸润的白细胞，富含大量的弥散的淋巴组织和淋巴小结等。

② 黏膜肌层：由内环、外纵两层平滑肌组成，有收紧黏膜和帮助排出胃腺分泌物的作用。

2. 黏膜下组织

很厚，由疏松结缔组织构成，当胃扩张和蠕动时起缓冲作用，此层下层内含较大的血管、淋巴管和神经丛。猪此层还含有淋巴小结。

3. 肌层

由三层平滑肌组成。内层为斜行肌，仅分布于无腺部，在贲门处最厚，形成贲门括约肌。中层为环行肌，很发达，为肌层的主要部分，在胃的右端特别增厚，形成幽门括约肌。外层为不完整的纵行肌层，肌纤维多集中在胃大弯、胃小弯和幽门窦处。

4. 浆膜

光滑而湿润，被覆于胃的表面，但胃脾韧带、大网膜和胃膈韧带等附着于胃的部分，无浆膜被覆。

5. 胃腺

是胃的固有膜内的腺体，由黏膜上皮下陷形成，是胃的重要结构与功能部分。能分泌胃液（包括水、盐酸、消化酶、黏蛋白和无机盐）。根据胃腺的结构，分泌物的性质及分布部位的不同，可分胃底腺、贲门腺和幽门腺三种。

（1）胃底腺　为胃的主要腺体，分布于胃底固有膜内，组成胃底腺的细胞主要有四种细胞。

① 主细胞：又称胃酶原细胞。主要分泌胃蛋白酶原和凝乳酶（幼畜），前者可被盐酸激活，对蛋白质水解，使蛋白质分子变小，而凝乳酶可使乳中酪蛋白轻微水解，防止其快速入小肠，引起消化不良。

② 壁细胞：主要分泌盐酸，盐酸经细胞内小管排入胃底腺的腺腔，还能分泌内因子。

③ 黏液细胞：可分泌黏液，有保护胃黏膜的作用。

④ 内分泌细胞：可分泌胃泌素等参与调节消化腺的分泌和消化管的活动，还能调节其他内分泌腺的活动。

（2）贲门腺　位于贲门腺的固有膜内，腺细胞主要分泌黏液，还杂有壁细胞和内分泌细胞。

（3）幽门腺　分布于幽门部腺内的固有膜内，腺细胞与胃底腺的黏液相似，主要分泌黏液，幽门腺内也散在一些壁细胞和内分泌细胞。

（二）复胃

牛、羊的胃为复胃，依次分为瘤胃、网胃、瓣胃和皱胃。其中前三个胃因为胃黏膜内没有消化腺，主要有储存食物和发酵、分解纤维素的作用，又称为前胃。而皱胃的黏膜内有消化腺，具有化学性消化作用，所以又称为真胃。

1. 瘤胃

瘤胃是复胃中最大的一个，占腹腔的左侧全部，其下部还伸向右侧腹腔内。前端与第7～8肋间隙相对，后端到骨盆前口中，背侧贴于腹腔顶，借腹膜和结构组织附于膈脚和腰肌的腹侧，腹侧缘则隔着大网膜与腹腔底壁相贴，左侧与脾、膈及腹壁相接触，右侧与瓣胃、皱胃、肠、肝等相邻（图4-14和图4-15）。前端以贲门接食管，后经瘤网口接网胃。

瘤胃呈左右稍压扁、前后伸长的椭圆形。左侧面贴腹壁称为壁面，右面与其他内脏相邻称为脏面。瘤胃表面有明显的前、后沟，左、右有不太明显的左纵沟和右纵沟。将瘤胃分为上、下两个囊，上边为背囊，下边为腹囊。瘤胃的壁上有与上述各沟相对应的肉柱。肉柱（彩图10）以环行肌和纵行肌为基础，内含有大量的弹性纤维，有加固瘤胃和促进瘤胃运动的作用。

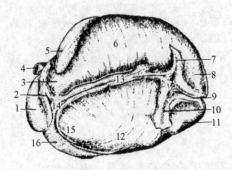

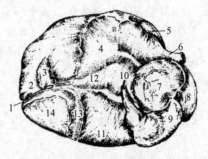

图 4-14　牛胃左侧面

1—网胃；2—瘤网沟；3—前背盲囊；4—食管；
5—脾；6—瘤胃背囊；7—后背冠沟；8—后背盲囊；
9—后沟；10—后腹冠沟；11—后腹盲囊；
12—瘤胃腹囊；13—左纵沟；14—前沟；
15—前腹盲囊；16—皱胃

图 4-15　牛胃右侧面

1—后沟；2—后背盲囊；3—后背冠沟；
4—瘤胃背囊；5—脾；6—食管；7—瓣胃；
8—网胃；9—皱胃；10—十二指肠；
11—瘤胃腹囊；12—右纵沟；
13—后腹冠沟；14—后腹盲囊

由于瘤胃的前、后沟较深，所以在瘤胃背囊和腹囊的前、后分别形成前背盲囊、后背盲囊、前腹盲囊和后腹盲囊。在前背盲囊和后背盲囊之间的部分为瘤胃的背囊，在前腹盲囊和后腹盲囊之间为瘤胃的腹囊。在后背盲囊和后腹盲囊之间，分别有后背冠状沟和后腹冠状沟。羊的瘤胃后背盲囊短而后腹盲囊长。在瘤胃胃壁的黏膜表面，有与其外表各沟相对应的隆起的肉柱。在贲门附近，瘤胃与网胃无明显分界，形成一个窟窿，称瘤胃前庭。

瘤胃壁的结构分以下 4 层。

① 黏膜层：黏膜（图 4-16）层没有黏膜肌层，固有膜由致密的结缔组织构成，富含弹性纤维，并伸入上皮内共同形成许多乳头。瘤胃的黏膜呈棕黑色或棕黄色，无腺体，表面上密布大小不等的叶状、棒状乳头，瘤胃腹囊及盲囊中的乳头密而大，乳头内含有丰富的毛细血管。但肉柱和前庭上无乳头，黏膜层无腺体，颜色也淡。

图 4-16　瘤胃黏膜的照片

② 黏膜下组织：为一层疏松结缔组织，内有血管、淋巴管、神经和淋巴组织，但没有淋巴小结。

③ 肌层：很发达，内层为环行肌，外层为纵行肌。瘤胃肉柱是胃壁向内折转形成的皱褶，而环行肌和纵行肌构成肉柱的基础。此外，肉柱内还有大量的弹性纤维。

④ 浆膜层：与单胃相同。

学习贴示

瘤胃的位置从前、后、上、下、左、右来记忆比较容易。其形态可认为是左、右的纵沟将其分为上、下两部分。前、后的沟分别在背囊和腹囊沿左、右纵沟向上和向下又伸出了冠状沟，把瘤胃共分成了六块，这些表面的沟在瘤胃内表面均有肉柱相对应。人们就以这些沟把瘤胃分成了六个空间，但实际上内部彼此是相通的。

2. 网胃

牛的网胃在四个胃中是最小的，成年牛约占胃总容积的 5%。网胃略呈梨形。位于瘤胃的前下方，前后稍压扁，大部分位于体中线的左侧，在瘤胃的背囊的前下方，与第 6～8 肋间相对。网胃的壁面（前面）凸，紧贴膈，膈的胸腔面邻心包和肺；脏面（后面）平，与瘤胃的背囊贴连。网胃的下方呈一下囊袋，称为网胃底，与膈相接触。网胃的上端以瘤网口与瘤胃的背囊相通。在瘤网口的下方有网胃与瓣胃的接口，与瓣胃相通。在网胃的壁的内面有一个食管沟。

网胃下缘的位置较低，加之牛用舌采食，混杂于饲草中的金属异物易落入网胃底部。由于胃壁肌肉强力收缩，尖锐的金属异物会刺穿胃壁，造成创伤性网胃炎，并有可能刺破膈进入胸腔，刺伤心包或肺。

（1）食管沟　起自贲门，沿着网胃的右侧壁向下伸延到网瓣口。沟的两侧黏膜增厚隆起，称为食管沟唇，沟呈螺旋状扭转（图4-17）。当未断奶的犊牛（羊）吸吮乳汁或水时，食管沟两唇闭合后形成的管道经瓣胃底直达皱胃。随着牛年龄的增加，食管沟闭合的功能逐渐减退。成年牛（羊）的食管沟就闭合不严了。

（2）网胃黏膜　网胃黏膜（图4-18）形成许多网格状的皱褶，形似蜂房。所以网胃又称蜂窝胃。房底（网胃黏膜面上）上密布许多高低不等的次级的皱褶，再分为更小的网格。在皱褶和房底部密布细小的角质的乳头。食管沟内的黏膜平滑、色淡，没有乳头及皱褶。

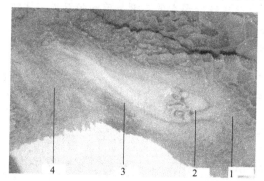

图4-17　食管沟
1—网胃黏膜；2—网瓣口；3—食管沟唇；4—瘤胃黏膜

图4-18　网胃黏膜照片

羊的网胃比瓣胃要大，下部向后弯曲与皱胃相接触。网格也较大，但周缘皱褶较低，次级的皱褶明显。

3. 瓣胃

成年牛的瓣胃占总容积的7%～8%，呈两侧稍扁的球形，摸起来较坚实，位于右季肋部的下部，瘤胃和网胃交界的右侧，与第7～11肋骨（牛）或第9～10肋骨（羊）相对。壁面（右侧）与肝、膈相接触；脏面（左侧）与网胃、瘤胃及皱胃等相接触。大弯凸，朝向右后方；小弯凹，朝向左前方。

（1）瓣胃沟　在瓣胃的小弯上、下两端，有网瓣口和瓣皱口，分别通网胃和皱胃。两口之间沿小弯腔延伸，液体及饲料可由网胃经此沟不经过瓣胃而直接进入皱胃。

> ✋ 学习贴示
>
> 反刍动物食管、食管沟、瓣胃沟是一条相延续的结构，食管是闭合的管道。而成年动物的食管沟和瓣沟是"U"形不闭合的，内部黏膜光滑，没有乳头，呈灰白色。水等流体可经由此沟直接进入到皱胃内。

（2）瓣胃黏膜　瓣胃黏膜形成许多互相平行的皱褶，称瓣胃叶，因此瓣胃被称为百叶胃。瓣叶呈新月形，附于瓣胃壁的大弯，游离缘向着小弯的一侧。瓣叶的附着缘与胃壁黏膜层相延续。瓣叶按宽窄分大、中、小和最小四级有规律地排列，将瓣胃的腔分成许多狭窄而整齐的叶间间隙。瓣叶表面粗糙，密布小乳头（彩图11）。在瓣皱口的两侧的黏膜各形成一个皱褶，称为瓣胃帆，有防止皱胃内容物逆流入瓣胃的作用。

4. 皱胃

皱胃为有腺胃，是一端粗、一端细的长囊，位于右季肋部和剑状软骨部，在网胃和瘤胃的腹囊的右侧。瓣胃的腹侧和后方大部分与腹腔底壁紧贴，与第8～12肋相对。皱胃的前部较大，为底部，与瓣胃相连；后部较细，为幽门部，幽门与十二指肠相连。幽门部明显变细，壁内的环行肌特别增厚，在小弯侧形成一个幽门圆枕。皱胃小弯凹面向上，与瓣胃接触，大弯凸面向下，与腹腔底壁相接触。

皱胃的黏膜（图 4-19）光滑、柔软，表面没有乳头。但为了增加内表面积，形成 12～14 条与皱胃长轴平行的黏膜褶。黏膜内含有腺体，可分三个腺区：环绕在贲门附近瓣皱口的小区色淡，为贲门腺区；近十二指肠附近的小区色黄，为幽门腺区；在这两个区之间为胃底腺区（彩图 12），呈红褐色，黏膜形成螺旋形大的皱褶。羊的皱胃大，比例上比牛的大而长。

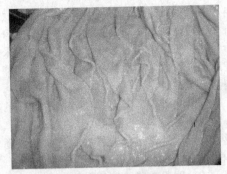

图 4-19　皱胃黏膜照片

知识链接

各种家畜的网膜

牛、羊等复胃动物大网膜（彩图 13）浅层起于瘤胃左、右纵沟，绕过瘤胃和前段肠管表面，止于十二指肠第二段和皱胃的大弯。小网膜比大网膜面积小，起于肝脏脏面，包过瓣胃的外侧，止于皱胃小弯和十二指肠起始部。

猪的大网膜发达，几乎覆盖全部的肠管。营养良好的个体，网膜内含有丰富的脂肪，俗称为网油。在胃的小弯处小网膜连于肝脏。

马的大网膜不发达，薄如网，附着于胃大弯、十二指肠前部、大结肠末端、小结肠始部和脾门，形成较小的网膜囊，网膜囊的皱褶叠于胃与肠之间。囊经肝右叶及面与十二指肠之间的网膜孔通腹腔。

七、肠管

（一）肠管形态、构造

肠管起自胃的幽门，终止于肛门，可分为小肠和大肠两部分。小肠包括十二指肠、空肠和回肠，是食物消化和吸收的主要场所。大肠包括盲肠、结肠和直肠。大肠在外观上和小肠相比有明显不同，管径明显增粗或者有许多囊状膨隆。肠管的长度和各段形态因动物种类不同而有差异。肠管的长度与食物的性质、数量等有关，其中草食兽的肠管较长，肉食兽的较短，杂食兽介于前两者之间。

1. 小肠

小肠很长，管径较小，分为十二指肠、空肠、回肠三部分。肠黏膜形成皱褶，并有肠绒毛凸入肠腔。

（1）十二指肠　十二指肠是小肠的第一段，较短，其形态位置和行程在各种家畜都是相似的。十二指肠起始于胃的幽门处，在肝脏的后方形成一个"乙"字状的弯曲（肉食动物除外），然后，沿着右季肋部向上向后延伸，到达右肾的腹侧或后方。再在右肾的后方或髋骨翼附近折转，越过畜体正中矢状面到左侧（在此处绕过前肠系膜根的后方）形成一个曲，回到腹腔的右侧，再向前延伸，其末端达到肝的前方移行为空肠。十二指肠由窄的十二指肠系膜（韧带）固定，位置变动小。其后部有结肠相连的十二指肠结肠韧带，在大体解剖时，常以此韧带作为十二指肠与空肠的分界。

（2）空肠　空肠是小肠中最长的一段了，在尸体解剖时空肠常呈空虚的状态，肠管的壁薄（彩图 14），内部的食糜呈流动或半流动状态。空肠形成许多的肠圈，并以宽的空肠系膜悬于腹腔顶壁，活动范围也较大。

（3）回肠　回肠是小肠中最短的一段了，与空肠无明显的分界，只是肠管较直，管壁厚（因其固有层的黏膜内分布有大量的淋巴孤结和淋巴集结）。回肠的末端以回盲口开口于盲肠与结肠的交界处，有的动物在此处的黏膜形成明显的回肠乳头，称回盲瓣。在回肠与盲肠体之间有回盲韧带，常作为回肠与空肠的分界。

2. 大肠

大肠分盲肠、结肠和直肠三部分。大肠比小肠短，但管径较粗，黏膜层没有肠绒毛。发达的大肠一般都有纵肌带和肠袋。

（1）盲肠　呈盲囊状，具有盲端，在回盲口处与结肠直接连续。盲肠的发达程度因家畜的种类而不同。草食兽的盲肠较发达，特别是马的盲肠特别发达。盲肠附于右腹肋上部，游离盲端的位置因家畜种类不同而不固定；家畜的盲肠除猪外，位置均在腹腔的右侧。盲肠一般有两个口，一个与回肠相通的回盲口，一个与结肠相通的盲结口。

（2）结肠　是家畜大肠中最长的一段，长度与排列方式因家畜种类不同而不同，但都可依其位置不同分为升结肠、横结肠和降结肠。

学习贴示

结肠分段：升结肠、横结肠和降结肠的分段是以它所移行的位置来确定的。一般升结肠是盲肠与结肠交接处起始部的结肠，行走于腹腔的右侧的部分称为升结肠；当升结肠绕过肠系膜前动脉从而越过畜体的正中矢状面，在正中矢状面上的这部分肠管称之为横结肠；而沿着横结肠行走于腹腔左侧的剩下的结肠称为降结肠（图 4-20）。

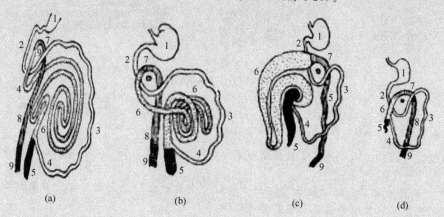

图 4-20　家畜肠的排列
(a) 反刍兽；(b) 猪；(c) 马；(d) 犬
1—胃；2—十二指肠；3—空肠；4—回肠；5—盲肠；6—升结肠；
7—横结肠；8—降结肠；9—直肠（在横结肠后方示肠系膜前动脉所在）

肠带：指的是大肠的两侧纵行肌集中形成的结构。而在这些肠带之间形成突起的肠管的袋状的结构称为肠袋，在袋与袋之间肠黏膜褶向肠腔突入形成半月襞而分隔开。

（3）直肠　是大肠的最后一段，较短，较直，位于骨盆腔内。其末端的肛管会膨大形成壶腹。在脊柱和尿生殖褶、膀胱（公畜）和子宫（母畜）之间，后端与肛门相连。直肠的前部称为腹膜部，表面覆有浆膜，由直肠系膜将其悬挂于荐椎腹侧；后部称为腹膜后部，表面没有浆膜，而由疏松结缔组织与周围的器官相连接。

（4）肛管和肛门　肛管是消化道的后端的开口，位于尾根腹侧肛门。其外层为皮肤，薄而富含皮脂腺和汗腺，内层由复层扁平上皮构成黏膜，常形成许多纵褶；中间为肌层，主要由肛门内括约肌和肛门外括约肌组成。前者为平滑肌，为直肠的环行肌层延续至肛门特别发达的部分；后者为横纹肌，环绕于前肌的外围。它们的主要作用是关闭肛门。平时肛门因内、外括约肌收紧而关闭。此外，在肛门两侧还有肛提肌和肛悬韧带，其作用是在排粪后将肛门缩回原位。

知识链接

肠的组织构造

1. 小肠的组织结构

肠壁分黏膜、黏膜下层、肌层和浆膜四层（图4-21）。

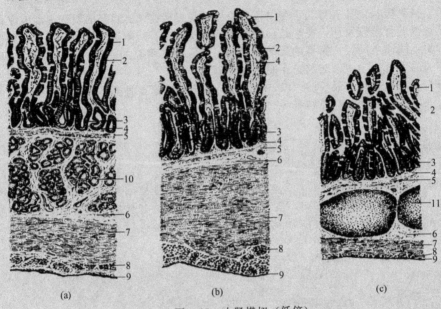

图 4-21　小肠横切（低倍）

(a) 十二指肠；(b) 空肠；(c) 回肠

1—肠上皮；2—肠绒毛；3—肠腺；4—固有膜；5—黏膜肌层；6—黏膜下组织；
7—内环行肌；8—外纵行肌；9—浆膜；10—十二指肠腺（十二指肠）；11—淋巴集结（回肠）

（1）黏膜　小肠黏膜形成许多环形皱褶和微细的肠绒毛，突入肠腔内，以增加与食物接触的面积。

①上皮：被覆于黏膜和绒毛的表面，由单层柱状上皮构成。上皮细胞之间夹有杯状细胞和内分泌细胞，柱状细胞游离面有明显的纹状缘。

②固有层：由富含网状纤维的结缔组织构成，固有层内除有大量的肠腺外，还有毛细血管、淋巴管、神经和各种细胞成分（如淋巴细胞、嗜酸粒细胞、浆细胞和肥大细胞等）。固有层中央有一条粗大的毛细淋巴管（绵羊有两条），它的起始端为盲端，称中央乳糜管。中央乳糜管管壁由一层内皮细胞构成，无基膜，通透性很大，一些较大分子的物质可进入管内。

③黏膜肌层：一般由内环、外纵两层平滑肌组成。

（2）黏膜下层　由疏松结缔组织构成。内有较大的血管、淋巴管、神经丛及淋巴小结等。

（3）肌层　由内环、外纵两层平滑肌组成。

（4）浆膜　与胃的浆膜相同。

2. 大肠的组织构造

①大肠黏膜没有环形皱襞，黏膜表面没有绒毛。

②黏膜上皮中杯状细胞多，无纹状缘。

③大肠腺比较发达，直而长。杯状细胞较多，分泌碱性黏液，可中和粪便发酵的酸性产物。分泌物不含消化酶，但有溶菌酶。孤立淋巴小结较多，集合淋巴小结却很少。

④肌层特别发达。

（二）家畜肠管的特点

1. 牛、羊的肠管特点

肠管（图 4-22 和图 4-23）相当于其体长的 20 倍（牛）到 25 倍（羊），几乎全部位于体中线的右侧，借总肠系膜悬挂于腹腔顶壁，在总肠系膜中盘曲成一圆形肠盘，肠盘的中央为大肠，周缘为小肠。

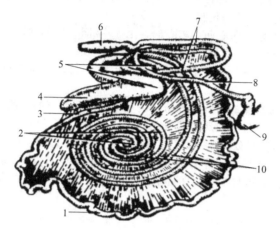

图 4-22　牛的肠管模式图

1—空肠；2—结肠向心回；3—回肠；4—盲肠；5—结肠初袢；6—直肠；
7—结肠终袢；8—十二指肠；9—胃；10—结肠离心回

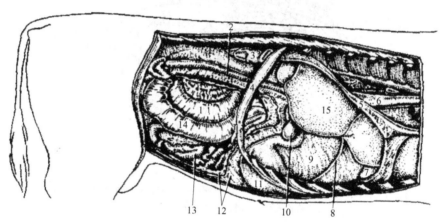

图 4-23　牛右侧内脏器官

1—结肠；2—十二指肠；3—右肾；4—第 13 肋骨；5—膈；6—食管；7—网胃；
8—镰状及肝圆韧带；9—小网膜；10—胆囊；11—皱胃；
12—大网膜；13—空肠；14—盲肠；15—肝

（1）十二指肠　牛长约 1m，羊长约 0.5m，起于幽门，向背侧走，靠近肝的脏面形成"乙"状弯曲，进而转向后行，到右侧髋结节位置折转向前内侧，重新回到肝的脏面，延接空肠。牛的空肠长 25.5～47.5m；羊的空肠长 16.5～33.5m。整个空肠位于中腹部左侧，由较短的系膜固定在结肠旋袢的周围，肠壁内淋巴集结较大。

（2）回肠　牛的长约 0.5m，羊的长约 30cm。回盲韧带可作为回肠和空肠的分界标志。一般认为有回盲韧带附着的肠段为回肠。回盲口在盲肠和结肠交界处。

（3）盲肠　牛盲肠长 50～70cm，羊盲肠长约 35cm，其呈圆筒状，向后以盲端伸向骨盆腔前口，羊的则伸入骨盆腔内。盲肠表面平滑，无纵带和肠袋。沿盲肠内侧有韧带附着，但盲端部分游离。回盲口可作为盲肠与结肠的分界标志。

（4）结肠　牛结肠长6～9m，羊结肠长7.5～9m，起始部的口径与盲肠相似，向后逐渐变细。无纵肌带及肠袋，盘曲成一椭圆形盘状。顺次分为升结肠、横结肠和降结肠。升结肠特别发达，又分为初袢、旋袢和终袢。

① 初袢：为升结肠的前段，是盲肠后段，在腰的下方形成一个"乙"状弯曲，即盲结口起，向前伸达第12肋骨的下端附近，然后向上折转沿盲肠背侧向后伸到骨盆前口，又折转向前伸达到第二和第三腰椎的腹侧，延续为旋袢。

② 旋袢：升结肠的中段。向心回、离心回各1.5～2圈，羊的向心回、离心回各3圈。羊的离心回最后一圈靠近空肠肠袢，肠管内已形成粪球。

③ 终袢：是升结肠的后段，离开了旋袢后，向后延伸到骨盆前口附近，然后折转向后并向左延续为横结肠。

④ 横结肠：很短，为右侧的结肠绕过肠系膜前动脉而到左侧的一段结肠。

⑤ 降结肠：为横结肠绕过了前肠系膜开始，在左侧移行的肠管，一直沿腹腔左侧平行于畜体并平行向后延伸到骨盆前口处形成"乙"状的弯曲，然后接直肠。

（5）直肠　牛直肠长约40cm，羊直肠长约20cm，粗细均匀，腹膜部向后常达第一尾椎的腹侧；腹膜外部周围有较多的脂肪。牛的直肠壶腹不明显，羊没有直肠壶腹。

2. 猪的肠管特点

猪的肠管见图4-24。

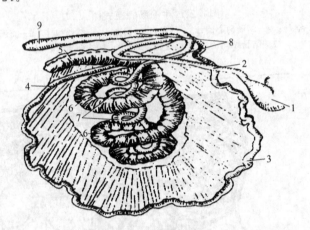

图4-24　猪肠模式图

1—胃；2—十二指肠；3—空肠；4—回肠；5—盲肠；6—结肠圆锥向心回；
7—结肠圆锥离心回；8—结肠终袢；9—直肠

（1）小肠

① 十二指肠：较长，起始部形成"乙"状弯曲。总胆管开口于距幽门2.5cm处的十二指肠憩室，而胰管的开口距幽门约10cm。

② 空肠：形成许多迂曲的肠环，以较长的空肠系膜与总肠系膜相连。空肠大部分位于腹腔右半部。

③ 回肠：较短，开口于盲肠与结肠的交界处。

（2）大肠

① 盲肠：呈短而粗的圆锥状盲囊，一般在腹腔左髂部。回肠突入盲肠和结肠之间的部分呈圆锥状，称为回盲瓣，其口称为回盲口。

② 结肠：由盲结口开始，在结肠系膜中盘曲成圆锥状或哑铃状，称为旋袢。旋袢可分为向心回和离心回，向心回按顺时针方向旋转三圈半或四圈半到锥顶，然后转为离心回；离心回按逆时针方向旋三圈半或四圈半，然后转为终袢。终袢在荐骨岬处连直肠。

③ 直肠：形成直肠壶腹。

④ 肛门：不向外突出，在肛门周围有括约肌分布。

3. 马的肠管特点

马的肠管见图 4-25。

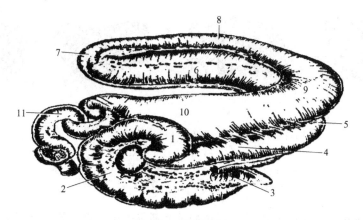

图 4-25　马的大肠

1—盲肠基部；2—盲肠体；3—盲肠尖；4—右下大结肠；5—胸骨曲；6—左下大结肠；
7—骨盆曲；8—左上大结肠；9—膈曲；10—右上大结肠；11—小结肠

（1）小肠　包括十二指肠、空肠和回肠三部分。

① 十二指肠：长约 1m，位于右季肋部和腰部。

② 空肠：长约 22m，形成许多迂曲的肠环，借助于前肠系膜悬吊在前位腰椎的下方。

③ 回肠：长约 1m，以回盲韧带与盲肠相连。

（2）大肠

① 盲肠：呈逗点状，长约 1m，位于腹腔右侧，从右髂部的上部起，沿腹侧壁向前下方延伸，达剑状软骨部。可分为盲肠底（或盲肠头）、盲肠体和盲肠尖三部分。

② 结肠：可分为大结肠和小结肠。大结肠特别发达，长约 3m，占据腹腔的大部分，呈双层蹄铁形，可分为四段、三个弯曲，从盲结口开始，顺次为右下大结肠—胸骨曲—左下大结肠—骨盆曲—左上大结肠—膈曲—右上大结肠。小结肠长约 3m，借后肠系膜连于腰椎腹侧。

③ 直肠：比牛的长而粗，长约 30cm，后段管径增大，形成直肠壶腹。

④ 肛门：呈圆锥状，突出于尾根之下。

学习贴示

　　牛、猪、马三种家畜的肠管特点如下。

　　牛的肠绝大部分在右侧，猪、马大部分在左侧；猪的盲肠在左侧，牛、马在右侧。结肠特点：牛圆盘形，猪圆锥形，马的呈双层马蹄铁形。猪、马直肠壶腹明显，牛不明显，羊没有直肠壶腹。

八、肝

（一）位置、形态

肝是体内最大的消化腺，功能复杂，能分泌胆汁，能合成体内重要的血浆蛋白、脂蛋白、胆固醇等，储存糖原、维生素 A 及铁等。

家畜的肝位于腹前部，在膈肌的后方，大部分偏右侧或全部位于右侧。呈扁平状，颜色为红褐色。

背侧一般较厚，腹侧缘薄而锐。可分两面、两缘和三个叶。壁面（前面）凸，与膈接触；脏面（后面）凹，与胃、肠等接触，并有这些器官的压迹。在脏面中央有一肝门，为门静脉、肝动脉、肝神经以及淋巴管和肝管等进出肝的部位（图 4-26）。

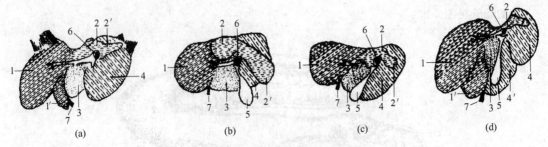

图 4-26　家畜肝的分叶模式图
(a) 马；(b) 牛；(c) 羊；(d) 猪
1—左叶；1′—左内叶；2—尾叶；2′—尾状突；3—方叶；4—右叶；
4′—右内叶；5—胆囊；6—门静脉；7—肝圆韧带

此外，在多数家畜（除马和骆驼外），肝的脏面还有一个胆囊。肝的背侧缘厚，其左侧有一食管切迹，食管由此通过；右侧有一斜向壁面的后腔静脉窝，静脉壁与肝组织连在一起，有数条肝静脉直接开口于后腔静脉。腹侧缘较薄，有两个叶间切迹将肝分为左、中、右三叶。先是圆韧带切迹将肝分为左、右两个叶，肝圆韧带切迹是胎儿时期脐静脉通过之处，出生后由于脐静脉萎缩而转变为圆韧带切迹；右侧叶间切迹为胆囊所在处。在圆韧带切迹和胆囊切迹之间，肝就被分成左、中、右三个叶。中叶又被肝门分为背侧的尾叶和腹侧的方叶。尾叶向右突出的部分称尾状突，与右肾接触，常形成一较深的右肾压迹。

学习贴示

圆韧带是一个血管切断后的遗迹，胎儿的脐带内的脐静脉进入胎儿后先进入肝脏，在胎儿出生后脐带被截断后，这条血管被结缔组织所代替，称之为肝圆韧带，呈白色，似肌腱。

（二）家畜的肝的特点

1. 牛（羊）的肝

牛肝略呈长方形，被胃挤到右季肋部，被胆囊和圆韧带分为左、中、右三叶。左叶在第 6～7 肋骨相对处，右叶在第 2～3 腰椎下方。分叶不明显，中叶被肝门分为上方的尾叶和下方的方叶。尾叶有两个突，一个称乳头突，另一个称尾状突，突出于右叶以外。胆管在十二指肠的开口距幽门 50～70cm（图 4-27）。

2. 猪的肝

猪肝较发达，中央部厚，周围边缘薄，大部分位于腹前部的右侧，左缘与第 9 或第 10 肋间隙相对；右缘与最后肋间隙的上方相对；腹缘位于剑状软骨后方，距离剑状软骨 3～5cm。肝被三条深的切迹分左外叶、左内叶、右内叶和右外叶。猪肝的小叶间结缔组织发达，所以肝小叶很明显，在肝的表面，用肉眼看得很清楚。胆囊位于右内叶的胆囊窝内。胆管开口于距幽门 2～5cm 处的十二指肠憩室（图 4-28）。

3. 马的肝

马肝的特点是分叶明显，没有胆囊。大部分位于右季肋部，小部分位于左季肋部，其右上部达第 16 肋骨中上部，左下部与第 7～8 肋骨的下部相对。肝的背缘钝，腹侧缘薄锐。在肝的腹侧缘上有两个切迹，将肝分为左、中、右三叶。肝脏的输出管为肝总管，由肝左管和肝右管汇合而成，开口于十二指肠憩室（图 4-29）。

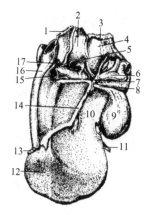

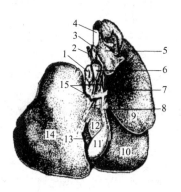

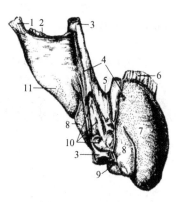

图 4-27　牛肝（脏面）

1—肝肾韧带；2—尾状突；
3—右三角韧带；4—肝右叶；
5—肝门淋巴结；6—十二指肠；
7—胆管；8—胆囊管；9—胆囊；
10—方叶；11—肝圆韧带；
12—肝左叶；13—左三角韧带；
14—小网膜；15—门静脉；
16—后腔静脉；17—肝动脉

图 4-28　猪肝脏面

1—食管；2—肝动脉；
3—门静脉；4—后腔静脉；
5—尾叶；6—肝门淋巴结；
7—胆管；8—胆囊管；
9—右外叶；10—右内叶；
11—胆囊；12—方叶；
13—左内叶；14—左外叶；
15—小网膜附着线

图 4-29　马肝壁面

1—右三角韧带；2—肝肾韧带；
3—后腔静脉；4—冠状韧带；
5—食管切迹；6—左三角韧带；
7—肝左叶；8—肝中叶；
9—肝镰状韧带；
10—肝静脉；11—肝右叶

知识链接

肝的组织构造

　　肝的表面大部分被覆一层浆膜，其深面为由富含弹性纤维的结缔组织构成的纤维囊，纤维囊结缔组织随血管、神经、淋巴管和肝管等出入肝实质内，构成肝的支架，并将肝分隔成许多肝小叶。

　　肝小叶为肝的基本单位，呈不规则的多面棱柱状体。每个肝小叶的中央沿长轴都贯穿着一条中央静脉。肝细胞以中央静脉为轴心呈放射状排列，切片上则呈索状，为肝细胞索，而实际上是肝细胞呈单行排列构成的板状结构，又称肝板。肝板互相吻合连接成网，网眼内为窦状隙。窦状隙极不规则，并通过肝板上的孔彼此沟通（图 4-30 和图 4-31）。

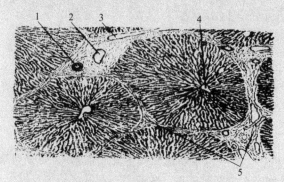

图 4-30　猪的肝小叶（低倍）

1—小叶间胆管；2—小叶间动脉；3—小叶间静脉；
4—中央静脉；5—小叶间结缔组织

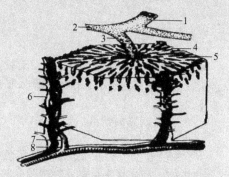

图 4-31　肝小叶模式图

1—肝静脉；2—小叶下静脉；3—中央静脉；
4—肝板；5—肝血窦；6—小叶间胆管；
7—小叶间动脉；8—小叶间静脉

（1）肝细胞　呈多面形，胞体较大，界限清楚。胞核圆而大，位于细胞中央（常有双核细胞），核膜清楚。

（2）窦状隙　为肝小叶内血液通过的管道（即扩大的毛细血管或血窦），位于肝板之间。窦壁由扁平的内皮细胞构成，核呈扁圆形，突入窦腔内。此外，在窦腔内还有许多体积较大、形状不规则的星形细胞，以突起与窦壁相连，称为枯否细胞。这种细胞是体内单核-巨噬细胞系统的组成部分。

（3）胆小管　直径 0.5～1.0cm，由相邻肝细胞的细胞膜围成。胆小管位于肝板内，并互相通连成网，从肝小叶中央向周边部行走，胆小管在肝小叶边缘与小叶内胆管连接。

（4）汇管区　肝门进出肝的三个主要管道（门静脉、肝动脉和肝管）以结缔组织包裹，总称为肝门管。三个管道在肝内分支，并在小叶间结缔组织内相伴而行，分别称为小叶间静脉、小叶间动脉和小叶间胆管。在门管区内还有淋巴管、神经伴行。

（5）胆汁的排出　肝细胞分泌的胆汁排入胆小管内。在肝小叶边缘，胆小管汇合成短小的小叶内胆管。小叶内胆管穿出肝小叶，汇入小叶间胆管。小叶间胆管向肝门汇集，最后形成肝管出肝并直接开口于十二指肠（在马），或与胆囊管汇合成胆管后再汇入十二指肠内（在牛、羊和猪等）。

肝的血液循环和胆汁排出途径如图 4-32 所示。

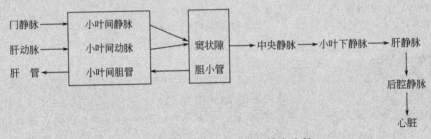

图 4-32　肝血液循环和胆汁排出途径

学习贴示

解剖学中有许多名词用"窦"这个字，可以理解窦是小的腔、小的孔的意思，来构建空间想象（血窦详见毛细血管结构处知识链接）。

九、胰腺

（一）胰腺的位置、形态

胰腺通常呈淡红灰色或带黄色，柔软，具有明显的小叶结构。各家畜的胰腺的形状、大小差异很大，但位置都位于十二指肠在肝后形成的"U"形曲内，包于十二指肠系膜内，其导管均开口于十二指肠。

（二）家畜胰腺的特点

1. 牛、羊的胰腺

牛、羊的胰腺呈不正四边形，灰黄色稍带粉红，位于右季肋部和腰下部、从第 12 肋骨到第2、4 腰椎处，可分胰头和左、右两叶．胰头附着于十二指肠"乙"状曲上；左叶（胰尾）较短，其背侧附着于膈脚，腹侧与瘤胃背囊相连。右叶较长，沿十二指肠向后伸达肝尾叶的后方。其背侧与右肾相接触，腹侧与十二指肠及结肠相邻。胰的中央有门脉环，门静脉由此穿过。胰管通常只有一条，自右叶末端穿出；在牛单独开口于十二指肠内（在胆管开口后方约 30cm）。羊的胰管和胆管合成一条总管（图 4-33）。

2. 猪的胰腺

猪的胰呈灰黄色，位于最后两个胸椎和前两个腰椎的腹侧，略呈三角形，也分胰头和左、右两叶。胰头稍偏右，位于门静脉和后腔静脉的腹侧；左叶从胰头向左伸达左肾腹侧；右叶在十二指肠系膜中，其末端达右肾的内侧。胰管由右叶末端穿出，开口在胆管开口之后、距幽门10～12cm处的十二指肠内。

3. 马的胰腺

马的胰呈不正三角形，淡红黄色，位于季肋部，在第16～18胸椎腹侧，大部分在体中线右侧。胰头（中叶）向前下伸入十二指肠"乙"状曲内；左叶（胰尾）伸入胃盲囊后方和左肾之间，背侧为脾，腹侧为盲肠底和右上大结肠末端；右叶较胰管从胰头穿出，与肝管一起开口于十二指肠憩室。副胰管开口于十二指肠憩室对侧的黏膜上。驴常无副胰管。

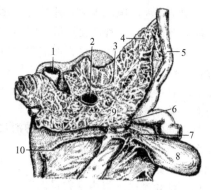

图 4-33　牛的胰腺（腹侧面）
1—后腔静脉；2—门静脉；3—胰；4—胰管；
5—十二指肠；6—胆管；7—胆囊管；
8—胆囊；9—肝管；10—肝

第三节　消化生理概述

【知识目标】
◆ 理解并掌握消化、物理性消化、化学性消化、生物性消化、吸收的概念。
◆ 了解胃肠运动的调节。
【知识回顾】
◆ 酶的成分。
◆ 神经调节、体液调节的概念。

一、消化和吸收的概念

饲料在消化道内被分解成为可吸收的小分子物质的过程称为消化。家畜在生命活动过程中，必须不断地从环境中摄取营养物质，以满足机体各种生命活动的需要。物质存在于饲料中，而饲料中所含有的大多营养物质不能直接被机体吸收，如蛋白质、脂肪等，必须经过消化管内物理的、化学的和生物的作用，使其从大分子物质变成小分子，才能被机体吸收利用。这种被消化的物质及进入体内的水、无机盐等通过消化道黏膜上皮细胞进入血液和淋巴的过程，称为吸收。不能被吸收的食物的残渣就以粪便的方式排出体外。

二、消化方式

动物种类不同采食习性不同，它们消化道的构造和功能也有一定差异，但是它们对饲料中各种营养物质的消化却具有许多共同点，所采取的消化方式主要都是物理性消化、化学性消化和微生物性消化这三种。

1. 物理性消化

物理性消化是指动物通过牙齿的咀嚼和消化道平滑肌的舒缩活动，使食物由大变小，并使食糜不断地向消化道远端推送，主要的作用有磨碎、压迫饲料，使其更好地与消化液混合，以利于化学消化和生物学消化。并且消化管平滑肌的舒缩也更好地使食糜与消化管壁贴近，有利于消化道黏膜上皮细胞的吸收；还有利于消化管的收缩运动，使消化残渣排出。

2. 化学性消化

化学性消化是指消化腺（唾液腺、胃腺、肠腺、肝脏分泌胆汁、胰腺分泌的胰液）所分泌的各种消化液中的消化酶，及植物饲料本身的酶，将饲料中结构复杂的物质进行化学分解的过程。化学性消化的结果将蛋白质分解为氨基酸、多糖分解为单糖、脂肪分解为甘油和脂肪酸。

　　酶是体内细胞产生的一种具有催化作用的特殊的蛋白质，通常称为催化剂。具有消化作用的酶称为消化酶。一种消化腺所分泌的消化酶不一定是一种，可能是几种，针对不同的营养物质有消化作用。比如胃腺分泌胃液中含蛋白酶、胃脂肪酶，但一种酶只能影响某一种营养物质的分解过程，对其他物质却没有作用。如淀粉酶只能加快淀粉的分解，对蛋白质脂肪没有作用。各种消化酶均有其专一作用的特征，可将酶分为分解糖类的淀粉酶、分解蛋白的蛋白酶和分解脂类的脂肪酶三类。

　　不同的动物同一部位所分泌的消化酶往往有不同的特点。如人的唾液中含淀粉酶较多，猪和家禽唾液中含有少量淀粉酶，牛、羊、马唾液中淀粉酶含量极少或没有，但存在麦芽糖酶、过氧化物酶、醋酶等，食肉类动物如犬、猫等唾液中不含淀粉酶。唾液淀粉酶在动物口腔内消化能力很弱，随食糜进入胃内。在胃内还可以进一步消化。反刍动物唾液中所含碳酸氢钠和磷酸盐，对维持瘤胃适宜酸度具有较强的缓冲作用。

　　酶作为一种特殊的蛋白质，其活性受到各种因素的影响，如温度、酸碱度、激动剂、抑制剂等。

　　(1) 温度　通常酶是在 37～41℃ 时催化作用最强，当温度达到 60℃ 以上时活性就受到了破坏。

　　(2) pH 值　酶对环境的 pH 值非常敏感，每一种酶各有其特殊适应的环境，有的在酸性环境中最佳（如胃蛋白酶），有的则在碱性环境中最好（如胰蛋白酶），有的则在中性环境中最活跃（如唾液淀粉酶）。

　　(3) 激动剂　有些物质能增强酶的活性，称为激动剂，如氯离子是淀粉酶的激动剂。

　　(4) 抑制剂　有些物质能使酶的活性降低甚至完全消失，称为抑制剂，如重金属（Ag、Cu、Hg、Zn 等）离子。

　　有些消化酶在腺细胞内产生后的储存期间或刚从细胞分泌出来时是没有活性的，称为酶原。酶原必须在一定条件下才能转化为有活性的酶，这一转化过程称酶致活。完成这一致活过程的物质称致活剂。如胃蛋白酶刚产生时，没有消化能力，称为胃蛋白酶原，经胃液中盐酸的作用变成胃蛋白酶后，才能发挥其消化蛋白质的作用，盐酸即是胃蛋白酶原的致活剂。

学习贴示

　　由于化学性消化主要是依靠酶来实现的，因此，凡是能影响酶活性的因素都将直接影响化学性消化过程。因此，当动物体内环境发生改变时，就有可能出现动物食欲的改变、消化能力的改变。

　　3. 微生物性消化

　　微生物性消化是指消化管内的微生物所参与的消化过程。它的作用是：既能撕碎饲料，又能使饲料发酵分解。这种消化在草食动物消化中特别重要。因为畜禽本身的消化液中不含纤维素酶，可是饲料却含大量的纤维素、半纤维素。而微生物可产生纤维素酶，对纤维素类的消化起着关键性作用。牛羊等反刍性家畜的微生物消化主要是在瘤胃内完成的，而非反刍性的食草动物它们的微生物消化主要是在大肠内，特别是盲肠内更强些。对那些杂食（猪）或肉食性动物来说，它们的大肠内也存在微生物，只是消化功能不像其他动物那么强。

　　三、胃肠道的分泌功能

　　(一) 分泌消化液

　　消化系统的各种消化腺分泌消化液（表 4-1）。消化液主要由有机物、离子和水组成。消化液在食物消化过程中的主要作用：①湿润和稀释饲料，有利于吞咽；②改变消化环境中的 pH 值，适合于不同消化酶活性的需要；③水解复杂的饲料成分，使之便于吸收；④通过消化液中的黏液、抗体及大量液体等保护消化道黏膜，防止物理性和化学性的损伤。

表 4-1 消化道分泌的主要消化液

分泌部位	消化液名称	主要功能
口腔	唾液	润湿、稀释饲料,帮助吞咽、清洁口腔,消化淀粉等
胃腺	胃液	提供胃的酸性环境、保护胃黏膜、对蛋白质初步消化
胰腺	胰液	对蛋白质、脂肪、糖进行充分消化
肝脏	胆汁	参与脂肪的乳化和吸收过程
小肠腺	小肠液	对蛋白质、脂肪等有消化功能
大肠腺	大肠液	润滑粪便等

(二)胃肠道内分泌功能

从胃至结肠的黏膜层中含有多种内分泌细胞,它们散在于胃肠道的非内分泌细胞之间。由于胃肠道黏膜的面积特别大,胃肠内分泌细胞的总数,超过所有其他内分泌腺的总和。因此也可以说消化管是机体最大、最复杂的内分泌器官。胃肠内分泌细胞分泌的激素,统称为胃肠激素,它们的化学结构属于肽类,相对分子质量大多数在 5000 以内。胃肠激素的种类见表 4-2。

表 4-2 胃肠主要内分泌细胞的名称、分布和分泌物

细胞名称	分泌产物	分泌部位
AL 细胞	胰高血糖素	胰岛
B 细胞	胰岛素	胰岛
D 细胞	生长抑制素	胰岛、胃、小肠、结肠
G 细胞	胃泌素	胃窦、十二指肠
I 细胞	胆囊收缩素	小肠上部
K 细胞	抑胃素	小肠上部
GE 细胞	肠高血糖素	小肠、大肠
S 细胞	促胰液素	小肠上部
EC 细胞	5-羟色胺	胃、肠
PP 细胞	胰多肽	小肠、大肠
J 细胞	神经降压素	回肠

这些激素从分泌细胞释放后,有些通过血液循环到达靶细胞,有些通过细胞间液弥散至邻近的靶细胞,有些可能沿着细胞间隙弥散入胃肠腔内起作用。此外,有些胃肠激素作为支配胃肠的肽能神经元的递质而发挥作用。

胃肠激素一方面协调胃肠道自身的运动、分泌和吸收功能,另一方面参与调节其他器官的活动,见表 4-3。其作用主要表现在以下三个方面。

表 4-3 主要胃肠道激素的生理作用

激素	胃酸	胃酶	胰液	胰酶	胆汁	食管胃括约肌	幽门区胃运动	小肠运动	胆囊收缩
胃泌素	+++	+++	++	+++	++	++	+++	++	++
胆囊收缩素	++	++	++	+++	+++	—	+++	+++	+++
促胰酶素	—	++	+++	++	+++				++
肠胰高血糖素	—	—	++		+++				
抑胃肽	—								
血管活性肠肽	—		++	+++	++		+	+	—
生长抑素	—		—						
胰多肽	++		++						

（1）调节消化道的运动和消化腺的分泌　这一作用的靶器官包括消化腺、食管-胃括约肌、胃肠平滑肌及胆囊等。例如胃泌素促进胃液分泌和胃运动，抑胃肽则抑制胃液分泌和胃运动；胆囊收缩素引起胆囊收缩、增加胰酶的分泌等。

（2）调节其他激素的释放　例如从小肠释放的抑胃肽不仅抑制胃液分泌和胃运动，而且有很强的刺激胰岛素分泌的作用。又如，生长抑素、血管活性肠肽等对胃泌素的释放起抑制作用。

（3）营养作用　指一些胃肠激素具有刺激消化道组织的代谢和促进生长的作用。例如，胃泌素能促进胃和十二指肠黏膜的蛋白质合成，从而促进其生长。又如胆囊收缩素（CCK）能促进胰腺外分泌组织的生长等。

四、胃肠道功能的调节

胃肠的分泌、运动和吸收功能受神经和体液调节。

（一）神经调节

胃肠功能受植物性神经系统和胃肠壁内在神经丛控制。

1. 植物性神经

胃肠平滑肌受交感神经和副交感神经的双重支配。一般来说，副交感神经兴奋时，胃肠运动增加，腺体分泌增加；刺激交感神经可使它们的活动受到抑制。正常情况下，副交感神经的作用是重要的。

2. 内脏神经

内脏神经也就是胃肠道平滑肌管壁内分布的神经，在纵行肌和环行肌之间。这些神经纤维有来自肠壁或黏膜上的化学、机械或压力感受器的传入纤维，构成一个完整的局部神经反应系统。

副交感神经、交感神经和胃肠道壁内的壁内神经丛发生联系产生局部的反射，各级中枢可通过各种反射以调节胃肠活动。

（二）体液调节

除了全身性作用的激素（如生长激素促进消化系统的生长发育、甲状腺素促进消化液分泌等）以外，调节胃肠功能活动的体液因素，主要是胃肠激素。胃肠道黏膜内存在大量的内分泌细胞所分泌的激素总称为胃肠激素。它们单个地夹杂于黏膜上和腺体细胞之间，从形态和功能上可将这些细胞分为多种，分别分泌不同的激素。因此认为消化道是体内最大、最复杂的内分泌器官。胃肠激素在化学结构上都是多肽，它们的生理作用主要是调节、激素释放和营养。

第四节　消化器官的消化

【知识目标】
- ◆ 了解动物采食与饮水的方式。
- ◆ 掌握唾液、胃液、胆汁、胰液的成分及功能。
- ◆ 掌握复胃、单胃、肠管对各物质的消化方式。
- ◆ 掌握反刍、嗳气的过程及机制。
- ◆ 掌握复胃、单胃动物消化特点的区别。

【技能目标】
- ◆ 能在活体上听出胃、肠的正常蠕动音。
- ◆ 能根据不同动物的消化、吸收特点，采取经济合理的饲喂措施。

【知识回顾】
- ◆ 单胃、复胃及肠管的结构特点。
- ◆ 生物性、物理性、化学性消化的概念。
- ◆ 胃肠道运动的调节。

一、口腔内的消化

饲料在动物口腔内的消化包括采食、饮水、咀嚼和吞咽过程。动物口腔内的消化主要是物理性消化和化学性消化。口腔中的物理性消化主要靠动物的咀嚼器官即牙齿和舌等肌肉的运动把食物嚼碎磨烂，增加食物的表面积，使其易与消化液充分混合，并将食糜吞咽。化学性消化学主要通过口腔内的唾液腺所分泌的酶来实现的。

（一）采食和饮水

动物依靠视觉和嗅觉去寻找、鉴别和摄取食物。食物进入口腔后，又借味觉和触觉加以评定，并把其中不适宜的物质从口中吐出。唇、舌、齿是采食的主要器官，但不同的家畜各有自己的采食特点。

牛主要依靠长而灵活有力的舌将饲料卷入口内；猪喜欢用吻突掘取食物，舍饲时靠齿、舌和头部的特殊运动采食；马主要靠上唇和门齿采食，马的上唇尤其灵活，便于收集草茎、谷粒，并依靠头部牵拉动作将不易咬断的草茎扯断；绵羊和山羊主要靠舌和切齿采食，绵羊上唇有裂隙，能啃咬短的牧草。积极采食是食欲旺盛、畜体健康的重要临床指征。

家畜饮水时，先把上下唇合拢，中间留一小缝，伸入水中，然后下颌下降，舌向咽后部移，使口腔内形成负压，水便被吸入口腔。仔畜吮乳也靠下颌和舌的节律性运动来完成。

（二）咀嚼

摄入口腔内的饲料，被送到上下颌臼齿间，在咀嚼肌的收缩和舌、颊部的配合运动下，食物被压磨粉碎，并混合唾液。牛采食未经充分咀嚼（咀嚼15～30次），待反刍时再咀嚼；马在饲料咽下前咀嚼较充分（咀嚼30～50次）。

反刍动物如牛、羊等采食饲料后，不经充分咀嚼就吞咽到瘤胃。饲料在瘤胃中受水分及唾液的浸润被软化，休息时再返回口腔仔细咀嚼。这是反刍动物特有的反刍现象（详见瘤网胃的消化），也是饲料在口腔内进行的物理性消化。

草食动物主要靠上门齿采食饲料，靠臼齿磨碎饲料。咀嚼时间愈长，饲料的润湿、膨胀、松软度愈好，愈有利于胃内的继续消化；草料在饲喂前进行适当切短等加工，有助于动物采食、磨碎和胃内消化。

猪等动物口腔内牙齿对饲料的咀嚼比较细致，咀嚼时间长短与饲料的柔软程度有关，粗硬的饲料咀嚼时间长。

咀嚼的意义在于，能碎裂粗大食物，增加消化液作用的表面积，尤其是可破坏植物细胞的纤维壁，暴露其内容物，有利于消化，并且使粉碎后的饲料与唾液混合，形成食团，便于吞咽；当食物在口腔内咀嚼时，还能反射性引起消化腺分泌和胃肠运动，为随后的消化做准备。

咀嚼的次数、时间与饲料的状态有关，一般湿的饲料比干的饲料咀嚼次数少，咀嚼的时间短。据统计乳牛一天内咀嚼的总次数约为42000次，因此，对饲料进行加工如切短、磨碎等，可减少咀嚼次数，节省能量，提高饲料利用效率。

（三）吞咽

吞咽是由口腔、咽、食管部等多块肌肉参与的复杂反射动作，是在舌、咽、喉、食管及贲门的共同作用下，使食团从口腔进入胃的过程。吞咽时呼吸暂时停止，以防止食物误入气管。

（四）唾液

唾液由唾液腺分泌，腮液腺由浆液细胞组成，分泌不含黏蛋白的稀薄如水的唾液；颌下腺和舌下腺由浆液细胞和黏液细胞组成，分泌含有黏蛋白的水样唾液；口腔黏膜中的小腺体由黏液细胞组成，分泌含有黏蛋白的黏稠唾液。动物唾液的分泌往往和动物种类、个体大小有关，但最主要受饲料性质的影响。

1. 唾液的性质

唾液是一种无色、略带黏性的液体。相对密度1.001～1.009。一般都是碱性，平均pH值为牛（羊）8.2，猪7.32，马7.56。其一昼夜的分泌量为牛100～200L，绵羊8～13L，猪15L，马40L。

2. 唾液的成分

唾液的成分主要为水（98.5%～99.4%），有少量有机物和无机物。有机物主要为黏蛋白和其他蛋白质，此外，猪的唾液中还含有少量淀粉酶；无机物主要有钾、钠、钙的氯化物、磷酸盐和碳酸氢盐等。

3. 唾液的主要作用

① 唾液中的水和黏液物质能湿润、软化饲料，便于咀嚼时食物变成食团，利于吞咽。

② 唾液中有溶菌酶，帮助清除一些饲料残渣和异物，清洁口腔。

③ 反刍动物的唾液含有大量缓冲物质碳酸氢盐和磷酸盐，可中和瘤胃微生物发酵产生的有机酸，用以维持瘤胃内适宜的酸碱度。

④ 猪等动物的唾液中有淀粉酶，能将淀粉酶分解为糊精和麦芽糖。

⑤ 水牛、犬等动物汗腺不发达，可借唾液中水分蒸发来调节体温。

⑥ 反刍动物有大量尿素经唾液进入瘤胃，参与机体的尿素再循环，以减少氮的损失。

二、咽和食管的消化

咽和食管均是食物通过的管道，食物在此不停留，不进行消化，只是借肌肉的运动向后推移。

> **学习贴示**
>
> 食管的运动是由构成食管的肌肉发生收缩和舒张来实现的，它能推进食物向胃方向和正向运动的，也有从口腔方向的逆向的移动。这种逆向就是动物在呕吐时，食管常发生这种运动。往往横纹肌的这种逆向运动的能力更强些。

三、单胃内的消化

（一）物理性消化

胃的运动是胃的物理性消化的主要动力。胃通过不同的运动形式可以实现暂时储存食物，使食糜充分与胃液混合，并能进行胃的排空等作用。胃的运动方式主要有容受性舒张、紧张性收缩和蠕动。

1. 头期胃的运动

当食物在口腔内咀嚼时，刺激口腔、咽等部位的感受器，可反射性地引起胃平滑肌舒张，又称容受性舒张（图 4-34），并且与进入胃内的食量大小相适应，容受性扩张为食糜的到来进行容量上的准备。并且，此时胃液已经开始分泌一些含水量大、pH 值低、胃蛋白酶含量高的胃液。胃腺的内分泌细胞也开始分泌胃泌素，通过体液调节来促进胃液的分泌。

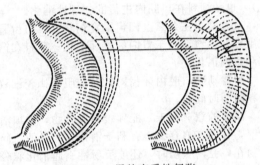

图 4-34　胃的容受性舒张

> **学习贴示**
>
> 胃头期是当食物刚进入口腔、食管时胃的胃底和胃体的前部的运动。

2. 尾期胃的运动

食物经食管进入到胃内从胃底开始一层一层排列，食糜进入到胃内刺激胃壁，使胃腺分泌酸度更高、胃蛋白酶含量稍低的胃液。此时，胃壁平滑肌也会产生长时间持续性收缩，这种收缩缓慢，但具有一定的张力，会使胃内的压力变大，食物会紧贴胃壁与胃液充分混合，又可以保持胃有正常的形态和压力。胃壁的环行肌交替进行收缩，引起胃不断地蠕动，这种胃的蠕动使食糜能更好地与消化液混合，加大了食糜与消化液的接触面积，促进食物的消化。当食物进入胃 5 分钟，蠕动波即从胃的中部开始有节律地向幽门方向推进。在推进的过程中，波及胃窦并不到幽门。胃窦终末的有力收缩可将胃内容物反向推回到胃窦和胃体部，这种胃的蠕动来回地推动食糜，食糜能更长时间地在胃内存留，也更利于消化。

学习贴示

尾期胃的运动是食糜进入胃和肠后，胃的远端和幽门部的运动。

　　另外，胃内一些物质不能被磨碎而呈片状或团状，消化期胃运动不能将这些物质排入小肠。为了清除胃内这些不能被消化的物质，在两次进食之间有时有一种特殊的胃运动，即当强烈的蠕动波经过胃窦时，幽门舒张，使胃内不能被消化的物质进入小肠。这种胃运动就是胃的消化间期运动复合波。

　　3. 胃的排空

　　经过胃内消化的食糜要进入下一段消化管，即由胃排入十二指肠，这个过程称为胃的排空。胃排空主要取决于幽门两侧压力差。当胃内压力大于十二指肠时，食糜从胃幽门进入十二指肠，反之则不排空。排空的速度必须与小肠消化和吸收的速度相适应，当小肠内有食物进行消化吸收，会反馈性地抑制胃的运动，使胃内压小于十二指肠而使胃的排空速度变慢。此外，草食动物胃的排空比肉食动物慢，如犬在进食后 4～6 小时，胃内容物已经排空；而马和猪通常在饲喂后

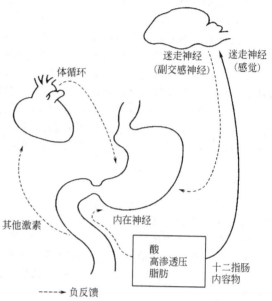

图 4-35　抑制性肠-胃反射弧

酸、脂肪及高渗透压刺激迷走神经内脏神经及激素反馈都可以抑制胃的排空，当十二指肠内的酸被中和、脂肪被吸收、渗透压恢复正常，胃的排空的抑制作用被解除

24 小时，胃内还有残留食物。胃排空的速度取决于饲料的性质和动物的状况。一般来说，稀的或流体食物比稠的或固体食物排空快，粗硬的食物在胃内滞留的时间较长。动物惊恐不安、疲劳时，胃的排空就会被抑制。图 4-35 是胃排空的反射调节图。

知识链接

呕　吐

　　在延髓呕吐中枢的附近还存在特殊的化学感受器，它可以直接接受中枢内部各种化学物质（如阿扑吗啡和细菌毒素等）的刺激，也受颅内压升高等刺激，兴奋呕吐中枢，引起呕吐。

　　肉食动物和杂食动物（啮齿类除外）易于发生呕吐。反刍动物不出现典型的呕吐，但在肠梗阻时真胃内容物可喷射进前胃。马的呕吐极为罕见，这可能与马食管末端括约肌的紧张性特别高有关。

　　呕吐是具有保护意义的防御反射，它可帮助人和动物清除胃肠内有害的物质。但剧烈频繁的呕吐有害，它不仅影响进食和正常消化，还使大量消化液丢失，造成体内水和电解质代谢紊乱及酸碱平衡失调。

（二）化学性消化

胃的化学性消化主要进行糖类和蛋白质的初步分解。大部分动物口腔的唾液中含有唾液淀粉酶，伴随食物进入胃后可继续将淀粉分解为麦芽糖和葡萄糖。蛋白质在胃蛋白酶的作用下初步分解为蛋白胨和蛋白胨，同时产生少量多肽和氨基酸。

1. 胃液的成分

胃液无色透明，pH 值在 0.9～1.5，胃液成分包括消化酶、黏蛋白、内因子及无机盐如盐酸、钠盐和钾盐的氯化物等。

2. 胃液的作用

胃液中的盐酸的能抑制和杀灭随食糜进入胃内的细菌等微生物，维持胃和小肠的无菌环境，并且激活胃蛋白酶原，为胃蛋白酶提供一个酸性的环境对蛋白质进行消化，使蛋白质膨胀变性，蛋白酶能使蛋白质分解成蛋白胨和胨。如果是幼龄动物，进入胃内的乳汁的消化主要是凝乳酶，它在酸性条件下可被激活凝乳酶，可先将乳中的酪蛋白原转变为酪蛋白，然后与钙离子结合成不溶性酪蛋白钙，这样乳汁就能凝固，使乳汁在胃内停留时间延长，有利于乳汁的胃内被消化。如果是肉食性动物，胃液中还会含有少量的丁酸甘油酯酶，能帮助食糜内脂肪的消化及其产物的分解。胃液中的盐酸和胃内的酶不会对胃黏膜造成损伤主要是因为胃腺还分泌有保护作用的黏液。除此，胃液中内因子由胃腺的壁细胞分泌，能和维生素 B_{12} 结合，使维生素 B_{12} 免遭破坏，能促进维生素 B_{12} 在回肠内的吸收。

3. 胃液分泌

胃液的分泌是一种神经-体液性调节结果，包括条件反射性和非条件反射性两种分泌方式。进食后按食物刺激的部位分成头期、胃期和肠期。

（1）头期　食物在口腔和食管内时，食物的刺激作用使兴奋通过相应的传入神经传至神经中枢，神经中枢再发出冲动经由迷走神经传递到胃，使壁内神经丛的副交感神经末梢释放乙酰胆碱，直接引起胃腺分泌，或者作用于胃窦黏膜内的 G 细胞释放促胃泌素，再通过血液循环促进胃液的分泌。

头期胃液分泌的特点是：持续时间较长、分泌量很大、pH 值低、胃蛋白酶含量高，因此消化功能强。

（2）胃期　食物进入胃后，对胃有机械性和化学性刺激而引起的胃液分泌，有三种途径刺激胃液分泌。

① 食物的性质和数量刺激胃部的感受器，通过局部和壁内神经丛的反射，引起胃液分泌。

② 食物的扩张刺激胃幽门部，通过壁内神经丛释放乙酰胆碱，作用于 G 细胞，引起促胃泌素的释放。

③ 食物的化学成分作用于 G 细胞，引起胃泌素释放。刺激 G 细胞释放胃泌素的主要化学成分是蛋白质的消化产物，包括肽类和氨基酸等。糖类和脂肪对胃泌素释放的刺激作用较小。

胃期胃液分泌的特点：酸度高、胃蛋白酶含量比头期低，因此消化能力较弱。

（3）肠期　食糜从胃进入小肠能继续促进胃液分泌。十二指肠黏膜能分泌较多的促胃液素，是肠期胃液分泌的重要体液因素之一。小肠还产生一种可刺激胃酸分泌的物质，叫做肠泌素。但肠期胃液分泌量不多，约占进食后胃液分泌总量的 10%，因此消化力低。

> **知识链接**
>
> **胃运动与胃排空的调节**
>
> （1）神经调节　胃的运动受交感神经和迷走神经的双重调节。一般来讲，迷走神经兴奋，导致容受性舒张，使胃紧张性收缩和蠕动加强；交感神经兴奋，可使胃的运动减弱。
>
> 食糜自胃分批入肠，取决于幽门括约肌、胃和肠的运动与食糜状况；胃的运动提高了胃内压，促使胃的排空；酸性食糜对十二指肠肠壁的化学性和机械性刺激通过肠-胃反射抑制胃的运动，增强括约肌收缩，减慢胃的排空。

　　（2）体液调节　促胃液素可增强胃的收缩力，而促胰液素、促胰酶素和抑胃肽等则可降低胃的收缩力。

　　乙酰胆碱和促胃液素能增强胃的收缩力，促进胃的运动和排空；去甲肾上腺素、神经紧张素降低胃的收缩力，抑制胃的运动和排空。

　　胃运动和胃的排空还与进入小肠内食糜的酸性、渗透压及其中的蛋白质和脂肪含量有关。pH值小、渗透压高、蛋白质和脂肪含量较高的食糜与小肠黏膜作用促使促胰液素、促胰酶素和抑胃肽等激素的释放，抑制胃的运动，延缓胃的排空。

四、复胃的消化

　　反刍动物瘤胃、网胃、瓣胃和皱胃四个胃中，前三个胃不分泌胃液，合称前胃，其中瘤胃和网胃的消化关系又极为密切。第四个胃皱胃具有胃液分泌功能，可分泌胃液，其消化作用和单胃动物相同，故也称为真胃。

　　复胃消化与单胃的主要区别在于前胃，它具有独特的反刍、嗳气反射、食管沟反射、网胃运动以及微生物发酵等特点。

　　（一）瘤胃和网胃的消化

　　1. 瘤胃和网胃微生物消化

　　一般情况下，反刍动物吞咽的食团经食管先进入瘤胃的前背囊。密度较大的精料，多数进入网胃；密度相对较小的草料就浮于瘤胃的上面。瘤胃下层为液状物，中层多为粗料，上层则储积气体。饲料内可消化的干物质70%～85%可经过瘤胃的细菌和原虫的活动得以分解，产生挥发性脂肪酸、二氧化碳及氨等；同时还可合成蛋白质和B族维生素。

　　瘤胃内之所以能进行微生物消化，瘤胃内为它们提供了很好的生存条件：①瘤胃不断地由食管输送来有机物和水分，提供微生物繁殖所需的营养物质；②节律性的瘤胃运动将内容物搅和，能使未消化的食物残渣和微生物充分混合；③瘤胃内少量的氧被微生物繁殖所利用，因此乏氧利于微生物的发酵，且发酵产生的热量使瘤胃内温度保持在39～41℃，适于微生物生存；④发酵过程中产生的酸能被牛唾液中的碳酸氢盐所中和，使得瘤胃的内的pH值在7.2，接近中性。渗透压接近于血液；这些都为微生物的生存和生物作用提供了有利的条件。

　　瘤胃中的微生物是厌氧的原虫（包括纤毛虫和鞭毛虫）、细菌和真菌。瘤胃内微生物的种类复杂，并随饲料性质、成分和动物年龄的不同而发生变化。据统计，1g的瘤胃内容物所含有150亿～250亿的细菌，60万～180万的纤毛虫，总体积约占瘤胃内液体的3.6%，其中细菌和纤毛虫各占一半。

　　幼畜瘤胃中本没有纤毛虫，主要通过与亲畜或其他反刍动物直接接触而获得。如果用成年羊、牛的反刍食团喂饲幼畜，幼畜出生后3～6周龄瘤胃内就有纤毛虫繁殖。而在一般情况下，犊牛要到3～4月龄瘤胃内才能建立纤毛虫区系。

　　这些微生物之所以能完成这么多饲料的消化，是因为在它们的体内存在大量的酶，瘤胃中纤毛虫有能分解糖、蛋白和纤维素的酶系；细菌是瘤胃中微生物，量大，种类也多。除发酵糖类和分解乳酸的细菌区系外，主要有分解纤维素、分解蛋白质及蛋白质合成和维生素合成等细菌。并且，纤毛虫和细菌之间有共生关系，这些酶可将饲料中的糖类和蛋白质分解成挥发性脂肪酸、氨气等营养性物质，同时微生物发酵也产生甲烷、二氧化碳、氢气、氧气、氮气等气体，并通过嗳气排出体外。瘤胃微生物不仅与宿主存在共生关系，而且微生物之间彼此存在相互制约、相互共生的关系。如纤毛虫能吞食和消化细菌，除了菌体能提供营养来源外，还可利用菌体酶类来消化营养物质。

👆 学习贴示

　　所说的干物质是指饲料中去除去水分后的所有成分。粗饲料多指喂给牛、羊的草料、秸秆等。所说的嗳气，和人类打嗝有点类似，是机体排出气体的一种方式，对于反刍性家畜来讲，嗳气是一种反射活动，由瘤胃的运动引起。

(1) 瘤胃对糖的分解利用 饲料中的糖主要是纤维素、淀粉、蔗糖等糖类物质。这些糖类在瘤胃内发酵后会产生挥发性脂肪酸甲烷和二氧化碳。其中，挥发性脂肪酸能提供体内能量的60%~70%。乙酸和丁酸是生成乳脂的主要原料，被乳牛瘤胃吸收的乙酸有40%为乳腺所利用。丙酸是反刍动物血液中葡萄糖的主要来源，占血糖的50%~60%。

瘤胃内发酵产生的大量的CO_2、CH_4，还有少量的H_2、O_2、N_2、H_2S等气体，其中1/4的气体经由瘤胃黏膜吸收入血液，经血液循环带到肺由呼吸排出体外。还有一大部分经食管由口腔排出。我们通常把气体由食管经口腔排出的过程称为嗳气。

嗳气是一种反射活动，瘤胃内由于微生物的强烈发酵，不断产生大量的气体，当这部分没被利用的气体达到一定量时，气体压迫了瘤胃壁，瘤胃壁张力增加，兴奋瘤胃背囊和贲门括约肌处的牵张感受器，兴奋经迷走神经传入延髓嗳气中枢，引起了瘤胃从后背盲囊—后腹盲囊—腹囊的逆向运动，压迫瘤胃内的体向瘤胃前庭移动，使气体由贲门进入食管大部分经由口腔排出。牛嗳气平均17~20次/小时。

学习贴示

嗳气是一种反射活动，必须具备反射所应有的结构，即感受器—传入神经—中枢—传出神经—效应器，这是一个反射发生的先决条件。如果这几个结构中有一个结构的功能不能正常发挥作用，嗳气就不能发生。

(2) 瘤胃对蛋白质的消化利用 进入瘤胃内的饲料中的蛋白质有一半以上可被瘤胃中微生物的蛋白酶分解为氨基酸（AA），氨基酸在微生物的脱氨酶作用下生成氨、二氧化碳和有机酸。在瘤胃中微生物利用糖、挥发性脂肪酸和二氧化碳与氨能合成氨基酸，再转变为微生物蛋白质，随后，再被宿主消化和利用。瘤胃微生物也可直接利用氨、非蛋白氮（如尿素和铵盐等）合成氨基酸，转变为菌体蛋白质。

在畜牧生产中，尿素可用来代替日粮中约30%的蛋白质。因为尿素在瘤胃内脲酶作用下能迅速分解，所以必须降低尿素的分解速度，以免瘤胃内氨储积过多发生氨中毒和提高尿素利用效率。目前，除了通过抑制脲酶活性、制成胶凝淀粉尿素或尿素衍生物延缓氨的释放外，日粮中供给易消化糖类使微生物能更多利用氨合成蛋白质也是一种必要手段。

瘤胃内的氨除了被微生物利用外，其余一部分被吸收运送至肝，在肝内经变为尿素。这种内源尿素一部分经血液分泌于唾液内，随唾液重新进入瘤胃，另一部分通过瘤胃上皮扩散到瘤胃内，其余随尿排泄。进入瘤胃的尿素，又可被微生物利用。在低蛋白日粮情况下，反刍动物靠尿素再循环以节约氮的消耗，保证瘤胃内适宜的氨的浓度，以利微生物蛋白质合成。

(3) 瘤胃中脂肪的消化代谢

① 脂类的水解：这是瘤胃微生物脂肪酶和植物来源脂肪酶作用的结果。饲料中的脂肪大部分被瘤胃微生物彻底水解，生成甘油和脂肪酸等物质。其中甘油发酵生成丙酸，少量被转化成琥珀酸和乳酸。它们经由瘤胃黏膜吸收入血。

② 脂类的氢化作用：进入瘤胃的不饱和脂肪酸或来源于甘油三酯的不饱和脂肪酸，在微生物作用下转变成饱和脂肪酸。因此，反刍动物的体脂和乳脂所含的饱和脂肪酸比单胃动物要高得多。

③ 脂肪酸的合成：瘤胃微生物可以利用VFA合成脂肪酸，特别是奇数长链脂肪酸和支链脂肪酸。瘤胃中脂肪酸的合成量相当可观，如在饲喂低粗日粮条件下，绵羊每天合成的长链脂肪酸可达22g左右。瘤胃纤毛虫还有较强的合成磷脂能力。

瘤胃微生物的脂肪酸合成受饲料成分的制约，当饲料中脂肪含量少时，合成作用增强；反之，当饲料脂肪含量高时，会降低脂肪酸的合成。瘤胃微生物不能储存甘油三酯，脂肪酸主要是以膜磷脂或游离脂肪酸形式存在。

(4) 瘤胃中维生素合成 瘤胃微生物能合成多种B族维生素。其中维生素B_1（硫胺素）绝大部分存在于瘤胃液中。40%以上的生物素、泛酸和吡哆醇也存在于瘤胃液中，能被瘤胃吸收。叶酸、维生素 B_2（核黄素）、烟酸和维生素 B_{12} 等大都存在于微生物体内，瘤胃只能微量吸收。此外瘤胃微生物还能合成维生素 K。

因为成年反刍动物能合成 B 族维生素和维生素 K，因此一般不会缺乏这些维生素。幼年反刍动物，由于瘤胃发育不完善，微生物区系不健全，有可能患 B 族维生素缺乏症；在成年反刍动物，当日粮中钴缺乏时，瘤胃微生物不能合成足够的维生素 B，于是出现食欲抑制、生长不良等症状。

2. 瘤胃物理性消化（瘤胃、网胃的运动）

前胃的运动是三个胃密切相配合完成的。通过瘤胃、网胃和瓣胃的运动，使胃食物得到充分揉搓和浸润，完成反刍、嗳气，并将内容物向后推送。

最先是网胃收缩，网胃的运动顺序是发生两次相继的收缩：第一次收缩的力量较弱，收缩到一半即行舒张，将漂浮于网胃上部的粗饲料压回瘤胃，稍微舒张后发生第二次收缩，第二次收缩收缩比第一次力度大，可将较重的食糜压入下段消化管（瓣胃）内。接下来，瘤胃收缩开始于网胃第二次收缩未完成的时候，先从瘤胃前庭开始，瘤胃前背囊发生强烈收缩，将网胃液状内容挤到瘤胃的泡沫状食糜上，继而瘤胃腹囊收缩，使其中内容物搅拌和运转。瘤胃收缩次数采食时较快，平均 2.8 次/分，休息时最慢，平均 1.8 次/分。反刍时约为 2.3 次/分，每次收缩持续时间为 15～25 秒。瘤胃收缩可用听诊器监听。也可用手掌触压在左肷部来感觉。

（1）反刍时瘤胃的运动　反刍动物在摄食时，饲料不经充分咀嚼就吞咽进入瘤胃，休息时再返回到口腔仔细地咀嚼，这种独特的消化活动叫做反刍。反刍分为四个阶段：逆呕、再咀嚼、再混入唾液和再吞咽。反刍也是由于瘤胃和网胃的运动引起的。反刍动物休息时，网胃第一次收缩之前还附加一次收缩，网胃的强有力的收缩，由粗硬饲料刺激网胃、瘤胃前庭、食管沟黏膜内的感受器官而引起，瘤胃发生，先从瘤胃前庭开始，瘤胃前背囊发生强烈收缩，从而将这些草料返回口腔咀嚼。反刍活动一般是在采食后 0.5～1 小时开始。每天发生的次数、每一周期持续的时间都随动物种类、年龄、食物性质、气候和季节因素而异。如成年牛在以牧草为主要食物的条件下，每天有 7～9 次的反刍，每一周期持续 40～50 分钟。

反刍可使食物得到充分咀嚼，帮助消化，并能充分混入唾液，中和胃容物发酵时产生的有机酸，促进食糜向后部消化道的推进。动物有病和过度疲劳都可能引起反刍的减少或停止，因此反刍是反刍动物健康的标志。

学习贴示

反刍中的逆呕过程是一种反射，需要有反射弧，即感受器—传入神经—中枢—传出神经—效应器。正常情况下，反射弧的结构完整，胃的功能正常，粗饲料的刺激，在反刍过程中显得更为重要。因此，反刍性家畜的粗料应保证具有一定的粗度，不能太细。

（2）嗳气时瘤胃的运动　在瘤胃和网胃的正常运动之后，有时瘤胃会发生一次单独的收缩，由起始于后腹盲囊，行进到后背囊及前背囊，最后到达主腹囊，此次收缩与反刍及嗳气有关，而与网胃收缩没有直接联系。

（3）食管沟反射　犊牛和羔羊在吸吮乳汁时，能反射性地引起食管沟唇闭合成管状，使乳汁等由食管经食管沟和瓣胃沟直接进入皱胃，不在前胃内停留。

食管沟反射与吞咽动作是同时发生的，感受器分布在唇、舌、口腔和咽部的黏膜上，传入神经为舌咽神经、舌下神经和三叉神经的咽支，反射中枢位于延髓内，与吸吮中枢紧密相连。传出神经为迷走神经。若切断两侧迷走神经，网胃沟闭合反射就会消失。幼畜哺乳时，吸吮动作可反射性地引起食管沟的两唇闭合成管，形成将乳汁通向皱胃的直接通道。

食管沟反射受以下几方面因素的影响。

① 摄食方式：如当犊牛用桶给喂乳时，由于缺乏吸吮刺激，食管沟闭合不完全，部分乳汁

会溢入瘤胃、网胃，引起异常发酵，导致腹泻。

② 某些盐类有刺激：某些盐类对刺激食管沟使其闭合，Cu^{2+} 和 Na^+ 对羊最明显，如 $NaHCO_3$ 和 $CuSO_4$ 等，$CaSO_4$ 溶液能引起绵羊的食管沟闭合反射，但不能引起牛的食管沟闭合。对牛来说 Na^+ 比 Cu^{2+} 更有效，如 $NaCl$ 和 $NaHCO_3$。在临床实践中，利用这些化学药品闭合食管沟的特点，可将药物直接输送到皱胃，以达到治疗的目的。

（二）瓣胃内的消化

1. 瓣胃物理性消化

瓣胃的运动与瘤胃运动相互协调，网胃收缩时，网瓣胃口开放，特别是在网胃第二次收缩时，网瓣胃口开放，此时，一部分食糜由网胃快速流入到瓣胃，食糜进入瓣胃后，瓣胃沟首先收缩，使其中的液态的食糜由瓣胃移入皱胃。来自网胃的流体食糜含有许多微生物和细碎的饲料以及微生物发酵产物，当通过瓣胃叶片之间时，其中一部分水被瓣胃上皮吸收，一部分被叶片挤压出来流入皱胃，食糜变干。残留于叶片之间的较大食糜颗粒，被叶片的粗糙表面揉捏和研磨，使之变得更为细碎，起过滤器作用。

2. 瓣胃内微生物消化

瓣胃内有来自于瘤网胃内的食糜带来的微生物继续进行消化。

瓣胃还具有一定吸收功能，可吸收水分等，在食糜进入皱胃之前吸收 VFA（由瘤胃内发酵产生的低级脂肪酸）和碳酸氢盐。瓣胃吸收了一大部分由瘤胃内带来的碱（主要是碳酸氢盐），避免其中和胃酸而影响皱胃内的消化功能，因为皱胃是有腺胃，它的消化依靠消化酶来实现，胃内的酶需要酸性的环境。

（三）皱胃内的消化

皱胃的结构和功能同单室胃（见单胃消化）。

学习贴示

经过胃内的消化后，三大类营养物质的分子变小了，水分及少量的挥发性脂肪酸等经胃黏膜吸收一部分。到达肠管后的分子要分解（消化）成更小的物质，才能通过肠黏膜上皮细胞的转运进入毛细血管和毛细淋巴管而吸收入血。而这个消化过程主要是消化酶的作用结果（毛细淋巴管可通过淋巴循环回到心脏进入血循环，可详见免疫系统淋巴循环）。

五、小肠内的消化

经胃消化后的食糜，由于胃的排空运动而不断地向小肠内推进，在小肠内经过小肠的运动和胰液、胆汁、小肠液等的化学性消化后，大部分营养物质被消化分解成为可吸收利用的小分子物质，并在小肠内被吸收。由于小肠内组织结构特点及壁内分布有丰富的消化腺，因此，小肠是消化和吸收的主要场所。由于单胃及皱胃内胃酸的存在，在小肠没有微生物性消化。小肠内食物主要的消化方式有化学性消化和物理性消化两种。

（一）小肠的化学性消化

1. 胰液及其作用

（1）胰液的性质及成分   胰液呈碱性，pH 值为 $7.2 \sim 8.4$。胰液除水（90%）和电解质外，还含有机物。电解质主要是高浓度的碳酸氢盐和氯化物，碳酸氢盐可中和十二指肠内的胃酸，使肠黏膜免受胃酸侵蚀，同时也为小肠内的各种消化酶提供适宜的弱碱环境。此外，胰液中还有少量的 Ca^{2+} 和微量的 Mg^{2+}、Zn^{2+} 等。

（2）胰液的作用   胰液中的消化作用是通过所含的酶来实现的，主要的酶有胰淀粉酶、胰脂肪酶、胰蛋白酶原和糜蛋白酶原。

① 胰蛋白分解酶：主要包括胰蛋白酶、糜蛋白酶、羧肽酶等，它们最初分泌出来时均为无活性的酶原，胰蛋白酶原可自动催化或经肠激酶激活，后两者可经胰蛋白酶激活。胰蛋白酶对天然的蛋白质的消化作用不强，但对经过了胃液消化后而变性的蛋白质的消化作用就迅速。胰蛋白

酶和糜蛋白酶共同作用，水解蛋白质为多肽，而羧肽酶则分解多肽为氨基酸。

②胰淀粉酶：在氯离子和其他无机离子存在下具有活性，能分解淀粉和糖类，产生麦芽糖和糊精。最适的 pH 值为 6.7～7.0。

③胰脂肪酶：呈活性状态分泌，在胆酸盐的共同作用于下，使甘油三酯分解为脂肪酸、甘油一酯和游离脂肪酸，是胃肠道内消化脂肪的主要酶。最适 pH 值为 7.5～8.5。

④胰核酸酶：包括核糖核酸酶和脱氧核糖核酸酶，使相应的核酸部分地水解为单核苷酸。

⑤核酸酶：包括核糖核酸酶和脱氧核糖核酸酶，降解核糖酸和脱氧核糖核酸至单核苷酸。

⑥其他酶类：胰液中还有麦芽糖酶、蔗糖酶、乳糖酶等双糖酶，可将双糖分解为单糖。

学习贴示

多糖、双糖和单糖是分子结构上的区别。糖原是体内糖的储存形式，是由葡萄糖为单位聚合成的多糖。

知识链接

胰液分泌调节示意图如下。

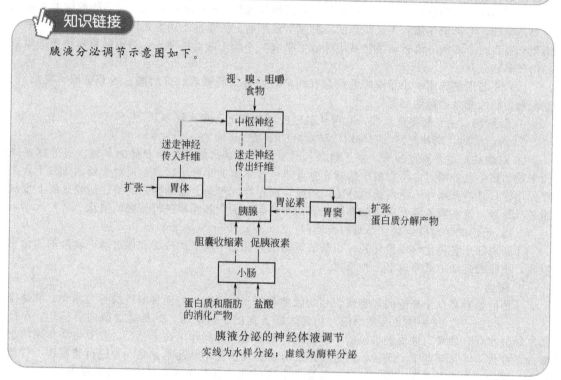

胰液分泌的神经体液调节
实线为水样分泌；虚线为酶样分泌

2. 胆汁及其作用

（1）胆汁的性质及成分　胆汁是由肝细胞分泌，黏稠、味苦，pH 值为 5.9～7.8。不同的家畜胆汁的颜色不同。草食动物的呈暗绿色，肉食动物的呈红褐色，猪的呈橙黄色。胆汁的主要成分有胆汁酸、胆盐、胆色素、胆固醇、卵磷脂和其他磷脂、脂肪酸和各种电解质，但没有消化酶，其中除胆汁酸、胆酸盐和碱性无机盐（主要是碳酸氢盐）与消化有关外，其他成分都可看做是排泄物。

（2）胆汁的作用

①胆酸盐：是胰脂肪酶辅酶，能增强脂肪酶的活性，能降低脂肪滴的表面张力，乳化脂肪，增大表面积，有利于脂肪酶的消化作用；胆汁中的胆固醇和卵磷脂也有较弱的乳化脂肪作用。

②胆盐：胆盐和脂肪酸结合成水溶性的混合微胶粒，使脂肪分解产物以及脂溶性维生素（维生素 A、维生素 D、维生素 E 和维生素 K）能到达肠黏膜的表面，促进其吸收。

③碱性碳酸盐：可中和一部分由胃进入肠中的酸性食糜，维持肠内适宜的 pH。保证小肠内

各种酶的碱性环境。

④ 胆汁能刺激小肠的运动。

3. 小肠液及其作用

小肠内除有胰腺和肝脏所分泌的胰液和胆汁参与其消化作用外，小肠内还有十二指肠腺和肠腺，能分泌小肠液参与消化作用。

十二指肠腺分布于十二指肠黏膜下层中，分泌碱性液体，内含黏蛋白，因而黏稠度很高，其主要功能为保护十二指肠的黏膜上皮不受胃酸的侵蚀。

肠腺又称为李氏腺，分布于全部小肠的黏膜层内，其分泌液构成小肠液的主要成分。小肠液中有肠激酶能激活胰蛋白酶，小肠内还有麦芽糖酶和乳糖酶能分解双糖。此外，还有淀粉酶、肽酶和脂肪酶等。肠液中的酶有两种存在形式，一种是溶解状态下的，肠激酶和淀粉酶存在于肠液中，另一种是不呈溶解状态，存在于小肠黏膜的上皮细胞中。小肠黏膜上皮细胞中也有酶，当食物分解产物进入小肠黏膜细胞内时，未完全分解的物质可在细胞内酶的作用下进行最后的分解。肠液的消化能力随饲料的成分而变化。

(1) 小肠液的性质和成分　小肠液是一种弱碱性液体，pH 为 8.2～8.7。小肠液中的有机物主要是黏液、多种消化酶和大量脱落的肠黏膜上皮细胞。大量的小肠液可以稀释消化产物，利于消化和吸收。小肠液分泌后又很快被小肠绒毛吸收，小肠液的这种循环，为小肠营养物质的吸收提供了必要条件。

(2) 小肠液的作用　小肠液中的所含有的消化酶有如肠激酶、蔗糖酶、麦芽糖酶、乳糖酶、淀粉酶、肠肽酶及肠脂肪酶等。

① 肠肽酶：主要是氨基肽酶，它可从肽链的氨基端进一步水解多肽。

② 肠脂肪酶：能补充胰脂肪酶对脂肪水解的不足。

③ 双糖酶：主要有蔗糖酶、麦芽糖酶和乳糖酶，分别水解相应的双糖为单糖。虽然这些来源于肠黏膜上皮的酶可以将食糜中的营养物质进一步水解为小分子状态，但对小肠消化并不起主要作用。只是有些酶并不是由肠腺分泌入肠腔，而是存在于肠上皮细胞内的酶，随脱落的上皮细胞进入肠液。这些酶主要是对经前部消化器初步分解过的营养物质进行彻底的消化。

(二) 肠内的物理性消化（小肠的运动）

小肠内除了各种化学性消化外，小肠的运动也有助于小肠液的分泌和促进肠内食糜的消化和吸收。小肠的运动方式有以下三种形式。

1. 蠕动

小肠的蠕动是由小肠壁的环形肌交替的收缩和舒张所引起，能使食糜在肠管内移动。其速度为 0.5～2.0cm/s。这种蠕动有从幽门开始向大肠方向的正向蠕动，是推动食糜向后移动，小肠的蠕动波很弱，通常只能推进很短的一段距离，然后消失。其作用在于使经过分节运动作用的食糜向前推进一步，到达下一肠段，再进行新的分节运动。在小肠还常见到一种进行速度快、传播较远的蠕动，称为蠕动冲。蠕动冲可把食糜从小肠始端一直推送到末端，有时还可推送到大肠。还在个别的肠段存在着逆向的蠕动，方向向幽门方向。如十二指肠近幽门和回肠与盲肠接口处还存在着很强的逆向蠕动，可以使食糜增加在此停留的时间，利于消化。

2. 分节运动

分节运动（图 4-36）是肠壁内的环形肌的分节收缩引起的更细的收缩和舒张形式。在食糜所在的某一段肠管上，环行肌在许多点同时收缩，把食糜分割成许多节段。随后，原来收缩处舒张，而原来舒张处收缩，使食糜的节段分成两段，而相邻的两半则合拢以形成一个新的节段。如此反复进行，食糜得以不断地分开，又不断地混合。当持续一段时间后，由蠕动把食糜推到下一段肠管，再重新进行分节运动。这样，可有利于消化液的分泌，使消化液与食糜充分混合，肠壁肌细密的分节运动可挤压肠壁内的血管和淋巴管，更有利于血液和淋巴液的回流。

3. 钟摆式的运动

这是消化管的纵行肌交替收缩引起的小肠左右摆动的一种运动方式，这种运动可以增加食糜向后段消化管内移动的阻力，使食糜在小肠内停留的时间长，尽可能地和肠液混合作用。

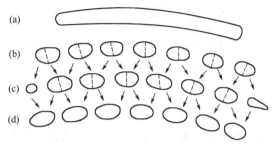

图 4-36 小肠分节运动模式图

六、大肠的消化

食糜经小肠消化和吸收后，其残余部分被送到大肠。大肠黏膜的腺体只分泌碱性黏稠的大肠液，其中含消化酶甚少或不含，大肠内的消化主要是随小肠食糜带来的酶和微生物的作用进行的。所以动物种类不同，大肠内的消化过程也不尽相同。

（一）大肠内化学性消化

大肠内的大肠液没有消化酶，它的化学性消化主要靠随食糜而来的小肠消化酶进行的，能对蛋白质等营养物质的分解产物继续进行消化。

（二）大肠内微生物性消化

大肠内也有发酵作用，大肠内有微生物将未分解的营养物继续分解。牛的大肠能消化饲料中15％～20％的纤维素；马属动物的食糜在大肠内停留 12 小时，能消化食糜中 40％～50％的纤维素、39％蛋白质、24％的糖。发酵后产生挥发性脂肪酸可被机体吸收利用，大肠内微生物也能合成蛋白质和 B 族维生素、维生素 K，还会产生二氧化等气体。杂食动物（如猪）大肠内具备与草食动物相似的微生物繁殖条件，饲喂的植物性饲料几乎是在大肠内消化的，发酵后都会产生乳酸和低级脂肪酸并被肠壁吸收。

（三）大肠内的物理性消化（大肠的运动）

大肠也会发生与小肠相似的蠕动，但运动速度较慢，强度也弱。盲肠和结肠除有蠕动外，还有逆蠕动，使食糜停留时间更长，增进吸收。此外，还有一种进行得很快的蠕动，叫集团蠕动，能把粪便推向直肠，引起便意。一般来说，大肠的分节运动和钟摆运动都不如小肠中那样明显。

1. 盲肠运动

（1）节律性收缩 盲肠能进行节律性收缩，但频率和速度都比小肠的分节运动低得多。通过节律性收缩可搅拌和揉捏盲肠内容物，但对其无推进作用，进食时节律性收缩加快和增强。

（2）推进运动 较强烈，以不规则的间隔周期性出现，以把盲肠内容物送入结肠。

（3）蠕动 蠕动是一种推进运动，由一些稳定的收缩波组成，波前面的肌肉舒张，波后面的肌肉则保持收缩状态，使肠管闭合排空。

2. 结肠运动

（1）袋状往返运动 主要由环行肌无规律地收缩引起，使结肠形成多个袋状结构，使结肠袋中内容物向前后两个方向短距离移动，并不向前推进。袋状往返运动是空腹时最常见的一种运动形式。

（2）分节或多袋推进运动 由一个结肠袋或一段结肠收缩推移肠内容物至下一结肠段的运动。分节或多袋推进运动是采食后较多见的一种运动形式。

（3）蠕动、逆蠕动和集团运动

① 蠕动：是由稳定的收缩波所组成，使内容物以每分钟几厘米的速度向肛门端推进。收缩波远端的肠肌保持舒张状态，并往往充有气体近端的肠肌则保持收缩状态，使该段肠段闭合并排空。

② 逆蠕动：它将食糜送入盲肠，再由盲肠的蠕动将食糜推入前结肠，这样反复的运动可以使食糜在肠内存留时间增加，加大消化和吸收的力度。

③ 集团运动：是一种推进速度很快且推进距离很远的蠕动，可能是食糜进入十二指肠，由内在神经丛产生的十二指肠-结肠反射所引起。

由于大肠和小肠的运动，内容物在肠腔移位而产生的声音称肠音。小肠音如流水音或含漱音，大肠音因肠腔宽大，似雷鸣音或远炮音。通过对肠音的听诊，可了解肠的运动状况，对临床诊断有重要意义。

七、粪便的形成和排粪

1. 粪便的形成

食糜经消化吸收后，其中的残余部分进入大肠后段，在此由于水分被大量吸收而逐渐浓缩，形成粪便。同时靠大肠后段的运动，粪便被强烈搅和在一起，并压成团块，形成粪便。粪便的成分十分复杂，主要有食物的残渣、消化管的生命活动产物黏液、胃肠道脱落的上皮细胞、胆汁等，还有经肠道排泄的矿物质及死亡的大量的微生物和大肠的发酵产物。

2. 排粪

排粪是一种复杂的反射动作。当粪便不多时，肛门括约肌处于收缩状态，粪便停留在直肠内。当粪便聚积到一定量时，可引起直肠壁上的压力感受器兴奋，通过盆神经（传入神经）传至腰荐部脊髓（排粪调整中枢），再上传至延脑和大脑皮质（高级中枢），由中枢发出冲动传至大肠后段，引起肛门括约肌舒张和后段肠壁肌肉收缩，同时腹肌也收缩增大腹压进行排粪，因此，腰荐部脊髓和脑部受到损伤，会导致排粪失常。

各种家畜每天排粪的次数：反刍动物为 10~20 次，猪为 4~8 次，马为 5~12 次，肉食动物为 3~5 次。

第五节　消化器官的吸收

【知识目标】
◆ 了解各种营养物质吸收的部位及机制。

【技能目标】
◆ 能运用消化生理知识解释临床相关问题。

【知识回顾】
◆ 肠的组织学结构特点。
◆ 淋巴循环。
◆ 细胞膜的运输功能（被动转运与主动运输）。
◆ 吸收的概念。

一、吸收的部位

在消化道的不同部位，吸收的程度是不同的，这取决于该部消化管的组织结构、食物的消化程度以及食物在该部停留的时间。

1. 口腔和食管

口腔和食管基本上不吸收；单胃的吸收也有限，只吸收少量水分、醇类和无机盐；反刍动物的前胃可吸收大量低级脂肪酸和氨。

2. 小肠

小肠不仅是消化场所，也是家畜吸收主要部位，它能吸收水分、蛋白质、脂肪和糖类的分解产物。小肠作为吸收主要部位具有特殊的组织结构特点：①小肠黏膜具有环状皱褶，并拥有大量指状的肠绒毛，绒毛表面又有微绒毛，具有很大的吸收面积。②小肠较长，食物在小肠内停留时间也相当长。

3. 大肠

　　大肠主要吸收水分和盐类。对草食动物，特别是单胃动物，大肠还可吸收大量的挥发性脂肪酸。除吸收发酵分解食糜的营养物质外，还吸收蛋白质分解产的吲哚、粪臭素、酚等直接从肠壁吸收入血。后经肝解毒后从尿排出，另一部分随粪便排出。大肠对发酵过程中产生的一部分气体也有吸收作用。吸收后经肺排出，另一部分通过肛门排出。

二、吸收机制

　　吸收的过程是将小分子物质在胃肠道黏膜上皮细胞的转运下完成的。营养物质在消化道的吸收，大致可分为被动转运和主动转运两种方式。

　　1. 被动转运

　　包括滤过、弥散、渗透、易化扩散作用。滤过作用主要依赖于膜两侧的流体压力差，肠黏膜上皮细胞可被看成是一个过滤器，如果肠腔内的压力超过了毛细血管内时，水及可溶性物即可通过上皮细胞膜滤过进入血液，从而被吸收。弥散作用也是一样，取决于肠腔内的压力。而渗透作用可是在特殊情况下的弥散作用。将膜看成是半透膜，对于水分和一部分溶质易于通过，而另一部分不能通过，于是在膜两侧产生了不相等的渗透压，使得渗透压高的一边从渗透压低的一侧吸收水。

　　2. 主动转运

　　胃肠黏膜上皮对各种营养物质的吸收都具有选择性。如己糖分子比戊糖分子大，但它的吸收却要快些，分子量相同的物质吸收的速度也不相同。这主要是由于细胞膜上存在一种具有"泵"样作用的转运蛋白，并要逆着电化学梯度进行转运，可逆化学梯度转运 Na^+、K^+、Cl^-、I^- 等电解质及单糖和氨基酸等非电解质。

三、各种主要营养物质的吸收

　　1. 糖的吸收

　　饲料中最主要的糖类是淀粉和纤维素。淀粉在淀粉酶和双糖酶的作用下分解为单糖（葡萄糖、果糖、半乳糖），在小肠通过主动转运过程被吸收；纤维素在微生物作用下分解成低级脂肪酸，在反刍动物的瘤胃和大肠内被吸收。单糖和低级脂肪酸被吸收后，极大部分经门静脉入肝，少部分经淋巴循环再转入血液。

　　2. 蛋白质的吸收

　　蛋白质在胃蛋白酶、胰蛋白酶、肠肽酶的作用下，被分解为各种氨基酸。通过主动转运的方式被小肠黏膜吸收入血，经门静脉入肝。未经消化的蛋白质及蛋白质的不完全分解产物只能被微量吸收进入血液。

　　在某种情况下，一些未消化的天然蛋白质也可被吸收入血。如新生哺乳动物，可能过肠黏膜上皮的胞饮作用从初乳中吸收免疫球蛋白。

　　3. 脂肪的吸收

　　脂肪在胆酸盐和脂肪酶的作用下，分解为甘油和脂肪酸。甘油和脂肪酸进入小肠黏膜上皮细胞后，少部分直接进入血液，经门静脉入肝；大部分在细胞内重新合成中性脂肪，经中央乳糜管进入淋巴液。

　　4. 水分的吸收

　　胃黏膜能吸收水分，但数量很小。水分的吸收主要在小肠和大肠。各家畜吸水的主要部位也不尽相同。牛、猪以小肠为主，马以大肠为主。肠壁吸收水分主要借助渗透、滤过作用。

　　5. 无机盐的吸收

　　盐类主要在小肠中以水溶液状态被吸收。不同的盐类，吸收的难易也不一样。一般而言，单价盐类如氯化钠和氯化钾等较易吸收；二价及多价盐类如氯化钙和、氯化镁等则吸收很慢；能与钙结合而沉淀的盐类如磷酸盐、硫酸盐、草酸盐等则不易被吸收。

　　6. 维生素的吸收

　　脂溶性维生素（维生素 A、维生素 D、维生素 E、维生素 K）全部由小肠吸收，而以十二指肠和空肠吸收为主。水溶性维生素除维生素 B_{12} 外，主要在小肠前段被吸收；而维生素 B_{12} 需要与来源于胃黏膜的内因子结合成复合物后，才能被空肠及回肠前段大量吸收，并在吸收细胞内停留

1~4 小时后，再转入血液中。

学习贴示

各种物质消化吸收总结见图 4-37。

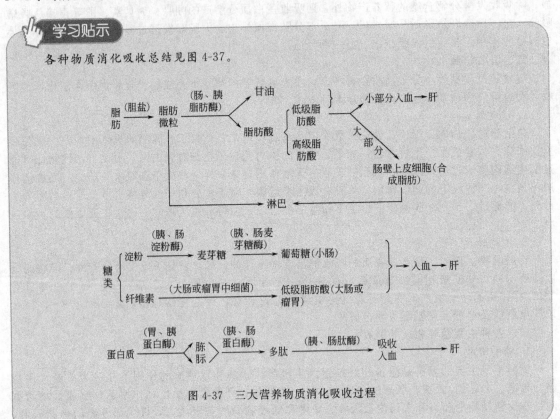

图 4-37 三大营养物质消化吸收过程

第五章 呼吸系统

呼吸系统包括鼻、咽、喉、气管、支气管和肺等。鼻、咽、喉、气管和支气管是气体出入肺的通道，称为呼吸道。

第一节 呼吸器官

【知识目标】
- ◆ 掌握鼻腔、咽腔、喉腔、纵隔构成。
- ◆ 掌握肺形态、位置及组织学结构特点。
- ◆ 掌握固有鼻腔、鼻旁窦、声带、声门裂、呼吸道概念。

【技能目标】
- ◆ 能在活体上识别喉、气管、肺的体表投影位置。
- ◆ 能在活体或离体上识别喉、气管、声带及肺的分叶。

【知识回顾】
- ◆ 腔性、实质器官的结构特点。
- ◆ 浆膜、胸廓的结构。
- ◆ 筛骨、鼻骨、鼻甲骨、鼻旁窦的位置与结构。
- ◆ 假复层柱状纤毛上皮的分布及功能特点。

一、鼻

鼻既是气体出入肺的通道，又是嗅觉器官，包括鼻腔和副鼻窦。

（一）鼻腔

鼻腔是呼吸道的起始部，位于面部的上半部。由面骨构成骨性支架，内衬黏膜，呈圆筒形。鼻腔的顶壁主要由鼻骨支撑；鼻腔的底壁由硬腭与口腔隔开；前端经鼻孔与外界相通；后端经鼻后孔与咽相通。鼻腔正中有鼻中隔，将其等分为左右互不相通的两半，每半鼻腔可分鼻孔、鼻前庭和固有鼻腔三部分（图5-1和图5-2）。

1. 鼻孔

鼻孔为鼻腔的入口，由内侧鼻翼和外侧鼻翼围成。鼻翼为包有鼻翼软骨和肌肉的皮肤褶，有一定的弹性和活动性。牛的鼻孔小，呈不规则的椭圆形，位于鼻唇镜的两侧，鼻翼厚而不灵活。猪的鼻孔也小，呈卵圆形，位于吻突前端的平面上。马的鼻孔大，呈逗点状，鼻翼灵活。

2. 鼻前庭

鼻前庭为鼻腔前部衬着皮肤的部分，相当于鼻翼所围成的空间，内部着生鼻毛可过滤空气。

马鼻前庭背侧的皮下有一盲囊，向后伸达鼻切齿骨切迹，称为鼻憩室或鼻盲囊。囊内皮肤呈黑色，生有细毛，富含皮脂腺。在鼻前庭外侧的下部距黏膜约0.5cm（马）处，或上壁距鼻孔上连合1.0～1.5cm（驴、骡）处有一小孔，为鼻泪管口。牛无鼻盲囊，鼻泪管口位于鼻前庭的侧壁，但被下鼻甲的延长部所硬盖着，所以不易见到。

猪无鼻盲囊，鼻泪管口在下鼻道的后部。

3. 固有鼻腔

固有鼻腔位于鼻前庭之后，由骨性鼻腔覆以黏膜构成。在每半鼻腔的侧壁上，附着有上、下两个纵行的鼻甲（由上、下鼻甲骨覆以黏膜构成），将鼻腔分为上、中、下三个鼻道。

① 上鼻道较窄，位于鼻腔顶壁与上鼻甲之间，其后部主要为司嗅觉的嗅区。

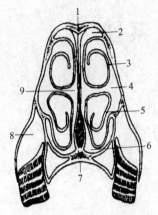

图 5-1　马鼻腔横断面

1—鼻骨；2—上鼻道；3—上鼻甲；4—中鼻道；

5—下鼻甲；6—下鼻道；7—硬腭；

8—上颌窦；9—总鼻道

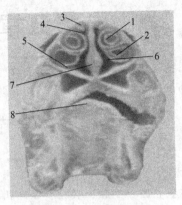

图 5-2　羊鼻甲骨断面

1—上鼻甲；2—下鼻甲；3—上鼻道；

4—中鼻道；5—下鼻道；6—总鼻道；

7—鼻纵隔；8—舌

② 中鼻道在上、下鼻甲之间，通副鼻窦。

③ 下鼻道最宽，位于下鼻甲与鼻腔底壁之间，直接经鼻后孔与咽相通。

此外，还有一个总鼻道，为上、下鼻甲与鼻中隔之间的间隙，与上述三个鼻道相通。

4. 鼻黏膜

鼻黏膜被覆于固有鼻腔内面，可分呼吸区和嗅区两部分。

（1）呼吸区　位于鼻前庭和嗅区之间，占鼻黏膜的大部，呈粉红色，由黏膜上皮和固有层构成，黏膜内含有丰富的血管和腺体。上皮主要是假复层柱状纤毛上皮，其间夹有杯状细胞。固有层主要是结缔组织。

（2）嗅区　位于呼吸区之后，其黏膜颜色随家畜种类不同而异。牛、马呈浅黄色，绵羊呈黄色，猪呈棕色。黏膜上皮中有嗅细胞为双极神经细胞，具有嗅觉作用。其树突伸向上皮表面，末端形成许多嗅毛；轴突则向上皮深部伸延，在固有层内集合成许多小束，然后穿过筛孔进入颅腔，与嗅球相连。

（二）副鼻窦

副鼻窦（鼻旁窦）为鼻腔周围头骨内的含气空腔，共有 4 对，即上颌窦、额窦、蝶腭窦和筛窦。它们均直接或间接与鼻腔相通。副鼻窦内面衬有黏膜，与鼻腔黏膜相连续，但较薄，血管较少。鼻黏膜发炎时可波及副鼻窦，引起副鼻窦炎。副鼻窦有减轻头骨重量、温暖和湿润吸入的空气以及对发声起共鸣等作用。

二、咽、喉、气管和支气管

（一）咽

见消化系统。

（二）喉

喉位于下颌间隙的后方，在头颈交界处的腹侧，悬于两个舌骨大角之间。前端以喉口与咽相通，后端与气管相通。喉壁主要由喉软骨和喉肌构成，内面衬有黏膜。喉内有声带形成的声门裂，可调节空气流量和发声。

1. 喉软骨和喉肌

（1）喉软骨　喉软骨包括不成对的环状软骨、甲状软骨、会厌软骨和成对的勺状软骨（图 5-3～图 5-5）。

① 环状软骨：呈指环状，背部宽，其余部分窄。其前缘和后缘以弹性纤维分别与甲状软骨及气管软骨相连。

② 甲状软骨：最大，呈弯曲的板状，可分体和两侧板。体连于两侧板之间，构成喉腔的底

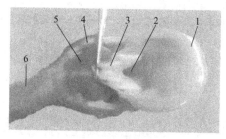

图 5-3　猪喉头背侧观
1—会厌软骨；2—喉口；3—勺状软骨；4—甲状软骨；5—喉肌；6—气管环

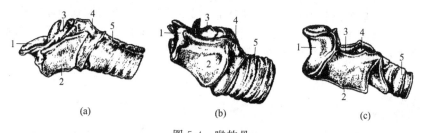

(a)　　　　　　　　(b)　　　　　　　　(c)

图 5-4　喉软骨
(a) 马；(b) 牛；(c) 猪
1—会厌软骨；2—甲状软骨；3—勺状软骨；4—环状软骨，5—气管软骨

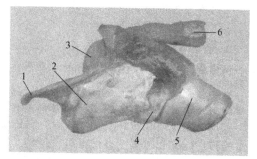

图 5-5　马喉侧面观
1—会厌软骨；2—勺状软骨；3—甲状软骨；4—喉肌；5—环状软骨；6—食管

壁；两侧板呈菱形（马）或四边形（牛），从体的两侧伸出，构成喉腔左右两侧壁的大部分。

③ 会厌软骨：位于喉的前部，呈叶片状，基部厚，由弹性软骨构成。借弹性纤维与甲状软骨体相连；尖端向舌根翻转。会厌软骨的表面覆盖着黏膜，合称会厌，具有弹性和韧性，吞咽时，会厌翻转关闭喉口，可防止食物误入气管。

④ 勺状软骨：位于环状软骨的前上方，在甲状软骨侧板的内侧，左、右各一，呈三面锥体形，其尖端弯向后上方，形成喉口的后侧壁。勺状软骨上部较厚，下部变薄，形成声带突，供声韧带附着。

喉软骨彼此借关节、韧带和纤维膜相连，构成喉的支架。

（2）喉肌　属横纹肌，可分外来肌和固有肌两群。外来肌有胸骨甲状肌和舌骨甲状肌等；固有肌均起止于喉软骨。它们作用与吞咽、呼吸及发声等运动有关。

2. 喉腔

喉腔为由喉软骨围成的管状腔，喉腔内衬黏膜。由会厌软骨和勺状软骨围成的前口与咽相通，后口由环状软骨后直接接气管环与气管相通。

喉腔中部的侧壁上有一对明显的黏膜褶，称为声带。声带由声韧带覆以黏膜构成，连于勺状软骨声带突和甲状软骨体之间，是喉的发声器官。在两侧声带之间的狭窄缝隙，称为声门裂，喉腔以前到喉前口部分称为喉前庭，声门裂之后称为声门下腔或喉后腔，二者经声门裂相通。

学习贴示

声带并不是两条带状的结构，也不是特别薄，可认为是在喉腔侧壁上内的黏膜揪起的部分，两侧的黏膜间为声门裂。气流由声门裂流过会发出声响。气流大，发出的声就相对大些。

3. 喉黏膜

喉黏膜与咽的黏膜相连续。黏膜内由上皮和固有层构成，黏膜层喉前庭和声带处的黏膜为复层扁平上皮，而喉后腔的黏膜为假复层柱状纤毛上皮，喉黏膜内含有感觉神经末梢，受到刺激后会引起咳嗽，从而将异物排出。固有膜由结缔组织构成，内有淋巴小结和喉腺。喉腺分泌黏液和浆液，有润滑声带等作用。牛的喉较马的短，会厌软骨和声带也短，声门裂宽大。猪的喉较长，声门裂较窄。

学习贴示

会厌是存在于喉口的一块软骨。在咽后壁上下排列着两个口，一个口是食管口，一个是气管的入口喉，它们是上下排列的。会厌软骨的作用就是在吞咽时可以挡住喉口，来防止食物误入气管。

（三）气管和支气管

1. 支气管和气管的形态、位置和构造

气管是由"C"形的气管软骨环作支架构成的圆筒状长管，前端与喉相接，向后沿颈部腹侧正中线，称颈段；而后进入胸腔，然后经心前纵隔达心基的背侧（在第5～6肋间隙处）为胸段，分为左、右两条支气管，分别进入左、右肺。

气管属于腔性器官，气管壁由黏膜、黏膜下组织和外膜组成。

黏膜层分上皮和固有层。上皮为假复层柱状纤毛上皮，内夹有杯状细胞，有分泌功能。固有层主要是结缔组织，内含大量的弹性纤维和弥散性淋巴组织。黏膜下层为疏松结缔组织，内含大量血管、神经、脂肪和气管腺。气管腺和杯状细胞分泌物可在气管表面形成黏液黏附进入的异物。外膜为透明软骨和结缔组织构成，是气管的支架。"C"形软骨的背侧两端游离或叠加，缺口处朝向畜体的背侧。

2. 家畜支气管特点

牛、羊的气管较短，垂直径大于横径，软骨环缺口游离的两端重叠，形成向背侧突出的气管嵴。气管在分左、右支气管之前，还分出一支较小的右尖叶支气管，进入右肺尖叶。

猪的气管呈圆筒状，软骨环缺口游离的两端重叠或互相接触。支气管也有三支，与牛、羊相似。

马的气管由50～60个软骨环连接组成。软骨环不相接触，软骨的背侧两端游离，由弹性纤维膜所封闭，气管横径大于垂直径。

三、肺

（一）肺位置、形态

肺位于胸腔内，在纵隔两侧，左、右各一，右肺通常较大。健康家畜的肺为粉红色，呈海绵状，质软而轻，富有弹性，肺呈锥体形。肺表面覆有胸膜脏层，平滑、湿润、闪光（图5-6）。

肺具有三个面和三个缘。

1. 三个面

① 肋面：凸，与胸腔侧壁接触，固定标本上显有肋骨压迹。

② 底面：凹，与膈接触，又称膈面。

③ 纵隔面：与脊柱和纵隔相接触，并有心压迹、食管和大血管的压迹。在心压迹的后上方有肺门，是支气管、肺血管、淋巴管和神经出入肺的地方。上述这些结构被结缔组织包成一束，称为肺根。

学习贴示

纵隔是胸腔中间的结构，将胸腔分开。而膈是将胸腔与腹腔分开的一块肌肉。

2. 三个缘

① 背侧缘：贴胸椎，较钝圆。

② 腹侧缘：贴胸骨一侧肋骨，薄。腹侧缘上有心切迹左肺的心切迹大，相当于第3～6肋骨之间；右肺的心切迹小，相当于第3～4肋骨之间。

③ 后缘：在胸外侧壁和膈，也称底缘，薄而锐。

肺一般分为7个叶，左肺3个叶由前至后分尖叶、心叶和膈叶。右肺除和左肺一样分三叶，还多肺根处纵隔面上多出一个副叶。

（二）家畜肺的特点

见图5-6和图5-7。

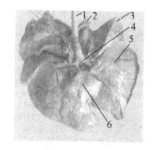

图 5-6　肺的脏面观
1—气管；2—尖叶；3—心叶；
4—支气管；5—膈叶；
6—副叶

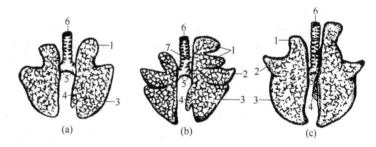

图 5-7　家畜肺的分叶模式图
(a) 马；(b) 牛；(c) 猪
1—尖叶；2—心叶；3—膈叶；4—副叶；
5—支气管；6—气管；7—右尖叶支气管

（1）牛、羊的肺　分叶很明显，左肺分三叶，由前向后顺次为尖叶、心叶和膈叶。右肺分四叶，尖叶（又分前、后两部）、心叶、膈叶和内侧的副叶。

（2）猪肺　分叶情况与牛、羊相似。

（3）马的肺　分叶不明显，在心切迹以前的部分为肺尖或尖叶；心切迹以后的部分为肺体或心隔叶，右肺还有一中间叶或副叶，呈小锥体形，位于心隔叶内侧，在纵隔和后腔静脉之间。

（三）肺的组织学结构

肺属于实质性器官，符合实质性器官的结构特点。肺的表面覆盖光滑、湿润的浆膜（肺胸膜），浆膜下的结缔组织伸入肺内，将肺实质分隔许多肉眼可见的肺小叶。肺小叶一般呈锥体形，锥底朝肺表面，锥尖朝肺门。

支气管进入肺叶，称肺叶支气管，肺叶支气管进入肺后又反复分支，形成树枝状，称支气管树（图5-8和彩图15）；支气管分支后再分出来的支统称为小支气管。其管

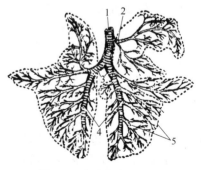

图 5-8　牛肺的支气管树
1—气管；2—气管支气管；3—主支气管；
4—隔叶支气管；5—肺段支气管

径在 1mm 以下称细支气管，细支气管继续分支至直径 0.5mm 则称终末细支气管。终末细支气管继续分支为呼吸性细支气管，管壁上出现散在的肺泡，开始有呼吸功能。呼吸性细支气管再分支为肺泡管，肺泡管再分支为肺泡囊。肺泡管和肺泡囊壁上有较多的肺泡。终末细支气管以上的各级支气管是空气进出的通道，称导管部。呼吸性细支气管以下的部分，进行气体交换，称呼吸部。

1. 肺导管部的结构

肺导管部包括与气管、主支气管基本相似，只是管径逐渐变小，管壁随之变薄，结构相继简化，其变化情况见表 5-1。

表 5-1　肺导管部的构造

项目	支气管 （肺叶支气管、肺段支气管、小支气管）	细支气管	终末细支气管
黏膜上皮	假复层柱状纤毛上皮，夹有杯状细胞	假复层柱状纤毛上皮逐渐变成立方纤毛上皮，杯状细胞减少	单层立方上皮、杯状细胞消失
气管腺	逐渐减少	无	无
平滑肌	环形肌束	环形平滑肌	完整环形平滑肌
软骨	呈片状，逐渐减少至消失	无	无

学习贴示

从各级支气管的组织学特点来看，如果某些因素如过敏能引发平滑肌发生痉挛，那很显然会影响没有软骨环的终末支气管的进气量，从而引起呼吸困难。

2. 肺呼吸部的构造

肺呼吸部包括呼吸性细支气管、肺泡管、肺泡囊和肺泡（图 5-9）。

（1）呼吸性细支气管　呼吸性细支气管是终末细支气管的分支。行使气体交换功能。与肺泡相连，其上皮发生移行性变化，上段上皮为单层立方纤毛上皮，后段移行为单层立方上皮，纤毛消失。在接近肺泡开口处，成为单层扁平上皮。上皮下有固有层，极薄，有弹性纤维和网状纤维，肌层为不完整的平滑肌束。

（2）肺泡管　肺泡管是呼吸性细支气管的分支，与肺泡囊相通。管壁上布满了肺泡的开口，见不到完整的管壁。在相邻肺泡开口之间，表面为单层立方或扁平上皮，上皮下有薄层结缔组织和少量环形平滑肌。

（3）肺泡囊　为多个肺泡共同开口所围成的共同的腔体，呈梅花状，囊壁就是肺泡壁。与肺泡管相延续。上皮已全部变为肺泡上皮，平滑肌完全消失。

（4）肺泡　肺泡开口于肺泡囊、肺泡管或呼吸性细支气管，呈半球形，是气体交换的场所。肺泡壁很薄，仅由一层夹杂有立方形分泌细胞的单层扁平上皮细胞构成。肺泡呈多面球体，一面有缺口，与肺泡囊、肺泡管相通，其他各面与相邻肺泡的肺泡壁相贴形成肺泡隔（图 5-10）。

肺泡壁的上皮由两种细胞共同组成。

① 扁平细胞　也称 Ⅰ 型细胞，在肺泡表面形成一个

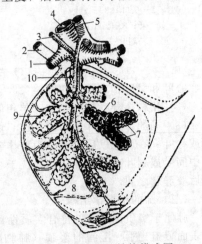

图 5-9　肺小叶结构模式图

1—终末细支气管；2—肺静脉；
3—支气管动脉；4—细支气管；
5—肺动脉；6—肺泡管；7—肺泡囊；
8—毛细血管网；9—肺泡；
10—呼吸性细支气管

连续的上皮层，在扁平细胞和邻近的毛细血管内皮之间有一层基膜，肺泡与血液进行气体交换时必须经过这层基膜。

②分泌细胞　也称Ⅱ型细胞，与扁平细胞共同构成肺泡壁上皮。这种细胞有分泌功能，分泌物进入肺泡腔内，在扁平细胞表面形成一层薄膜，即表面活性物质，成分主要是脂蛋白，可以降低肺泡的表面张力，防止肺泡皱缩。维持肺泡的形态。在没有气体时防止肺泡完全塌陷。

（5）肺泡隔　肺泡隔指相邻肺泡之间的间质，其中含有丰富的毛细血管网、弹性纤维、成纤维细胞和肺巨噬细胞。隔内有丰富的毛细血管网和弹力纤维膜包绕肺泡壁，这样的结构有利于肺泡与血液之间发生气体交换，也使肺泡具有良好的弹性，吸气时能扩张，呼气时能回缩。

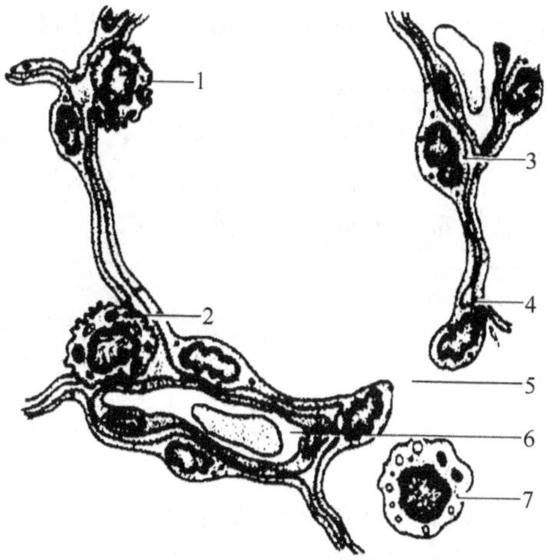

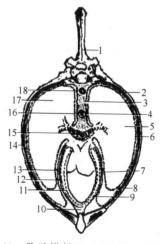

图 5-10　肺泡与肺泡隔
1—Ⅱ型肺泡细胞；2—板层小体；3—Ⅰ型肺泡细胞；
4—肺泡隔；5—肺泡孔；6—毛细血管；7—巨噬细胞

肺泡隔内的大量弹性纤维则与吸气后肺泡的弹性回缩有关。肺巨噬细胞能吞噬吸入的灰尘、细菌、异物及渗出的红细胞等。肺泡隔内还有一种吞噬细胞，称隔细胞。这种细胞可进入肺泡腔内，吞噬肺泡内尘粒和病菌，又称尘细胞，可随呼吸道分泌物排出。

学习贴示

　　肺的血液循环分两部分，一个是与呼吸功能相关的（见于心血管系统肺循环），血液来源于右心室的肺动脉；二是自身的营养性循环。肺的营养性循环不是肺动脉发出的，而由支气管动脉发出，在肺周围形成毛细血，经过物质交换后汇集成支气管静脉回心。肝、肺和心都同时存在着功能有关和营养相关的两个循环。

四、胸膜和纵隔

（一）胸膜

胸膜为一层光滑的浆膜，分别覆盖在肺的表面和衬贴于胸腔壁的内面。覆盖在肺表面的为胸膜脏层；贴于胸腔内表面称为胸膜壁层。壁层按部位又分衬贴于胸腔侧壁的肋胸膜、膈胸腔面的膈胸膜以及参与构成纵隔的纵隔胸膜。胸膜壁层和脏层在肺根处互相移行，共同围成两个胸膜腔。左、右胸膜腔被纵隔分开，腔内为负压，使两层胸膜紧密相贴，在呼吸运动时，肺可随着胸壁和膈的运动而扩张或回缩。胸膜腔内黏膜分泌少量浆液，称为胸膜液，有减少呼吸时两层胸膜摩擦的作用。

（二）纵隔

纵隔（图 5-11）位于左、右胸膜腔之间，由两侧的纵隔胸膜以及夹于其间的器官和结缔组织所构成。参与构成纵隔的器官有心脏和心包、胸腺（幼畜特别发达）、食管、气管、出入心脏的大血管（除后腔静脉外）、神经（除右肠神经外）、胸导管以及淋巴结等，它们彼此借结缔组织相连。

纵隔在心脏所在的部分，称为心纵隔；在心脏

图 5-11　胸腔横断面（示胸膜、脚膜腔）
1—胸椎；2—肋胸膜；3—纵隔；4—纵隔胸膜；
5—左肺；6—肺胸膜；7—心包胸膜；8—胸膜腔；
9—心包腔；10—心包骨心包韧带；11—心包浆膜脏层；
12—心包浆膜壁层；13—心包纤维层肋骨；14—肋骨；
15—气管；16—食管；17—右肺；18—主动脉

之前和之后的部分，分别称为心前纵隔和心后纵隔。

👆 **学习贴示**

　　胸腔的纵隔，虽然是隔开左、右胸腔的结构，但实物上它是个半透明的膜，是浆膜包着心、食管、大血管等形成的结构。

第二节　呼吸生理

【知识目标】

　　◆ 掌握呼吸、呼吸运动、肺通气、肺换气、气体分压等基本概念。

　　◆ 理解呼吸运动、胸内负压产生、气体交换原理。

　　◆ 掌握气体运输过程氧和二氧化碳的运输和存在方式。

【技能目标】

　　◆ 能在活体听取家畜正常呼吸音、分辨正常呼吸式。

　　◆ 能在活体上测定正常家畜的呼吸数。

【知识回顾】

　　◆ 肋间肌的起止点。

　　◆ 血液的成分。

　　◆ 肺的组织学结构。

　　动物机体在新陈代谢的过程中，不断地消耗氧和营养物质，同时产生二氧化碳、水和其他代谢产物。其中，氧气的吸入、二氧化碳的排出是机体的气体代谢过程。这个过程就是通过呼吸系统的呼吸作用来实现的。

　　呼吸是指机体与外界环境之间的吸入氧气及排出二氧化碳的气体交换过程。呼吸过程由相互连接的三个环节完成：①外呼吸，即肺与外界环境之间的气体交换；②气体在血液的运输，即血液流经肺，在肺内获得氧，并通过循环带给全身的组织，同时把组织产生的二氧化碳运输到肺内排出体外；③内呼吸，即组织细胞与血液之间的气体交换。

　　一、呼吸器官在呼吸中的作用

　　（1）鼻腔作用　鼻腔黏膜有丰富的毛细血管分布并富含有腺体。在吸入空气时能将气体升温并加湿。

　　（2）喉的作用　喉既是发声器官，同时声门裂的存在能阻塞呼吸道，喉还是一个进气的调节器。

　　（3）气管、支气管和小支气管的作用　气管和支气管等处的黏膜为假复层柱状纤毛上皮，并分布有腺体，可分泌黏液，当气体进入后能将尘埃滞留，并借纤毛排出。并且，黏膜下有浆细胞，能产生免疫球蛋白，具有防御功能。气管和支气管平滑肌的收缩与舒张能调节进入肺内气流的大小。

　　（4）肺的作用　肺是气体交换的真正场所，呼吸性细支气管、肺泡管、肺泡囊和肺泡具有气体交换能力。

　　二、呼吸运动

　　在呼吸过程中，外界的气体要先进入肺，然后才能实现肺内气体与毛细血管之间的交换，完成肺的换气。

　　气体进入肺的过程称为肺通气，它是由于呼吸肌的收缩与舒张，引起胸廓的扩大与缩小，肺随之扩大和缩小，导致肺内压和与外界环境压力差而实现的。这种呼吸肌的收缩与舒张运动称为呼吸运动。呼吸运动主要包括吸气过程和呼气过程。

外呼吸其实首先是肺的通气，即气体先从外界进入肺；然后是肺换气即肺泡内的气体透过肺泡周围的结构进入毛细血管内。肺的通气是肺内大气压变小，低于外界气压，气体是被压入肺内的，而肺内的气体在呼吸道内通过时，并没有通过呼吸道黏膜进入血液，而必须经肺泡内才能进入血中。呼吸肌的收缩运动是完成通气的动力。

1. 吸气过程

平静呼吸时，吸气运动由肋间外肌和膈肌收缩来完成的。当肋间外肌收缩时，便引起胸腔两侧壁的肋骨开张，底壁的胸骨稍下降，胸廓的左右径和上下径增大；膈肌收缩，膈顶后移，胸廓前后径增大，肺也随之发生扩张，肺泡内气压会迅速降低，当气压低于外界气压时，空气便由外界经呼吸道进入肺泡。

2. 呼气过程

呼气有两种情况，一是家畜平静时，吸气过程一停止，肋间外肌和膈肌便立即舒张，肋骨靠弹性作用复位，膈肌舒张由圆锥状变成圆顶状，使胸腔和肺得以收缩，肺内气压会迅速上升，当肺内压高于外界气压时，肺泡内的气体便经呼吸道呼出体外。二是家畜剧烈运动或不安静时，伴随着肋间外肌和膈肌的舒张，肋间内肌和腹壁肌群也参与呼气，使胸腔和肺缩得更小内压升得更高，于是呼气比平时更快更多。这种情况下，吸气也会相应加强。

三、呼吸式、呼吸频率、呼吸音

1. 呼吸式

家畜呼吸运动进胸腹壁的运动强度，表现为胸式、腹式、胸腹式三种。

（1）胸式呼吸　呼吸时以肋间肌活动为主，胸壁起伏明显，为胸式呼吸。

（2）腹式呼吸　呼吸时以膈肌活动为主，腹部起伏明显，为腹式呼吸。

（3）胸腹式呼吸　呼吸时肋间肌和膈肌都参与，胸壁和腹壁的运动都明显，为胸腹式呼吸。

健康家畜中除犬外均为胸腹式呼吸。呼吸式常因家畜生理状况和疾病而发生改变。当家畜妊娠后期或腹部脏器发生病变时，常表现胸式呼吸。当胸部脏器发生病变时，常表现为腹式呼吸。因此，观察动物的呼吸方式对临床诊断具有重要的意义。

2. 呼吸频率

健康家畜安静状态下每分钟呼吸的次数为呼吸频率（表5-2）。

表 5-2　各种畜禽的呼吸频率　　　　　　　　次/分

动物	频率	动物	频率	动物	频率
乳牛	18～18	山羊	12～20	兔	36～60
黄牛	10～30	猪	10～24	鸡	15～30
绵羊	9～18	马、驴	8～16	水貂	35～160

呼吸频率因动物种类不同而异，同时还受年龄、外界温度、生理状况、海拔高度、使役以及疾病等因素的影响。如幼年动物呼吸频率比成年的略高；在气温高、寒冷、高海拔、使役等条件下，呼吸频率也会增高；乳牛泌乳高峰期频率会高于平时。因此，诊断中应综合考虑并加以区别。

3. 呼吸音

呼吸运动时，气体通过呼吸道及出入肺泡产生的声音叫呼吸音。在胸廓表面和颈部气管附近，可以听到三种呼吸音。

（1）肺泡呼吸音　类似"f"的延长音，是肺泡扩张时所产生的呼吸音。正常肺泡呼吸音在吸气时能够较清楚听到。

（2）支气管呼吸音 类似"ch"的延长音，是气流通过声门裂引起涡旋产生的呼吸音。在喉头和气管可听到（在呼气时能听到较清楚的支气管音），小动物和很瘦的大动物也可在肺的前部听到。健康动物的肺部一般只能听到肺泡呼吸音。

（3）支气管肺泡音 当肺部发生病变时，会出现各种病理性的呼吸音。是由于肺泡呼吸音和支气管呼吸音混合而成的。任何疾病引发的肺泡呼吸音或支气管呼吸音的减弱，均可产生这种不定性的呼吸音。

学习贴示

呼吸音产生是气体流动过程中有阻力才产生的，根据发生阻力的位置不同分成不同的音。这种音质与进气量及阻力有关。呼吸中，阻力的大小会影响呼吸音的大小，病理条件下呼吸音的改变要考虑这两方面的原因。

四、胸内负压及其意义

胸膜腔内的压力简称为胸内压。实验证明胸膜腔内的压力比大气压低，将大气压规定为零，胸膜腔内压为胸膜腔内负压。胸膜腔内压产生的原因如下。

胸膜腔内压力源于肺的弹性回缩力。胸膜腔是个密闭的腔，腔内没有气体，仅有少量浆液。这一薄层浆液有两方面作用：一是在两层胸膜之间起润滑作用；二是浆液分子有内聚力，可使两层胸膜贴在一起，不易分开。胸膜极薄，两层胸膜紧贴，所以胸膜腔内的压力实际是通过胸膜脏层作用于胸膜腔，胸膜脏层所承受的压力，一是肺泡内压，使肺泡扩张；另一是肺的回缩力，即肺的弹性回缩力和表面张力，使肺泡缩小，因此，胸膜腔内的压力就是这两种作用相反的代数和。可用下面公式表示。

$$胸膜腔内压＝肺内压－肺的回缩力$$

在吸气之末和呼气之末，肺内压等于大气压，故胸膜腔内压＝大气压－肺的回缩力。若以大气压为零，则胸膜腔内压就等于肺的回缩力。

可见，密闭的胸膜腔是产生负压的基础，肺的回缩力是产生负压的直接原因。家畜吸气时，肺回缩力增大，胸膜腔负压也更负；呼气时，肺回缩力减少，胸膜腔的负压也相应减小。当家畜因胸壁受伤而穿透或肺结核穿孔造成胸膜破裂时，胸内负压便随着胸膜腔进气而消失，此时，即使胸腔运动仍在发生，由于肺自身弹性回缩而塌陷，不能随之扩大和缩小，肺通气便不再继续进行。

胸内负压是动物出生后发生和发展起来的。胎儿时期胸腔容积极小，肺内无空气，是实体组织。胎儿出生后胸廓随着新生仔畜躯体伸展而扩大，肺被动牵拉而扩张，空气进入肺，因此产生了肺的回缩力，形成了胸内负压。胸内负压是肺扩张的重要条件，胸内负压对胸腔的其他器官有明显的影响。如吸气时，胸内压降得更低，引起腔静脉和胸导管扩张，促进静脉中的血和淋巴回流。胸内负压还可使胸部食管扩张，食管内压下降，因此有利于动物的呕吐和反刍动物的逆呕。

知识链接

呼吸系统常用术语
① 平静呼吸时呼出或吸入气体的量称为潮气量。
② 在平静吸气后如再尽力的吸气，能够吸入的最大气量称为补吸气量。
③ 在平静呼气后能够呼出的最大气体量为补呼气量。
④ 补吸气量、补呼气量和潮气量总和为肺活量。
⑤ 在最大的呼气后，肺内残留的气体量为余气量。
⑥ 肺活量与肺余气量总和为，肺的总容量。
这些基本概念是国家执业兽医师考点范畴。

五、气体交换

整个呼吸过程中，气体交换过程包括肺内气体与肺周围毛细血管血液中气体交换；组织间毛细血管血液与组织细胞内的气体交换两个过程。

（一）气体交换的原理

气体交换主要靠气体的扩散，气体扩散主要取决于交换的两个界面两侧气体分压差。气体分压差是气体交换的动力。这里所说的气体分压是指混合气体中，每种气体分子所占有的份额，如空气中氧、二氧化碳等，它们的总压是760mmHg，其中氧气占了20.9%，它的分压就是159mmHg。气体分子总是从高分压向低分压处扩散。

（二）肺内的气体交换（也称肺换气）

肺换气是气体在肺泡与血液间交换，是通过肺泡壁和血管壁来实现的。电镜下从肺泡到毛细血管，气体需要通过毛细血管内皮层、基膜层、由弹性纤维和胶原纤维构成的间隙、肺泡上皮细胞、液体层和单分子的表面活性物质。这些结构称之为呼吸膜（图5-12）。

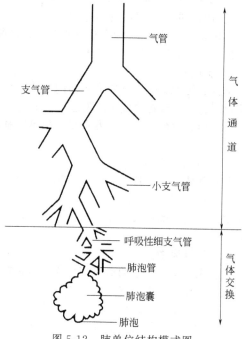

图 5-12　肺单位结构模式图

呼吸膜极薄，气体极易通过。O_2 和 CO_2 分子极易透过。呼吸膜两侧的氧分压值和二氧化碳分压值分别存在分压差，即肺泡一侧的 O_2 分压（13.83kPa）高于血液一侧的 O_2 分压（5.32kPa），而血液一侧的 CO_2 分压（6.12kPa）高于肺泡一侧的 CO_2 分压（5.32kPa），于是，肺泡中的 O_2 向肺毛细血管扩散，肺毛细血管中的 CO_2 向肺泡腔扩散。肺换气的主要结果是肺毛细血管血液发生了气体成分改变，即血液中氧气得以补充，二氧化碳气体得以排出。通过肺换气过程，血液中的二氧化碳减少，氧气增多，静脉血就变成了动脉血。

> **学习贴示**
>
> 这里所说的动脉血和静脉血的区分不是以血管区分也不是以营养来区分，主要是以血液中含氧量来区分的。含氧量高，血红蛋白与氧结合得多，血液呈鲜红色；反之，血液呈暗红色。

（三）组织换气

气体在血液与组织细胞之间交换，是通过气体分子通透膜进行的，这种通透膜很薄，O_2 和 CO_2 也极易通过。通透膜两侧分别存在氧分压差和二氧化碳分压差，即血液侧的 PO_2（13.3kPa）高于组织中的 PO_2（5.32kPa），而组织中的 PCO_2（6.12kPa）高于血液侧的 PCO_2（5.32kPa），于是血液中的 O_2 向组织中扩散，组织中的 CO_2 向血液中扩散。组织换气的结果是组织细胞浆中发生了气体成分改变，即细胞浆中得到了氧的供应，二氧化碳废气得以排出，这种改变是组织细胞新陈代谢的必要保障。因此组织换气（内呼吸）环节是整个呼吸的核心，组织换气若发生障碍，必将导致窒息，引起畜体死亡。

（四）影响气体交换的因素

1. 肺泡膜的有效交换面积

单位时间内气体的扩散量与扩散面积成正比。即参与气体交换的肺泡的面积越大，肺的换气量就越大。如在运动时肺毛细血管开放数量多，参与换气的有效面积增加，气体扩散量也增加。在肺气肿、肺不扩张和毛细血管栓塞等疾病时，呼吸膜面积会减小，从而影响肺换气。

2. 肺泡膜呼吸膜的通透性

气体的扩散与呼吸膜的通透性成正相关。正常时呼吸膜总厚度约 $0.5\mu m$，个别仅有 $0.2\mu m$，通透性极大，O_2 和 CO_2 分子极易通过。但动物患有肺炎或肺水肿时，呼吸膜厚度显著增厚，造成气体分子扩散速率降低，影响肺换气。

3. 肺血流量

肺内的气体是依靠血液来运输的，所以肺内气体的交换量还取决于肺循环血量。单位时间内血流量越大，则带走的气体的量就越大。反之，如果血流量减少，其他条件不变，肺的换气量也会减少。如病理情况下，心力衰竭、肺循环血量少，肺换气量低或全身血液减慢，都能引起肺的换气障碍。

4. 气体的溶解度

某一气体分压差越大，气体扩散的就越快，但气体分压受到气体在血液中的溶解情况的影响。气体的扩散速度与溶解度成正比，与分子量平方根成反比。因此，二氧化碳在血中的溶解度大于氧气，其扩散速度要比氧的快。所以在气体交换不足时，缺氧表现明显，而二氧化碳潴留不明显。

六、气体运输

气体主要是血液中的血红蛋白来进行运输的。

气体运输过程中，首先气体要进入血液中，而气体在血液中的存在形式有两种，一种是物理溶解，另一种是化学结合。其中直接溶解在血浆中的是一小部分，大部分气体都是以化学结合的方式存在的。但气体进入血液后先进行物理溶解存在于血浆中，然后才能以化学结合形式存在。同样，气体要离开血液，也要从化学结合状态变成物理溶解状态才能离开。因此，气体在血液中的溶解状态和结合状态往往是保持相对平衡的。

（一）氧的运输

血液中的氧一部分溶解在血浆中，其中大部分要与红细胞内的血红蛋白（Hb）结合，占 98.4%，溶解 O_2 很少，只占 1.6%。氧气是由红细胞来运输的。因为红细胞内的血红蛋白能结合气体，既能结合氧，也能结合二氧化碳。1 分子血红蛋白可与 4 分子气体结合，氧气在血液中以氧合血红蛋白的形式运输。

血红蛋白结合氧还是和氧分离，取决于氧分压的高低。血液流经肺部毛细血管时，肺内氧通过呼吸膜进入血液，血液中氧分压高，血红蛋白就结合氧。而当血液流经组织时，因为组织细胞不断地消耗氧气，氧分压低，则氧气就从血红蛋白中分离出来，进入组织细胞内。

血红蛋白结合了氧被称为氧合血红蛋白（HbO_2），而与氧分离后，被称为还原血红蛋白。二者的颜色不同，氧合血红蛋白呈鲜红色，而还原血红蛋白呈暗蓝色。因此，动脉血呈鲜红色，而静脉血是暗红色的。

（二）二氧化碳的运输

血液中物理溶解的 CO_2 占总运输量的 5%～6%，化学结合的占 94%～95%。其化学结合的二氧化碳主要有两种方式：一是形成碳酸氢盐形式存在；二是与红细胞内的血红蛋白结合形成氨基甲酸血红蛋白。

1. 碳酸氢盐结合与分离

CO_2 由组织换气后扩散进入血液，只有少量溶解于血浆，并与水结合生成碳酸。随着进入血浆的 CO_2 增多，PCO_2 随之升高，大部分都进入红细胞内。在红细胞内，碳酸酐酶可使 CO_2 与 H_2O 生成碳酸。红细胞内生成的碳酸迅速电解，成为 H^+ 和 HCO_3^-。

在细胞中，由于组织缺氧，血红蛋白释放氧变成还原血红蛋白。在红细胞内氧合血红蛋白和还原血红蛋白都能与血中的 K^+ 形成盐。血中的 HCO_3^- 增多，碳酸酸性强于还原血红蛋白，使得 K^+ 与碳酸形成了 $KHCO_3$。这样，还原血红蛋白的 K^+ 被夺走，血中多出了还原血红蛋白。

在血浆中，由于 CO_2 不断进入，离解生成的 HCO_3^- 在红细胞中的浓度升高，大于血浆中 HCO_3^- 的浓度时，HCO_3^- 即由红细胞向血浆扩散，并与血浆 Na^+ 形成 $NaHCO_3$，随着血液流动被运输到了肺。

在肺内，肺周围的氧分压高，红细胞中的血红蛋白结合氧形成大量的氧合血红蛋白。由于氧合血红蛋白夺回了 $KHCO_3$ 中的 K^+，形成氧合血红蛋白钾盐（$KHbO_2$），红细胞内将多余出大量的 H_2CO_3，H_2CO_3 在红细胞内碳酸酐酶的作用下分解生成了水和 CO_2，由于肺内的二氧化碳分压低，CO_2 就离开红细胞进入血浆，通过呼吸膜进入了肺，而被呼了出去。这样，红细胞中 HCO_3^- 不断地被消耗，血浆中不断有 HCO_3^- 进入红细胞内转变成 CO_2 被排出。

学习贴示

在血中其实以 $NaHCO_3$ 的形式存在于血浆中并被运输的，最后 $NaHCO_3$ 中的 HCO_3^- 要转变成 CO_2 被呼出。

大部分二氧化碳进入红细胞内最后形成的是 HCO_3^-，进入的二氧化碳越多，红细胞中 HCO_3^- 就越多，超过血浆中的 HCO_3^- 后，HCO_3^- 就进入了血浆，并与血浆中的钠离子生成 $NaHCO_3$，并以这种形式在血中运输。红细胞中富含 K^+，而血浆中的 Na^+ 不能进入红细胞中，因为红细胞膜具有选择通透性。红细胞中的 HCO_3^- 形成 $KHCO_3$。在 CO_2 被排出的过程中，主要是 HCO_3^- 在血浆与红细胞内来回移动。当血流经 CO_2 高的地方，CO_2 进入红细胞生成 HCO_3^-，并在血浆中储存。当血液流经 CO_2 低的地方，HCO_3^- 又重新从血浆中进入红细胞，在红细胞内重新变成了 CO_2，然后离开红细胞，离开血液，被呼了出去。

2. 氨基甲酸血红蛋白结合与分离

红细胞中的部分 CO_2 可直接与 Hb 的氨基结合，生成氨基甲酸血红蛋白（HbNHCOOH）。这个反应不需要酶的催化，是可逆反应。氨基甲酸血红蛋白与 CO_2 是结合还是分离取决于气体分压差的大小。在组织毛细血管内，CO_2 与 Hb 结合形成 HbNHCOOH，血液流经肺，在肺毛细血管处，肺内的分压低，CO_2 从 HbNHCOOH 中分离，并扩散到肺泡中，最后被呼出体外。

学习贴示

红细胞对气体的运输，表现为其既能和 O_2 结合也能和 CO_2 结合，也能携带其他气体。比如一氧化碳中毒，就是红细胞中的血红蛋白和一氧化碳结合了。呼吸里说的气体运输指的是对氧和二氧化碳的运输。

七、呼吸运动的调节

（一）神经调节

在中枢神经系统内有许多调节呼吸的细胞群，其中包括大脑皮质、间脑、脑桥、延髓和脊髓，最基本的中枢在延髓。延髓呼吸中枢分为吸气中枢和呼气中枢，两者之间存在交互抑制关系，即吸气中枢兴奋时，呼气中枢抑制，引起吸气运动；呼气中枢兴奋时，吸气中枢则抑制，引起呼气运动。

虽然延髓呼吸中枢能调节呼吸，有自动节律，但其还受到高级中枢的控制，以使机体内的呼吸更加适宜机体的需要。能调节延髓的高级中枢在脑桥。

脑桥中的调整中枢对延髓的呼吸中枢有调整作用。这个过程是一个负反馈过程。当血中二氧化碳多时，延髓的吸气中枢兴奋，发出信号使膈神经兴奋，吸气肌收缩，吸气加强；同时也发信号给脑桥，使脑桥调节中枢兴奋并发出信号，由脑桥发出的信号传到长吸中枢和呼气中枢，抑制长吸中枢而兴奋呼气中枢，使吸气停下来开始呼气，使得吸气中枢对吸气肌的控制信号减弱，吸气会停止，使得呼吸有一定的节律性。

总之，家畜的正常呼吸是延髓呼吸中枢调节的结果，但其兴奋性受到迷走神经传入纤维和脑桥调节中枢的影响。

（二）体液调节

呼吸的体液调节是指呼吸过程中，血液中的 O_2、CO_2 及氢离子浓度的改变引起机体内的一些化学性感受器受到刺激，从而对呼吸运动进行调节的过程。

存在于机体内能感受 O_2、CO_2 及氢离子浓度变化的感受器有两种：一是外周感受器，在颈动脉体和主动脉弓处，它能感受 O_2、CO_2 及氢离子浓度变化；二是中枢感受器，位于延髓腹外侧浅表部分，它能感受氢离子浓度的变化。各种物质变化对呼吸的主要影响如下。

1. CO_2 浓度

正常血液中的 CO_2 能刺激呼吸中枢的兴奋。当 CO_2 浓度升高时，呼吸运动增强，反之减弱，甚至使呼吸暂时停止。

2. 缺氧

缺氧对延髓呼吸中枢无直接兴奋作用，但它可刺激颈动脉体和主动脉弓感受器，反射性地引起呼吸运动增强。

3. 酸碱度

当血液酸度增高时，可使呼吸中枢兴奋性升高，使呼吸运动增强；相反，血液中碱度增高时，可抑制呼吸中枢，使呼吸运动减弱。

八、呼吸运动的反射性调节

1. 肺牵张反射

在肺泡壁上存在着肺的牵拉感受器，当肺因吸气而扩张时，肺泡壁和呼吸道的平滑肌上牵张感受器受到刺激而产生兴奋，冲动沿迷走神经传入延髓的呼吸中枢，引起呼气中枢兴奋，同时吸气中枢抑制，从而停止吸气而产生呼气；呼气之后，肺泡缩小，不再刺激肺泡壁上牵张感受器，呼气中枢转为抑制，于是又开始吸气。吸气运动之后，又是呼气运动，如此循环往复，形成了节律性的呼吸运动，上述过程称为肺牵张反射。

2. 防御性反射

鼻腔、喉、气管和支气管的黏膜上有防御性感受器，对机械刺激和化学刺激很敏感。鼻黏膜上也有敏感的感受器，刺激物作用于鼻黏膜时而产生兴奋，冲动沿三叉神经传入延髓，触发一系列反射，这种过程称为喷嚏反射。当咽、喉等受炎性分泌物等化学性刺激时，产生冲动通过迷走神经传入延髓，触发一系列反射，这种过程称为咳嗽反射。咳嗽反射和喷嚏反射均属于防御性反射。

第六章　泌尿系统

泌尿系统（图 6-1）由肾、输尿管、膀胱和尿道组成。肾是生成尿液的器官，输尿管是输送尿液到膀胱内的肌性管道，膀胱是暂时性储存尿液的器官，尿道是尿液排出的通道。

第一节　泌尿器官

一、肾

（一）肾脏的形态、位置

肾呈豆形，是成对的实质性器官，左、右各一，新鲜时呈红褐色。位于最后几个胸椎和前 3 个腰椎的腹侧，末肋与腰椎腹侧面，在腹主动脉和后腔静脉两侧。不同家畜位置稍有不同。

（二）肾的一般性结构

肾的形态随家畜的种类不同而不同，但其基本结构却相同。肾的表面包有纤维膜，称为被膜，在正常情况下容易剥离。肾营养良好的家畜肾周围包有脂肪，称为肾脂肪囊。肾的内侧缘中部凹陷为肾门，是肾的血管、淋巴管、神经和输尿管进出之部位。肾门深入肾内部分形成肾窦，肾窦是由肾实质围成的腔隙。

肾属于实质性器官，符合实质性器官的结构特点。肾表面的被膜伸入肾实质内将肾分隔成许多的肾叶。从肾的正中纵切面上看，每个肾叶的外周为暗红色的称为皮质，深部色较淡，称为髓质。髓质一般呈锥体状，称为肾锥体。锥体的底部宽大，与皮质相连，锥尖常游离，形成肾乳头。

因动物的种类不同，肾叶的愈合程度不同，我们常将动物肾分为三个类型。

① 有沟多乳肾：仅肾叶中间部分合并，肾表面有沟，内部有分离的乳头，肾盏与肾乳头相对。

② 平滑多乳头肾：肾叶的皮质部完全合并，内部仍有单独存在的乳头，但乳头仍单独存在。

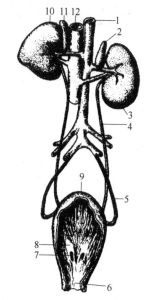

图 6-1　马的泌尿系统（腹侧面）

1—腹主动脉；2—左肾上腺；
3—左肾；4—输尿管；5—膀胱圆
韧带；6—膀胱颈；7—输尿管口；
8—输尿管柱；9—膀胱；10—右肾；
11—右肾上腺；12—后腔静脉

③ 平滑单乳头肾：肾叶的皮质部和髓质部完全合并，肾乳头也连成嵴状。

学习贴示

　　肾盏和肾盂及输尿管、膀胱、尿道一样是尿的排出管道。其组织学结构与输尿管一样，具有腔性器官的特点。但肾盂和肾盏的黏膜下没有黏膜下层，肌层是平滑肌。

　　肾盏和肾盂是输尿管前端的膨大部分。猪的肾与肾乳头相对呈漏斗状，称小盏；牛肾有肾小盏和肾大盏之分，肾小盏一头与肾乳头相对，另一端汇成两条大的集收管，即称为肾大盏。牛和羊的肾内里由于肾乳头愈合成总乳头而与之相对，称为肾盂。对肾乳头的理解详见肾的组织学结构。

　　1. 牛的肾

　　牛的肾（图 6-2）为有沟多乳头肾。牛的右肾呈长椭圆形，上下稍扁，位于第 12 肋间隙至第 2 或第 3 腰椎横突的腹侧。左肾的形状与位置都比较特殊，呈三棱形，前端较小，后端大而钝圆。左肾位置不固定，常受瘤胃影响，当瘤胃充满时，左肾移向后方，横过体正中线到右侧，位于右肾的后下方，瘤胃空虚时，则左肾的一部分仍位于左侧。肾叶大部分融合在一起，只有表面融合不全，表面有许多沟。

　　输尿管的起始端在肾窦内形成前、后两条集收管。每条集收管又分出许多分支，分支的末端膨大形成肾小盏，每个肾小盏包围着一个肾乳头（图 6-3）。

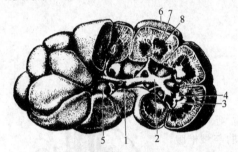

图 6-2　牛肾部分剖开

1—输尿管；2—集收管；3—肾乳头；4—肾小盏；5—肾窦；
6—纤维膜；7—皮质；8—髓质

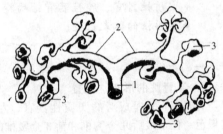

图 6-3　牛的输尿管起始部集收管
和肾小盏的铸型

1—输尿管；2—集收管；3—肾小盏

　　2. 猪的肾

　　猪肾（图 6-4）为平滑多乳头肾。猪的左、右肾均呈豆状，较长扁。两肾位置对称，均在最后胸椎及前 3 腰椎腹面两侧。右肾前端不与肝相接。肾叶的皮质部完全融合，而髓质部是分开的。每个肾乳头均与一肾小盏相对。肾小盏汇入两个肾大盏，肾大盏汇于肾盂，肾盂延接输尿管。

　　3. 羊的肾

　　羊肾为平滑单乳头肾。两肾均呈豆形（彩图 16），位置与牛相似。肾门在内侧缘中部。具有肾总乳头，突入肾盂内。

　　4. 马的肾

　　马肾（图 6-5）为平滑单乳头肾。右肾略大，呈钝角的三角形。位于最后 2、3 肋骨椎骨端及第 1 腰椎横突的腹面。前端与肝相接，在肝上形成明显的肾压迹。

　　左肾呈豆形，位置偏后，位于最后肋骨和前 2 个或 3 个腰椎横突的腹侧。肾门位于肾内侧缘中。肾乳头融合成嵴状的肾总乳头，突入肾盂中。马的肾盂呈漏斗状，中部宽阔，直接接输尿管。

学习贴示

　　牛肾无盏无盂，马肾有盂无盏，猪肾有盏有盂。盏和盂可以理解为容器。

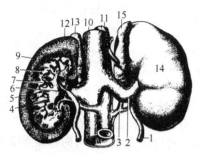

图 6-4 猪肾（腹侧面，右肾剖开）

1—左输尿管；2—肾静脉；3—肾动脉；
4—肾大盏；5—肾小盏；6—肾盂；
7—肾乳头；8—髓质；9—皮质；
10—后腔静脉；11—腹主动脉；
12—右肾；13—右肾上腺；
14—左肾；15—左肾上腺

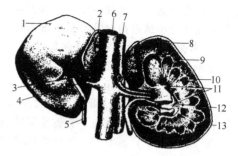

图 6-5 马肾（腹侧面，左肾剖开）

1—右肾；2—右肾上腺；3—肾动脉；
4—肾静脉；5—输尿管；6—后腔静脉；
7—腹主动脉；8—左肾；9—皮质；
10—髓质；11—肾总乳头；
12—肾盂；13—弓状血管

（三）肾组织学结构

被膜包在肾的外面，有两层结构，外层为含胶原纤维和弹性纤维的致密结缔组织构成，内层由疏松结缔组织构成。

实质由肾小叶构成，每个肾小叶分为表面的皮质部和深层的髓质部。皮质部富有血管，新鲜时呈红色，内有细小红点状颗粒，为肾小体。髓质由许多直行的小管构成并深入皮质内，呈淡红色条纹状。髓质的小管延伸入皮质内的部分称髓放线。在皮质部髓放线之间的部分为皮质迷路。每个肾叶的髓质部均呈圆锥形，称肾锥体。肾锥体的底较宽大，并稍向外凸与皮质相连，但与皮质分界不清。肾锥体的顶部钝圆称肾乳头，与肾盏或肾盂相对。

肾由许多泌尿小管组成，小管间夹杂有间质和丰富的血管。泌尿小管包括肾单位和集合管系两部分。

1. 肾单位

肾单位是肾的结构和功能单位，其数量随动物种类不同而不同。牛有 800 万个；兔只有 20 万个。但每个肾单位都是由肾小体、近曲小管、细段和远曲小管组成（图 6-6）。

（1）肾小体　分布于皮质内，是肾单位的起始部，由血管球和肾小囊两部分组成。肾小体的一侧有血管出入，称为血管球的血管极；血管极的对侧为尿极，是肾小囊延接近曲小管的部位。

① 血管球：血管球是由一团毛细血管网盘曲而成的，包裹在肾小囊内，为一过滤装置。

肾动脉在肾内反复分支形成入球小动脉。入球小动脉在肾小体内分成数个小支，每个小支再分成许多毛细血管襻。这些毛细血管呈分叶状，称毛细血管小叶，小叶的毛细血管集合成数支小动脉，后再与其他小动脉汇入成为一支出球小动脉，从肾小体的血管极离开肾小球。血管球内的毛细血管的内皮细胞上有许多小孔，这些孔有利于过滤，但血液中的大分子蛋白和血细胞不能

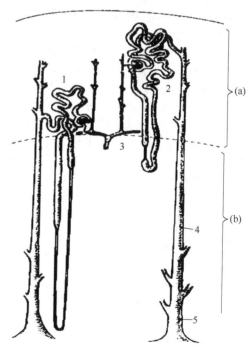

图 6-6 肾单位在肾叶内分布示意图

（a）皮质；（b）髓质

1—髓旁肾单位；2—皮质肾单位；3—弓形动脉及小叶间动脉；4—集合小管；5—乳头管

通过。入球小动脉的管径较出球小动脉粗大，当血液流过肾小球时，毛细血管血压较高，以利血液中的物质从肾小球毛细血管滤出，进入肾小囊形成原尿。

②肾小囊：肾小囊是肾小管起始端膨大凹陷形成的杯状囊，囊内容纳血管球。小囊囊壁有两层，由单层扁平细胞构成，两层间有狭窄的腔隙，为肾小囊腔，囊腔内含原尿。

（2）肾小管　肾小管起始于肾小囊，末端连接集合管。依次为近曲小管、细段和远曲小管。

①近曲小管：连接肾小囊，它是肾小管最长、最弯曲的一段，围绕在肾小体尿极，末端变直，沿髓放线进入髓质。近曲小管的重吸收功能非常强大，当原尿流经近曲小管时，85%以上的水分、全部的糖类、氨基酸及大部分无机盐离子都被重吸收。近曲小管上皮还可向管腔分泌一些物质，如肌酐、马尿酸等。

②细段：是直行的小管，管径最细。细段的上皮薄，有利于水分子与离子的透过，主要重吸收水，使尿变浓缩。细段在髓质内折转成袢，称髓袢，呈"U"形。

③远曲小管：较短，分布在肾小体附近，管径较近曲小管细，但管腔大而明显。远曲小管的作用主要是重吸收水分和钠，还可排钾。

2. 集合管系

集合管系包括弓形集合管、直集合管和乳头管。弓形集合管与远曲小管相连，呈弓形，在皮质迷路处弯至髓放线转入直集合管。直集合管可接若干个肾单位，构成髓放线的轴心，由皮质向髓质下行，沿途与其他直集合管汇合，在肾乳头处移行为较大的乳头管。乳头管是位于肾乳头部较粗的排尿管，由集合管汇集而成。

学习贴示

根据肾单位形态结构及在皮质内分布位置不同，常把肾单位分为皮质肾单位和髓旁肾单位。皮质肾单位肾小体主要分布于皮质的浅层，这种肾单位的髓袢短；另一种肾单位是髓旁肾单位，肾小体位于皮质的深部，有的可到肾乳头部，细段长，折转处多位于细段上部。长的髓袢对尿的浓缩有意义。

肾的皮质就是由这些肾单位（含有肾小球）构成，因此皮质呈红色。而髓质部分主要是由肾单位的肾小管和集合管系组成，因此看起来呈放射状。皮质内有集合管伸入其中，被称为髓放线。而髓放线之间有皮质肾小体和肾小管伸入，称皮质迷路。所说的肾乳头，其实是集合管最末端的乳头管集合而成的。单乳头肾就是所有的乳头管都集合在一起形成一个乳头来回收尿液；而多乳头肾就是乳头管分别集合成几个乳头来收集尿液。肾盂和肾盏则是在肾的乳头下面盛接从乳头内流出的尿液"容器"，如果是多乳头的，可能需要几个肾盏来收集尿最后汇入肾盂中。如果是一个肾乳头的肾就不需要肾盏，直接接肾盂，然后输入输尿管进入膀胱就可以了。

知识链接

肾的血液循环

肾动脉进入肾后会分支行走于肾锥体之间，变成叶间动脉，当肾叶动脉行走到肾皮质与髓质分界处时，与肾表面平行直向呈弓形，称为弓形动脉。弓形动脉会发出许多分支，其中发出垂直于肾表面的称小叶间动脉，小叶间动脉从皮质迷路之间行走，到肾表面供给被膜营养。在小叶间动脉由皮质和髓质间行走到肾表面沿途中会发出许多入球小动脉进入肾小球。这些入球小动脉再汇集成出球小动脉。

皮质肾单位的出球小动脉离开肾小体后会汇成皮质毛细血管网，分布在皮质的肾小管周围；在髓质肾单位的出球小动脉离开肾小体后汇集走向髓质内。

在髓质内，存在由弓形小动脉和小叶间动脉直接分支的血管，称直小动脉，它们形成毛细血管网，直接分布在髓质内各段的小管壁之间。这些毛细血管与髓质内小管间进行物质交换变成直小静脉，行走于髓质内。

被膜处的毛细血管网在被膜下汇集成了星形的静脉，星形静脉进入皮质后，汇入与叶间动脉伴行的叶间静脉内而回流。

直小动脉汇集成直小静脉，同小叶间静脉一起流入到与弓形动脉一起并行的弓形静脉内。弓形静脉汇合成叶间静脉。叶间静脉是和肾动脉并行的，是把肾过滤完的血液运出肾的血管。

学习贴示

肾的组织学结构中，从肾过滤的大部分血液还要从肾小管及集合管重新回到血中。血管分布是生成尿液相关的重要结构。（可在肾组织学结构图内绘制血管走向图，更易于理解。）

从肾门进入肾的血管是由腹主动脉直接分支来的肾动脉，而在肾内过滤完的血液从肾门出肾的静脉是肾静脉，它由肾动脉在肾内分支后至毛细血管汇集形成的静脉。肾的功能性循环和营养性循环是同一个循环路径，和肺不一样。

3. 肾小球旁器

肾小球旁器是指位于肾小体和肾小体的血管球血管极附近的一些结构的总称。

（1）球旁细胞　在入球小动脉近肾小囊处的管壁平滑肌变异为上皮样细胞。此细胞内含有一些分泌颗粒。在颗粒内含有肾素。

（2）致密斑　在远曲小管近肾小体一侧的管壁内上皮细胞变成了高柱状，称为致密斑。这个位置的细胞能感受尿液中钠离子的含量，对球旁器细胞的肾素分泌起调节作用，从而调节尿液的生成。

（3）球外系膜细胞　位于肾小体血管极的三角区内。细胞内也有分泌颗粒，功能与球旁细胞相似。

学习贴示

肾素是一种蛋白酶，能使血浆中的血管紧张素原转变为血管紧张素，然后能引起血管壁平滑肌收缩，使血压升高，增加肾小球的有效滤过压。血管紧张素还可刺激肾上腺皮质分泌醛固酮，使肾小体远端小管重吸收钠和水的能力加强。

二、输尿管、膀胱、尿道

（一）输尿管

1. 输尿管形态、位置

输尿管是一对细长的肌膜性的管道，它起于肾门处的集收管（牛）或肾盂（马、猪、羊），出肾门后，沿腹腔顶壁向后延伸（左侧输尿管在腹主动脉的外侧，右侧输尿管在后腔静脉的外侧），横过髂内动脉的腹侧进入骨盆腔。母畜在生殖褶中（公畜）或沿子宫阔韧带背缘（母畜）向后达膀胱颈的背侧斜穿膀胱壁并在壁内延伸数厘米，然后开口于膀胱附近的黏膜上，这种斜穿可防止尿液回渗。

牛、羊、猪、马输尿管走向相似，只是牛的左侧输尿管由于左肾位置特殊，常靠右侧，以后逐渐移向左侧，向后通入膀胱。而猪的输尿管在形态上比较特殊，起始部管径较大，向后逐渐变小，而且稍弯曲。

2. 输尿管结构

输尿管是腔性器官，其管壁由黏膜、肌层和外膜构成。黏膜有纵行皱褶，使管腔横断后呈星状。黏膜上皮为变异上皮，黏膜的固有膜内含有管泡状黏液腺；肌层较发达，由平滑肌构成，可分为内纵行，中环行和薄而分散的外纵行肌层；外膜大部分为浆膜，靠近肾的一段由疏松结缔组织构成。

（二）膀胱

1. 膀胱形态

膀胱由于储存的尿液量不同，其形状、大小和位置亦有变化。膀胱空虚时，呈梨状，牛、马的膀胱约拳头大，位于骨盆腔内。充满尿液的膀胱，前端可突入腹腔内。公畜膀胱的背侧与直肠、尿生殖褶、输精管末端、精囊腺和前列腺相接。母畜膀胱的背侧与子宫及阴道相接。

膀胱可分为膀胱顶、膀胱体和膀胱颈。输尿管斜穿膀胱壁，并在壁内斜行一段，再开口于膀胱颈的背侧壁，以防止尿液自膀胱向输尿管逆流。膀胱颈延接尿道（图6-7）。

2. 膀胱的位置

膀胱位置由膀胱外的浆膜形成三个浆膜性的韧带来固定。

膀胱背侧的浆膜，母畜折转到子宫上，公畜折转到生殖褶上。而膀胱腹侧的浆膜褶沿正中面与盆腔底壁相连，形成的是膀胱中韧带。其两侧的浆膜与盆腔侧壁相连形成膀胱侧韧带。

在膀胱侧韧带的游离缘内含有一索状物，称为膀胱圆韧带，是胎儿时期的脐动脉的遗迹。

3. 膀胱壁结构

膀胱属于腔性器官，由黏膜、肌层和外膜构成。

（1）黏膜　膀胱黏膜属于变异上皮，固有膜内有淋巴小结分布。黏膜在表面形成不规则的皱褶，可随膀胱体积的变化而变化。

（2）肌层　为平滑肌，其分层不规则，一般可分为内纵肌、中环肌和外纵肌，以中环肌最厚，在膀胱颈部环行肌层形成膀胱括约肌。

（3）外膜　随部位不同而异。见膀胱的位置固定。膀胱后部由疏松结缔组织与周围器官联系，结缔组织内常有多量脂肪。

（三）尿道

内容见生殖系统。

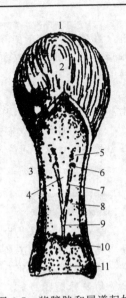

图6-7　猪膀胱和尿道起始部（从腹侧剖开）

1—膀胱顶；2—膀胱体；3—膀胱颈；4—膀胱三角；5—输尿管柱；6—输尿管口；7—输尿管襞；8—尿道内口；9—尿道嵴；10—精阜；11—雄性尿道

第二节　泌尿生理

【知识目标】
◆ 了解尿液的成分及性质。
◆ 掌握有效滤过压形成及原尿与血液间的成分的区别。
◆ 掌握终尿生成过程中肾小管及集合管的作用及终尿和血液间成分的区别。
◆ 理解影响尿液生成的因素及原理。

【技能目标】
◆ 能用泌尿生理知识解析临床上多尿、无尿和少尿的可能原因。

【知识回顾】
◆ 肾的组织学结构。
◆ 血液成分、渗透压、血浆胶体渗透压、血浆晶体渗透压的概念。
◆ 细胞膜的物质转运功能（主动转运、被动转运等）。

机体在代谢过程中不断地将代谢最终产物如尿素、尿酸、肌酐、水、二氧化碳及电解质等对自身无用或有害的物质排出体外，否则这些物质在机体内聚积会影响机体的正常生理活动，甚至会对生命安全造成危害。所谓排泄，是指机体在新陈代谢过程中产生的代谢终产物以及多余的水分和进入体内的异物（药物）由排泄器官排出体外的过程。机体参与排泄的器官有肺、皮肤、肝脏、肠和肾脏。肺以呼吸的形式排出二氧化碳；皮肤以汗液的形式排出代谢产物；而肝脏则将胆汁排入肠管，随肠管内的粪便排出废物；肾则以尿的形式将机体的水分及水中的废物排出体外。这些排泄器官中，肾的排泄的量最大，且排泄物的种类也最多。

一、尿的成分和理化性质

1. 尿的成分

家畜尿中绝大部分是水，占 96%～97%，而固体物为 3%～4%。固体物包括有机物和无机物两部分。有机物大部分是尿素，还有尿酸、肌酐、马尿酸、嘌呤碱等，这些都是蛋白质和核酸的代谢终产物。还有少量尿胆素、尿色素、某些激素、维生素和酶等。无机物主要是钠、钙、镁的氯化物，还有硫酸盐、磷酸盐和碳酸氢盐等。

2. 尿的理化性质

（1）色泽　家畜尿的颜色，因畜种、饲料种类、饮水量多少和使役程度等情况不同而变化很大。但一般由淡黄色、黄色至暗褐色，尿颜色的深浅主要取决于红细胞破坏后的胆色素的代谢（详见第八章红细胞的破坏）情况。尿量也影响尿的颜色。一般草食兽的尿多呈淡黄色，猪尿呈透明水样。家畜在排出尿液后，由于尿色素原被氧化，使尿的颜色要深些。

（2）透明度　尿的透明度常因家畜种类不同而异。多数家畜刚排出的尿一般为水样、透明、不混浊、无沉淀。但马属动物的尿，因其中含有大量碳酸钙、不溶性磷酸盐及黏性物质而常混浊、不透明，有时带有黏浆样细长的丝缕。当静置时，尿的表面可形成一层明亮的碳酸钙薄膜，其底层出现黄色沉淀。

（3）酸碱度　在正常情况下，尿的酸碱度由动物种类、饲料的性质和使役情况决定的。草食动物的尿一般呈碱性；肉食动物的则为酸性；杂食动物的有时呈酸性，有时呈碱性，这与它们采食的饲料种类有关。

（4）尿量　尿量取决于进食量、饲料的性质、饮水量等因素。一般来讲各种家畜每昼夜排尿量为牛 6～14L，猪 2～4L，羊 1～1.5L，马 3～8L。

尿来自于血液，因此，尿的理化性质和化学组成的变化不仅反映泌尿系统的功能状态，而且在一定程度上也代表体内物质代谢情况和全身功能活动状态。因此，检测尿液是改善饲养管理和诊断某些疾病的依据和手段。

二、尿的生成过程

肾脏生成尿液包括，一是肾小球的滤过作用，二是肾小管和集合管的重吸收、分泌、排泄作用。

学习贴示

尿的形成过程中，肾小球毛细血管像一个筛子一样将血液过滤一次，然后，当这部分液体（原尿）流经肾小管、集合管时，由管壁上的上皮细胞将水分、营养物质等经上皮细胞膜转运后回到肾小管和集合管周围的毛细血管内，这些物质又重新回到血液。同时，上皮细胞还能将身体内部分代谢产物和一些不能滤过的物质直接分泌到小管腔内，最后从集合管末端（乳头管）流出的液体就是尿（终尿）。

（一）肾小球的滤过作用（原尿的生成）

当血液流经肾小球时，血液中的成分除血细胞和大分子的蛋白质外，其余的物质都能透过肾小球的滤过膜而进入肾小囊腔，这种滤过液称为原尿。原尿是一种基本上不含蛋白质的血浆滤过液。

肾小球的滤过作用取决于两个因素：一是肾小球滤过膜的通透性；二是肾小球的有效滤过压。

1. 滤过膜

滤过膜由肾小球毛细血管内皮、紧贴在血管球外的基膜以及肾小囊壁的脏层构成。电镜下观察，最内层是肾小球毛细血管内皮，极薄，内皮细胞之间有许多直径 $50\sim100nm$ 的小孔，可防止血细胞通过，但对血浆蛋白的滤过不起阻留作用；中间层是非细胞结构的基膜，是滤过膜的主要屏障，它由水合凝胶构成的微纤维网状结构，网上有 $4\sim8nm$ 的多角形网孔，网孔的大小决定着有选择性地让一部分溶质通过，而让另一部分不能通过；最外层是肾小囊壁的脏层的上皮细胞，厚 $40nm$，细胞表面有足状突起，突起之间相互交错的形成裂隙，裂隙上有一层滤过裂隙膜，膜上有 $4\sim14nm$ 的孔，它是大分子物质滤过的最后一个屏障。由于滤过膜在结构上具有这些特点，所以使它有很大的通透性。据测定，滤过膜的通透性比体内其他毛细血管的通透性要大25倍。

另外，三层膜上都覆盖有一层带负电的糖蛋白，能阻止带负电的物质通过，起到一个电化屏障的作用。在病理条件下，引起这层蛋白质膜消失或减少，就会引起血浆中蛋白质的滤过，尿中出现蛋白。

滤过膜的通透性能取决于被滤过物质的分子大小及其所带的电荷。有效半径不足 $2.0nm$ 的中性物质，如葡萄糖，可以自由滤过；有效半径在 $2.0\sim4.2nm$ 的各种物质分子，随着有效半径的增加，被滤出的量逐渐降低；有效半径超过 $4.2nm$ 的大分子物质则不能通过。然而有效半径约为 $3.6nm$ 的血浆白蛋白却很难滤过，这是由于白蛋白带负电荷所致。

> **学习贴示**
>
> 血液滤过后，水、溶于水中的晶体及小分子的白蛋白都可能出现在尿中。原尿与血浆相比，只缺少了大分子蛋白；原尿与血液相比，少了大分子蛋白和血细胞。

2. 有效滤过压

滤过膜两侧的压力差称为有效滤过压。有效滤过压是滤过膜两侧促进滤过和阻止滤过两种力量相互作用的结果（图6-8）。

（1）促进肾小球滤过的压力　肾小球毛细血管的血压。为能保证这种力量，肾小球的入球小动脉要比相对的出球小动脉要粗，使得入球小动脉内的血压相对高，有利于尿液的生成。

（2）阻止肾小球滤过的压力　肾小囊内压和血浆胶体渗透压（详见第八章血液生理）。据测算得到大鼠在肾小球毛细血管内血压一般为 $45mmHg$。入球小动脉端血浆胶体渗透压是 $20mmHg$，到出球端上升为 $35mmHg$，而囊内压一般为 $5\sim10mmHg$。

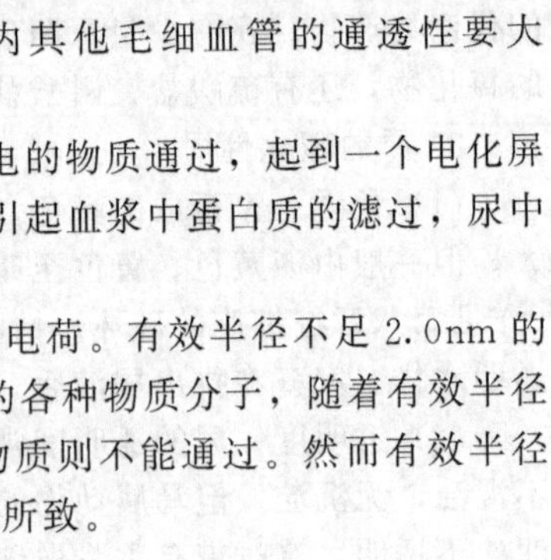

图6-8　有效滤过压示意图
1—入球小动脉；2—滤过膜；3—肾小球毛细血管血压；4—肾小囊腔；5—囊内压；6—血浆胶体渗透压；7—出球小动脉

有效滤过压＝肾小球毛细血管血压－
（肾小囊内压＋血浆胶体渗透压）

入球小动脉端有效滤过压＝$45mmHg-20mmHg-10mmHg=15mmHg$

出球小动脉端有效滤过压＝$45mmHg-35mmHg-10mmHg=0mmHg$

根据资料得知，在正常情况下，肾小球与入球小动脉相接端的有效滤过压为 $2.0kPa$，肾小球与出球小动脉相接端的有效滤过压为 0kPa。因此，原尿的生成是发生在肾小球毛细血管与入球小动脉相接的那部分。

由于有效滤过压的存在及肾小球滤过膜有较大的通透性，因而血浆中一部分水和各种溶质不断透出滤过膜而进入肾小囊。故原尿的生成速度快，数量也大。

（二）肾小管和集合管的重吸收

原尿生成后，原尿沿着肾小管流入集合管，而后进入肾盏或肾盂。在此过程中，原尿中的大部分水和有用物质将全部或部分地被管壁上皮细胞重新吸收而重返血液。与此同时，管壁上皮细胞也向管腔分泌和排泄某些物质。因此，重吸收、分泌和排泄作用将大幅度地改变原尿的质和量。就数量而言，终尿只有原尿的 1/150～1/100，从成分来看，终尿中几乎不含葡萄糖。

1. 重吸收方式

肾小管和集合管的重吸收作用主要有被动和主动运输两种方式。不同部位对物质的吸收能力不同，总的来说近曲小管的重吸收作用最强，原尿中的葡萄糖、氨基酸、小分子蛋白质、钾、无机磷以及大部分水、钠等几乎全部或大部在此被重吸收。髓袢、远曲小管和集合管可不同程度地重吸收水、钠和氯。水的重吸收是被动的，是靠渗透作用而进行的。其他物质的重吸收大部分是靠主动重吸收方式来完成的。

（1）主动重吸收 是小管上皮通过逆着电化梯度将原尿中的液体移到肾小管外的组织间隙中的一个过程，需要消耗能量。如葡萄糖、氨基酸、钠等为这种吸收方式。

（2）被动重吸收 指原尿在小管内的溶质，以被动扩散的方式通过肾小管壁而进入组织间隙的过程。这种转运主要依赖于小管壁两侧溶液的渗透压的差、浓度差、电位差来实现。对于水来说，是靠渗透压差来实现的。而对其他的溶质来说，靠的是浓度差和电位差。

2. 几种物质的重吸收

（1）钠的重吸收 有 99% 是在肾小管近曲小管内以主动转运的方式重吸收的。

（2）氯的重吸收 是在近曲小管内被动重吸收的，是随着钠的重吸收而被动重吸收的。

（3）水分重吸收 原尿中 99% 的水分在近曲小管内重吸收，远曲小管吸收 10%。肾小管对水的吸收有两种方式：一是由于原尿中溶质被吸收而使小管内与组织间隙间的肾渗透压改变，使水向渗透压高的一侧移动；二是随机体内水分的多少而发生转移，如机体缺水，水的重吸收就加强，不缺水，则吸收减少。这种重吸收主要由激素的调节实现。

（4）HCO_3^- 的重吸收 HCO_3^- 存在于血浆中，以 $NaHCO_3$ 的形式存在。血浆经肾小球滤过后，$NaHCO_3$ 分离出 Na^+ 和 HCO_3^-。Na^+ 主动重吸收回血液中，与血液中原有 HCO_3^- 形成了碳酸盐，而余下了 HCO_3^-。肾小管液中的 HCO_3^- 与小管分泌 H^+ 结合形成了碳酸。H_2CO_3 是易分解的，分解成了 CO_2 和 H_2O。由于 CO_2 可直接通过细胞膜进入肾小管的上皮细胞内，在细胞内在酶的作用下 CO_2 和 H_2O 又可生成 H_2CO_3。H_2CO_3 在肾小管上皮细胞内又分解成 HCO_3^- 和 H^+ 离子，与进入的 Na^+ 重新结合成 $NaHCO_3$ 回到了血液中，而小管细胞内多余的 H^+ 被分泌回小管中，完成了对 HCO_3^- 的吸收。

学习贴示

HCO_3^- 的重吸收其实是以 CO_2 的形式被小管内皮细胞吸收的，然后在上皮细胞内变成了 HCO_3^-，被转运回血液的。HCO_3^- 是维持机体酸碱平衡的重要阴离子，因此，肾小管对它的重吸收体现了肾对调节酸碱平衡有一定的作用。

（5）K^+ 的重吸收 K^+ 是在近曲小管内重吸收的。少量的由髓段、远曲小管、集合管吸收。实验观察到，K^+ 的重吸收是逆着电梯度吸收的，因此，是主动重吸收。

（6）葡萄糖的重吸收　原尿中的葡萄糖与血中的葡萄糖相同。但终尿中几乎是没有葡萄糖的。主要是因为葡萄糖几乎都被重吸收了。葡萄糖的重吸收是在近曲小管内被主动重吸收的。但近曲小管对葡萄糖的重吸收有一定量的限定。当原尿中的葡萄糖超过这个量，多余的部分将在终尿中出现，由尿中排出。这个限制值常被称为肾糖阈。

3. 肾小管和集合管的分泌和排泄作用

分泌作用是指肾小管和集合管的上皮细胞通过新陈代谢，将它自身产生的物质（H^+、K^+、NH_3 等）分泌到肾小管管腔的过程。

排泄作用是指肾小管上皮细胞把血液中的某些物质如青霉素、胆色素、肌酐、有机酸等直接排入肾小管管腔的过程。

由于分泌和排泄作用都是肾小管上皮细胞活动的结果，而且分泌物和排泄物也都同时进入肾小管管腔，因此，一般对肾小管的分泌作用和排泄作用不做严格区分，而把两者统称为肾小管的分泌作用。

肾小管上皮细胞的分泌作用是主动活动过程，需要消耗能量。同时，肾小管上皮细胞所分泌的物质 H^+、K^+、NH_3 等进入肾小管后，能置换出小管液中的 Na^+，使 Na^+ 重吸收回血液。由此可见肾对调节机体的离子平衡也起到一定的作用。

三、影响尿生成的因素

（一）影响肾小球滤过作用的因素

1. 肾小球滤过膜通透性能的改变

在正常情况下，肾小球滤过膜具有一定通透性，血细胞和大分子蛋白质不能通过，所以尿中不含这些物质。但在机体缺氧或中毒的情况下，肾小球的滤过膜通透性增大，滤过率增加，同时，原来不能通过的那些物质如血细胞和蛋白质可以通过滤过膜，因而，尿量增加，并形成血尿和蛋白尿。在急性肾小球肾炎时，由于肾小球内皮细胞肿胀，基底膜增厚，除能减少有效滤过面积外，还使肾小球滤过膜的通透性能降低，致使平时能正常滤过的水和溶质减少滤过甚至不能滤过，因而出现少尿或无尿。

2. 肾小球有效滤过压的改变

肾小球有效滤过压取决于肾小球毛细血管血压、血浆胶体渗透压和囊内压三种力量对比，也间接受肾血流量的影响。

（1）肾小球毛细血管血压改变　当家畜因创伤、失血、烧伤等原因引起全身血压下降，或者出球小动脉收缩、阻力加大时，肾小球毛细血管血压随之降低，使有效滤过压减小，原尿生成减少。反之，全身血压上升或者出球小动脉收缩，引起肾小球毛细血管血压增大，有效滤过压增加，尿量增多。

（2）血浆胶体渗透压改变　当静脉输入大量生理盐水后，由于一方面升高血压，另一方面又降低了血浆胶体渗透压，从而使肾小球有效滤过压升高，原尿生成增多，尿量也增加。

（3）囊内压改变　当输尿管或肾盂有异物堵塞或者因发生肿瘤而压迫肾小管时，可造成囊内压升高，有效滤过压下降，原尿生成不多，尿量相应减少。

（4）肾血流量改变　肾血流量几乎占心输出量的 1/5，它的变化对肾小球滤过作用有很大影响。一般来说，肾血流量增加，滤过率增大，原尿生成增多；反之，原尿生成减少。

学习贴示

学习各项因素变化对有效滤过压的影响，列出有效滤过压的等式比较，比较出结果是有效滤过压升高了尿就多，反之则尿就少。例如，肾血流量大量减少，就是肾小球入球动脉压变小，血浆胶体渗透压不变，囊内压不变，那有效滤过压会减小，尿就少。

（二）影响肾小管、集合管重吸收、分泌和排泄的因素

1. 肾小管内溶质浓度

当原尿中溶质浓度增加，并超过肾小管对溶质的重吸收限度时，原尿的渗透压升高，将妨碍肾小管对水的重吸收，使尿量增加。如静脉注入高渗葡萄糖后，原尿中糖的浓度增加，如果超过了肾小管重吸收的限度即所谓肾糖阈时，则有一部分糖因不能被重吸收而使原尿的渗透压升高，影响肾小管上皮细胞对水的重吸收作用，从而使尿量增加。由于增加原尿中溶质浓度能减弱肾小管对水的重吸收作用，故在临床上有时给病畜服用不被肾小管重吸收的物质，利用它来提高小管内溶质的浓度，从而妨碍水的重吸收，以此达到利尿和消除水肿的目的。

2. 肾小管、集合管上皮细胞的功能状态

当肾小管上皮细胞因某种原因而被损害时，往往会影响其正常重吸收功能，从而使尿的质和量发生改变。如当机体因根皮苷中毒时，能引起肾小管上皮细胞功能发生障碍，使它重吸收葡萄糖的能力大大减弱，于是有较多的葡萄糖随尿排出，并终因尿中含有较多的葡萄糖而使尿量和排尿次数都增加。

3. 激素的作用

（1）抗利尿激素　其主要作用是增加远曲小管和集合管对水的通透性，促进水的重吸收，从而使排尿量减少。对于反刍动物，它还能增加 K^+ 的分泌和排出。

学习贴示

抗利尿激素是下丘脑分泌的，引起它分泌的因素是血浆晶体渗透压的改变，即血浆中钠、钾等离子的量的变化。当血浆中的晶体渗透压高，即血中晶体多而水等溶剂少或循环血量减少时，为了能维持晶体渗透压稳定或是循环血量充足，下丘脑会分泌此激素，那这种激素的作用显然就是吸水，不让水流失，增加血浆中水分，降低晶体渗透压，从而循环血量也得到了补充。

（2）醛固酮　它的主要作用是促进远曲小管和集合管对 Na^+ 的主动重吸收，同时增加对 K^+ 的分泌。Na^+ 重吸收增加使小管液与组织间渗透压改变，同时，引发水向渗透压高的一侧移动，水的重吸收增加，并且伴有氯的重吸收。实验表明，对于反刍动物，醛固酮对 K^+ 的排出没有影响。

学习贴示

醛固酮是由肾上腺皮质所分泌的一种激素。它的分泌受到肾素-血管紧张素-醛固酮系统和血钾、血钠的浓度对肾上腺皮质的直接作用的影响。

肾素由肾小球旁器分泌，它的分泌又由致密斑感受血钠的浓度变化调节。当血中钠减少或血流量少时，肾素就分泌。肾素是一种酶，它分泌到血中能催化血中血管紧张素原。而使其生成血管紧张素Ⅰ，而有了活性的血管紧张素Ⅰ能使血管收缩，同时使肾上腺分泌肾上腺素。血管紧张素还能转变成血管紧张素Ⅱ和Ⅲ。它们都能缩血管，并促进醛固酮的分泌。其实此时，尿液就已经被浓缩了。

而血钾浓度的增高或血钠浓度的降低，直接使肾上腺皮质球状带产生醛固酮。

（3）甲状旁腺素和降钙素　甲状旁腺素促进远曲小管和集合管对 Ca^{2+} 的重吸收，抑制近曲小管对磷酸盐的重吸收，因而使尿中 Ca^{2+} 含量减少，磷酸盐含量增加。降钙素能增加 Ca^{2+} 和磷酸盐从尿中排出，还能抑制 Na^+ 和 Cl^- 在近曲小管的吸收，使尿量和尿 Na^+ 排出增加。

学习贴示

　　关于尿液的生成过程的学习要结合肾的组织学结构来学习。在肾小囊内的液体就是原尿，一旦液体离开肾小囊，那就开始要形成终尿了。原尿到终尿的形成主要是成分上的区别，那这些成分中变化最大的是水分，这些成分的改变是通过什么变化完成的呢，归结到底还是细胞在"工作"，就是肾小管、集合管壁内的上皮细胞。通过小管上皮对水进行吸收与排放、对各种离子分泌等。于是，终尿就这样生成了。能影响尿生成的因素也就易于理解了。尿的浓缩与稀释主要是尿中水分的多少，如果机体缺水，那一定要阻止水分从尿中流失，否则相反。那些调节吸水还是排水是通过体液、神经等因素共同改变小管液内离子浓度，从而改变了小管上皮细胞内外渗透压，而使水向渗透压高的方向发生移动的结果。

　　肾除排泄功能外，在维持机体水盐代谢、渗透压（吸收钠溶解排出钾）和酸碱平衡方面（排出 H^+ 和吸收 HCO_3^-）也起着重要作用。此外，肾还具有内分泌功能，能产生多种生物活性物质，如肾素、前列腺素等，对机体的某些生理功能起调节作用。如泌尿系统的功能发生障碍，代谢产物则蓄积于体液中，从而破坏机体内环境的相对恒定，影响新陈代谢的正常进行，严重时可危及生命。肾的所有功能都是通过尿的生成与排泄来实现的。

知识链接

肾脏的其他功能

　　（1）活化维生素 D_3　维生素 D_3 对机体的作用主要是促进体内钙、磷的吸收，进而促进骨组织的钙化。但维生素 D_3 的作用只有当其转化为有活性的 $1,25$-二羟钙化醇才能有作用。这种转化需要在肝和肾的参与下完成。畜体摄取维生素 D_3 或由皮肤合成，进入血，入肝内转变为 25-羟钙化醇，后以血流经肾才最后变成 $1,25$-二羟钙化醇。

　　（2）促进红细胞的生成　红细胞的生成与骨髓有关，但其生成受到血氧控制。当机体缺氧时，红细胞生成加速。这是由于缺氧时，血流经肾时肾能产生一种促红细胞生成因子，这种因子作用于红细胞生成素原，从而促进红细胞的生成。

四、尿的排出

　　终尿生成后，从肾乳头处滴出，经肾盏和肾盂流进输尿管，再借助于输尿管平滑肌的蠕动，连续不断地流入膀胱中暂时积存。当膀胱中尿液储存达一定量，使膀胱内压升高到时，就会反射性地引起排尿动作，使膀胱中的尿液经尿道排出体外。

　　1. 膀胱和尿道的神经支配

　　支配膀胱和尿道的神经有盆神经、腹下神经和阴部神经。三者都含有感觉纤维和运动纤维。

　　（1）盆神经　盆神经起自荐部脊髓，属于副交感神经。它的感觉纤维能传导膀胱的膨胀和疼痛感觉；当神经兴奋时，可引起逼尿肌收缩和尿道内括约肌舒张，使尿液从膀胱排出。

　　（2）腹下神经　充盈神经，来自腰部脊髓，属于交感神经。当其神经兴奋时，引起逼尿肌舒张和尿道括约肌收缩，抑制排尿，有利于尿液在膀胱内储存。

　　（3）阴部神经　自荐神经丛，属于躯体神经。其支配尿道外括约肌，是高级中枢意识控制排尿的主要传出途径。它兴奋时，可使尿道外括约肌收缩，以阻止膀胱内尿液的排出。当阴部神经受到反射性抑制时，外括约肌舒张，有利于排尿。

　　由于调节膀胱和尿道活动的神经都来自腰荐部脊髓，所以通常把该段脊髓视为低级排尿中枢所在的部位。在机体内，脊髓低级排尿中枢经常受到延髓、脑桥、中脑、下丘脑以及大脑皮质的调节。大脑皮质是支配低级排尿中枢的最高级排尿中枢所在地。

　　2. 排尿反射

　　当膀胱储尿达一定量时，膀胱内压升高，于是刺激膀胱壁牵拉感受器官受到刺激而兴奋，冲动先沿盆神经和腹下神经中的感觉纤维传到腰荐部脊髓，再由脊髓前行经延髓、脑桥、中脑直至大脑皮质。在脊髓以上直至大脑皮质的各级神经部位存在有排尿活动的易化区和抑制区。如果易化区兴奋，则产生排尿感觉，在条件许可的情况下，大脑皮质发出冲动，下行传至脊髓，引起低级排尿中枢兴奋，并产生两种效应：一是兴奋盆神经；二是抑制腹下神经和阴部神经。在这两种效应协同作用下，膀胱逼尿肌收缩，内、外括约肌舒张，尿就由膀胱经尿道被排出体外。如条件不许可，大脑皮质抑制区继续起作用，排尿暂时被抑制。

在排尿过程中，当尿液流经尿道时，可刺激尿道壁的感受器，冲动不断沿阴部神经的感觉纤维传到脊髓低级排尿中枢，使其保持兴奋状态，直到尿液排完兴奋才消失。排尿时，还反射性地发生声门关闭和腹肌强烈收缩，使腹内压急剧升高，以压迫膀胱，促使尿液排尽。由于排尿反射直接受大脑皮质控制，动物排尿的地点和频率可以通过训练形成各种条件反射，使家畜定时、定点排尿，可改善畜舍卫生环境、节省管理用工及减轻劳动强度。

第七章 生殖系统

生殖系统的主要功能是产生生殖细胞，繁殖新个体，以保证种族的延续。此外，还可以分泌性激素，在神经系统与脑垂体的调节下，调节生殖器官的功能活动。

第一节 雌性生殖器官

【知识目标】
- ◆ 掌握母畜在不同性成熟阶段卵巢的位置。
- ◆ 掌握牛、猪、马子宫结构并比较其区别。
- ◆ 理解并掌握卵泡、子宫阜、阴道穹隆、排卵窝等基本概念。

【技能目标】
- ◆ 能在活体上识别母牛、母猪等雌性动物卵巢的体表投影位置。
- ◆ 能在活体或离体上识别子宫、阴道、尿生殖前庭、阴门的正常形态特点。

【知识回顾】
- ◆ 髋结节、荐骨岬、耻骨前缘等骨性标志。
- ◆ 单层柱状上皮的功能及特点。
- ◆ 生殖上皮的分布与功能特点。
- ◆ 实质性器官的结构特点。

雌性生殖器官包括卵巢、输卵管、子宫、阴道、尿生殖前庭和阴门。其中卵巢是产生卵子和分泌雌性激素的器官。输卵管是输送卵子和受精的管道。子宫是胎儿发育和娩出的器官。阴道、尿生殖前庭和阴门既是交配器官，又是产道。卵巢、输卵管、子宫和阴道又称为内生殖器官。尿生殖前庭和阴门为外生殖器官。

一、卵巢

（一）卵巢的位置、形态

卵巢是成对的实质器官，其形状和大小因畜种、个体、年龄及性周期而异。卵巢由卵巢系膜附着于腰下部。卵巢的子宫端借卵巢固有韧带与子宫角的末端相连。在卵巢系膜的附着缘缺腹膜，神经和脉管由此出入卵巢，此处称为卵巢门。卵巢没有专门排卵的管道，成熟的卵泡破裂时，卵细胞直接从卵巢表面排出。

（二）卵巢的组织学结构

卵巢的构造可分为被膜和实质两部分组成，实质又分为皮质和髓质（图7-1）。

1. 被膜

被膜又可分为生殖上皮和白膜两层。卵巢表面除卵巢系膜附着部外都被覆生殖上皮，年轻动物生殖上皮为单层立方上皮或柱状上皮，随年龄的增长而趋于单层扁平上皮；在生殖上皮下面为结缔组织构成的白膜。

2. 皮质

动物的卵巢一般皮质在外、髓质在内。但马属动物正好相反，皮质位于中央。卵巢的皮质由基质、不同发育阶段的卵泡、闭锁卵泡和黄体构成。

（1）基质 皮质内的结缔组织称为基质，内含大量的网状纤维和少量弹性纤维。基质的结缔组织参与形成卵泡膜。

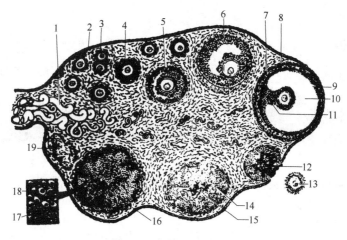

图 7-1 卵巢结构模式图

1—血管；2—生殖上皮；3—原始卵泡；4—早期生长卵泡（初级卵泡）；5，6—晚期生长卵泡（次级卵泡）；7—卵泡外膜；8—卵泡内膜；9—颗粒膜；10—卵泡腔；11—卵丘；12—血体；13—排出的卵；14—正在形成中的黄体；15—黄体中残留的凝血；16—黄体；17—膜黄体细胞；18—颗粒黄体细胞；19—白体

（2）卵泡　卵泡由一个卵母细胞和包在其周围的卵泡细胞所构成。根据卵泡发育的阶段不同卵泡可分为原始卵泡、生长卵泡和成熟卵泡。

① 原始卵泡：多位于基质内。每个原始卵泡一般由一个大而圆的初级卵母细胞和其周围单层扁平的卵泡细胞构成。原始卵泡数量多，体积小。多胎动物的原始卵泡中可见 2～6 个不等的初级卵母细胞。原始卵泡到动物性成熟才开始陆续成长发育。

② 生长卵泡：由原始卵泡发育而来的。卵泡开始生长的标志是原始卵泡的卵泡细胞由扁平变为立方或柱状，根据发育阶段不同可分为初级卵泡和次级卵泡。

a. 初级卵泡：是指从卵泡开始生长发育到出现卵泡腔之前的阶段。此时卵泡特点是初级卵母细胞体积增大，卵母细胞周围逐渐形成一层折光强的厚膜，称为透明带，透明带的主要成分是黏多糖蛋白，还含有透明质酸，它是由初级卵母细胞和其周围的卵泡细胞分泌形成的。卵泡细胞由扁平变为立方或柱状，并通过分裂增生而成为多层。

b. 次级卵泡：是从卵泡腔开始出现到卵泡成熟前这一阶段。当卵泡体积继续增大，卵泡细胞分裂增殖达 6～12 层，在卵泡细胞之间开始出现空腔，称卵泡腔，腔内的细胞分泌的卵泡液。这样的卵泡称为是次级卵泡。次级卵泡内的卵母细胞称为是次级卵母细胞。随着卵泡的发育，卵泡液不断地增加，卵泡腔继续增大，卵泡液将次级卵母细胞及其周围的一些卵泡细胞挤到了一侧，并突向卵泡腔内，形成卵丘。在次级卵母细胞后期，卵丘上紧靠透明带的卵泡细胞呈柱状，围绕透明带呈放射状排列，称为放射冠。其余卵泡细胞贴在卵泡内壁上，成数层，称颗粒层。次级卵泡的卵泡膜分为两层，内层网状纤维多，色浅，血管少；外层为结缔组织，多与卵巢基质无明显界限。

③ 成熟卵泡：生长卵泡发育的最后阶段。卵泡的特点是体积大，并逐渐接近于卵巢表面。成熟卵泡在动物发情后的数天内成熟并排卵。牛成熟卵泡直径约 15mm，羊、猪为 5～8mm，马约为 70mm。由于卵泡液激增，成熟卵泡的体积显著增大，明显凸于向卵巢表面，突出部分的卵泡膜极薄，几乎是透明的，并在卵泡膜上形成一个小斑，排卵时小斑处先破。卵泡膜的内层内膜细胞能分泌雌激素。

（3）闭锁卵泡　在正常情况下，卵巢内绝大多数的卵泡不能发育成熟，而在各发育阶段中逐渐退化。这些退化的卵泡称为闭锁卵泡。其中原始卵泡退化的多，退化时卵细胞解体被结缔组织所取代，而且不留痕迹。

学习贴示

　　注意卵子和卵泡的区别：1个卵泡＝1个卵母细胞＋多个卵泡细胞。不同发育阶段的卵泡中，卵母细胞和卵泡细胞都一直在变化，卵母细胞形态变化而个数不变，而卵泡细胞不仅形态变化，个数也变化。直到成熟卵泡为止，卵母细胞也没有变成真正能受精的卵细胞，而是一直在发育着。

　　3. 髓质

　　卵巢的髓质为疏松结缔组织，含有丰富的弹性纤维、血管、淋巴管及神经等。卵巢的皮质和髓质之间并没有明显的界限。

　　（三）家畜的卵巢特点

　　1. 牛、羊卵巢

　　牛的卵巢呈稍扁的椭圆形，一般位于骨盆前口两侧附近，子宫角起始部的上方。性成熟后，成熟的卵泡和黄体可突出于卵巢表面。卵巢囊宽大。未经产母牛的卵巢稍向后移，多在骨盆腔内；经产母牛的卵巢则位于腹腔内，在耻骨前缘的前下方。羊卵巢位置和牛相似，但体积较小，呈圆形。

　　2. 猪的卵巢

　　猪的卵巢一般较大，呈卵圆形，其位置、形态和大小因年龄和个体不同而有很大变化。

　　（1）性成熟前　卵巢较小，约为0.4cm×0.5cm，表面光滑，呈淡红色，位于荐骨岬两侧稍靠后方，位置较固定。

　　（2）接近性成熟时　体积增大，呈桑葚形，约为1.5cm×2cm，表面有突出的卵泡，位置稍下垂前移，位于髋结节前缘横断面处的腰下部。

　　（3）性成熟后及经产母猪　体积更大，长可达3～5cm，表面因有卵泡、黄体突出而呈结节状，位于髋结节前缘约4cm的横断面上或在髋结节与膝关节连线的中点的水平面上，左侧卵巢在正中矢面上，右侧在正中矢面偏右。

　　3. 马的卵巢

　　呈豆形，平均长约7.5cm，厚2.5cm，表面平滑，卵巢借卵巢系膜悬于腰下部肾的后方，约在第4或第5腰椎横突腹侧。马卵巢的皮质和髓质位置正好和其他动物相反，皮质位于中央。在卵巢腹缘有一凹陷部，称为排卵窝（图7-2）。

图7-2　马卵巢和周围器官
1—卵巢；2—输卵管腹腔口；3—输卵管伞；4—输卵管；5—输卵管系膜；6—输卵管子宫口；7—子宫角；8—卵巢固有韧带

　　二、输卵管

　　1. 输卵管位置

　　输卵管位于卵巢和子宫角之间，有输送卵细胞的作用，同时也是卵细胞受精的场所。

　　2. 输卵管形态

　　输卵管是一对细长而弯曲的管道，卵巢侧的部分管径较粗，近子宫一侧的管径细。输卵管可分为漏斗部、壶腹部和峡部三部分。

　　（1）输卵管漏斗　是在输卵管的前端扩大，边缘形成许多不规则的突起，称为输卵管伞（输卵管漏斗）。漏斗中央为输卵管腹腔口。

　　（2）输卵管壶腹　较长，位于漏斗部与峡部之间，管径变宽，是卵子和精子相遇受精的场所。

　　（3）输卵管峡　较直、短，在壶腹部之后，以输卵管子宫口接子宫角。但输卵管与子宫之间分界不明显。

　　3. 输卵管的结构

输卵管壁由三层构成，内层为黏膜、形成输卵管襞，前段黏膜上皮内有柱状细胞的微绒毛，在壶腹部黏膜有腺体。肌层较发达，由平滑肌组成，可分两层，内层为环形面，外层为纵形肌。外面为浆膜，与肌膜之间分布有许多小血管。

4. 输卵管的固定

输卵管包于输卵管系膜内，输卵管系膜与卵巢固有韧带之间形成卵巢囊。可防止卵细胞误入腹腔内。输卵管系膜位于卵巢的外侧，是由子宫阔韧带分出的连于输卵管和子宫角之间的浆膜褶。卵巢固有韧带是位于卵巢后部与子宫角之间的浆膜褶，位于输卵管的内侧。

知识链接

卵巢囊的构成

输卵管包于输卵管系膜内的，输卵管系膜和卵巢系膜之间形成卵巢囊，其开口朝向腹侧，将卵巢藏于其内，囊的大小和深浅因家畜种类的不同而异。

在雌性生殖系统中，卵巢、输卵管、子宫不是直接连接的，但为了保证从卵巢排出的卵子能直接进入输卵管而不会落到其他地方，卵巢囊起了重要的作用（图7-3）。

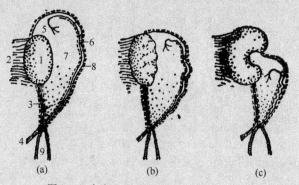

图 7-3 家畜卵巢囊的类型（从下面看）

（a）宽而不深的卵巢囊（牛、羊）；（b）宽而深的卵巢囊（猪）；（c）狭而深的卵集囊（马）

1—卵巢；2—卵巢系膜；3—卵巢固有韧带；4—圆韧带；5—输卵
管漏斗；6—输卵管系膜；7—卵巢囊；8—子宫角

三、子宫

（一）双角子宫形态、位置

子宫大部分位于腹腔内，小部分位于骨盆腔内，在直肠和膀胱之间，借子宫阔韧带附着于腰下部和骨盆腔侧壁，前端与输卵管相接，后端与阴道相通。子宫阔韧带为宽而厚的腹膜褶，含有丰富的结缔组织、血管、神经及淋巴管，其外侧有子宫圆韧带。

家畜的子宫均属双角子宫，有一对子宫角、一个子宫体和一个子宫颈三部分。

（1）子宫角 一对，是输卵管延续的一个管，向后与子宫的体相连，呈弯曲的圆筒状。

（2）子宫体 位于骨盆腔内，小部分在腹腔内，呈圆筒状，向前与子宫角相连，向后延续为子宫颈。

（3）子宫颈 子宫后段的缩细部，位于骨盆腔内，背侧是直肠，腹侧是膀胱；大动物在直肠检查时可用手隔着直肠触摸到。子宫颈特点是壁较厚，后端突入阴道内形成子宫劲阴道部。子宫颈与子宫体的内腔称为子宫腔。子宫颈黏膜形成许多纵褶，内腔狭窄，称为子宫颈管，前端以子宫颈内口与子宫体相通。子宫颈向后突入阴道内的部分，称为子宫颈阴道部。子宫颈管平时闭合，发情时稍松弛，分娩时扩大。

（二）子宫的组织学结构

子宫为腔性器官，有三层结构，即内膜、肌层和外膜。

（1）内膜　内膜包括黏膜层、固有层，没有黏膜下层。黏膜层为单层柱状上皮或假复层柱状上皮，上皮有分泌功能。上皮细胞的游离缘有暂时性的纤毛存在。固有层由富含血管的胚性结缔组织构成，整个固有膜层都分布子宫腺体，称为子宫腺，它的分泌物可在胚胎早期提供营养。在子宫颈处的黏膜为单层柱状上皮，会集合成许多纵褶。家畜不同，形态也不同。子宫颈处固有层下也有腺体，发情期和妊娠期其分泌量增加。在妊娠期其分泌物黏稠，可形成黏液栓阻塞子宫颈。

（2）肌层　子宫的肌层由平滑肌构成。由强厚的内环行肌和较薄的外纵行肌组成。在两层肌肉之间分布有血管和神经。在反刍性家畜，此血管层在子宫阜处更发达。子宫颈处的固有膜和肌膜内有许多神经纤维，肌层发达，并含大量弹性纤维。

（3）外膜　为浆膜，由疏松结缔组织构成。

知识链接

家畜子宫的类型

依据原始左右一对子宫的合并程度，哺乳动物的子宫可分为几种类型（图7-4）。

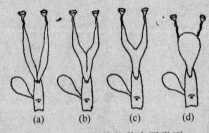

图7-4　子宫的几种主要类型
(a) 双子宫；(b) 双分子宫；(c) 双角子宫；(d) 单子宫

（1）双子宫　两子宫未合并或分别开口于阴道内，或以一个共同的孔开口于阴道，前者见于家兔，后者见于啮齿类动物。

（2）双分子宫　两子宫后部合并为一个子宫体，以子宫颈开口于阴道，但子宫体的内部仍是分隔开来的。子宫前形成分离的两个子宫角。这种见于牛、羊和鹿的子宫。

（3）双角子宫　两子宫后部完全合并为子宫体，内腔无分隔，以子宫颈开口于阴道。子宫的前部形成两个子宫角。大多数高等动物均是此种类型的子宫，由于孕育胎儿的个数不同，子宫角的长度也不同。子宫体与子宫角等长的如马，子宫角较长的如肉食兽和猪。前者的子宫角较直，后者的较弯似肠袢。

（4）单子宫　两子宫完全合并，仅形成单一的梨形子宫，以子宫颈开口于阴道，两输卵管直接开口于子宫体，此种子宫见于灵长类如猴和人。

（三）家畜的子宫特点

1. 牛、羊的子宫

成年母牛的子宫（图7-5和彩图17）大部分位于腹腔内。子宫角较长，平均35～40cm（10～20cm）。左、右子宫角的后部因有结缔组织和肌组织相连，表面又被腹膜覆盖，从外表看很像子宫体，所以称该部为伪子宫体；子宫角的前部互相分开，开始先弯向前下方，然后又转向后上方，卷曲成绵羊角状。

子宫体短，长3～4cm（羊约2cm）。子宫颈长，约10cm（羊约4cm），壁厚而坚实；子宫颈管由于黏膜突起的互相嵌合而呈螺旋状，平时紧闭，不易张开，子宫颈管外口的黏膜形成明显的辐射状皱褶，形似菊花。

子宫体和子宫角的黏膜上有特殊的圆形隆起，称为子宫阜，有规律地排列成四排，约100多个（羊约 60 多个，顶端凹陷），在子宫阜的黏膜上有子宫腺分布。

未妊娠时，子宫阜似粟米粒大小；妊娠时逐渐增大，最大的有握紧的拳头大，是胎膜与子宫壁结合的部位。

2. 猪的子宫

母猪子宫（图 7-6 和彩图 18）的特点是子宫角特别长，经产母猪可达 1.2~1.5m；子宫体短，长约 5cm。2 月龄以前的小母猪，子宫角细而弯曲，似小肠，但壁较厚。子宫角的位置依年龄而不同，在较大的小母猪，位于骨盆腔入口处后两个腰椎两侧的下方；性成熟后，子宫角增粗，壁厚而色较白，因子宫阔韧带较长，子宫角移向前下方。

子宫颈较长，在成年猪长 10~15cm，没有子宫颈阴道部，因此与阴道无明显界限。黏膜褶形成两行半圆形隆起，交错排列，使子宫颈管呈狭窄的螺旋形。

图 7-5　母牛的生殖器官
（背侧面）

1—输卵管伞；2—卵巢；3—输卵管；
4—子宫角；5—子宫黏膜；6—子宫阜；
7—子宫体；8—阴道穹隆；9—前庭
大腺开口；10—阴蒂；11—剥开的前庭大
腺；12—尿道外口；13—阴道；14—膀
胱；15—子宫颈外口；16—子宫阔韧带

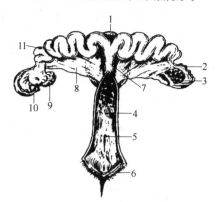

图 7-6　母猪的生殖器官（背侧面）

1—膀胱；2—输卵管；3—卵巢囊；
4—阴道黏膜；5—尿道外口；6—阴蒂；
7—子宫体；8—子宫阔韧带；9—卵巢；
10—输卵管腹腔口；11—子宫角

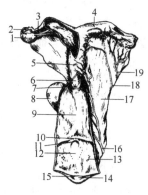

图 7-7　母马的生殖器官（背侧面）

1—卵巢；2—输卵管伞；3—输卵管；
4—子宫角；5—子宫体；6—子宫颈
阴道部；7—子宫颈外口；8—膀胱；
9—阴道；10—阴瓣；11—尿道外口；
12—尿生殖前庭；13—前庭大腺开口；
14—阴蒂；15—阴蒂窝；16—子宫后
动脉；17—子宫阔韧带；18—子宫中
动脉；19—子宫卵巢动脉

3. 马的子宫

母马子宫呈"Y"形。子宫角稍弯曲成弓形，背缘凹，借子宫阔韧带附着于腰下部。腹缘凸而游离。子宫体较长，约与子宫角相等。子宫颈后端突入阴道内，形成明显的子宫颈阴道部，其黏膜褶成花冠状（图 7-7 和彩图 19）。

四、阴道

（一）阴道的形态位置

阴道是子宫颈延续向后的一个肌膜性管，呈扁管状，位于骨盆腔内，背侧是直肠，腹侧为膀胱和尿道，在子宫后方，向后延接尿生殖前庭，其背侧与直肠相邻，腹侧与膀胱及尿道相邻。有些家畜的阴道前部因子宫颈阴道部突入而形成一环状或半环状陷窝，称为阴道穹隆。阴道是母畜的交配器官，也是产道。

（二）阴道的结构

阴道符合腔性器官的一般结构。黏膜层由复层扁平上皮构成，黏膜会形成一些纵褶，家畜不同，纵褶形态不同。阴道的固有膜内有淋巴小结。黏膜内无腺体。发情时，此层会增厚，浅层细胞会角化后脱落。肌层主要是平滑肌。外膜是发达的疏松结缔组织。

知识链接

　　阴道黏膜细胞层数多，主要是复层扁平上皮，因此不断地增生、角化和脱落。阴道表层细胞内含有脂滴和糖原，糖原会随着上皮细胞脱落而进入阴道内，在细胞的作用下糖原变成乳酸，使阴道内保持酸性，防止细菌的入侵。黏膜层随发情周期的活动而变化。

　　（三）家畜阴道的特点

　　1. 母牛的阴道

　　长 20～25cm，妊娠母牛的阴道可增至 30cm 以上。阴道壁很厚，因子宫颈阴部的腹侧与阴道腹侧壁直接融合，所以阴道弯隆呈半环状，仅见于阴道前端的背侧和两侧。

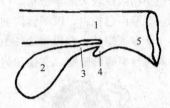

图 7-8　母牛尿道憩室位置示意图
1—阴道；2—膀胱；3—尿道；
4—尿道憩室；5—尿生殖前庭

　　母牛的阴瓣较不明显。在尿道外口的腹侧，有一个伸向前方的短盲囊（长约 3cm），称尿道憩室（图 7-8），给母牛导尿时应注意不要把导尿管插入憩室内。牛的两个前庭大腺位于前庭的两侧壁内，各以 2～3 条导管开口于隐窝内。前庭小腺不发达。母牛的尿道长 10～12cm。

　　2. 猪的阴道

　　长 10～12cm，直径小，肌层厚。黏膜有皱褶，不形成阴道穹隆。

　　猪的阴瓣为一环形褶。尿生殖前庭腹侧壁的黏膜形成两对纵褶，前庭小腺的许多开口位于纵褶之间，阴蒂细长，突出于阴蒂窝的表面。

　　3. 母马的阴道

　　较短，长 15～20cm，阴道穹隆呈环状。

　　母马驹的阴瓣发达，经产的老龄母马的阴瓣常不明显。前庭小腺以许多小孔开口于尿道外口后方的腹侧壁上；前庭大腺分散，以 8～10 条导管开口于背侧壁的两侧。在阴唇前方的前庭壁上有发达的前庭球（长 6～8cm），系勃起组织，相当于公马的阴茎海绵体。母马的阴蒂较发达，发情时常常暴露。

　　五、尿生殖前庭和阴门

　　1. 尿生殖前庭

　　尿生殖前庭既是交配器官和产道，也是尿液排出的经路。尿生殖前庭与阴道相似，呈扁管状，前端腹侧以一横行的黏膜褶——阴瓣与阴道为界；后端以阴门与外界相通。在尿生殖前庭的腹侧壁上，紧靠阴瓣的后方有一尿道外口。在尿道外口后方两侧有前庭小腺的开口；两侧壁有前庭大腺的开口。

　　2. 阴门

　　阴门与尿生殖前庭一同构成母畜的外生殖器官，位于肛门腹侧，由左、右两片阴唇构成，两阴唇间的裂缝称为阴门裂。两阴唇的上、下两端相联合，分别称为阴门背联合和腹联合。

　　六、雌性尿道

　　雌性尿道较短，位于阴道腹侧，前端与膀胱颈相接，后端开口于尿生殖前庭起始部的腹侧壁，为尿道外口。

第二节　雄性家畜的生殖器官

【知识目标】
　　◆ 了解睾丸、附睾、阴茎、包皮及副性腺的位置、结构。
　　◆ 理解并掌握精索、阴囊的构成。

公畜生殖器官（图7-9）包括睾丸、附睾、输精管、尿生殖道、副性腺、阴茎、阴囊和包皮。其中睾丸是产生精子和雄性激素的器官。附睾有储存精子的作用。副性腺包括精囊腺、前列腺和尿道球腺，其分泌物有营养和增强精子活动的作用。尿生殖道既是尿道，又是生殖道，阴茎为交配器官。

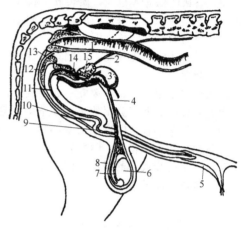

图7-9　公牛生殖器模式图

1—直肠；2—输尿管；3—膀胱；4—输精管；5—包皮；6—睾丸；7—附睾；8—阴囊；9—阴茎"乙"状弯曲；10—阴茎缩肌；11—雄性尿道；12—坐骨海绵体肌；13—尿道球腺；14—前列腺；15—精囊腺

一、睾丸

1. 睾丸位置

睾丸位于阴囊中，左、右各一。有附睾头附着，另一端为睾丸尾，有附睾尾附着。血管和神经进入的一端为睾丸头。家畜的睾丸在胚胎时在腹腔内，出生前睾丸和附睾会从腹股沟管掉入阴囊内，这一过程称为睾丸下降。如果有一侧或两侧睾丸没有下降到阴囊，称单睾或隐睾，无生殖功能，不宜作种畜用。

2. 睾丸的形态

睾丸呈左、右稍扁的椭圆形，表面光滑。外侧面稍隆凸，与阴囊外侧壁接触，内侧面平坦，与阴囊中隔相贴。

3. 睾丸结构

（1）被膜　睾丸表面大部分由浆膜被覆，称为固有鞘膜。固有鞘膜的下面为一层由致密结缔组织构成的白膜。白膜伸入实质内使睾丸实质形成睾丸纵隔，纵隔贯穿整个睾丸。从纵隔上分出放射状的小隔，将睾丸实质分成数个睾丸小叶（图7-10）。

图7-10　睾丸和附睾结构模式图

1—白膜；2—睾丸间隔；3—曲细输管；4—睾丸网；5—睾丸纵隔；6—输出小管；7—附睾管；8—输精管；9—睾丸小叶；10—直细精管

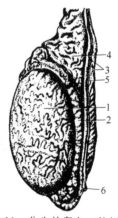

图7-11　公牛的睾丸（外侧面）

1—睾丸；2—附睾；3—输精管及褶；4—精索；5—睾丸系膜；6—阴囊韧带

(2) 实质　由曲细精管、睾丸网和间质组成。每个小叶内 2～3 条曲细精管。曲细精管之间是间质组织。曲细精管是精子发生的场所。管壁内有两种细胞，一类是生精细胞，另一类是支持细胞。生精细胞生成精子，支持细胞具有营养和支持生精细胞作用，也能吞噬退化的精子。

4. 各家畜的睾丸和附睾的特点

(1) 公牛的睾丸 (图 7-11)　较大，呈长椭圆形，长轴与身体方向垂直，睾丸头位于上方，附睾位于睾丸的后方，睾丸实质呈微黄色。附睾头扁平，呈"U"字形，覆盖在睾丸上端的前缘和后缘；附睾体细长，沿睾丸后缘的外侧向下伸延，至睾丸下端，转为粗大明显的附睾尾，且略下垂。

(2) 公猪的睾丸　很大，质较软，位于会阴部，长轴斜向后上方。睾丸头位于前下方。游离缘朝向后方。附睾位于睾丸的前上方。附睾尾很发达，呈钝锥形，位于睾丸的后上方。

(3) 公马的睾丸　长轴近水平位，睾丸头向前，附位于睾丸的背侧。左侧睾丸通常较大。附睾位于睾丸背侧缘稍偏外侧，前端为附睾头，后端为附睾尾，中间狭窄部分为附睾体。

二、附睾

附睾附着于睾丸上，和睾丸一起存在于阴囊内。附着的缘为附睾缘，另一缘为游离缘。附睾是由睾丸头处的睾丸网分出的 7～20 条睾丸输出管构成的。

附睾每一条小管蜷曲形成附睾小叶。各小管最后汇入成一条附睾管，并紧密的盘曲。附于睾丸上。附睾管的管径较粗。附睾管在离开睾丸尾处延续为输精管，折转向附睾头处移行。为储存精子和精子进一步成熟的场所。附睾尾借睾丸固有韧带与睾丸尾相连。

三、输精管和精索

1. 输精管

输精管由附睾管直接延续而成，由附睾尾沿附睾体至附睾头附近，进入精索后缘内侧的输精管褶中，经腹股沟管入腹腔，然后折向后上方进入骨盆腔，在膀胱背侧的尿生殖褶内继续向后延伸。开口于尿生殖道起始部背侧壁的精阜上 (图 7-12)。

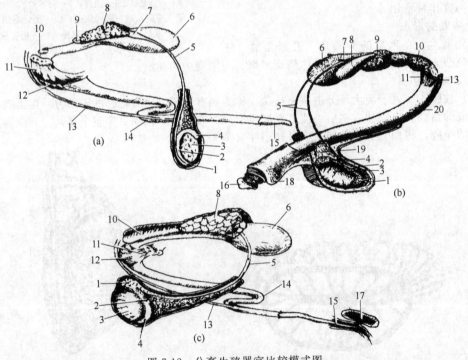

图 7-12　公畜生殖器官比较模式图

(a) 牛；(b) 马；(c) 猪

1—附睾尾；2—附睾体；3—睾丸；4—附睾头；5—输精管；6—膀胱；7—输精管壶腹；8—精囊腺；
9—前列腺；10—尿道球腺；11—坐骨海绵体肌；12—球海绵体肌；13—阴茎缩肌；14—乙状弯曲；
15—阴茎头；16—龟头；17—包皮盲囊；18—包皮；19—精索；20—阴茎

有些家畜的输精管在尿生殖褶内膨大形成输精管壶腹，其黏膜内有腺体（称壶腹腺）分布，又称输精管腺部。

公牛输精管有壶腹；公猪输精管无壶腹部；公马的输精管壶腹很发达（尤其是驴），它们末端与精囊腺导管合并，开口于精阜上。

2. 精索

精索是由睾丸的血管、淋巴管、神经、平滑肌束和输精管被浆膜褶包裹所形成的索状结构。精索移行于腹股沟管内，其基部附着于睾丸和附睾，上端达鞘膜管内环（图7-13）。

> **学习贴示**
>
> 鞘膜是一层浆膜，是由腹膜壁层随睾丸下降到阴囊内，折转后包于睾丸的血管和神经等结构形成的。此层浆膜移行于腹股沟管内称鞘膜管。包在睾丸和附睾表面的为鞘膜的脏层，其壁层贴于腹股沟管。鞘膜管内环指的鞘膜管到达腹股管管腹环处（详见阴囊的总鞘膜）。

四、尿生殖道和副性腺

（一）尿生殖道

1. 位置

雄性家畜的尿道兼有排精作用，所以称为尿生殖道。前端接膀胱颈，沿骨盆腔底壁向后伸延，绕过坐骨弓，再沿阴茎腹侧的尿道沟，向前延伸至阴茎头末端，以尿道外口开口于外界。

2. 形态

分骨盆部和阴茎部，两部以坐骨弓为界。在交界处，尿生殖道的管腔稍变窄，称为尿道峡。峡部后方的海绵层稍变厚，形成尿道球或称尿生殖道球。尿生殖道骨盆部位于骨盆腔内，在骨盆腔底壁与直肠之间。在起始部背侧壁的中央有一圆形隆起，称为精阜。精阜上有一对小孔，为输精管及精囊腺排泄管的共同开口。此外，在骨盆部黏膜的表面还有其他副性腺的开口。骨盆部的外面有环行的横纹肌，称尿道肌。

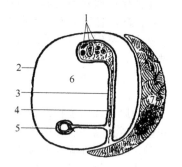

图7-13　精索和鞘膜横切
面模式图（马）

1—睾丸血管和神经；2—鞘膜（管）壁层；3—精索系膜；4—平滑肌纤维（提睾内肌）；5—输精管及其系膜；6—鞘膜管；7—提睾（外）肌

尿生殖道阴茎部为骨盆部的直接延续，自坐骨弓起，经左、右阴茎脚之间进入阴茎的尿道沟。此部的海绵层比骨盆部稍发达，外面的横纹肌称为球海绵体肌，其发达程度和分布情况因家畜而异。

3. 尿生殖道管壁结构

黏膜层有很多皱褶，马、猪有一些小腺体。海绵层主要是由毛细血管膨大而形成的海绵腔。肌层由深层的平滑肌和浅层的横纹肌组成。横纹肌的收缩对射精起重要作用，还可帮助排出余尿。

4. 各种家畜尿生殖道

（1）公牛　公牛的尿生殖道分骨盆部和尿道海绵体部。盆部稍细，较均匀，较长。

（2）公猪　公猪的尿生殖道骨盆部较长，成年公猪长15～20cm。猪的球海绵体肌较发达，短而强大。

（3）公马　骨盆部较短，成年公马长10～12cm，球海绵体肌分布较长。

（二）副性腺

副性腺包括成对的精囊腺、尿道球腺和不成对的前列腺。其分泌物与输精管壶腹部的分泌物以及睾丸生成的精子共同组成精液。副性腺的分泌物有稀释精子、营养精子及改善阴道环境等作用，有利于精子的生存和运动。

1. 精囊腺

一对，位于膀胱颈背侧的尿生殖褶中，在输精管壶腹部的外侧，每侧精囊腺的导管与同侧输精管共同开口于精阜。

2. 尿道球腺

一对，位于尿生殖道骨盆部末端的背面两侧，在坐骨弓附近，其导管开口于尿生殖道内。

3. 前列腺

位于尿生殖道起始部的背侧，一般可分腺体部和扩散部。这两部以许多导管成行地开口于精阜附近的尿生殖道内。前列腺的发育程度与动物的年龄有密切的关系，幼龄时较小，到性成熟期较大，老龄时又逐渐退化。

4. 各种家畜副性腺特点

（1）牛的副性腺（图7-14）　精囊腺是一对实质性的分叶性腺体，位于尿生殖褶内，在输精管壶腹的外侧。左、右精囊腺的大小和形状常不对称。呈不规则的卵圆形（牛）或圆形（羊）。

牛的前列腺分为体部和扩散部，淡黄色，在羊无体部，位于尿生殖道起始部的背侧。

牛的尿道球腺为圆形，一对，大小似胡桃。

（2）猪副性腺　发达，所以每次的射精量很大。

精囊腺特别发达，外形似棱形三面体，呈淡红色，其导管开口于精阜外。

前列腺与牛相似。体部位于尿生殖道起始部的背侧。扩散部发达形成一腺体层，分布于尿生殖道骨盆部的壁内。

猪的尿道球腺也特别发达，呈圆柱形，在大公猪长达12cm，位于尿生殖道骨盆部后的两侧和背侧。

（3）马的副性腺　精囊腺为囊状，呈长梨形，囊腔宽大。囊壁黏膜形成许多网状皱褶，内有腺组织。每侧精囊腺的导管与输精管合并共同开口于精阜。

前列腺较发达，由左、右两侧叶和中间的峡构成。每侧前列腺有15～20条导管，过尿道壁，开口于精阜外侧。

尿道球腺呈椭圆形。每侧腺体有6～8条导管，开口于尿生殖道背侧壁近中央的两列小乳头上。

凡是幼龄去势的家畜，副性腺不能正常发育。

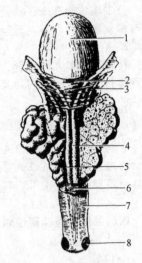

图7-14　公牛的内生殖器官（背侧）

1—膀胱；2—尿生殖褶；3—输尿管；4—输精管壶腹；5—精囊腺；6—前列腺；7—尿生殖道；8—尿道球腺

五、阴茎与包皮

（一）阴茎

1. 阴茎的位置形态

阴茎为公畜的交配器官，附着于两侧的坐骨结节，经左、右股部之间向前延伸至脐部的后方，可分阴茎根、阴茎体和阴茎头三部分。见图7-12。

2. 阴茎的结构

阴茎（图7-15）主要由阴茎海绵体和尿生殖道阴茎部构成。阴茎海绵体外面包有很厚的致密结缔组织白膜。白膜富有弹性纤维，白膜的结缔组织向内伸入，形成小梁，并分支互相连接成网。小梁内有血管、神经分布，并含有平滑肌（特别是马和肉食兽）。在小梁及其分支之间的许多腔隙，称为海绵腔。腔壁衬以内皮，并与血管直接相通。海绵腔实际上是扩大的毛细血管。当充血时，阴茎膨大变硬而发生勃起现象，故海绵体亦称勃起组织。

阴茎勃起时，螺旋动脉和小梁的平滑肌松弛，致使螺旋动脉伸直，管腔开放，血液可直接流入海绵腔。由于中央较大的海绵腔首先充血膨胀，压迫

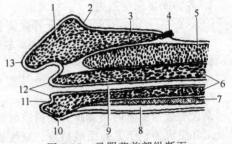

图7-15　马阴茎前部纵断面

1—龟头海绵体；2—龟头颈；3—龟头背突；4—阴茎背侧血管；5—阴茎海绵体；6—尿道海绵体；7—球海绵体肌；8—阴茎缩肌；9—尿道；10—龟头冠；11—龟头窝；12—尿道突；13—龟头

外周的海绵腔，因而堵塞血液流入白膜静脉丛的口。血液继续流入海绵腔，压力增高，阴茎勃起。射精后，螺旋动脉的平滑肌收缩，血液流入海绵腔减少，同时由于小梁肌纤维的收缩和弹性纤维的回缩，海绵腔的血液进入静脉中，勃起消失。

阴茎的外面为皮肤，薄而柔软，容易移动，富有伸展性。

3. 各种家畜的阴茎

(1) 公牛的阴茎　呈圆柱状，长而细，成年公牛的阴茎全长约 90cm，勃起时直径约 3cm。阴茎体在阴囊的后方形成一"乙"状弯曲，勃起时伸直，阴茎头呈扭转状，尿生殖道开口于左侧螺旋沟中的尿道突上。

(2) 公羊的阴茎　与牛的基本相似，但阴茎头构造特殊，其前端有一细而长的尿道突，公绵羊的阴茎长 3~4cm，呈弯曲状；公山羊的较短而直。射精时，尿道突可迅速转动，将精液射在子宫颈外口的周围。

(3) 公猪阴茎　与公牛的阴茎相似，但"乙"状弯曲部在阴囊前方。阴茎头呈螺旋状扭转，尿生殖道外口为一裂隙状口，位于阴茎头前端的腹外侧。

(4) 公马的阴茎　直而粗大，没有"乙"状弯曲，呈左右压扁的圆柱状。阴茎海绵体发达，阴茎头因尿道海绵体膨大而形成龟头，其基部的周缘显著隆起，称为龟头冠。在龟头前梢的腹侧面有一凹窝称为龟头窝，窝内有一短的尿道突。

(二) 包皮

1. 包皮的位置、结构

阴茎根和体部包于躯体的皮肤内，而阴茎游离部和头则藏于皮肤褶中，此皮肤褶称为包皮。包皮有容纳和保护阴茎头的作用。包皮有两层结构。外层与皮肤的结构相同，沿包皮口折转变成内层。内层围成包皮腔，折转处形成包皮系带。

被覆阴茎游离部与阴茎头的皮肤分布有大量的感觉神经末梢。包皮内层无被毛和皮肤腺，但有淋巴小结和包皮腺存在，其分泌物与脱落的上皮细胞会形成包皮垢，有特殊的腥臭味。当阴茎勃起时，包皮的两层展平，包皮腔暂时消失。

2. 各种家畜包皮特点

(1) 牛的包皮　长而狭窄，完全包裹着退缩的阴茎头。包皮具有两对较发达的包皮肌。去势牛的阴茎头短，位于包皮的深部，故阉公牛必须从包皮的深部排尿。

(2) 猪的包皮　口很狭窄，周围生有长的硬毛。包皮腔很长，前宽后窄。前部背侧壁有一圆口，通入一卵圆形盲囊，为包皮憩室或包皮盲囊。囊腔内常聚积有余尿和腐败的脱落上皮，具有特殊的腥臭味。

(3) 公马的包皮　包皮由两层皮肤褶构成。分内个两层包皮，外包皮套在内包皮的外面较长。在包皮口的下方边缘有两个乳头，为发育不全的乳房的遗迹。

六、阴囊

阴囊为呈袋状的腹壁囊，内有睾丸、附睾及部分精索。位于两股之间，或耻骨前方或在坐骨之后接近肛门。阴囊壁的结构 (图 7-16) 与腹壁相似，分以下几层。

1. 阴囊的结构

(1) 皮肤　阴囊皮肤薄并富有弹性，内含丰富的皮脂腺和汗腺。表面生有短而细的毛，阴囊表面的腹侧正中有阴囊缝，为阴囊中隔的位置。

(2) 肉膜　与皮肤的深面紧贴，不易剥离。肉膜相当于腹壁的浅筋膜，由含有弹性纤维和平滑肌纤维的致密结缔组织构成。肉膜沿阴囊正中矢状面形成阴囊中隔，将阴囊分为左、右互不相通的两个腔。肉膜有调节温度的作用，冷时肉膜收缩，使阴囊起皱，面积减小，天热时肉膜松弛，阴囊下垂。

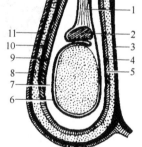

图 7-16　阴囊结构模式图

1—精索；2—附睾；3—阴囊中隔；

4—总鞘膜纤维层；5—总鞘膜；

6—固有鞘膜；7—鞘膜腔；

8—睾外提肌；9—筋膜；

10—肉膜；11—皮肤

　　(3) 阴囊筋膜　在肉膜深面，由腹壁深筋膜和腹外斜肌腱膜延伸而来，将肉膜和总鞘膜疏松地连接起来，其深面有睾外提肌。睾外提肌来自腹内斜肌，包于总鞘膜的外侧面和后缘。此肌收缩时可上提睾丸，接近腹壁，与肉膜一同有调节阴囊内温度的作用。

　　(4) 总鞘膜　当睾丸和附睾通过腹股沟管下降到阴囊时，腹膜亦随着到阴囊，形成腹膜袋，即鞘膜突。总鞘膜就是附着于阴囊最内面的鞘膜突，即腹膜壁层。由总鞘膜折转到睾丸和附睾表面的为固有鞘膜，相当于腹膜的脏层。折转处形成的浆膜褶称为睾丸系膜。在总鞘膜和固有鞘膜之间的腔隙称为鞘膜腔，内有少量浆液。鞘膜腔的上段细窄，称为鞘膜管。在鞘膜口未缩小的情况下，小肠可脱入鞘膜管或鞘膜腔内，形成腹股沟疝或阴囊疝，必须进行手术治疗。

　　附睾尾借阴囊韧带（为睾丸系膜下端增厚形成）与阴囊相连。去势时切开阴囊后，必须切断阴囊韧带和睾丸系膜才能摘除睾丸和附睾。

> **学习贴示**
>
> 　　阴囊结构的学习可结合腹壁的结构学习。腹壁从皮肤—阴囊的皮肤—腹壁皮下浅筋膜—阴囊的肉膜—腹壁的皮下深筋膜和腹壁第一层肌肉腹外斜肌合一起—阴囊的筋膜—腹腔的腹膜进入阴囊内—阴囊内的总鞘膜。对比记忆更清晰。

　　2. 各种家畜的阴囊

　　(1) 公牛　阴囊松弛时呈瓶状。阴囊颈明显。阴囊皮肤表面有稀而短的毛。

　　(2) 公猪　阴囊与周围皮肤的分界不明显。睾外提肌发达，沿总鞘膜表面扩展到阴囊中隔（图7-17）。

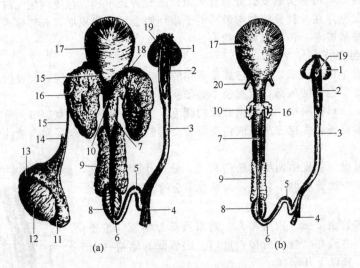

图 7-17　公猪的生殖器官

(a) 正常的；(b) 去势的

1—包皮盲囊；2—剥开包皮囊中的阴茎头；3—阴茎；4—阴茎缩肌；5—阴茎"乙"状弯曲；6—阴茎根；7—尿生殖道骨盆部；8—球海绵体肌；9—尿道球腺；10—前列腺；11—附睾尾；12—睾丸；13—附睾头；14—精索的血管；15—输精管；16—精囊腺；17—膀胱；18—精囊腺的排出管；19—包皮；20—输尿管

　　(3) 公马　阴囊颈较明显，阴囊皮肤一般色深或呈黑色，富有皮脂腺和汗腺，表面生有短而柔软的毛。

第三节　生殖生理

【知识目标】

◆ 理解并掌握性成熟、体熟、排卵、黄体、红体（血体）、白体、性周期、受精、妊娠、附植（着床）、分娩等概念。

◆ 掌握生殖过程中雌性、雄性生殖器官的主要功能。

◆ 掌握动物初配年龄、雌性动物发情周期、排卵时间、母畜妊娠期时间。

◆ 理解并掌握胎盘、胎膜的构成及类型。

【技能目标】

◆ 能熟知动物初配年龄、妊娠期、雌性动物各发情周期。

◆ 能在临床上根据母畜发情表现识别发情周期各阶段，并判定其排卵时间。

◆ 能根据分娩的过程和机理采取有效的助产方法。

【知识回顾】

◆ 卵泡的形成和发育过程。

◆ 雌、雄动物生殖器官的解剖特点。

◆ 有丝分裂和减数分裂。

一、性成熟和体成熟

1. 性成熟

哺乳动物生长发育到一定时期，生殖器官已基本发育完全，具备了繁殖子代的能力，叫做性成熟。到了性成熟时，动物不仅出现明显的副性征，而且公畜开始有了正常的性行为，母畜开始出现正常的发情周期。

家畜性成熟的年龄会因种类、品种、性别、气候、营养和管理等情况而有所不同（表7-1）。一般来讲，小动物比大动物性成熟早，公畜比母畜性成熟早；早熟品种、气温较高和良好的饲养管理等都能使性成熟提前。

表 7-1　各种母畜性成熟及初配年龄表

畜别	性成熟年龄	初配年龄	畜别	性成熟年龄	初配年龄
牛	8～12个月	1.5～2岁	马	12～18个月	3～4岁
羊	6～8个月	1～1.5岁	家兔	4～5个月	4～8个月
猪	3～8个月	8～12个月	犬	6～8个月	8个月

2. 体成熟

家畜达到性成熟时，身体仍在发育，直到具有成年动物固有的形态和结构特点，称为体成熟。因此，家畜开始配种的年龄要比性成熟晚些，一般相当于体成熟或在体成熟之后。这样就可以防止家畜的生长发育停滞和后代的生活力及生产性能降低，但初配年龄过晚也会影响种畜的生产性能，不利于畜牧业的发展。各种家畜的初配年龄应根据地区特点、品种、饲养管理等条件灵活掌握。早熟性品种、优良的饲养管理、南方地区可以把初次配种年龄适当提早；晚熟性品种、粗放的饲养管理、北方寒冷地区就应该适当推迟。

3. 性季节（发情季节）

牛、猪和家兔在一年之中，除在妊娠期外，都可能周期性地出现发情，叫做"终年多次发情"，马、羊和骆驼等家畜只在一定季节里，表现多次发情，叫做"季节性多次发情"。此外，有些动物（如犬、狐）在发情季节中只出现一次发情，叫做"季节性单次发情"。母畜在发情季节之间要经过一段无发情表现时期，叫做乏情期。而公畜则不受季节的限制。

季节性发情的家畜，在接近原始类型或较粗放条件下的品种，发情的季节性比较明显。随着驯化程度和饲养管理的改善，季节性的限制就逐渐减弱。可见，引起季节性发情的因素可能与营养、光照等有关。

> **学习贴示**
>
> 　　动物的生殖过程是雌雄动物产生的卵子、精子结合形成配子后繁衍出后代的过程。前提是雌、雄动物达到性成熟。在这个过程中，受到许多因素的制约；雄性动物何时能进行交配，即发情周期问题；交配后要经历精卵在合适的地点（必须是输卵管）及合适的时间（精卵子必须还存活并具备受精能力）相遇即受精过程、受精后的生长（即妊娠过程）、成熟后出生即分娩、出生后的成活过程需要泌乳，这样才完成了动物繁衍。
>
> 　　生殖生理的学习，就是学习雌、雄动物的各个器官是如何协调并保证精子和卵子结合成配子并存活，从而保证受精卵能存活并在子宫内发育成长的过程。

二、雄性生殖生理

1. 睾丸的功能

睾丸的功能就是产生精子和分泌雄性激素。精子的生成和发育是在睾丸的曲细精管内进行的。睾丸间质细胞在腺垂体间质细胞刺激素的作用下，分泌雄激素和少量雌激素。雄激素的作用主要是刺激雄性动物副性器官的发育和副性征的出现。

2. 性器官的功能

（1）附睾　附睾是保存精子和精子成熟的场所，也是输送精子的管道。附睾的上皮能分泌供精子发育所需的养分。分泌物呈弱酸性，温度较低，适于精子的存活和发育成熟。能吸收精子悬浮液中的水分，浓缩精子悬浮液；附睾管壁肌层收缩有力，能使动物在交配前把精子排至输精管。

（2）输精管　输精管的蠕动将精子从附睾尾送到输精管。配种时能将精子排到尿生殖道内。

（3）副性腺的功能　副性腺分泌物共同组成精液的液体部分也叫精清。其中含有果糖、磷脂化合物、无机盐和各种酶等。造成适宜于精子存活所需的条件。

精囊腺的分泌物量大、含球蛋白较多、黏稠、呈白色胶状液，注入雌性阴道后，在阴道中很快凝固成栓，可防止精液外流。

前列腺分泌物为稀薄、不透明的液体，含蛋白质较多，呈碱性，有特殊臭味。紧随精子排出后进入母畜生殖道，能中和阴道内的酸性物质，并吸收精子排出的二氧化碳，利于精子的活动。

尿道球腺分泌透明黏液，呈碱性。在射精时，首先分泌，中和阴道内的酸性物，为精子通过创造条件。

雄性动物射精时，各个副性腺分泌物的排出是有一定顺序的。首先是尿道球腺分泌，冲洗母畜阴道，然后附睾内精子排出，前列腺分泌，给精子提供活动能力，最后是精囊腺分泌，在子宫颈形成栓，防止精液外流，这些都是为受精的顺利完成提供好的保证。

（4）阴茎的功能　交配器官。

3. 性反射

高等动物的精子进入雌性生殖道是通过性活动（如交配等）来实现的。性活动是复杂的神经反射活动，雄性和雌性动物都具有这种反射。完成交配所需的全部性反射虽然是先天遗传的非条件反射，但是这些反射只有在机体达到性成熟后才出现，并且受机体生殖器官功能状态和生活条件的影响。性反射包括如下相继发生的四种反射：勃起反射、爬跨反射、交靖反射、射精反射。

4. 精液

精液由精子和精清两部分组成，黏稠不透明，呈弱碱性，有特殊臭味。精清的 pH 值接近中性，渗透压与血液相似。精清成分很复杂，含有果糖，给精子提供能源，枸橼酸可以防止或延缓精液凝固时间，利于精子运动；山梨醇可氧化供能等。这些成分都能给精子的存活及运动提供良好的条件。

各种家畜一次的射精量和精子浓度随着不同的品种和生理状态而大不相同。如猪副性腺分泌物多，精液量大，精子浓度就小；牛的副性腺分泌物少，精液量小，精子浓度就大；又如频繁配种的公畜，射精少，精子浓度就低，适当休息和加强饲养管理后的公畜，射精量和精子数都增加。一般来讲，子宫受精的动物（马、猪、犬）有较大的射精量，但单位体积内精子数少；而阴道受精的动物（牛、羊）则射精量少，而精子数则多。

显微镜下观察精液，精液内的精子可做不同的形式的运动，这可初步判断精液的质量，但精子活力本身并不能作为判断精子受精力的标准。

知识链接

（1）精子的发生　与卵子相似，经历前三期外还有第四个成形期。

前三个时期与卵子生成过程基本相同，第三期精子的成熟分裂都是在曲细精管内完成的。分裂的结果不形成极体。第一次成熟分裂是减数分裂形成 2 个次级精母细胞，而第二次成熟分裂则是普通的有丝分裂，最后生成 4 个精细胞。

成形期时精子细胞不再分裂，而要经历变态过程。精子由圆形细胞变成有鞭毛的特殊形态的细胞——精子，核引长，核内物质密集；高尔基体凝集，移到胞核前形成帽状的顶体；两个中心粒移向与顶体相对的一侧，其中一个伸出轴丝形成精子尾部的中轴；线粒体后移，集中于尾部中段；细胞质沿尾部退缩，大部分排出细胞外，少量留在尾部中段和主段。

（2）精子的形态　精子分头、颈、尾三部分。头部圆形，由核（DNA）构成。核的前面是顶体，核后呈环状的顶体后环，及包围它们外面的少量细胞质和细胞膜，顶体内含有与蛋白质结合的多糖类和溶酶类；颈介于头尾之间；尾部是精子运动器官，精子每秒前进的速度 $94\sim123\mu m$，马 $87\mu m$，鸡 $17\mu m$，尾部富含有磷脂质，其中的脂肪酸能被氧化，这是精子活动储存能量的场所，主要由线粒体供能。

三、雌性生殖生理

（一）卵巢的功能

卵巢的主要功能除了生成卵子外，还分泌雌激素和孕激素。

1. 卵子的生成

卵在卵泡内发育一段时间，排出后还要继续发育，最后才能成熟成为高度分化、能受精的卵细胞。这个过程中卵细胞经历了三个时期——繁殖期、生长期和成熟期。

（1）繁殖期　这一时期是在胚胎时期就完成的，出生后不再产生初级卵母细胞，而是直接进入生长阶段。这时期是卵原细胞经过多次有丝分裂，数目增加，分裂的结果是生成了许多初级卵母细胞。染色体数与其他细胞一样。

（2）生长期　初级卵母细胞体积增大，在卵泡内完成的这一过程。核内的脱氧核糖核酸含量倍增。

（3）成熟期　初级卵母细胞进行两次分裂。经过两次分裂后，染色体数变成初级卵母细胞的一半。两次分裂在不同家畜发生的部位不同（详参卵巢中成熟卵泡）。第一次分裂产生大小不等两个细胞，大的为次级卵母细胞，小的是第一极体。第二次分裂产生大小不等两个细胞，大的为卵细胞，小的是第二极体。两次分裂后只有一个卵细胞产生。第一次成熟分裂在排卵前进行，第二次成熟分裂在输卵管内进行。还有的动物受精时才进行第二次成熟分裂，不受精不分裂，如牛、羊、猪都是在受精时进行第二次分裂。另外，牛、马卵巢上的成熟卵泡在直肠检查时可触摸到，在人工授精和繁殖工作中，可通过直肠检查来确定卵泡发育程度。

2. 排卵

成熟卵泡随着内压升高，最后导致卵泡破裂，卵母细胞及其周围的放射冠随着卵泡液一同排出的过程称为排卵。排卵的部位可在卵巢任何部分的表面，马仅限于排卵窝处。卵自卵巢排出时，由于输卵管伞上皮纤毛的摆动，使卵很快地经输卵管腹腔口进入输卵管。

学习贴示

卵是由特殊类的生殖上皮产生的。具有生殖上皮的部位在激素的作用下会有卵泡并不断发育成熟后排出。但马只限在排卵窝处排卵，因为马的卵巢表面只有排卵窝处才具有生成卵细胞的生殖上皮存在，而其他部位不能产生卵泡。成熟卵泡从卵巢上排时，卵泡液及卵泡壁的胶原酶和透明质酸酶的活性增强，可以分解卵泡壁和卵巢的白膜，在成熟卵泡的小斑（见成熟卵泡）处先开始破裂，然后次级卵母细胞和周围的放射冠随卵泡液一起排出，完成了排卵。余下来的皱缩了的卵泡膜包着剩余的颗粒细胞和卵泡液等。

每个卵泡成熟时，一般只排出一个卵子，左右两侧卵巢交替出现。个别的也有排出两个卵子的。而猪、山羊、犬、兔等动物，每次发情有好几个卵泡同时成熟，排出两个以上的卵子。每次发情成熟的卵泡数目在很大程度上决定着动物的产仔数。

排卵后，卵泡壁会出现塌陷形成皱襞，由于卵泡膜破裂毛细血管受损出血，血液充满卵泡腔，卵泡腔呈红色，称为血体。牛、马在排卵时出血多，血体明显。卵泡内膜的血管层增生并伸向颗粒层吸收血液。颗层细胞不断地变大、变为多角形，并且细胞质内积蓄黄色颗粒，此时的细胞称为粒性黄体细胞；卵泡内膜细胞也开始发生变化，体积变小，胞质色深，这部分卵泡膜细胞称为膜性黄体细胞，此时血体被称为黄体。

学习贴示

黄体并不都是黄色的。牛、马的黄体因为细胞内有色素，呈黄色；而猪、羊的黄体没有这种色素，因而不是黄色的。

若未妊娠，黄体不久就萎缩退化，这种黄体为假黄体。若已妊娠，黄体就继续生长，这时叫做真黄体或妊娠黄体，直到妊娠末期才逐渐萎缩（反刍动物、杂食动物及肉食动物）。但马与其他动物不同，妊娠150天左右，黄体就开始萎缩，到妊娠7个月后就完全消失。无论是真黄体或假黄体最后都要进行退化，细胞萎缩变小，胞核固缩，血管也减少，被结缔组织填充，形成瘢痕，称为白体。

学习贴示

排卵时卵母细胞和一部分卵泡细胞排出，留下来的是多数的颗粒细胞和部分卵泡液，还在卵泡腔内存在，还有破裂的血管等流出的血液，被皱缩的卵泡膜所包裹。

3. 分泌雌激素和孕酮

卵巢的雌激素由卵泡形成过程中的颗粒细胞和闭锁卵泡的卵泡内膜细胞分泌的。而孕酮则是排卵后形成的黄体分泌的。

（二）性器官的功能

1. 输卵管的功能

卵泡排出的卵子一般都落入输卵管伞端，由输卵管上皮的纤毛运动作用和管壁肌层的收缩推动卵子或精子运行到输卵管前端。除此，精子获能、受精、胚胎卵裂和早期发育都在输卵管内进行。

2. 子宫的作用

① 子宫内膜及其分泌物在精子经过子宫进入受精部位时，使精子获能。

② 交配时子宫肌收缩有助于精子移向输卵管。

③ 妊娠时子宫颈能分泌黏液，在妊娠时变成黏稠状，闭塞子宫颈口，可以防止感染物的进入。

④ 在胚泡种植（着床）前，子宫分泌物滋养着发育的胚泡。

⑤ 着床后，子宫是胎盘形成和胎儿发育生长的地方，提供妊娠所需要的环境。

⑥ 分娩时，子宫的节律性收缩是胎儿娩出的动力。

⑦ 分娩后或分娩前，子宫内膜产生一种溶黄体的物质，具有溶解黄体的作用。

3. 阴道的作用

阴道既是交配器官，也是产道。

4. 外生殖器官作用

外生殖器官中的前庭大腺能分泌黏稠的液体，在发情旺盛期分泌量增多。观察分泌物可帮助判断发情。

（三）发情周期

母畜性成熟以后，卵巢中就有规律性地出现卵泡成熟和排卵过程。哺乳动物的排卵是周期性发生的。伴随每次排卵，母畜的机体特别是生殖器官发生一系列的形态和生理性变化。从一次发情开始到下次发情之前，或由一次排卵到下次排卵的间隔时间，叫做性周期。发情周期是母畜的正常生理现象。对发情周期母畜的生理变化的了解，能够在畜牧业生产中有计划地繁殖家畜，调节分娩时间和畜群的产乳量，防止畜群的不孕或空怀等。

发情周期根据母畜生殖器官内部和外部表现，一般可分为发情前期、发情期、发情后期和间情期（表7-2）。

（1）发情前期　在这期间，生殖系统中的卵巢要为排出卵子做准备。卵巢上有一个或两个以上的卵泡迅速发育生长。生殖器官开始出现一系列的生理变化，如子宫角水肿、蠕动加强，子宫黏膜、阴道上皮组织增生加厚，整个生殖道的腺体活动加强。但还看不到阴道流出黏液，没有交配欲的表现。

（2）发情期　这时期集中表现为发情症状。母畜只有在这一时期才接受雄性动物的交配。此时卵巢卵泡发育很快，卵泡成熟、破裂至排卵。母畜的整个机体和其他生殖器官也在为受精做准备。此时，子宫水肿，血管大量增生，输卵管和子宫发生蠕动，腺体大量分泌，子宫颈口开张，阴道流出黏液等。这些变化均有利于卵子和精子的运行与受精。

（3）发情后期　是发情结束后的一段时期，这时期母畜变得比较安静，不让公畜接近。生殖器官的主要变化是：卵巢中出现黄体，黄体分泌孕激素（孕酮）。在孕酮作用下，子宫为接受胚泡和提供营养做准备，子宫内膜腺体增生，乳腺生长发育。如已妊娠，发情周期也就停止了，直到分娩后再重新出现。如未受精，即进入间情期。

（4）间情期　这个时期是生殖器官向发情前的状态退化的时期。黄体处于活动状态，而后卵巢内的卵泡逐渐发育，黄体逐渐萎缩。卵巢、子宫、阴道等都从性活动生理状态过渡到静止的生理状态，即从上一个性周期过渡到下一个性周期。

表 7-2　发情周期、发情期和排卵时间参考数值表

畜别	发情周期	发情期	排卵时间
乳牛	21～22 天	18～19 小时	发情结束后 10～11 小时
黄牛	20～21 天	1～2 天	发情结束后 10～15 小时
绵羊	16～17 天	24～36 小时	发情开始后 24～30 小时
山羊	19～21 天	33～40 小时	发情开始后 30～36 小时
猪	19～21 天	19～20 天	发情开始后 35～45 小时
马	19～25 天	4～8 天	发情结束后 1～2 天

　　家畜发情后可通过观察发情表现及直肠触诊卵巢来判断发情周期和发情期时间及排卵时间。牛、马等大家畜通过直肠检查可以摸到卵巢表面不同发育阶段的卵泡（主要根据卵泡发育过程中卵泡液的变化），通过卵泡的发育水平推断其发情的情况。由于成熟卵泡的卵泡壁很薄，因此，在直肠指检时通过肠壁触摸也不要用力过大，免得将卵泡碰破。

四、生殖过程

家畜的生殖过程包括受精、妊娠、分娩三个主要的过程。

（一）受精

受精是指精子和卵子结合而形成配子的过程。

1. 精子的运行

精子在母畜生殖道内由射精部位移到受精部位的运动过程，叫做精子的运行。

（1）精子运行　精子的运行除本身具有运动能力外，更重要的是借助于母畜子宫和输卵管的收缩和蠕动。趋近卵子时，精子本身的运动是十分重要的。

（2）精子保持受精能力的时间　精子在母畜生殖道内保持受精能力的时间为1～2天。但马和犬例外，马的精子在生殖道内可存活长达6.5天，而犬则可存活90小时。

（3）精子获能　精子在附睾内是不具备受精能力的，只有精子进入母畜生殖道之后，经过一定变化后才能具有受精的能力。这一变化过程叫做精子的受精获能过程（或叫受精获能作用）。精子的获能是获得了穿透卵子透明带的能力，去掉顶体表面的去能因子对精子的束缚，进而能发生顶体反应。在一般情况下，交配往往发生在发情开始或盛期，而排卵发生在发情结束时或结束后。因此精子一般先于卵子到达受精部位，在这段时间内精子可以自然地完成获能过程。

2. 卵子的运行

母畜排卵后，进入输卵管伞部，由输卵管的上皮细胞纤毛及平滑肌的收缩，卵子开始运行。多数家畜卵巢排卵时，从卵泡中所排出的卵并不能接受精子的受精，是不成熟的卵子。当卵子在生殖道内运行时，卵子开始分裂成熟。牛和猪排出的是次级卵母细胞，而马排出是初级卵母细胞，需要经过两次分裂才成熟。卵子在输卵管内运行50～98小时。

卵子在输卵管内保持受精能力的时间就是卵子运行至输卵管峡部以前的时间。各种动物卵子保持受精能力的时间是不同的，牛8～12小时，绵羊16～24小时，猪8～10小时，马为6～9小时。卵子受精能力的消失是逐渐的。卵子排出后如未遇到精子，则沿输卵管继续下行，并逐渐衰老，包上一层输卵管分泌物，阻碍精子进入，即失去受精能力。

3. 受精过程

（1）精子和卵子相遇　公畜一次射精中精子的总数相当可观，达几亿或几十亿个，但到达壶腹的数目却很少，一般不超过1000个。精子射出后，一般在15分钟内到达受精部位。

（2）精子进入卵子　家畜在排出的卵子后，卵子放射冠细胞迅速消失，卵子直接裸露。精子一般在卵子的第二次成熟分裂时穿入卵子的。由于放射冠的消失，精子只要先与透明带识别，然后释放出透明质酸酶，溶解卵子周围透明带，发生顶体反应。然后靠精子的活力和蛋白水解酶的作用穿过透明带，最后是精子头部与卵黄表面接触，激活卵子，使其开始发育，然后精子的头（某些动物还有精子的尾部）进入卵黄膜。从精子进入卵子到受精的完成为10～12小时。

（3）原核形成和配子组合　精子和卵子相遇后，精子细胞膜与卵子细胞膜发生融合，融合后精子的头、颈、尾（主段）进入卵子内。精子进入后，卵子细胞膜入口处由精子的质膜进行填补。当精子进卵子后，头部膨大，核内出现核仁，核形成雄性原核。卵子的核形成雌性原核。两个原核接近，核膜消失，染色体进行组合，完成受精的全过程。接着发生第一次卵裂。

一般情况下，一个卵子只有一个精子进入，而其他精子不能再进入卵子。主要原因是在第一个精子进入卵子后，可能是卵黄放出的某种物质使得透明带不能再被穿透，而阻止了多精受精的发生。并且，卵黄在接纳一个精子后本身对再次给予卵黄表面的接触不发生反应，不再接纳其他精子，也是防止多精受精的原因。

（二）妊娠

受精卵在母畜子宫体内生长发育为成熟的胎儿的过程叫做妊娠。

1. 卵裂和胚泡种植

受精的部位是输卵管，配子在输卵管内存留3～4天后才会进入子宫。在受精开始配子就开始发生卵裂，即细胞分裂。当细胞变成16～32个时，形似桑葚，称桑葚胚。约4天时桑葚胚即进入子宫，继续分裂，体积扩大，形成中央含有少量液体的空腔，叫做胚泡。胚泡逐渐埋入子宫内膜而被固定，叫做种植。种植后的胚泡继续生长，就进入了妊娠期的特殊状态。此胚胎就与母体建立了密切的联系，开始由母体供应养料和排出代谢产物。

卵裂指受精卵按一定的规律进行多次重复的分裂过程。卵裂与普通的细胞分裂并不同，主要是分裂期短，不伴随细胞的生长。一次卵裂后接着又开始第二次卵裂。卵裂过程中裂出来的细胞球越来越小，核占细胞比例越来越大，直至核比例达到该种动物的特有数值时为止，卵裂就结束。卵裂过程中不仅细胞数变大，且细胞已经开始分化了。

胚泡的种植过程是个动态过程，胚泡表面和母体子宫表面都要做相应的准备。如猪的胚泡发育到11天，胚泡表面生有绒毛状原基，子宫内膜细胞立方化，然后二者紧密结合一起，胚泡会固定在子宫壁上。

2. 胎盘的形成

种植后的胚泡滋养层迅速向外增生，形成含有胚泡血管组织的绒毛。与此同时，子宫内膜与胚泡相接的黏膜增生，形成覆盖胚胎的蜕膜。绒毛伸入蜕膜内就构成胎盘。从此，胚胎在胎盘内就发育成胎儿，并通过胎盘从母体的血液中取得营养，进行气体和其他物质的交换。

胎盘不仅实现胎儿与母体间的物质交换，保证胎儿的生长发育，而且分泌雌激素、孕激素和促性腺激素，这对于在妊娠期内维持母体和胎儿的最适状态有重要意义。

胎盘由两部分构成，一部分是母体子宫内膜，一部分是胎儿外面的胎膜参与形成。它们各出一部分结构，并互相联系在一起形成。当胎儿出生后，胎儿那部分要从子宫内膜上脱落下来，而母体部分的子宫内膜又重新恢复。

3. 妊娠时母畜的变化

母畜妊娠后，为了适应胎儿的成长发育，各器官系统的生理功能都要发生一系列的变化。妊娠中卵巢中黄体分泌大量孕酮，除了促进种植、抑制排卵和降低子宫平滑肌的兴奋性外，还在雌激素的协同作用下，刺激乳腺腺泡生长，使乳腺发育完全，准备分泌乳汁。

随着胎儿的生长发育，子宫体积和重量也逐渐增加，腹部内脏受子宫挤压向前移动，这就引起消化、循环、呼吸和排泄等一系列变化。如呈现胸式呼吸，呼吸浅而快，肺活量降低；血浆容量增加，血液凝固能力提高，血沉加快。到妊娠末期，血中碱储减少，出现酮体，形成生理性酮血症；心脏因工作负担增加，出现代偿性心肌肥大；排尿排粪次数增加，尿中出现蛋白质等。母体为适应胎儿发育的特殊需要，甲状腺、甲状旁腺、肾上腺和垂体表现为妊娠性增大和功能亢进；母畜代谢增强，妊娠前期食欲旺盛，对饲料的利用率增加，因而母畜显得肥壮，被毛光亮平直。妊娠后期，由于胎儿迅速生长，母体供应养料较多，如饲料和饲养管理条件稍差，就会逐渐消瘦。

4. 妊娠期

妊娠期的长短随动物的品种、年龄、胎儿性别和数目、饲养管理等条件而不同（表7-3）。

表 7-3　各种家畜的妊娠期

动物名称	平均妊娠年龄	变动范围	动物名称	平均妊娠年龄	变动范围
牛	282	240～311	猫	58	55～60
羊	152	140～169	兔	30	28～33
猪	115	110～140	驯鹿	225	195～243
驴	380	360～309	马	340	307～402
犬	63	59～65			

知识链接

有个别母畜在妊娠过程中会出现发情的现象，有的是正常生理现象。如绵羊，在妊娠后5天有发情现象。牛也有发生。

（三）分娩

分娩是成熟的胎儿自子宫排出母体的过程。可分为以下三期。

1. 开口期

开口期子宫发生有节律的收缩——阵缩，把胎儿和胎水挤入子宫颈。开始每次间隔的时间很短而间歇的时间长，以后阵缩时间长而间歇时间变短。子宫颈在这种持续的力作用下而扩大，胎儿的一部分胎膜突入阴道，以致破裂流出部分胎水，胎儿也顺着胎水进入了骨盆腔内。

2. 胎儿排出期

这一时期，子宫肌更加强烈而持久的收缩，加上腹肌和膈肌收缩的协调作用，使腹腔内的压力显著增高，驱使胎儿经阴道排出体外。

知识链接

在反刍类家畜中子宫阜一直是在幼畜产出后断开联系的，因此，在幼畜能独立呼吸前能保证氧的供应。而猪、马等动物的胎盘与胎儿的联系在开口期已经有所破坏了。

3. 胎衣排出期

胎儿排出后，经短时间的间歇，子宫又开始阵缩，使胎衣与子宫壁分离，随后排出体外。胎衣排出后，子宫收缩压迫血管裂口，阻止继续出血。

学习贴示

由于形成胎盘时子宫结合部位的不同，子宫内膜给合程度也不同。因此，胎衣排出的速度也不相同，按其胎盘结构的复杂度，牛、羊等反刍动物的不易脱离，而马、猪等动物胎衣较易分离。

4. 分娩后母体的恢复

（1）子宫的恢复　子宫在妊娠时由于体积增大，其组织学结构发生了变化，增生了大量结缔组织，由于胎盘的形成，黏膜也发生变化，但在产后，原来增生的部分都要恢复。黏膜发生变性，母体胎盘组织、残留的胎水等脱落，在这个过程中，从母畜的阴门内会有变性黏膜等流出称为恶露。起初为红褐色的，以后颜色变成无色透明而不再排出。在这个过程中，子宫内膜不会重新再生出新的黏膜。

（2）卵巢的恢复　在妊娠过程中，由于激素的调节作用，使得促卵泡生成激素的分泌得到了抑制，使卵巢上的卵泡不发育，分娩后，卵巢的功能就开始逐渐恢复正常，雌性家畜出现了发情的现象。

（3）其他器官　其他生殖器官也会在家畜生产的一段时间内恢复到原来的状态，但不能完全和从前的大小一致。骨盆和韧带在分娩后的4～5天内可恢复到原状。

知识链接

（1）胎衣　胎衣是包在哺乳动物胎儿表面的几层膜的总称。哺乳动物与鸟类不同，卵黄很少，只够在附植前用。必须要借助于胎膜与母体子宫之间建立密切的物质交换的关系。胎儿是通过胎膜从胎盘中得到营养的，并通过胎盘将胎儿代谢产物转排给母体的。包括卵黄囊、羊膜、尿囊和绒毛膜四层膜（图7-18）。

①羊膜　羊膜包围着胎儿，形成羊膜囊，囊内充满羊水，胎儿浮于羊水中。羊水有保护胎儿和分娩时润滑产道的作用。

②尿囊　尿囊在羊膜囊的外面，内有尿囊液。尿囊与胎儿的脐尿管相通，故有储存胎儿代谢产物的作用。

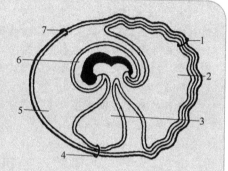

图7-18　胎膜关系模式图
1—尿囊绒毛膜；2—尿囊腔；3—卵黄囊腔；
4—卵黄囊胎盘；5—胚外体腔；
6—羊膜腔；7—绒毛膜

③绒毛膜　绒毛膜位于最外层，与尿囊相贴，表面有绒毛，与子宫黏膜紧密相贴，是构成胎盘的基础。牛和羊的绒毛聚集成许多丛，称为绒毛叶，除绒毛叶外，绒毛膜的其余部分是平滑的。猪和马的绒毛分布于整个绒毛膜的表面。

（2）胎盘　是母体与胎儿之间进行物质交换的器官。由母体胎盘和胎儿胎盘两部分组成。母体胎盘由子宫内膜构成，而胎儿胎盘由尿囊、绒毛膜构成。根据在形成胎盘过程中，胎儿胎盘与母体胎盘结合时对母体的子宫内膜的损伤的程度及绒毛膜上绒毛分布和形态不同，一般将胎盘分成4种类型（图7-19）。

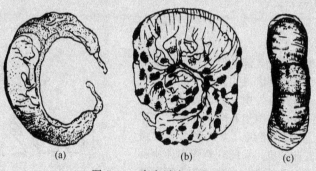

(a)　　　　　　　(b)　　　　　　　(c)

图7-19　家畜胎盘的类型
(a) 散布胎盘；(b) 绒毛叶胎盘；(c) 环状胎盘

①上皮绒毛胎盘：绒毛膜上的绒毛弥散分布与子宫内膜上皮相嵌合，不损伤内膜上皮。由于绒毛膜的绒毛较均匀分布于绒毛膜上，故此类型的胎盘又称为弥散型胎盘。电镜下可见绒毛膜上皮和子宫内膜上皮互有微绒毛交错对插，但细胞膜无损伤。马、猪为此类型胎盘。

　　②结缔绒毛膜胎盘：绒毛膜上的绒毛集合成群，构成胎儿胎盘的绒毛叶，绒毛叶之间无绒毛。故又称为绒毛叶胎盘。母体子宫内膜形成的子宫肉阜与绒毛叶相对应，此处没有子宫腺。二者相接后，其上皮分泌蛋白水解酶将部分子宫内膜上皮溶解，使其直接与子宫内膜的结缔组织触。牛、羊是此种胎盘。

　　③内皮绒毛膜胎盘：绒毛膜上皮完全将子宫上皮吸收。绒毛膜上的绒毛与子宫固有膜中的血管内皮相接触。物质交换只需经过子宫血管内皮、绒毛膜上皮和绒毛膜血管内皮。此种胎盘环绕于胎儿的腰间，故称之为环带状胎盘。而其余部分的绒毛膜与子宫壁并不密切接触。猫、犬属此类胎盘。

　　④血绒毛膜胎盘：绒毛膜上的绒毛均匀地分布于绒毛膜的表面，但仅在子宫壁的一个圆形地区形成胎盘，故又称之为盘状胎盘。绒毛膜上皮分泌蛋白酶，将子宫内膜上皮、结缔组织和血管壁均溶解，绒毛浸于窦中，直接从母体血液中吸收营养和排除废物。兔的胎盘更进一步，绒毛消失。胚胎的血管内皮直接浸于血窦中，故又称之为血液内皮胎盘。灵长类为此类胎盘。

　　胎盘的类型为国家执业兽医师考点范畴。

第四节　泌乳生理

【知识目标】
- ◆掌握初乳、常乳的概念及成分特点。
- ◆理解乳的生成、分泌和排乳过程。
- ◆掌握乳腺的发育及调节。

【技能目标】
- ◆根据乳腺发育特点能通过按摩母畜乳房以促进其良好发育。
- ◆能根据泌乳与排乳原理建立良好饲养环境，减少应激因素。

【知识回顾】
- ◆乳腺的结构特点。
- ◆腺体分泌方式。

一、乳腺的发育

　　哺乳动物不论雌雄性都有乳腺，但只有雌性动物的乳腺才能充分发育并具备泌乳能力。每个乳腺是一个完整的泌乳单位，母畜在妊娠中乳腺达到完全的发育，形成突出而隆起的乳房。腺泡和细小乳导管被互相连接成网状的肌上皮细胞围绕，当这些细胞收缩时，使腺泡中蓄积的乳汁排出。大的乳导管和乳池由平滑肌构成，其收缩参与乳的排出过程。乳头管周围的平滑肌纤维在乳头末端形成括约肌，使乳头孔在不排乳时闭合。乳头管括约肌收缩力的强弱因动物品种及个体而不同。排乳速度的快慢与括约肌的强弱和乳头管的粗细有关（图7-20）。

　　初生的幼畜乳腺尚未发育完全，但已基本具有乳房的基本形态，具有乳头和腺乳池，但导管系统

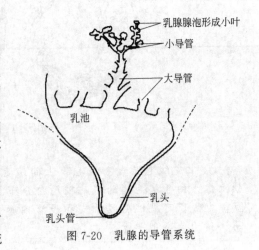

图 7-20　乳腺的导管系统

（图中标注：乳腺腺泡形成小叶、小导管、大导管、乳池、乳头、乳头管）

发育是有限的。此时脂肪垫是乳房的大部分。随着雌性动物的生长，乳腺结构发生变化，主要表现为乳腺实质部分（主要是分泌部分）的再生或吸收。结缔组织在此起着重要作用。

雌性动物在性成熟前和两个泌乳期之间的乳腺静止期中，乳腺内主要是结缔组织、分散的输出管和一些闭合的腺泡或实体的细胞索，腺泡和小的导管由单层立方上皮构成。这时乳房的增长靠结缔组织和脂肪组织的增加。

性成熟时，乳腺的分泌部分和导管部分开始发育。

动物妊娠初期，在胎盘激素和促黄体激素作用下，乳腺导管系统数量继续增加，并延伸到乳房的每个部分，腺泡也开始发育，直至乳腺完全成熟。妊娠中期，乳腺泡渐渐地出现了分泌腔，乳腺泡和乳导管的体积也增大，取代了脂肪组织。到妊娠后期，乳腺泡的分泌上皮细胞开始具有分泌功能，乳房的结构达到了泌乳的活动标准。

分娩前，腺体组织开始分泌乳汁，这时乳腺内的分泌部分占绝对优势，原来的大量结缔组织减少成为很薄的叶间结缔组织膜，包绕腺泡或小叶。

分娩后，乳腺在生乳激素的作用下进入正常的泌乳活动，持续一段时间。经过一段时间泌乳后乳腺的腺泡体积重新逐渐变小，分泌腔消失，以后完全停止分泌活动，结缔组织又开始增生，恢复妊娠前形态。再次妊娠时乳腺重新发育，在分娩后又开始泌乳。乳牛在分娩后产乳量迅速上升，在 2～6 周内达到高峰，然后逐渐下降，一般在 10～12 个月后干乳。

第二次妊娠，乳房的腺组织会重新发育，并在分娩后开始泌乳。

老年雌畜乳腺组织和乳导管逐渐退化，由结缔组织和脂肪组织代替，乳房体积显著变小，至此乳腺完全萎缩，与幼畜乳腺的构造大致相似。表 7-4 为乳腺组织结构的年龄变化和妊娠期、泌乳期的变化特点。

表 7-4 乳腺组织结构的特点

时期	间质	导管	腺泡
静止	脂肪及结缔组织丰富	少量	萎缩、排卵前后略有增生
妊娠期	结缔组织少	增多	逐渐增生变大妊娠后期腺泡开始分泌、腔内可见初乳
泌乳期	间质少	发达	大量增生，腔内充满了分泌物

知识链接

乳腺发育的调节

乳腺的发育受内分泌腺活动和神经系统的调节，见图 7-21。

乳腺的发育和泌乳受多种激素的调节。雌激素和孕激素参与调节乳腺的发育。试验证明，摘除未达到性成熟母畜的卵巢，可引起乳腺的发育不全；反之，给未完全成熟或已切除卵巢的母畜周期性地注射雌激素时，可引起乳腺中导管系统的生长发育，但不能使乳腺泡生长发育，必须再周期性地注射孕激素，才能使乳腺腺泡正常发育。应用雌激素与孕激素需要一定的比例，1：1000 的比例能使牛的乳腺得到良好的发育。

促进乳腺腺泡的充分发育除了雌激素和孕激素外，还需要多种激素，如催乳素、生长激素、促肾上腺皮质激素和肾上腺皮质所分泌的几种激素。某些动物的胎盘所产生的雌激素及孕激素对乳腺的发育起着很重要的作用，如妊娠期间的马、绵羊、豚鼠和小鼠，这些动物在摘除卵巢后仍能继续维持正常妊娠及乳腺发育，甚至泌乳。

乳腺的发育还受神经系统的调节。刺激乳腺的感受器，发出冲动传到中枢神经系统，通过下丘脑-垂体系统或直接支配乳腺的传出神经，能显著地影响乳腺的发育。畜牧业实践中通过按摩初胎母牛、怀胎母猪的乳房，都能促进乳腺发育和产后的泌乳量。

神经系统对乳腺还有营养性作用。在性成熟前切断母山羊的乳腺神经，乳腺的发育中止；在妊娠期切断乳腺神经，则乳腺腺泡发育不良，不能形成腺泡腔，小叶结缔组织增生；

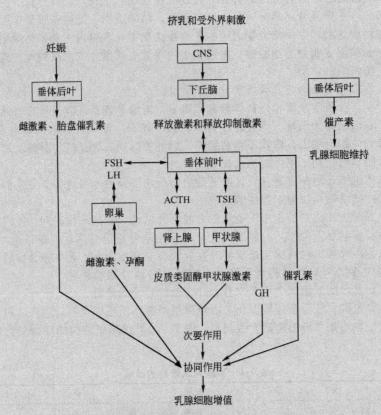

图 7-21　乳腺的发育受内分泌腺和神经系统的调节
CNS—中枢神经系统；FSH—促卵泡激素；LH—黄体生成素；
ACTH—促肾上腺皮质激素；TSH—促甲状腺激素；GH—生长激素

在泌乳期切断乳腺神经，则大部分腺泡处于不活动状态。

乳腺的发育和功能受遗传、内分泌和环境的影响，适宜的营养和正确的管理对乳房的正常发育及保持其正常功能起很大的作用。

二、乳

乳是乳腺生理活动的产物，是仔畜天然的食物。乳中含有水分、蛋白质和非蛋白含氮化合物、脂质、糖类、无机物、维生素、酶类、激素和生长因子、有机酸以及气体等化学成分。畜种、品种、母畜年龄、饲料、饲养管理、季节、泌乳期、个体特征等都影响乳的成分。

母畜分娩后最初 3～5 天内所产的乳称为初乳。其后到整个泌乳期结束所产的乳称为常乳。

（一）初乳

初乳较黏稠、色黄，稍有咸味和腥味，煮沸时凝固。初乳的成分与常乳相并悬殊。初乳中各种成分的含量和常乳显著不同（表 7-5），初乳中富含有丰富的脂肪、矿物质和蛋白质（球蛋白和白蛋白），还有白细胞免疫球蛋白、维生素等。

初乳的作用主要有：初生的幼畜吸吮初乳后，蛋白质能透过肠壁被直接吸收，增加幼畜血浆蛋白质的浓度。初乳中还含有大量的免疫抗体、酶、维生素及溶菌酶等，新生幼畜依赖初乳中的抗体（免疫球蛋白）获得被动免疫，以增加机体抵抗力。初乳中的维生素 A 和维生素 C 的含量比常乳约多 10 倍，维生素 D 比常乳多 3 倍。很多哺乳动物仔畜是从母体胎盘将维生素 A 转给胎儿的能力并，但初乳中高水平的维生素 A 可补充维生素 A。初乳中含有较多的无机盐，其中特别富含镁盐，镁盐有轻泻作用，能促使肠道排出胎便。所以，初乳几乎是初生幼畜不可代替的食物。给初生动物喂足初乳，对保证初生幼畜的健康成长具有重要的意义。

表 7-5　初乳成分（以牛为例，初乳成分占常乳成分的百分数）　　%

项目	分娩后天数			项目	分娩后天数		
	0	3	5		0	3	5
干物质	220	100	100	维生素 A	600	120	100
乳糖	45	90	100	维生素 E	500	200	125
脂类	150	90	100	胡萝卜素	1200	250	125
矿物质	1120	100	100	维生素 B_1	150	150	150
酪蛋白	210	110	110	泛酸	45	110	105
白蛋白	500	120	105	维生素 B_2	320	130	110
球蛋白	3500	300	200				

（二）常乳

初乳期过后，乳腺所分泌的乳汁叫做常乳（表 7-6）。常乳分泌的数量较多，但其性状受到畜种、饲料成分、饲养管理、年龄、气候、泌乳期等许多因素的影响。因此，常乳的成分和性状、数量上变化较大。

表 7-6　各种动物常乳中化学成分　　%

项目	干物质	脂肪	蛋白质	乳糖	灰分
乳牛	12.8	3.8	3.5	4.8	0.7
山羊	13.1	4.1	3.5	4.6	0.9
绵羊	17.9	6.7	5.8	4.6	0.8
猪	16.9	5.6	7.1	3.1	1.1
马	11.0	2.0	2.0	6.7	0.3
兔	30.5	10.5	15.5	2.0	2.5

👆 学习贴示

灰分是乳品灰化后残留的物质。经过灰化主要是将乳中有机物燃烧，是乳中无机盐残留成分。

常乳中都会富含蛋白质、脂肪、糖、无机盐、酶、维生素和水。

（1）乳中蛋白　常乳中的蛋白种类多，数量也不少。但蛋白主要是酪蛋白，其次是白蛋白和乳球蛋白。当乳变酸时，酪蛋白与钙离子结合形成沉淀使乳发生凝固。

（2）乳脂　乳脂的主要成分是甘油三酯，在乳脂中含量约占 98%，其余部分为甘油二酯、单酯甘油、胆固醇及非酯化脂肪酸、磷脂等。乳脂呈球形存在，外面包有磷脂蛋白膜，强烈振动时，会破坏脂膜而发生黏合并析出。乳中还有少量的磷脂、胆固醇和其他的脂类。

（3）乳糖　乳糖是乳中的主要糖类，是幼仔哺乳期热量的主要来源，大多数动物乳中乳糖含量为 3%～7%。葡萄糖是乳糖唯一的前体物。合成 1 分子乳糖必须有 2 分子葡萄糖进入乳腺细胞。葡萄糖的供应可能是反刍动物控制最大泌乳量的主要因素。例如，把葡萄糖注入高产母羊的血中，可刺激其泌乳量提高 62%。乳糖可被乳酸菌分解成乳酸，酸牛乳就是这样制成的。

（4）乳中的酶　包括有过氧化氢酶、过氧化物酶、水解酶等 60 种以上的酶，主要来源于乳腺组织、血浆及白细胞，在乳中还存在一些由微生物分泌的酶。大部分酶对乳并无作用，只有少部分的酶对乳起作用。

（5）乳中的无机盐　乳中的无机盐包括钠、钾、钙、镁的氯化物、磷酸盐和硫酸盐等，其中钙、磷的比例一般为 1∶2，有利于钙的吸收利用。乳中含有铁、铜、锌、锰等 14 种必需微量元素，但乳中铁的含量不足，所以仔畜应补充适量含铁物质，否则将发生贫血。

（6）乳中的维生素　乳中含有动物所具有的各种维生素。其含量可因营养、遗传、生产、环境、加工等因素影响而有所变化，如初乳中维生素 A 及 β-胡萝卜素含量多于常乳，放牧较舍饲牛乳中的维生素含量高，在青饲料较多的放牧期，乳中维生素 A、胡萝卜素和维生素 C 的含量较冬春季节明显增加。牛乳中维生素 B_{12} 比较多，而维生素 D 含量不高。

三、乳的生成过程

乳的生成是乳腺以血液中的营养物质为原料，在乳腺泡内经过酶的参与完成的一系生理生化过程。其中某些物质经过乳腺上皮细胞的选择性吸收和浓缩，而另一部分则被完全或部分地阻止其从血浆中渗入。经过乳腺合成使得乳中成分与血浆明显不同。与血液相比，乳中的钙增加了 13 倍，乳中的钾和磷增加了 7 倍，镁增加了 4 倍，但钠却是血中的 1/7。

1. 乳蛋白质的生成

乳中的酪蛋白、β-乳球蛋白和 α-乳清蛋白由乳腺分泌上皮细胞合成。乳中免疫球蛋白则是从血液中直接吸收的。不同家畜乳中免疫球蛋白含量差别较大。羊和牛初乳中的免疫球蛋白含量最高可达 120g/L，以后迅速下降；在泌乳高峰期的含量为 0.5～1.0g/L。

2. 乳脂的生成

乳中的乳脂几乎合部为甘油三酯，是在上皮细胞的内质网中形成脂肪小球。在从细胞内挤出时，由浆膜包围在脂肪小球外面。组成甘油三酯的脂肪酸来源于血浆中，是 C_4～C_{18} 饱和脂肪酸及不饱和脂肪酸——油酸。山羊和牛乳中的 C_4～C_{18} 脂肪酸的前体物主要来自血液乳糜微粒的甘油三酯和脂蛋白的裂解。瘤胃发酵产生的乙酸和羟丁酸也可被乳腺细胞利用转变为 C_4～C_{16} 脂肪酸。

3. 乳糖的生成

乳腺是利用血液中的葡萄糖来合成乳糖的。在乳腺的上皮细胞的高尔基体和内质网内存在乳糖催化酶，先将一部分葡萄糖在乳腺内由乳糖合成酶催化转变成半乳糖，然后再与葡萄糖结合生成乳糖。反刍动物瘤胃发酵所产生的丙酸易被用于合成乳糖。乳糖在乳中的含量对乳的渗透压有很大的影响，因此，乳糖的浓度在一定程度上影响乳腺上皮细胞对水分的吸收。

学习贴示

乳腺是以上皮组织为主的器官，上皮组织具有分泌功能。这种功能的实现要靠细胞内的细胞器来合成。例如乳蛋白、乳糖等的合成需要在高尔基体内进行。乳腺是外分泌腺，乳的分泌也符合腺体的分泌方式；乳汁是顶浆分泌（参见腺上皮知识链接）排出的。乳腺除了能合成乳，也有重吸收乳中某些营养物质的能力。

四、乳的分泌

乳腺作为外分泌腺，其分泌为顶浆分泌。乳中蛋白、乳糖、乳脂均是以"胞吐"的方式分泌的。主要经过两个过程，一是从合成部位经过乳腺上皮细胞的胞浆到达上皮细胞膜；二是穿过乳腺上皮细胞到达腺泡腔内。而其他物质如钠、钾等则是通过细胞膜的主动运输过程分泌的。

知识链接

乳腺的分泌调节

乳腺在泌乳的调节过程，主要是启动泌乳和启动后泌乳量的维持两个过程。这两个过程都是在神经和体液的参与下完成的，主要是催乳素在血中的含量对泌乳和维持泌乳起主要的作用。

分娩后孕酮水平下降，使得脑垂体分泌催乳素被大量释放，促进乳合成与泌乳。另外分娩后血中大量的肾上腺皮质激素也加强了催乳素的泌乳作用——泌乳被启动。而泌乳期泌乳量的维持却是一个反射过程。反射的感受器主要在乳头部位，幼畜吮乳和挤乳过程可引起神经冲动，传达到下丘脑相关部位，使得垂体释放更多的催乳素，维持着泌乳量。因此，乳从乳房中排空与否会直接影响泌乳量。

除此，能调节机体新陈代谢的激素对乳的合成有一定的影响，也可间接地影响泌乳。如甲状腺、肾上腺等。

畜体内还存在直接控制乳腺分泌的神经，也对泌乳与维持泌乳起作用。

五、乳的排出

哺乳或挤乳反射性地引起乳房的容纳系统紧张度改变，使储积在腺泡和乳导管内的乳迅速流向乳池，这一过程称为排乳。

排乳的过程是一种反射过程。感受器存在于乳头处，当母畜哺乳或挤乳时刺激乳头后，会反射性地引起腺泡平滑肌及导管系统平滑肌反射性收缩，乳头括约肌开放，于是乳借助本身重力不断地排出体外。

乳牛的乳池乳一般约占泌乳量的30％，反射乳约占泌乳量的70％。猪的乳池不发达，马的乳池很小，挤乳或哺乳后，乳房内总有一部分残留乳。挤乳或哺乳刺激乳房不到1分钟，就可以引起乳牛的排乳反射。但猪的排乳反射需要较长时间，仔猪用鼻吻突撞母猪乳房2～3分钟后，才能开始排乳，并持续约1分钟，使仔猪获得乳汁，然后排乳突然停止。母猪排乳的突然开始和突然停止，主要是因为没有发达的乳池，乳汁几乎都是积聚在腺泡腔中。

🖑 **学习贴示**

刺激（乳头感受器受到哺乳和挤乳）—肌收缩（先腺泡与细小乳导管，后大的乳管、乳池等平滑肌收缩）—乳池压力升高（乳汁流入）—括约肌开放（乳头括约肌）—排乳。

第八章 心血管系统

心血管系统包括心脏、血管和充满其中的血液。在心脏这个动力器官的作用下，血液以心脏为起点，沿动脉、毛细血管和静脉流动，又返回心脏。这样周而复始地流动，不断地把消化器官摄取的营养物质和呼吸器官吸进的氧气输送到机体各组织器官，并将各组织器官的代谢产物运送到肺和肾排出体外，以保证新陈代谢的正常运行。

第一节 心 脏

【知识目标】
 ◆ 掌握心脏的四个心腔的结构。
 ◆ 了解心脏的传导系统及心包的结构。
【技能目标】
 ◆ 能在活体上找出心脏的体表投影位置。
 ◆ 能在活体或离体上识别左、右心房、心室及与各心腔相连的血管。
【知识回顾】
 ◆ 纵隔、胸骨的形态、位置。
 ◆ 内皮、间皮、浆膜的概念。

一、心脏的形态和位置

心脏为一中空的肌质器官，呈倒圆锥形，外有心包。前上部宽大为心基，有进出心脏的大血管，位置较固定；下部小且游离于心包腔内，称心尖。

心脏表面有一环行的冠状沟和左、右两条纵沟。冠状沟是环绕心脏的环状沟，是心房和心室在外表的分界线。冠状沟上部为心房，下部为心室。在心脏的左前方有左纵沟，由冠状沟向下延伸，几乎与心的后缘平行。在心脏的右后方有右纵沟，由冠状沟向下伸延至心尖。纵沟相当于两心室的分界，纵沟的右前方为右心室，纵沟的左后方为左心室。冠状沟和纵沟内含有血管和脂肪（图 8-1、图 8-2）。

心脏位于胸腔纵隔内，两肺之间，略偏左侧。牛的心脏位于第 3～6 肋之间，心基大致位于肩关节水平线上，心尖位于胸骨后段的上方约 2cm 处。猪的心脏位于第 2～6 肋之间，心尖位于第 7 肋骨和肋软骨连接处。马的心脏位于第 3～6 肋骨之间，心基的顶端到达第 1 肋骨中部的水平线处，心尖达第 6 肋骨下。

二、心腔的构造

心脏借房中隔和室中隔分为左、右互不相通的两半，每半又分为上部心房和下部心室。因此心腔可分为左心房、左心室、右心房和右心室四个部分。相应的心房和心室以房室孔相通（图 8-3、图 8-4）。

1. 右心房

右心房占据心基的右前部，由腔静脉窦和右心耳构成。腔静脉窦是前、后腔静脉口与右房室口间的空腔，是体循环静脉的入口。右心耳呈圆锥形的盲端，尖端向左向后到达肺动脉前方，内壁有许多肉嵴，称梳状肌。腹侧有右房室口，通右心室。全身的静脉和心脏本身的静脉都注入右心房。

2. 右心室

右心室位于心脏右前部，右心房腹侧，室尖不达心尖。其入口为右房室口，出口为肺动脉口。右房室口为卵圆形口，由致密结缔组织构成的纤维环围绕而成，环上附有三片三角形的瓣膜，

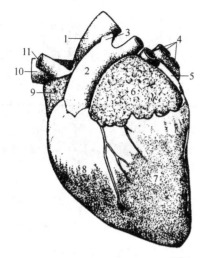

图 8-1　牛的心脏一

（a）左侧面

1—主动脉；2—肺动脉；3—动脉韧带；
4—肺静脉；5—左奇静脉；6—左心房；
7—左心室；8—右心室；9—右心房；
10—前腔静脉；11—臂头动脉总干

（b）右侧面

1—主动脉；2—臂头动脉总干；3—前腔静脉；4—右心
房；5—右冠状动脉；6—右心室；7—左奇静脉；8—肺
动脉；9—肺静脉；10—后腔静脉；11—心大静脉；
12—心中静脉；13—左心室

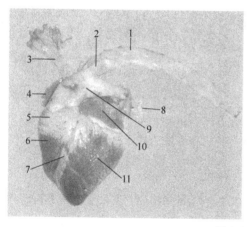

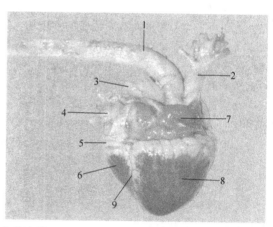

图 8-2　牛的心脏二

（a）左侧观

1—主动脉弓；2—动脉韧带；3—臂头
（动脉）干；4—右心房；5—冠状沟；
6—右心室；7—圆锥旁室间沟（左纵沟）；
8—肺静脉；9—肺（动脉）干；
10—左心房；11—左心室

（b）右侧观

1—主动脉弓；2—臂头（动脉）干；3—肺
（动脉）干；4—肺静脉；5—冠状沟；
6—左心室；7—右心房；8—右心室；
9—右纵沟（窦下室间沟）

称三尖瓣（右房室瓣）。瓣膜的游离缘垂入心室，并由腱索附着在心室壁的乳头肌连接，可使瓣膜不被反向冲开，可防止血液倒流入右心房。右心室的肌肉较薄，从心室侧壁有一连于室间隔的肌束，称隔缘肉柱，有防止心室过度扩张的作用。

肺动脉口为右心室的血液进入肺动脉的入口，附着有三个凹面朝向动脉的半月形的瓣膜，称半月瓣。瓣膜关闭可防止血液倒流入右心室。

3. 左心房

左心房位于心基的左后部，构造与右心房相似。其背侧壁上有 6～8 个肺静脉的入口。它的

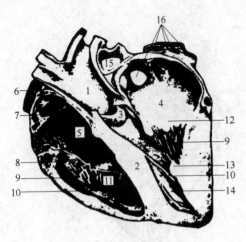

图 8-3　马心脏纵切面

1—主动脉；2—室中隔；3—主动脉瓣；4—左心房；
5—右心房；6—前腔静脉；7—梳状肌；8—三尖瓣；
9—腱索；10—隔缘肉柱；11—右心室；12—二尖瓣；
13—乳头肌；14—左心室；15—肺动脉；16—肺静脉

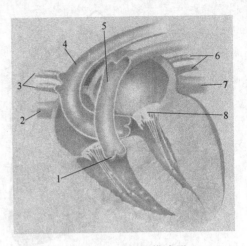

图 8-4　心腔剖面模式图

1—半月瓣；2—前腔静脉；
3—臂头动脉；4—主动脉；
5—肺动脉；6—肺静脉；
7—后腔静脉；8—二尖瓣

左前方有一圆锥形盲囊，为左心耳，其内壁也有梳状肌。腹侧有左房室口通向左心室。

4．左心室

左心室位于左心房的腹侧，心脏的左后部，较右心室狭长，室尖到达心尖。左心室的入口为左房室口，出口为主动脉口。左房室口呈圆形，位于左心室的上后方，口的周围有纤维环，环上附着两片强大的瓣膜，称为二尖瓣。二尖瓣的构造与功能与三尖瓣相同，游离缘借腱索连在心室侧壁的两个乳头肌上。

主动脉口呈圆形，其构成与肺动脉口相似，也有三片半月瓣，称为主动脉瓣，附着在主动脉口纤维环上。牛的主动脉口纤维环内有两块心骨；马为心软骨。

左心室壁的肌层较右心室壁厚约 3 倍，也有数条心横肌和不发达的肉柱。

三、心壁的组织构造

心壁由心外膜、心肌和心内膜组成。

（1）心外膜　为心包浆膜脏层，表面光滑，由间皮和结缔组织构成，紧贴于心肌外面。其深面有血管、淋巴管和神经等。

（2）心肌　是心壁最厚的一层，主要由心肌纤维构成。心肌被房室口的纤维环分为心房和心室两个独立的肌系，所以心房和心室可在不同时期内收缩和舒张。心房肌较薄，分为深、浅两层。心室肌较厚，其中左心室肌最厚，约为右心室肌的 3 倍。

（3）心内膜　被覆于心腔内面的一层光滑薄膜，并与血管的内膜相延续。其深面有血管、淋巴管、神经和心传导纤维的分支。心内膜在房室口和动脉口折成双层结构的瓣膜。

四、心包

心包是包围在心脏外面的纤维浆膜囊，分为脏层和壁层（图 8-5）。脏层紧贴在心脏的外面，构成心外膜。脏层在心基处向外折转移行构成壁层。脏层和壁层之间的腔隙称为心包腔，腔内有少量浆液，即心包液，起润滑作用。心脏大部分游离于心包腔内。

五、心脏的传导系统

心脏的传导系统是维持心脏自动而有节律性搏动的结构，包括窦房结、房室结、房室束和浦肯野纤维，由特殊分化的心肌纤维构成，能自动地产生兴奋和传导兴奋，使心脏有节律地收缩和舒张（图 8-6）。

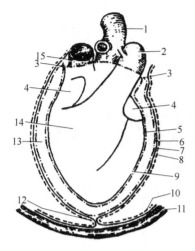

图 8-5　心包结构模式图

1—主动脉；2—肺动脉干；3—心包脏层转到
壁层的地方；4—心室肌；5—心外膜；6—心
包壁层；7—纤维性心包；8—心包胸膜；9—心；
10—肋胸膜；11—胸壁；12—胸骨心包韧带；
13—心包腔；14—心室肌；15—前腔静脉

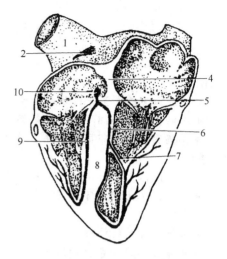

图 8-6　心传导系统示意图

1—前腔静脉；2—窦房结；3—后腔静脉；
4—房间隔；5—房室束；6—房室束左脚；
7—隔缘小梁；8—室间隔；
9—房室束右脚；10—房室结

（1）窦房结　位于前腔静脉口与右心房交界处的心外膜下，呈半月状。除分支到心房肌外，还分出数支结间束与房室结相连。

（2）房室结　位于右心房冠状窦前方，在房中隔的心内膜下，呈结节状。

（3）房室束　是房室结向下的直接延续，在室中隔上端分为较薄的右脚和较厚的左脚。两脚分别沿室中隔的两心室面向下伸延并分支，其中一些经心横肌到心室侧壁。以上的小分支在心内膜下分散成浦肯野纤维，与普通心肌纤维相连接。

六、心脏的血管

心脏本身的血液循环为冠状循环，由冠状动脉和心静脉组成。

1. 冠状动脉

分为左、右两支，分别由主动脉根部发出，沿着冠状沟和左、右纵沟内分支，分布于心房和心室，在心肌内形成丰富的毛细血管网。

2. 心静脉

包括心大静脉、心中静脉和心小静脉。

（1）心大静脉　较粗，起自心尖前部。沿左纵沟上行，再沿冠状沟向后向右行，主要汇集经左冠状动脉分支的毛细血管回流的静脉血。

（2）心中静脉　较细，起自心尖的后部。沿右纵沟上行至冠状沟，主要汇集经右冠状动脉分支的毛细血管回流的静脉血。心大静脉和心中静脉均注入右心房的冠状窦。

（3）心小静脉　分成数支，在冠状沟附近直接开口于右心房。

🖐 **学习贴示**

心脏作为一个器官存在，它也需要营养来源与代谢。心脏的功能是泵血。心脏的血管就是给其提供营养的管道。动脉是输送血液到心脏，即两个冠状动脉（左心室射出血到主动脉，同时又从主动脉根部发出的左、右两条血管环绕于冠状沟内），而心大静脉、心中静脉及心小静脉是心脏中血液回流回心脏的血管。

第二节　血　　管

一、血管的种类及构造

根据血管的结构和功能不同，可将血管分为动脉、静脉和毛细血管三种。

1. 动脉

动脉是引导血液出心脏并流向机体各组织器官的血管。动脉的一端接心室，逐步分支变细，接毛细血管。动脉管壁厚，富有弹性，管腔空虚时不会塌陷。血管破裂时，血液呈喷射状流出。根据动脉管径大小和结构的不同，又可分为大动脉、中动脉和小动脉，三者是逐渐移行的，没有明显分界。

动脉管壁一般可分为内、中和外三层。内层也称内膜，由内皮、薄层的结缔组织和弹性纤维组成。内皮为单层扁平上皮，表面光滑，可减少血流阻力；内皮下的一薄层疏松结缔组织有再生血管内皮的能力；最外层的弹性纤维能舒张血管。中层也称中膜，由平滑肌、弹性纤维和胶质纤维组成，由于血管管径大小不同，它们之间的比例各有差异。大动脉以弹性纤维为主；中型动脉由平滑肌和弹性纤维混合而成；小动脉以平滑肌为主。外层也称外膜，较中膜薄，由结缔组织构成（图8-7）。

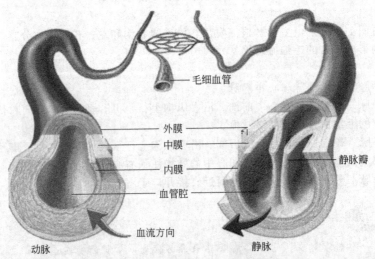

毛细血管

外膜
中膜
内膜
血管腔
血流方向
静脉瓣

动脉　　　　　　　　　　　静脉

图8-7　血管的结构模式图

2. 静脉

静脉是把血液引流回心脏的血管，管壁构造与动脉相似，也分为三层，但中膜较薄，所以管壁较动脉管壁薄，管腔大。空虚时血管常塌陷。出血时血液呈流水状流出。有的静脉内壁有成对的静脉瓣，其游离缘向着心脏的方向，可防止血液逆流。

3. 毛细血管

毛细血管是动脉和静脉之间的微细血管，短而密，互相吻合成网状。管壁很薄，仅由一层内皮细胞构成，有的甚至只由1～2个内皮细胞围成，所以管壁具有较大的通透性。

知识链接

毛细血管的组织学结构

（1）毛细血管由内皮和基膜构成，有的有少量的周细胞。

① 内皮：为单层扁平上皮，周边菲薄。

② 基膜：在内皮细胞外侧，除起支持作用外，还能诱导其内皮再生。

③ 周细胞：一种胞体扁平的细胞，并有许多突起位于基膜内。有人认为是间充质细胞。在血管的生长和再生中分化为内皮细胞、平滑肌细胞和成纤维细胞。

（2）电镜下毛细血管的种类

① 连续毛细血管：其内皮连续，内皮细胞内有许多吞饮小泡（运输营养物质和代谢作用有关），内皮外有完整的基膜，周细胞较常见。分布于结缔组织、中枢神经、皮肤等处。

② 有孔毛细血管：其内皮连续，内皮细胞内有许多吞饮小泡，但细胞不含核的部分薄，上面有许多小孔，小孔上盖有一层薄隔膜。内皮外有完整的基膜。周细胞较少。这些分布于肾小球、胃肠黏膜、脑室的脉络丛等需要快速渗透的部位。

③ 窦状毛细血管：或血窦，这类血管的管壁薄，管径大，形状不规则。内皮细胞内吞饮小泡少，细胞上有孔，相邻细胞间有较大的间隙。物质通过这些间隙或小孔来完成交换。基膜间断或缺失。周细胞少或没有。窦状毛细血管主要分布在肝、脾、红骨髓、某些内分泌腺内，即需要物质交换频繁的器官内。

二、肺循环血管

肺循环又称小循环，是静脉血由右心室经肺动脉、肺毛细血管网和肺静脉回到左心房的血液循环过程。肺循环的血管包括肺动脉、毛细血管和肺静脉。

肺动脉干起自右心室的肺动脉口，经主动脉和左侧面斜向后上方，在心基的后上方分为左、右两支，分别与左、右支气管一起经肺门入肺。牛、猪、羊的右肺动脉在右肺门处还分出一支到右肺的尖叶。肺动脉在肺内随支气管不断分支，最后在肺部周围形成丰富的毛细血管网，在此进行气体交换。毛细血管网陆续汇集成6～8条肺静脉，经肺门出肺后注入左心房（图8-8）。

学习贴示

肺循环的过程是将右心室中的静脉血流经肺，进行气体交换后变成含氧丰富的动脉血。体循环的过程是将左心室中的动脉血流经全身组织器官，进行气体交换后变成含二氧化碳丰富的静脉血。

三、体循环血管

体循环是血液自左心室射出经主动脉，分布到全身毛细血管网，汇集入前、后腔静脉返回右心房的血液循环路径。体循环血管也包括主动脉、体毛细血管和前、后腔静脉（图8-8）。

（一）体循环的动脉

主动脉是体循环的动脉主干，全身的动脉支都是直接或间接由主动脉发出的。主动脉起始于左心室的主动脉口，向上向后呈弓状，延伸到第6胸椎腹侧，称主动脉弓；主动脉弓沿胸椎腹侧向后延伸至膈，称胸主动脉；胸主动脉通过膈的主动脉裂孔到达腹腔，称腹主动脉。腹主动脉

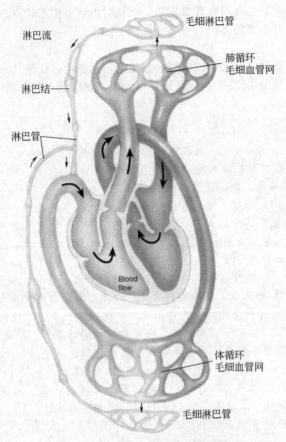

图 8-8　血液循环及淋巴循环示意图
肺循环、体循环及淋巴循环及其血液和淋巴的流向

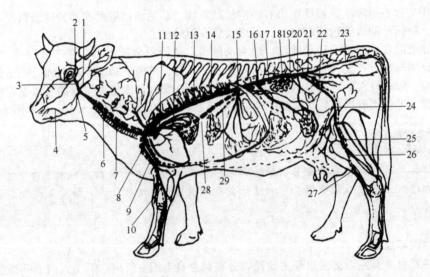

图 8-9　牛全身动、静脉分布图

1—枕动脉；2—颌内动脉；3—颈外动脉；4—面动脉；5—颌外动脉；6—颈动脉；7—颈静脉；8—腋动脉；9—臂动脉；10—正中动脉；11—肺动脉；12—肺静脉；13—胸主动脉；14—肋间动脉；15—腹腔动脉；16—肠系膜前动脉；17—腹主动脉；18—肾动脉；19—精索内动脉；20—肠系膜后动脉；21—髂内动脉；22—髂外动脉；23—荐中动脉；24—股动脉；25—腘动脉；26—胫后动脉；27—胫前动脉；28—后腔静脉；29—门静脉

在第 5 或第 6 腰椎腹侧分为左、右髂内动脉和左、右髂外动脉，分别至左、右侧的骨盆和后肢（图 8-9）。

1. 主动脉弓及其分支

见图 8-10。

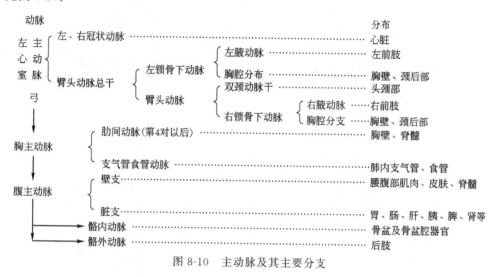

图 8-10　主动脉及其主要分支

（1）左、右冠状动脉　由主动脉的根部分出，主要分布到心脏，只有少量小分支到大血管的起始部。

（2）臂头动脉总干　为输送血液到头、颈、前肢和胸壁前部的总动脉干。牛、羊、马的臂头动脉总干出心房后沿气管腹侧、前腔静脉的左上方向前延伸，在第 1 对肋骨处分出左锁骨下动脉后，移行为臂头动脉。臂头动脉在胸前口附近分出双颈动脉干后，移行为右锁骨下动脉。猪的左锁骨下动脉则与臂头动脉总干同起于主动脉弓，臂头动脉干只发出右锁骨下动脉。

（3）锁骨下动脉　向前下方及外侧呈弓状延伸，绕过第 1 肋骨前缘出胸腔，延续为前肢的腋动脉。在胸腔内左锁骨下动脉发出的分支有肋颈动脉、颈深动脉、椎动脉、胸内动脉和颈浅动脉；右侧的肋颈动脉、颈深动脉和椎动脉自臂头动脉干发出，胸内动脉和颈浅动脉自右锁骨下动脉发出。主要分布于鬐甲部、颈背侧部、胸下壁、胸侧壁及肩前部的皮肤和肌肉。

（4）双颈动脉干　在胸前口处气管的腹侧分为左、右颈总动脉，是分布于头、颈的动脉主干。

2. 胸主动脉及其分支

胸主动脉（图 8-10）是主动脉弓在第 6 胸椎向后的延续。它的主要分支是肋间动脉和支气管食管动脉。

（1）肋间动脉　成对，每一肋间动脉在肋间隙的上端分为背侧支和腹侧支。背侧支穿过肋间隙分布于背部的肌肉、皮肤和脊髓。腹侧支沿肋骨的后缘向下伸延，与胸内动脉的分支相吻合，分布于胸侧壁的肌肉和皮肤。

（2）支气管食管动脉　在第 6 胸椎处起于胸主动脉，很短，分为两支，即支气管动脉和食管动脉，分布于食管和肺内支气管。

3. 腹主动脉及其分支

腹主动脉（图 8-11）为腹腔内动脉的主干。沿腰椎腹侧向后延伸至骨盆入口处，分为左、右髂外动脉和左、右髂内动脉。腹主动脉在腹腔内的分支分为壁支和脏支。壁支为成对的腰动脉，分布于腰腹部的肌肉、皮肤和脊髓。脏支较粗大，分支多，分布于腹腔的内脏器官，由前向后依次为腹腔动脉、肠系膜前动脉、肾动脉、肠系膜后动脉、睾丸动脉或子宫卵巢动脉。

动脉　　　　　　　　　　　　　　　　　　　　　分布

腹主动脉
- 腰动脉 …………………… 腰腹部肌肉、皮肤、脊髓
- 腹腔动脉 …………………… 胃、肝、脾、胰、部分十二指肠
  - 牛
    - 脾动脉 …………………… 脾、瘤胃
    - 瘤胃左动脉 …………………… 瘤胃、网胃
    - 胃左动脉 …………………… 瓣胃、皱胃
    - 肝运动 …………………… 肝、胰、十二指肠、皱胃
  - 马
    - 脾动脉 …………………… 胰、脾、胃、网膜
    - 胃左动脉 …………………… 胃、胰、部分食管
    - 肝动脉 …………………… 肝、胰、十二指肠、胃
- 肠系膜前动脉 …………………… 肠管
  - 牛
    - 胰十二脂肠动脉 …………………… 胰、十二指肠
    - 结肠中动脉 …………………… 结肠终袢
    - 回盲结肠动脉 …………………… 回肠、盲肠、结肠、旋袢
  - 马
    - 空肠动脉 …………………… 小肠
    - 上结肠和结肠中动脉 …………………… 上大结肠、小结肠起始部
    - 回盲结肠动脉 …………………… 回肠、盲肠、下大结肠
- 肾动脉 …………………… 肾、肾上腺
- 肠系膜后动脉 …………………… 结肠后部和直肠
- 睾丸动脉 …………………… 精索、睾丸、附睾
- 或卵巢动脉 …………………… 卵巢、子宫角

图 8-11　腰腹部动脉

（1）腹腔动脉　是分布于胃、脾、肝、胰和十二指肠的动脉干。在主动脉裂孔后方起自腹主动脉。主要有肝动脉、脾动脉和胃左动脉 3 个大的分支。

（2）肠系膜前动脉　是腹主动脉最大的分支。在第 1 腰椎腹侧起于主动脉，分布于大部分肠管（图 8-12）。

（3）肠系膜后动脉　比肠系膜前动脉细小，约在第 4 腰椎腹侧由腹主动脉分出。在降结肠系膜中分为结肠左动脉和直肠前动脉。前者分布于小结肠（马）或结肠后部（牛），后者分布于直肠（图 8-12）。

（4）肾动脉　成对，在离肠系膜前动脉不远处由腹主动脉分出，由肾门入肾。在肾内分支，形成丰富的毛细血管网。入肾前有分支进入肾上腺、输尿管和肾淋巴结（图 8-13）。

（5）睾丸动脉　在肠系膜后动脉附近，起自腹主动脉两侧。细长而直，向后向下延伸至腹股沟管，进入精索，分布于睾丸、附睾输精管和鞘膜。

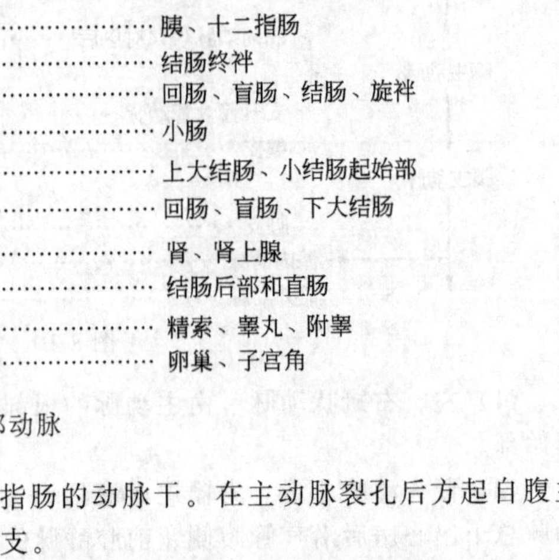

（6）子宫卵巢动脉　较睾丸动脉粗短，较弯曲，特别是经产的雌性动物。在卵巢系膜中向后伸延，主要分布于卵巢，可分为输卵管支和子宫支。前者主要分布于输卵管，后者分布于子宫角前部。

图 8-12　牛肠系膜前、后动脉
1—肠系膜前动脉；2—肠系膜后动脉

4. 头颈部动脉

双颈动脉干是头颈部动脉的主干，由臂头动脉分出。沿气管腹侧向前延伸至胸前口处分为左、右颈总动脉。前者位于食管外侧，后者位于气管外侧。马的颈总动脉在寰枕关节处分为 3

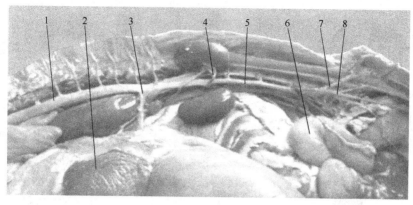

图 8-13　羊动脉分支

1—胸主动脉；2—脾脏；3—腹腔动脉；4—肾动脉；
5—腹主动脉；6—子宫；7—髂外动脉；8—髂内动脉

支，即枕动脉、颈内动脉和颈外动脉。

（1）枕动脉　在颌下腺的深面向寰椎延伸，分布于环枕关节附近的皮肤和肌肉，还分出侧支分布于脑和脊髓。

（2）颈内动脉　在 3 个分支中是最小的，由破裂孔进入颅腔，分布于脑和脑膜。成年牛此血管退化。

（3）颈外动脉　为颈总动脉的直接延续，是 3 个分支中最大的。沿途分出颌外动脉、咬肌动脉、耳大动脉、颞浅动脉和颌内动脉。分布于面部、口腔、咽、腮腺、牙齿、眼球和泪腺等。

5. 前肢动脉

左、右锁骨动脉延续至肩关节内侧的一段称为左、右腋动脉，是左、右前肢的动脉主干。根据部位不同可分为腋动脉、臂动脉、正中动脉和指总动脉（图 8-14）。

（1）腋动脉　锁骨下动脉出胸腔后即称为腋动脉，位于肩关节内侧，向后向下延伸分为肩胛上动脉和肩胛下动脉两支，分布于肩胛部和肩臂部后方的皮肤和肌肉中。

（2）臂动脉　为腋动脉主干在大圆肌后缘的延续，沿喙臂肌和臂二头肌的后缘向下延伸至前壁近端。沿途分为臂深动脉、尺侧副动脉、桡侧副动脉和骨间总动脉，分布于臂部、前臂部背侧及掌侧的皮肤和肌肉。

（3）正中动脉　为臂动脉主干在前臂近端内侧的延续。伴随正中静脉和神经，沿前臂正中沟向下延伸至前臂远端，分布于前臂部的皮肤和肌肉。

（4）指总动脉　为正中动脉在前臂远端的延续，位于掌骨内侧，分布于前肢远端的皮肤和肌肉。

6. 骨盆部的动脉

腹主动脉在骨盆入口处分为左、右髂外动脉和左、右髂内动脉。在左、右髂内动脉间还分出荐中动脉，牛的很发达。

髂内动脉是骨盆部动脉的主干，在荐坐韧带的内侧面向后伸延，途中分出许多侧支，分布于骨盆内器官、荐臀部及尾部的皮肤和肌肉。

7. 后肢的动脉

髂外动脉是后肢动脉的主干，沿髂骨前缘和后肢的内侧面向下延伸到趾端。按部位可分为髂外动脉、股动脉、腘动脉、胫前动脉和跖背侧动脉（牛）（图 8-15）或跖背外侧动脉（马）。

（1）髂外动脉　在第 5 腰椎腹侧由腹主动脉分出，在腹髂筋膜覆盖下，沿骨盆入口的边缘向

图 8-14 牛的前肢动脉

1—腋动脉；2—臂动脉；3—正中动脉；4—指总
动脉；5—正中桡动脉；6—肩胛上动脉；7—肩
胛下动脉；8—桡侧副动脉；9—尺侧副动脉；
10—骨间总动脉；11—第三指动脉

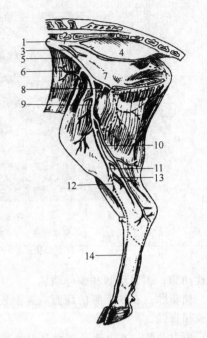

图 8-15 牛的后肢动脉

1—腹主动脉；2—髂内动脉；3—脐动脉；4—阴部
内动脉；5—髂外动脉；6—旋髂深动脉；7—股深
动脉；8—腹壁阴部动脉干；9—股动脉；10—隐
动脉；11—腘动脉；12—胫前动脉；
13—胫后动脉；14—跖背侧动脉

后向下伸延，斜行横过腰小肌腱的内侧至耻骨前缘延续为股动脉。其分支有旋髂深动脉、股深动脉、阴部腹壁动脉干、精索外动脉或子宫中动脉。

（2）股动脉　为髂外动脉的延续，在股薄肌深面伸向后肢远端，分布到股前、股后和股内侧肌群。其分支有股前动脉、股后动脉及隐动脉。牛的隐动脉发达，下行到趾部。

（3）腘动脉　股动脉延续至膝关节后方称为腘动脉，被腘肌覆盖。在小腿近端分出胫后动脉后，主干延续为胫前动脉。

（4）胫前动脉　穿过小腿间隙，沿胫骨背外侧向下延伸至跗关节前面分出，穿过跗动脉后，转为跖背侧动脉（牛）或跖背外侧动脉（马）。

（5）跖背侧动脉或跖背外侧动脉　跖背侧动脉沿跖骨背侧面的沟中向下延伸至跖骨下端转为跖背侧总动脉，分支分布于后趾。跖背外侧动脉沿跖骨背外侧向下延伸，分支分布于后趾。

（二）体循环静脉

体循环静脉系包括心静脉系、前腔静脉系、后腔静脉系和奇静脉系（图 8-16）。

1. 心静脉系

心静脉系是心脏冠状循环的静脉。心脏的静脉血通过心大静脉、心中静脉和心小静脉注入右心房。

2. 前腔静脉系

前腔静脉是汇集头、颈、前肢、部分胸壁和腹壁静脉血的静脉干。由左、右颈静脉和左、右腋静脉汇合而成。前腔静脉位于心前纵隔内向后延伸，注入右心房。

（1）颈静脉　主要收集头颈部的静脉血，沿颈静脉沟浅层向后延伸，在胸前口处注入前腔静脉。临床上颈静脉常用作牛、羊、马等动物静脉注射和采血的部位（图 8-17）。

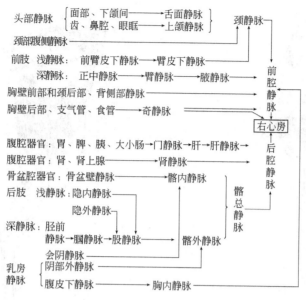

图 8-16　全身静脉回流

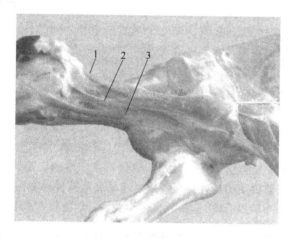

图 8-17　牛颈静脉

1—臂头肌；2—颈浅静脉；3—胸头肌

（2）腋静脉　主要收集前肢深部肌肉的静脉血。起自蹄静脉丛，与同名动脉伴行，在胸前口处注入前腔静脉。

（3）臂皮下静脉　是前肢浅静脉的主干，也称头静脉，汇集前肢浅部皮下静脉血。起自蹄静脉丛，向上不断延伸为掌部的掌心浅内侧静脉，前臂部为前臂皮下静脉（图 8-18）。

3. 后腔静脉系

后腔静脉是收集腹部、骨盆部、尾部及后肢静脉血液的静脉干。在第 5、6 腰椎腹侧由左、右髂总静脉汇合而成。后腔静脉在脊柱下面，沿腹主动脉右侧向前延伸。通过肝时，部分埋在肝内，然后穿过膈的腔静脉裂孔进入胸腔，最后注入右心房。它的主要属支有以下几个。

（1）门静脉　位于后腔静脉的下方，是收集胃、脾、胰、小肠和大肠（直肠后段除外）静脉血的静脉干，经肝门入肝后在肝内反复分支成窦状隙，然后再汇合成数支肝静脉在肝脏壁面注入后腔静脉。

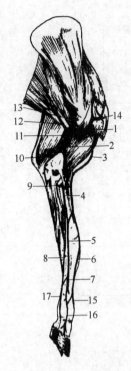

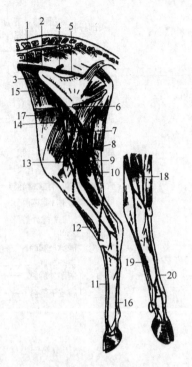

图 8-18 牛前肢静脉

1—腋静脉；2—臂静脉；3—臂皮下静脉；4—正中
静脉；5—前臂皮下静脉；6—副皮下静脉；7—掌心
浅内侧静脉；8—掌心浅外侧静脉；9—骨间总静脉；
10—尺侧副静脉；11—臂深静脉；12—胸背静脉；
13—肩胛下静脉；14—肩胛上静脉；15—指背侧
静脉；16—第三指内侧静脉；17—指总静脉

图 8-19 牛后肢静脉

1—髂总静脉；2—髂内静脉；3—髂外静脉；4—臀前静脉；
5—阴部内静脉；6—股深静脉；7—股静脉；8—股后静脉；
9—腘静脉；10—胫后静脉；11—跖背侧第 2 总静脉；12—胫
前静脉；13—内侧隐静脉；14—旋股外侧静脉；15—旋髂
深静脉；16—足底内侧静脉；17—阴部腹壁静脉；18—外
侧隐静脉；19—足底外侧静脉；20—趾背侧第 3～4 总静脉

> **学习贴示**
>
> 　　门脉循环即门静脉收集了经胃、脾、胰、肠等血液进入肝，血液入肝后在肝内进行加工、解毒等，是肝的功能性循环路径。肝脏作为机体内一个重要的"加工厂"，它可以完成解毒、生成酮体等功能。经过肝脏处理过的血液，经肝静脉流入后腔静脉而回到右心房。经过它处理完的血液，含有加工后的产物，再由心脏重新运输到全身其他器官，为器官提供一些完成生命活动的"原料"。因此，一些对肝有害的药物，临床上常选择进行灌肠（即从肛门将药物直接注入直肠内），因为直肠吸收入血后的物质，不直接进入肝，而是流入了髂内静脉。还有，通过肝加工后影响药效的药物往往也选择灌肠给药。

　　（2）腹腔内其他分支　包括腰静脉、睾丸静脉或卵巢静脉、肾静脉和肝静脉。

　　（3）髂总静脉　由同侧的髂内静脉和髂外静脉汇合而成，收集后肢、骨盆及尾部的静脉血（图 8-19）。

　　（4）乳房静脉　乳房大部分的静脉血液经阴部外静脉注入髂外静脉，一部分经腹皮下静脉注入胸内静脉（图 8-20）。

　　4. 奇静脉系

　　接受部分胸壁和腹壁的静脉血，也接受支气管和食管的静脉血。左奇静脉（牛）位于胸主动脉的左侧向前伸延，注入右心房；右奇静脉（马）位于胸椎腹侧偏右面，与胸主动和胸导管伴行向前伸延，注入右心房。

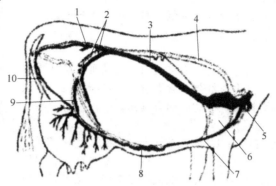

图 8-20　母牛乳房血液循环模式图

1—髂内动静脉；2—髂外动静脉；3—后腔静脉；4—胸主动脉；
5—前腔静脉；6—心；7—胸内静脉；8—腹皮下静脉；
9—阴部外动静脉；10—会阴动静脉

学习贴示

　　母牛的乳房的皮肤褶皱（乳镜）内存在的就是乳房腹皮下静脉。因而，通过观察乳镜可初步确定乳牛乳房内的供血情况而鉴定母牛的产乳能力。这些静脉位于皮下，因而可触摸到。这条血管在第 8 肋附近，由腹直肌的腱划处的乳井进入胸腔内的静脉，随之流入心脏。

第三节　血液生理

【知识目标】
- ◆掌握血液组成及理化特性。
- ◆掌握血清、血浆胶体渗透压、血浆晶体渗透压、红细胞渗透脆性等基本概念。
- ◆掌握红细胞、白细胞、血小板主要功能及它们的生成与破坏。
- ◆掌握血液凝固的基本过程及促凝和抗凝的基本措施。

【技能目标】
- ◆能在临床实际中合理地运用促凝和抗凝的常用方法。

【知识回顾】
- ◆腔性器官的结构。

一、血液的组成与理化特性

（一）血液的组成

　　血液为红色黏稠液体，它由无形成分血浆和有形成分血细胞组成。取一定量的血液与抗凝剂混匀后，置于离心管中离心沉淀，明显分为三层：上层淡红色液体为血浆，下层深红色的沉淀物为红细胞，红细胞表层灰白色的薄层为白细胞和血小板。见图 8-21。

　　全血中被离心压紧的血细胞所占的体积分数称血细胞压积，又称血细胞比容。血细胞比容可反映血浆容积、红细胞数量或体积的变化。临床上测定血细胞比容有助于诊断机体脱水、贫血和红细胞增多症等。不同家畜血细胞比容不一样，大多数动物都在 32%～55%。当血浆量或红细胞数发生改变时，均可使红细胞比容发生改变。

　　离体血液不经抗凝处理，可在短时间自然凝固成胶冻状血块，并逐渐紧缩析出淡黄色的清亮液体，称为血清。血清与血浆的区别在于，血清中不含纤维蛋白原，因为凝血过程使纤维蛋白原已转变成纤维蛋白而留在了血块中。

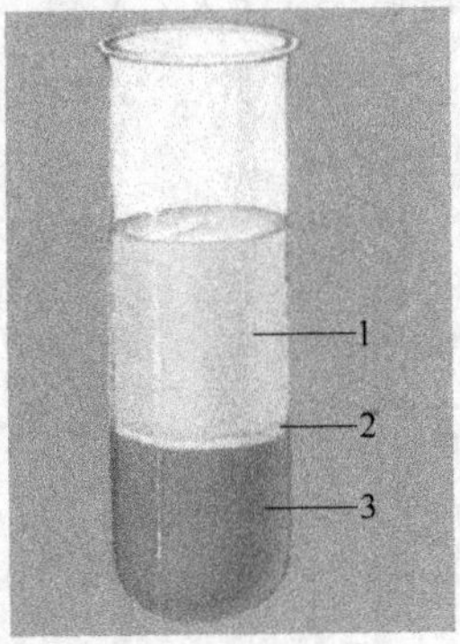

（二）血液的理化特性

1. 颜色和气味

血液呈红色，是因为红细胞内含有血红蛋白。动脉血中血红蛋白含氧量高，呈鲜红色，静脉血中血红蛋白含氧量低，呈暗红色。血液因有氯化钠而带咸味，因有挥发性脂肪酸而有腥味。

2. 密度

健康动物血液的相对密度在 1.040～1.075。血液的相对密度取决于血液中所含红细胞的数量和血浆蛋白的浓度。血液中红细胞的密度最大，白细胞次之，血浆最小。因此，血液中红细胞数量愈多，血液的密度愈大。

图 8-21　血液组成
1—血浆；2—白细胞和
血小板；3—红细胞

3. 黏滞性

血液流动时，由于内部分子间相互摩擦产生阻力，表现出流动缓慢和黏着的特性，称为黏滞性。动物全血的黏滞性是水的 4～5 倍。全血黏滞性的大小取决于红细胞的数量和血浆蛋白的浓度。红细胞减少（如严重贫血）时，血液黏滞性下降。黏滞性的存在对于小动脉和毛细血管产生外周阻力、维持正常血压和血流速度都起重要作用。

4. 渗透压

低浓度溶液中的水分通过半透膜向高浓度溶液中渗透的力量，称为渗透压。血浆渗透压由晶体渗透压和胶体渗透压组成，约为 771.0kPa。血浆晶体渗透压由血浆中无机离子、尿素、葡萄糖等晶体物质构成，约占总渗透压的 99.5%，它对维持细胞内外水平衡和物质交换起着很重要的作用。血浆胶体渗透压由血浆中胶体物质构成（主要是血浆蛋白），约占总渗透压的 0.5%。虽然胶体渗透压较小，但由于血浆蛋白不易透过毛细血管壁，所以它对维持血管内外液体平衡非常重要。

动物体血浆的渗透压与细胞内渗透压相等，与细胞质和血浆渗透压相等的溶液称为等渗溶液，渗透压比它高的溶液称为高渗溶液，渗透压比它低的溶液称为低渗溶液。0.9% 氯化钠溶液（生理盐水）、5% 葡萄糖溶液是常用的等渗液体。

5. 酸碱度

动物血液呈弱碱性，pH 值在 7.35～7.45。血液酸碱度超过生理变动范围，动物就会出现酸中毒或碱中毒症状。生命能够耐受的 pH 极限在 7.00～7.80。血液之所以能保持 pH 相对稳定，除了肺和肾排出过多的酸性物质和碱性物质外，主要取决于血浆中能够调节酸碱平衡的缓冲系统，其中包括 $NaHCO_3/H_2CO_3$、Na_2HPO_4/NaH_2PO_4、Na-蛋白质/H-蛋白质等缓冲对。红细胞中的缓冲对包括 KHb/HHb，$KHbO_2/HHbO_2$，每一个缓冲对都由一弱酸及其带有强碱的弱酸盐配成。血浆中 $NaHCO_3/H_2CO_3$ 缓冲对极为重要，当血液中酸性物质增加时，$NaHCO_3$ 与之反应，使其变为弱酸降低其酸性；当血液中碱性物质增加时，H_2CO_3 与之反应，使其变为弱酸盐，降低其碱性，缓冲碱性物质的冲击。动物体在新陈代谢过程中产生的酸性物质多于碱性物质，在缓冲酸性代谢产物时 $NaHCO_3$ 起着非常重要作用，所以把血浆中 $NaHCO_3$ 的含量称为碱储。

（三）血量

动物体内血浆和血细胞数量的总和称为血量，血量占体重的 5%～9%。血量可因动物的种类、性别、年龄、营养状况、妊娠、泌乳和所处的外界环境而发生变动。牛的血量为体重的 6%～7%、猪和犬为 5%～6%、马和鸡为 8%～9%。幼龄动物的血量可达体重的 10% 以上。几种成年动物的血量见表 8-1。

在循环系统中不断流动的血量称为循环血量，另一部分流动很慢，常常滞留于肝、脾血窦、皮下毛细血管网和静脉内，称储备血量。在剧烈运动和大失血等情况下，储备血量可补充循环血量的不足，以适应机体的需要。

表 8-1　几种成年动物的血量

动物	每千克体重的血量/ml	动物	每千克体重的血量/ml
乳牛	57.4	犬	92.5
猪	57.0	鸡	74
绵羊	58.0	猫	66.7
山羊	70.0	兔	56.4
马（赛马）	109.6	小白鼠	54.3

血量的相对恒定对于维持正常血压、保证各器官的血液供应非常重要。如果动物一次失血不超过血量的 10%，对生命没有明显影响，因为失血所损失的水分和无机盐在 1～2 小时内就可以从组织液中得到补充，血浆蛋白由肝脏在 1～2 天内加速合成得到恢复，血细胞可由储备血量得到暂时补充，还可因造血器官生成血细胞来逐渐恢复。一次急性失血达到血量的 20% 时，生命活动将受到明显影响。一次急性失血超过血量的 30%，会使血压显著下降，导致脑细胞和心肌细胞缺血而危及生命。

（四）血浆的化学成分及功能

血浆是血液的液体部分，其中水分占 90%～92%，无机盐和有机物占 8%～10%。

1. 血浆中的无机盐

血浆中无机盐约占 0.9%，主要有 Na^+、K^+、Ca^{2+}、M^{2+}、Cl^-、HCO_3^- 等，这些无机离子在维持血浆晶体渗透压、酸碱平衡和组织细胞的兴奋性等方面起重要作用。

2. 血浆蛋白

血浆蛋白是血浆中多种蛋白质的总称，主要包括白蛋白、球蛋白和纤维蛋白原。

（1）白蛋白　白蛋白也称清蛋白，它在维持血浆胶体渗透压方面起重要作用，约 75% 的血浆胶体渗透压来自白蛋白。白蛋白是血液中的运载工具，运输激素、营养物质和代谢产物，维持血浆酸碱平衡。

（2）球蛋白　球蛋白含有大量抗体，故又称免疫球蛋白，包括 IgM、IgG、IgA、IgD、IgE 五种。球蛋白主要参与机体免疫反应，也参与血液中脂类物质的运输。

（3）纤维蛋白原　当组织受伤出血时，在凝血酶的作用下，纤维蛋白原可转变为丝状不溶性纤维蛋白参与血液凝固。

3. 血浆中的其他物质

补体是血浆中一组参与免疫反应的蛋白酶系，通常它们处于酶原状态。在特异性抗原-抗体复合物的作用下转化为活性状态。当补体系统被激活时，发生特异性的连锁反应，补体是机体免疫的重要组成部分。

血浆中除蛋白质以外的含氮化合物，统称为非蛋白含氮化合物。它们是蛋白质和核酸的代谢产物，包括尿素、尿酸、肌酸、氨基酸、多肽、胆红素和氨。血浆中的其他有机物如糖、脂肪、维生素等也都是参与代谢的重要物质。成年动物血液中某些化学组成的含量见表 8-2。

4. 血浆的主要功能

（1）营养功能　血浆中含有相当数量的蛋白质，它们起着营养储备的功能。虽然消化道一般不吸收蛋白质，吸收的是氨基酸，但是，体内的某些细胞，特别是单核-巨噬细胞系统，吞饮完整的血浆蛋白，然后由细胞内的酶类将吞入细胞的蛋白质分解为氨基酸。这样生成的氨基酸扩散进入血液，随时可供给其他细胞合成新蛋白质。

（2）运输功能　蛋白质巨大的表面上分布有众多的亲脂性结合位点，它们可以与脂溶性物质结合，使之成为水溶性，便于运输；血浆蛋白还可以与血液中分子较小的物质（如激素、各种正离子）可逆性地结合，既可防止它们从肾流失，又由于结合状态与游离状态的物质处于动态平衡之中，可使处于游离状态的这些物质在血中的浓度保持相对稳定。

表 8-2　几种成年动物血液中一些化学组分的含量

动物	全血/(mmol/L)				血清/(mmol/L)			血浆蛋白/(g/L)		
	葡萄糖	非蛋白氮	尿素氮	总胆固醇	钙	无机盐	氧	总蛋白	白蛋白	球蛋白
牛	2.0～3.5	14.3～28.6	2.1～9.6	1.3～6.0	2.3～3.0	80～110	76.0	36.3	39.7	39.7
绵羊	1.5～2.5	14.3～27.1	2.9～7.1	26～3.9	2.3～3.0	0.67～1.73	95～110	53.8	30.7	23.1
山羊	2.3～4.5	21.4～31.4	4.6～10	1.4～5.2	2.3～3.0	0.67～1.73	100～125	66.7	39.6	27.1
猪	4.0～6.0	14.3～32.1	2.9～8.6	2.6～6.5	2.3～3.8	1.06～1.73	95～110	63.0	20.5	32.7
马	2.8～4.8	14.3～28.6	3.6～7.1	1.9～3.9	2.3～3.8	0.43～1.06	95～110	65.0	32.5	32.5
犬	4.0～6.0	12.1～27.1	3.6～7.1	3.2～6.4	2.3～2.8	10.43～0.86	105～120	62.0	35.7	26.3
猫	4.0～6.0	—	3.6～10.7	2.3～2.8	2.0～2.9		105～120	75.8	40.1	35.7

（3）缓冲功能　血浆白蛋白和它的钠盐组成缓冲对，和其他无机盐缓冲对（$NaHCO_3$/H_2CO_3）一起，缓冲血浆中可能发生的酸碱变比，保持血液 pH 的稳定。

（4）形成胶体渗透压　血浆胶体渗透压的存在是保证血浆中的水分不会大量向血管外转移的重要条件，从而维持血量的相对恒定。

（5）参与机体的免疫功能　在实现免疫功能中有重要作用的免疫抗体、补体系统等都是由血浆球蛋白构成的。

（6）参与凝血和抗凝血功能　绝大多数的血浆凝血因子、生理性抗凝物质以及促进血纤维溶解的物质都是血浆蛋白。

（7）组织生长与损伤组织修复方面的功能　这是由白蛋白转变为组织蛋白而实现的。

二、血细胞

血细胞包括红细胞、白细胞和血小板。

（一）红细胞

1. 红细胞的形态和数量

哺乳动物成熟红细胞无细胞核，呈双凹碟形，呈圆盘状。骆驼和鹿的红细胞为椭圆形，禽的红细胞有核，呈椭圆形，体积比哺乳动物的大。红细胞在血细胞中数量最多。以每升血中有多少 10^{12} 个表示（10^{12} 个/升），其正常数量随动物种类、品种、性别、年龄、饲养管理和环境条件而有所变化（表 8-3）。

表 8-3　几种成年动物红细胞数目　　　　　　　　　10^{12} 个/升

动物种类	数目	动物种类	数目
牛	6.0	驴	6.5
绵羊	6.0～9.0	骡	6.2
山羊	15.0～19.0	犬	9.7
猪	6.0～8.0	猫	5.0～10.0
马	6.0～9.0	兔	6.0

2. 红细胞的生理特性和功能

（1）红细胞的生理特性

① 红细胞膜的通透性：红细胞膜对各种物质的通透有严格的选择性，H_2O、O_2、CO_2 等可以自由通过细胞膜，电解质中的负离子如 Cl^-、HCO_3^- 较易通过细胞膜，正离子则很难通过。胶体物质一般不能通过。红细胞膜的这种选择通透性对于维持红细胞的正常形态和功能很重要。

② 红细胞的渗透脆性：在溶血生理情况下，红细胞内外液体的渗透压相等，使红细胞形态和功能正常。如果把红细胞置于低渗溶液中，水分会渗入红细胞内使胞体膨胀变大。若红细胞体积增大超过胞膜的弹性限度，最终使红细胞破裂并释放出血红蛋白，这一现象称为溶血。红细胞

在低渗溶液中发生膨胀破裂的特性，称红细胞渗透脆性。红细胞对低渗溶液的抵抗力大，则脆性小；对低渗溶液抵抗力小，则脆性大。如果将红细胞置于高渗溶液中，由于水分外渗而皱缩，严重时也会破裂丧失其功能。

③ 红细胞的悬浮稳定性：血沉将红细胞稳定地悬浮在血浆中而不易下沉的特性，称为红细胞的悬浮稳定性。悬浮稳定性的大小可用红细胞的沉降率表示。将血液取出体外加抗凝剂后，置于血沉管内垂直放置，于是红细胞将逐渐互相聚合叠连在一起慢慢地下沉。在一定时间（15 分钟、30 分钟、45 分钟、60 分钟）内，红细胞沉降下来的距离，称为红细胞的沉降率，简称血沉。红细胞的沉降率随动物种类不同而不同。马的血沉最快，牛和羊的最慢。同种动物间血沉差异不大。血沉除了如妊娠期这样的生理性增快外，多为病理性增快，如全身性炎症、肿瘤、结核病进行期、马传染性贫血等，故测定血沉有一定的临床诊断价值。

（2）红细胞的功能　红细胞的主要功能是完成 O_2 和 CO_2 在血液中的运输，其次是对血液中的酸性物质或碱性物质起缓冲作用。这些功能是通过红细胞内的血红蛋白（Hb）来完成的。

① Hb 与气体运输：Hb 是由一分子的珠蛋白与 4 分子的亚铁血红素结合而成的含铁蛋白质，Hb 占红细胞成分的 30%～35%。含 Fe^{2+} 的亚铁血红蛋白，在氧分压不同的情况下，既能与 O_2 结合形成 HbO_2，又能将氧释放形成脱氧血红蛋白。血红蛋白还能以氨基甲酸血红蛋白的形式在血液中运输 CO_2。

在某些药物（如乙酰苯胺、磺胺等）或亚硝酸盐的作用下，Hb 中的 Fe^{2+} 被氧化成 Fe^{3+}，变成高铁血红蛋白。高铁血红蛋白和氧的结合非常牢固，不易分离，以致失去运输氧的能力，导致组织细胞缺氧。当高铁血红蛋白含量超过总量的 2/3 时，可危及生命。

Hb 与 CO 的亲和力比 O_2 约大 250 倍。空气中 CO 含量达 0.05% 时，血液中就有 30%～40% 的 Hb 与之结合，生成一氧化碳血红蛋白，使 Hb 运输氧的能力显著下降，机体严重缺氧，严重时发生一氧化碳中毒死亡。

Hb 的含量以每升血液中含有的克数表示，常见家畜的血红蛋白含量见表 8-4。动物的年龄、性别、环境变化和饲料等因素可影响血液中血红蛋白的含量。单位体积内的红细胞数量与血红蛋白的数量基本一致，如两者都减少或其中之一明显减少，都可被视为贫血。

表 8-4　健康家畜血红蛋白含量平均值　　　　　　　　　　　　　g/L

动物种类	血红蛋白含量	动物种类	血红蛋白含量
牛	110（80～150）	猪	106
绵羊	120（80～160）	犬	136±18
山羊	110（80～140）	猫	120（80～150）
马	115（80～140）	兔	117

② 血红蛋白的酸碱缓冲功能还原血红蛋白和氧合血红蛋白在 pH 约为 7.4 的环境下，均为弱酸性物质。它们一部分以酸分子形式存在，一部分与红细胞内的 K^+ 构成血红蛋白钾盐，因而组成 KHb/HHb 和 $KHbO_2/HHbO_2$ 两个缓冲对，共同参与血液酸碱平衡的调节作用。

3. 红细胞的生成和破坏

（1）红细胞的生成　血液中的红细胞大约 4 个月全部更新一次。动物出生后，红细胞由红骨髓的髓系多功能干细胞分化增殖而成。红细胞生成过程中，除了骨髓造血功能正常外，还必须有充足的造血原料、促红细胞成熟的物质。

① 红细胞生成的原料：蛋白质和铁是红细胞生成的主要原料。蛋白质用于合成珠蛋白，铁则是构成血红素的主要部分。若供应或摄取不足，造血将发生障碍，出现营养不良性贫血（小细胞低色素性贫血）。

② 红细胞成熟因子：维生素 B_{12}、叶酸和铜离子都是促进红细胞发育成熟的物质。叶酸直接参与红细胞核中脱氧核糖核酸（DNA）的合成，维生素 B_{12} 能增加叶酸在体内的利用率，从而可间接地促进核糖核酸的合成。二者可促进骨髓原红细胞分裂增殖，缺乏时能引起巨幼红细胞性贫血。铜离子是合成 Hb 的激动剂，一旦动物体缺乏也可发生贫血。

③ 其他红细胞生成过程还需要氨基酸、维生素和微量元素锰、锌等。

(2) 红细胞生成的调节　红细胞生成主要受促红细胞生成素和雄激素的调节。动物在缺氧和失血的情况下，能刺激肾脏产生促红细胞生成素（肝脏也能产生少量促红细胞生成素）并释放入血液，使血液中促红细胞生成素浓度升高。促红细胞生成素可促进骨髓内造血细胞的分化、成熟和 Hb 的合成，并促进成熟的红细胞释放入血液。当血浆中促红细胞生成素升高到一定水平时，反而能抑制红细胞的生成与释放。这种调节，使红细胞数量维持相对稳定，以适应机体的需要。

雄激素可以直接刺激骨髓造血组织，促使红细胞和 Hb 的生成，也可以作用于肾脏或肾外组织产生促红细胞生成素，从而间接促使红细胞增生。这也是雄性动物的红细胞和血红蛋白高于雌性动物的原因之一。

(3) 红细胞的破坏　红细胞的更新率非常大，平均寿命约 120 天。衰老的红细胞变形、功能减退、脆性增大，极易在血流的冲击下破裂或停滞在脾和骨髓中，被巨噬细胞吞噬。红细胞破坏后释放出 Hb。Hb 很快被分解为珠蛋白、胆绿素和铁。珠蛋白和铁可重新参与体内代谢，胆绿素被还原成为胆红素，经肝脏随胆汁排入十二指肠。

(二) 白细胞

1. 白细胞的分类和数量

白细胞是无色有核的血细胞，体积比红细胞大。根据细胞质中有无颗粒和染色特点，可分为两大类：一类是有颗粒的白细胞，简称粒细胞，包括中性粒细胞、嗜碱粒细胞和嗜酸粒细胞；另一类是无粒白细胞，包括淋巴细胞和单核细胞。

白细胞的数量以每升血液中有多少 10^9 个表示（10^9 个/升），各种动物白细胞数量及各类白细胞所占比例见表 8-5。白细胞的数量随动物生理状况而变化。如下午比早晨多，运动后比安静时多，初生幼畜比成年畜多，剧烈运动、进食和疼痛时增多。但各类白细胞之间的比例相对恒定。

表 8-5　家畜白细胞数量及各类白细胞所占的比例

动物	白细胞总数/（×10^9 个/升）	各类白细胞的比例/%						
		嗜碱粒细胞	嗜酸粒细胞	中性粒细胞			淋巴细胞	单核细胞
				幼稚型	杆状核型	分叶核型		
牛	8.2	0.7	0.7	—	6.0	25.0	40.0	3.0
绵羊	8.2	0.6	4.5	—	1.2	33.0	57.7	3.0
山羊	9.6	0.8	2.0	—	1.4	47.8	42.0	6.0
猪	14.8	1.4	4.0	1.5	3.0	40.0	48.0	2.1
马	8.5	0.6	4.0	—	4.0	48.4	40.0	3.0

2. 白细胞的功能

白细胞通过吞噬、消化和免疫等反应抵抗外来微生物对机体的损害，实现对机体的防御和保护作用。

(1) 中性粒细胞　胞体呈球形，胞质呈淡粉红色。胞核的形状随细胞的成熟度而不同，幼稚型的核多呈肾形、马蹄形；成熟型的核通常分为 2～5 叶，叶间有染色质丝相连。

中性粒细胞具有很强的变形运动和吞噬能力，对细菌产物和受损组织所释放的化学物质有较强的趋化性。能变形穿出毛细血管聚集到病变部位吞噬细菌和异物。还可吞噬和清除衰老的红细胞和抗原-抗体复合物等。中性粒细胞内含有大量的溶酶体，能将吞噬入细胞内的细菌和异物分解、消化。在急性化脓性炎症时，中性粒细胞显著增多。如细菌产生较强的毒素时，白细胞将被损坏死亡，细胞内的酶游离出来，分解周围的组织共同形成脓液。

(2) 嗜酸粒细胞　数量较少，细胞呈圆球形，胞核呈肾形或分叶形。胞质内充满粗大而均匀的圆形嗜酸性颗粒，一般染成亮橘红色。

嗜酸粒细胞也具有变形运动和吞噬能力。嗜酸粒细胞在体内的作用是：①限制嗜碱粒细胞在速发型过敏反应中的作用。当嗜碱粒细胞被激活时，释放出趋化因子，使嗜酸粒细胞聚集到同一局部，它能吞噬抗原-抗体复合物。释放组胺酶，灭活组胺，缓解过敏反应和限制炎症过程。②参与对蠕虫的免疫反应。在对蠕虫的免疫反应中，嗜酸粒细胞的细胞膜上分布有免疫球蛋白Fc片段和补体 C_3 的受体，在已经对这种蠕虫具有免疫性的动物体内产生了特异性的免疫球蛋白IgE，蠕虫经过特异性 IgE 和 C_3 的调理作用后，嗜酸粒细胞可借助于细胞表面的 Fc 受体和 C_3 受体黏着于蠕虫上，并且利用细胞溶酶体内所含的过氧化物酶等酶类损伤蠕虫体。在寄生虫感染、过敏反应等情况时，常伴有嗜酸粒细胞增多的现象。

（3）嗜碱粒细胞　数量最少，细胞呈球形，胞核呈 S 形或分叶形，胞质内含有大小不等、分布不均匀的嗜碱性颗粒。它与组织中的肥大细胞有很多相似之处，都含有组胺、肝素和 5-羟色胺等生物活性物质。

嗜碱粒细胞能变形、游走，但无吞噬功能。胞体内的组胺对局部炎症区域和小血管有舒张作用，增加毛细血管的通透性，有利于其他白细胞的游走和吞噬活动。它所含的肝素对局部炎症部位起抗凝作用。

（4）单核细胞　是白细胞中体积最大的细胞，呈圆形或椭圆形。胞核呈肾形、马蹄形或扭曲折叠的不规则形。胞质较多，呈弱嗜碱性。胞质内有散在的嗜天青颗粒。

单核细胞具有变形运动和吞噬能力，可渗出血管变成巨噬细胞。巨噬细胞是体内吞噬能力最强的细胞，能吞噬较大的异物和细菌。

（5）淋巴细胞　根据胞体的大小，可分为大淋巴细胞、中淋巴细胞和小淋巴细胞。根据其生长发育过程和细胞表面的标志及其功能，可分为 T 淋巴细胞和 B 淋巴细胞。

T 淋巴细胞由骨髓中的一部分淋巴干细胞随血液进入胸腺，在胸腺素的作用下转变而来。当T 淋巴细胞受到抗原刺激后，先分化形成免疫母细胞，再转化为有免疫活性的致敏淋巴细胞。致敏淋巴细胞能合成多种免疫活性物质（如细胞毒、干扰素、移动抑制因子等），并释放到血液中。只有当致敏淋巴细胞与抗原直接接触时，才能被释放出来，发挥免疫作用（如抑制、消灭和排斥病原微生物及其他抗原物质）。所以将这种免疫称为细胞免疫。

B 淋巴细胞由骨髓中一部分淋巴干细胞通过肠筋膜下淋巴结的作用形成。在鸟类通过腔上囊的作用而形成。B 淋巴细胞受抗原刺激后先转变为原浆细胞，进而转变为浆细胞。浆细胞产生多种特异性抗体并释放入血液中。这些抗体在血液运输过程中与相应的抗原相遇时，发生抗原-抗体反应，使抗原失去对机体的有害作用。这种免疫称为体液免疫。

3. 白细胞的生成与破坏

颗粒白细胞由红骨髓的原始粒细胞分化而来。单核细胞大部分来源于红骨髓，其他部分来源于网状内皮系统。淋巴细胞在脾脏、淋巴结、胸腺、骨髓、扁桃体和肠系膜下集合淋巴结生成。白细胞生成的速度和数量受致热原性微生物急性感染的影响。白细胞衰老死亡后，大部分被肝脏、脾脏的巨噬细胞吞噬和分解，小部分经消化道和呼吸道黏膜排出。粒细胞在吞噬细菌的活动中可因释放过多的溶酶体而发生"自我溶解"，与被破坏的细菌和组织碎片共同构成脓液。

（三）血小板

1. 血小板的形态和数量

血小板是自骨髓成熟的巨核细胞浆裂解脱落下来的活细胞，无色，无细胞核，呈椭圆形、杆形或不规则形。在血涂片上，常成群分布于血细胞之间。每升血液中血小板的数量见表 8-6。

表 8-6　成年家畜血液中血小板的数量　　　　　　　　　10^9 个/升

动物种类	数目	动物种类	数目
牛	260～710	驴	400
绵羊	170～980	犬	199～577
山羊	310～1020	猫	100～760
猪	130～450	兔	125～250
马	200～900	骆驼	267～790

2. 血小板的生理功能

血小板的功能主要包括生理性止血、凝血、纤维蛋白溶解和维持血管内皮细胞的完整性等。

（1）生理性止血　小血管损伤出血后，在很短时间内能自行停止出血的过程，称生理性止血。当小血管破损出血时，血小板在出血部位发生黏着、聚集和释放反应。血小板黏着和聚集形成的血凝块可部分地堵塞血管破口。血小板释放的 5-羟色胺、儿茶酚胺等物质可使小血管收缩，暂时地减少或停止出血。同时，在血小板所吸附的凝血因子的作用下，血浆内的纤维蛋白原转变为纤维蛋白，并网罗血细胞形成血凝块。在收缩蛋白的作用下，形成坚实的血栓，堵塞在血管破损处达到持久性止血的作用。

（2）参与凝血　血小板内含有血小板第 3 因子、血小板第 2 因子和血小板第 4 因子等。提供的磷脂表面是许多凝血因子进行凝血反应的重要场所；这些因子有促进纤维蛋白原转变为纤维蛋白单体和抗肝素作用，有利于凝血酶的生成并加速凝血。

（3）参与纤维蛋白的溶解　血小板对纤维蛋白的溶解具有促进和抑制两种作用。在出血早期，血小板释放抗纤溶物质，可抑制纤溶过程，促进止血。当血栓形成后，血栓内的血小板能释放纤溶酶原及其激活物、胺类物质。同时刺激血管内皮细胞释放纤溶酶原及其激活物，促使纤维蛋白溶解，有利于血栓溶解和血流畅通。

（4）维持血管内皮的完整　血小板与毛细血管内皮细胞互相粘连、融合，填补内皮细胞的间隙或脱落处，起到修补和加固作用。

3. 血小板的生成和破坏

血小板由骨髓巨核细胞裂解脱落而成，促血小板生成素作用于骨髓造血干细胞，能促进血小板的生成。血小板的寿命为 8～12 天。衰老的血小板可在脾、肝和肺组织中被吞噬。血小板也会在发挥作用时被消耗。

三、血液凝固

血液由流动的溶胶状态转变为不能流动的凝胶状态的过程，称为血液凝固，简称血凝。

（一）凝血因子

表 8-7　按国际命名法编号的凝血因子

编号	同义词	编号	同义词
因子 I	纤维蛋白	因子 Ⅷ	抗血友病因子（SHF）
因子 Ⅱ	凝血酶原	因子 Ⅸ	血浆凝血激酶（PTC）
因子 Ⅲ	组织凝血激酶	因子 Ⅹ	Stuart-Power 因子
因子 Ⅳ	钙离子	因子 Ⅺ	血浆凝血激酶前质（PTA）
因子 Ⅴ	前加速素	因子 Ⅻ	接触因子
因子 Ⅶ	前转变素血浆凝血酶原转变加速素（SPCA）	因子 Ⅹ Ⅲ	纤维蛋白稳定因子

血浆和组织中参与血凝的物质，称凝血因子。除血小板凝血因子外，共有 12 种凝血因子，国际上通用罗马数字表示（表 8-7）。在凝血因子中，除因子Ⅳ和磷脂外，其他都是蛋白质。因子Ⅱ、Ⅶ、Ⅸ、Ⅺ都是蛋白酶。Ⅱ、Ⅸ、Ⅹ、Ⅻ都以酶原的形式存在于血液中，通过有限的水解后，成为有活性的酶，这个过程称为激活。被激活的酶，在该因子代号的右下角加"a"表示，如Ⅱa表示有活性的凝血酶。因子Ⅱ、Ⅶ、Ⅸ、Ⅹ在肝脏合成时需要维生素 K 参与，所以维生素 K 缺乏时，上述因子合成受阻，动物容易出血。

（二）凝血过程

凝血过程是一个复杂的生物化学连锁反应过程，是凝血因子相继酶解激活，最终使血浆中可溶性纤维蛋白原转变为不溶性纤维蛋白，并网罗各种血细胞形成血凝块。凝血过程大体分为三个阶段（图 8-22）。

第一步　　凝血酶原激活物的形成
↓
第二步　　凝血酶原→凝血酶
↓
第三步　　纤维蛋白原→纤维蛋白

图 8-22　血液凝固的过程

1. 凝血酶原激活物的形成

凝血酶原激活物是由活化型因子 X（Xa）和其他凝血因子共同组成的复合物。因子 X 活化成为 Xa 有两个途径，见图 8-23。

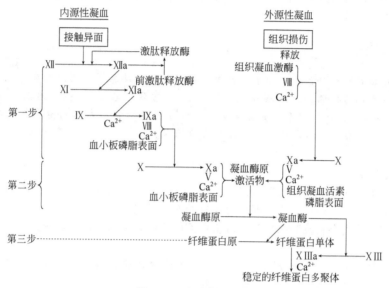

图 8-23　血液凝固过程

（1）内源性凝血途径　是指参与凝血的因子全部来自血液。当血液与心血管内膜受损处的胶原纤维或其他粗糙而且带负电荷的表面接触时，血浆中无活性的 XII 因子被激活成为有活性的 XIIa 因子。至此内源性凝血系统开始启动。

XIIa 因子可催化血浆中的 XI 因子转变成 XIa 因子，XIa 因子与 Ca^{2+} 一起催化存在于血小板磷脂胶粒表面的 IX 因子转变成 IXa 因子，然后 IXa 因子和 VIII 因子被 Ca^{2+} 连接于磷脂胶粒表面，共同催化 X 因子，使其转变成 Xa 因子。接着 Xa 因子和 V 因子以及 Ca^{2+} 在磷脂胶粒表面共同形成复合物，此复合物便是凝血酶原激活物。

（2）外源性凝血途径　是损伤组织释放的因子 III 和血浆中 VII 因子以及 Ca^{2+} 共同参与形成凝血酶原激活物的过程。由于启动凝血的组织因子不是来自血液而是来自组织，故称外源性。组织因子 III 是脂蛋白复合物，含有蛋白酶的活性成分。正常时存在于血管外的组织中，以脑、肺和胎盘中含量最多。当组织损伤出血时，因子 III 进入血管内，激活因子 VII，并与因子 VII 和 Ca^{2+} 组成复合物，协同作用将 X 因子激活为 Xa 因子。Xa 因子在因子 III、Ca^{2+} 和因子 V 的作用下形成凝血酶原激活物。

内源性凝血途径由于参与的因子较多，所以反应较慢，而外源性途径相对较快。在实际情况中，单纯由一种途径引起的血凝情况不多，往往两种途径同时存在。当组织损伤血管破损时首先是外源性过程发挥作用，接着才发生内源性过程。

2. 凝血酶的形成

凝血酶原激活形成后，在维生素 K 和 Ca^{2+} 的参与下，可催化血浆中无活性的凝血酶原（II 因子）转变成有活性的凝血酶（IIa 因子）。因此，缺乏 Ca^{2+} 和维生素 K 都将影响血凝过程。

3. 纤维蛋白的形成

凝血酶生成后，便脱离磷脂胶粒表面，重新进入血浆，催化血浆中的纤维蛋白原转变成为纤维蛋白单体，单体互相交织成疏松的网状，可溶且不稳定。继而在 Ca^{2+} 的参与下，聚合形成不溶性纤维蛋白多聚体。

许多稳定的纤维蛋白多聚体相互交织成网，把红细胞、白细胞、血小板网罗在一起形成凝胶状态的血凝块，堵塞血管破损处，起止血作用。血小板释放的某些凝血因子使血凝块固缩，析出淡黄的液体，即为血清。

血液从血管流出到出现丝状蛋白所需的时间，称为凝血时间。牛的凝血时间为 6.5 分钟、马为 11.5 分钟，猪为 3.5 分钟，绵羊为 2.5 分钟。家畜患某些疾病时，会因某些凝血因子缺乏或含量不足，导致凝血时间延长。

> **学习贴示**
>
> 　　参与血液凝固的成分如凝血因子、纤维蛋白原、凝血酶原等，它们正常情况下就存在于血浆中，此时是无活性的。血液凝固这个生理过程需要"启动"，能"启动"这一过程的"按钮"分外源性和内源性两个。并且在这个过程中，全程都要参与的离子是钙离子。所以凝血程度及凝血过程的快慢与血液中的这些成分有关。

四、抗凝血系统

生理状态下机体内血液不会凝固有以下原因：一方面血管内壁光滑完整，凝血因子不能被激活，血小板也不会发生黏附和聚集。即使有少量凝血因子被激活，也会被稀释运走，在肝脏中被清除。更重要的是体内存在抗凝物质和纤维蛋白溶解机制，从而保证了血液正常循环。

1. 抗凝物质

血浆中有抗凝血酶Ⅲ、肝素和蛋白质 C 等许多抗凝物质。这些物质或对凝血因子起抑制、灭活作用，或激活纤溶系统，从而发挥抗凝血作用。

（1）抗凝血酶Ⅲ　是由肝脏合成的一种丝氨酸蛋白酶抑制物，它能使凝血因子Ⅸa、Ⅹa、Ⅺa、Ⅻa失去活性，达到抗凝血作用。

（2）肝素　是组织中的肥大细胞和血液中的嗜碱粒细胞产生的酸性黏多糖。肝素具有多方面的抗凝血作用，它能抑制凝血酶原激活物的形成；能阻碍凝血酶原转变成凝血酶，并能抑制凝血酶的活性；能阻止纤维蛋白的形成；还能抑制血小板发生黏着、聚集和释放反应。

（3）蛋白质 C　有灭活因子Ⅴa和因子Ⅷa、限制因子Ⅹ的功能，以及与血小板结合增强纤维蛋白溶解等功能。

2. 纤维蛋白的溶解

血液凝固过程中形成的纤维蛋白被分解、液化的过程，称为纤维蛋白溶解，简称纤溶。纤溶过程包括纤溶酶原的激活和纤维蛋白原、纤维蛋白的降解。参与纤溶的物质有纤溶酶原、纤溶酶、激活物和抑制物。见图 8-24。

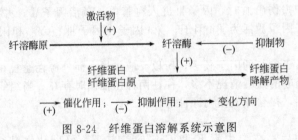

图 8-24　纤维蛋白溶解系统示意图

（1）纤溶酶原的激活　溶酶原主要在肝、骨髓、嗜酸粒细胞和肾内合成。纤溶酶原在激活物的作用下，转变为纤溶酶。纤溶酶原激活物在体内分布广泛，根据释放的位置不同可分为血管内激活物、组织激活物和血浆激活物三类。

（2）纤维蛋白和纤维蛋白的降解　纤溶酶作用于纤维蛋白和纤维蛋白原使其裂解，成为可溶性小肽，阻止血液凝固。纤溶酶还可水解凝血酶、凝血因子；促进血小板聚集和释放 5-羟色胺、ADP 等；激活血浆补体系统等作用。

（3）纤溶抑制物　体内存在许多能抑制纤溶系统的活性物质。它们通过抑制纤溶蛋白酶原激活物、纤溶酶、尿激酶等途经来抑制纤溶。有的抑制物，如 α_2-巨球蛋白，既抑制纤溶又能抑制凝血，有利于将血凝与纤溶局限于创伤局部。

生理情况下，心血管内的流动血液既无出血又无血栓形成，正是由于凝血、抗凝血、纤溶处于动态平衡的结果。

五、抗凝和促凝措施

在诊治疾病工作中，有时需要促进血液凝固（如减少出血、提取血清等）或防止血液凝固（如避免血栓形成、获取血浆等）。

1. 促凝措施

（1）使血液与粗糙面接触　制造粗糙面，既能活化凝血因子，又能促进血小板聚集并释放出凝血因子，加速血凝过程。

（2）提高出血部位的温度　凝血过程是一系列酶促反应，酶在最适温度范围内，反应速度加快。如用温热的纱布按压创面，既能制造粗糙面又能提高局部温度，使血凝反应加速。

（3）补充维生素 K　维生素 K 参与许多凝血因子的合成过程，补充维生素 K 能促进凝血。

2. 抗凝措施

（1）去除血中 Ca^{2+}　在凝血的三个阶段中均有 Ca^{2+} 参与。除去血浆中 Ca^{2+} 可以达到抗凝的目的。如在血浆中加入适量的草酸盐（如草酸钾或草酸钠）则与血浆中 Ca^{2+} 结合成不溶性草酸钙；加入适量的枸橼酸钠可与血浆中 Ca^{2+} 结合成不易电离的枸橼酸钠钙。

（2）使用肝素　肝素在体内和体外都是有效的抗凝剂。肝素具有用量少、对血液影响小、易保存等优点。

（3）去除纤维蛋白　将流入容器内的血液用小毛刷迅速搅拌，不久后毛刷上就会黏附血块，将血块在流水下边洗边挤压，最后露出一团白色细丝状物质，即纤维蛋白。去掉纤维蛋白的血液称为脱纤血，不会凝固。但使用这种方法不能保全血细胞。

（4）低温延缓血凝　将血液置于较低温度下，血液中参与凝血的酶活性降低，酶促反应的速度变慢，从而延缓血凝。

（5）血液与光滑面接触　将血液置于内壁光滑或预先涂有石蜡的器皿内，可活化凝血因子，延迟和减少血小板的破坏，从而延缓血液凝固。

（6）使用双香豆素　双香豆素的主要结构与维生素 K 相似。

👆 **知识链接**

血型与输血

不同血型混合时，其中的红细胞会聚集成簇，称为红细胞凝集。有时还伴有溶血。其导致的后果是：在输血时如果发生在血管中，此凝集的红细胞可以堵塞毛细血管，将损害肾小管，同时常伴有过敏反应，其结果可危及生命。

一、红细胞的凝集和血型

狭义的血型指红细胞表面的特异抗原类型，即红细胞血型。广义的血型还包括白细胞、血小板和一般组织细胞上的抗原类型，以及蛋白质多态性和同工酶型等。

1. 红细胞凝集

把供血者的红细胞与相应受血者血清相结合，出现抗原-抗体反应，堵塞血管的现象，称为红细胞凝集。红细胞表面含凝集原，是一种糖蛋白；血清中含凝集素，是 α-球蛋白。红细胞凝集的机制是一种免疫学反应，表现为沉淀。

2.血型物质

血型物质为镶嵌在生物膜上的糖蛋白、糖脂。

3.血型系统

血型系统是指由同一遗传位点等位基因控制的血型系列，由血型遗传基因控制。根据控制血型抗原特异性的基因组合方式或根据它们在遗传上的相互关系，可以把血型分成若干系统，称为血型系统。

4.血型抗原

血型抗原是指由遗传决定的具有抗原特征的特殊结构。

5.抗原因子

在血型上引起不同抗体产生并能与之发生反应的抗原为抗原因子（血型因子）。

血型是先天遗传的，由来自父母的一对等位基因控制。如人 ABO 血型系统是由 A、B、O 三种基因中的任意两个组成的基因型表现出的血型。

二、血型系统

1.人类的 ABO 血型系统

目前已知人类有 15 个血型系统，主要是 ABO 和 Rh 系统，以 ABO 为主。人类红细胞上含有 A 凝集原（A 抗原）和 B 凝集原（B 抗原），血清中含有 α 凝集素（抗 A 凝集素）和 β 凝集素（抗 B 凝集素）。

凡红细胞中含有 A 抗原者为 A 型，含有 B 抗原者为 B 型，无抗原者为 O 型，含有 AB 两种抗原为 AB 型。A 型人的血清中，只含有抗 B 凝集素；B 型人的血清中只含有抗 A 凝集素；AB 型人的血清中，无抗 A、抗 B 凝集素；O 型人的血清中，含有抗 A 和抗 B 凝集素。ABO 血型鉴定见表 8-8。

表 8-8　ABO 血型鉴定

血型	凝集原	凝集素	血型	凝集原	凝集素
A 型	A	抗 B	AB 型	A+B	无
B 型	B	抗 A	O 型	无	抗 A+抗 B

2.Rh 血型系统

恒河猴的红细胞反复注入豚鼠体内产生的抗体可使恒河猴和大部分人类的红细胞发生凝集，恒河猴和大部分人类的红细胞表面的这类抗原叫 Rh 因子。

1940 年，Steuner 与维纳发现有 85% 的白种人血液发生凝集为 Rh 阳性，另外 15% 的人为阴性。这样发现了 Rh 血型系统。

大部分人为 Rh 阳性，汉人占 99%，白种人占 85%，极度少数人为 Rh 阴性，维族人较高，苗族约为 12.3%，布依族为 8.7%。给 Rh 阴性者输入两次 Rh 阳性血液会使 Rh 阴性者死亡，所以只能输入 Rh 阴性血液。

3.家畜的血型系统

与人类相比，家畜的血型系统具有如下特点。

① 动物血清中存在的天然抗体不像人类的那么规则，且其效价也很低。如牛中仅发现抗 J，绵羊有抗 R，猪有抗 A 等。

② 有些动物具有抵抗天然抗体的机构，能中和输入的抗体，使受血动物的红细胞不会发生凝集反应，所以家畜第一次输血，一般不会引起严重后果，但第二次输入同一血型时，可引起凝集反应。

三、血型的应用

1.幼畜溶血症、亲子鉴定、个体鉴定、选种胎儿的血型与母亲不同时，胎儿会使母体产生相应的抗体，由于胎盘的屏障作用，抗体不会进入幼畜的血液系统，却可以出现在初乳中，幼畜出生后的1～2天内，可吸收初乳中的抗体，引起幼畜的红细胞发生凝集反应，使幼畜死亡，因此初生幼畜应做初乳和幼畜红细胞的凝集反应，并应防止喂其他母畜的乳汁或人工哺乳。

2.输血的交叉配对实验

临床上在输血前，即便是已知为同型血液输血，除了严格查对外，还必须常规地进行交叉配血试验。

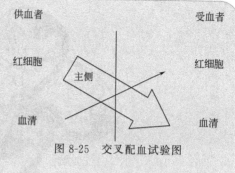

图 8-25　交叉配血试验图

① 供血者的红细胞混悬液和受血者的血清相混合称主侧。

② 受血者的红细胞混悬液和供血者的血清相混合则称次侧。

③ 分别观察结果，以两侧均无凝集反应者为最理想，称为配血相合，可以输血。

④ 如果主侧有凝集反应，不管次侧结果如何，均为配血不合，绝对不能输血。

⑤ 如果主侧不发生凝集反应而次侧发生，一般不宜进行输血。

交叉配血试验还可避免由于亚型和血型不同等原因而发生的输血凝集反应。交叉配血试验见图8-25。输血时要密切观察，一旦发生输血反应，应立即停止输血。

第四节　心脏生理

【知识目标】

◆ 掌握心动周期中各心腔的活动。

◆ 掌握心音产生的机制。

◆ 了解心肌的生物电产生的过程。

【技能目标】

◆ 能在活体上听取并区分两个心音。

◆ 能用心脏电生理解析临床实际问题。

【知识回顾】

◆ 心肌的特点。

◆ 心脏的结构。

一、心脏的泵血功能

哺乳动物的心脏分化为两个心房和两个心室，且左、右心房和左、右心室之间完全分隔，这种心脏实际上形成了两个泵。血液先由左心室泵出，经主动脉至毛细血管，然后与组织细胞进行物质交换，即送去养分和氧气，带走代谢产物，再经静脉回流入右心房，并进入右心室，这个流动过程叫体循环，因其循环路径长，故也称为大循环。血液由右心室射出，经肺动脉及肺毛细血管，并在此与肺泡气进行气体交换，释放二氧化碳，吸取氧气，然后，含氧丰富的血液经肺静脉回流至左心房，并进入左心室。这个流动过程叫做肺循环，因其循环路径短，故也称为小循环。由此可见，体循环与肺循环互相联系，构成一个完整的血液循环体系（图8-26）。

心脏由左、右两个心泵组成，心房收缩力较弱，但其收缩可帮助血液流入心室，起初级泵的作用。心室收缩力强，可将血液射入肺循环和体循环。心脏和血管中的瓣膜使血液在循环系统中只能以单一方向流动。心脏内特殊的传导系统即窦房结、房室交界、房室束和浦肯野纤维网，具

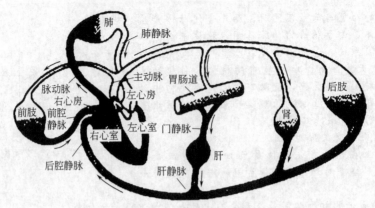

图 8-26　体循环和肺循环示意图

有产生节律性兴奋的能力，并将节律性兴奋传导到心脏各部分的心肌，通过兴奋-收缩耦联机制，引起心房和心室有序的节律性收缩和舒张。

（一）心动周期和心率

1. 心动周期

心脏每收缩、舒张一次所经历的时间称为一个心动周期。心动周期包括心房的收缩期和舒张期以及心室的收缩期和舒张期。在正常情况下，心脏的机械性收缩和舒张是由窦房结的自动节律性电活动所引起的，经过心内特殊的兴奋传导系统，先兴奋心房，再兴奋心室，并引起它们收缩。一般以心房开始收缩作为一个心动周期的起点。

2. 心率

每分钟心动周期的次数称为心率。在静息情况下，各种动物的心率都稳定在各自的生理范围之内（表 8-9）。但心率可因动物的种类、年龄、性别和生理状况的不同而有差异。一般说来，个体小的动物其心率比个体大的快。例如，大象心率为 28 次/分，而家鼠心率可达 100 次/分。年幼动物的心率比成年动物的快；雄性动物的心率比雌性动物的稍快；同一个体在安静或睡眠时心率慢，在活动或应激时心率快。总的来说，代谢越旺盛，心率越快；代谢越低，心率越慢。经过充分训练的动物心率较慢。

心动周期时程的长短与心率有关。以猪为例，成年猪在安静状态下平均心率每分钟 75 次，则每一心动周期平均需时 0.8 秒，其中心房收缩期约为 0.1 秒，舒张期为 0.7 秒；心室收缩期约为 0.3 秒，舒张期约为 0.5 秒（图 8-27）。

心房和心室共同舒张的时间（间歇期）约 0.4 秒，占心动周期的一半时间。而且在每一心动周期中，心房和心室的舒张时间都大于收缩时间。所以，心肌在每次收缩后能够有效地补充消耗和排除代谢产物，并保证心脏有充分的时间充盈血液和休息，这是心肌所以能够不断活动而不疲劳的根本原因。如果心率增加，心动周期就缩短，收缩期和舒张期均相应缩短，但一般舒张期的缩短更明显。因此，心率增快时心肌的工作时间相对延长，休息时间相对缩短，这对心脏的持久活动是不利的。由于推动血液流动主要靠心室的舒缩活动，故常以心室的舒缩活动作为心脏活动的标志，把心室的收缩期称为心缩期，心室的舒张期称为心舒期。

表 8-9　常见动物正常的心率变化范围

动物	心率/（次/分）	动物	心率/（次/分）
乳牛	60～80	山羊	60～80
黄牛	40～70	驴	60～80
猪	60～80	犬	80～130
马	26～50	猫	110～30
绵羊	70～110	兔	120～150

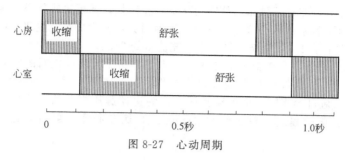

图 8-27　心动周期

（二）心脏的泵血机制

心脏之所以能不断地把来自低压的静脉血液泵入到高压的动脉，推动血液沿着一定的方向循环，主要是依靠心脏的泵血功能完成。心房和心室有次序地舒缩，造成心室和心房以及动脉之间的压力差，形成推动血液流动的动力，同时通过心脏内 4 套瓣膜的启闭控制血流的方向协同完成泵血。现以左心室为例，来讨论心脏的泵血功能及机制。

1. 心房的初级泵血功能

心房收缩前，心脏处于全心舒张状态，心房、心室内压力很低，接近于大气压。静脉压高于房内压，心房压略高于心室压，房室瓣处于开放状态，血液不断地从静脉流入心房，再经心房流入心室，使心室充盈。此时，心室内压远远低于主动脉内压，故半月瓣是关闭的。

心房开始收缩，作为一个心动周期开始，心房内压力升高，此时房室瓣处于开放状态，心房将其内的血液进一步挤入心室，因而心房容积缩小。心房收缩期间泵入心室的血量约占每个心动周期中心室总回流量的 25%。心房收缩结束后即舒张，房内压回降，同时心室开始收缩。

2. 心室的射血和充盈过程

根据心室内压力、容积的改变，瓣膜启闭与血流情况，可将心室的泵血过程分为心室收缩期和舒张期。

（1）心室收缩期

① 等容收缩期：心房收缩完毕即进行舒张，然后心室开始收缩。由于心室肌发达，收缩力强大，故心室开始收缩时，室内压力突然增加，导致房室瓣关闭，并产生第一心音，但此时心室内压尚低于主动脉内压力，不足以打开半月瓣。在半月瓣开放前，由于房室瓣和半月瓣均处于关闭状态，心室肌虽然收缩，但并不射血，心室容积不变，故称为等容收缩期。此期心肌纤维虽无缩短，但肌张力及室内压增高极快。等容收缩期的时程长短与心肌收缩能力及后负荷（即主动脉内压力）有关，后负荷增大或心肌收缩能力减弱，则等容收缩期延长。

② 快速射血期：当左心室收缩使室内压升高超过主动脉压时，半月瓣即开放，等容收缩期结束，血液被迅速射入主动脉内，在此期间心室射出的血量约占整个收缩期射出血量的 70%，心室容积迅速缩小；室内压可因心室肌继续收缩而继续升高，直至最高值，这段时间称为快速射血期。快速射血期相当于整个收缩期的 1/3 左右。

③ 减慢射血期：快速射血期之后，随着心室内血液的减少以及心室肌收缩力的减弱，射血的速度逐渐减慢，室内压开始下降，这一时期称为减慢射血期。在这一时期内，室内压已略低于主动脉压，但心室内血液因受到心室肌收缩的作用而具有较高的动能，故能依其惯性作用逆着压力梯度继续射入动脉内，心室容积继续缩小，其射出的血液约占整个心室射血期射出血量的 30%，所需时间则占整个收缩期的 2/3 左右。

（2）心室舒张期

① 等容舒张期：收缩期结束后，射血中止，心室开始舒张，心室内压迅速下降。当心室内压低于主动脉内压时，半月瓣随之关闭，产生第二心音；但此时心室内压仍然高于心房内压，因此，房室瓣仍处于关闭状态。由于此时半月瓣和房室瓣均处于关闭状态，心室容积没有变化，故称为等容舒张期。在该期内，由于心肌舒张，室内压急剧下降。

② 快速充盈期：等容舒张期末，心室内压降低至小于心房内压时，房室瓣开放，心室迅速

充盈；房室瓣开放后，心室继续舒张，使室内压进一步降低，甚至造成负压，这时心房和大静脉内的血液因心室抽吸而快速流入心室，心室容积迅速增大，称为快速充盈期。快速充盈期时程较短，约占整个舒张期的前1/3，但充盈量约占总充盈量的2/3。

③ 减慢充盈期：随着心室内血液的充盈，心室与心房、大静脉之间的压力差减小，致使血液流入心室的速度减慢，这段时期称为减慢充盈期。其后与下一个心动周期的心房收缩期相接。左、右心室的泵血过程相同，但肺动脉压力仅为主动脉压力的约1/6，因此在一个心动周期中，右心室内压变化的幅度（射血时达24mmHg）比左心室（射血时达130mmHg）要小得多。

（三）心音

心音是心脏在泵血过程中由于瓣膜、动脉管壁、心肌等发生振动而产生的声音。若用听诊器在动物胸壁一定区域内听诊，在一个心动周期内一般可听到两个心音。偶尔还可听到第三心音。如果在用换能器将这些机械振动转换成电流信号记录下来的心音图上，有时可观察到第四心音。这4种心音分别是由不同部位产生的振动所引起的。因此，临床中根据这4种心音产生的强弱、持续时间的长短，可评价动物心脏的功能状态。

（1）第一心音 发生于心缩期，它标志着心室收缩开始。第一心音持续时间长、音调低，属浊音，在心尖搏动处听得最清楚。主要是由于心室收缩开始时，房室瓣突然关闭所引起的振动而引起；其次为心室肌收缩的振动及半月瓣突然开放时血液射入动脉的振动引起。第一心音的变化主要反映心肌收缩力量和房室瓣的功能状态，心室收缩力量愈强，第一心音也愈强。

（2）第二心音 发生于心舒期，它标志着心室舒张开始。第二心音持续时间较短，音调较高。它是由于主动脉瓣和肺动脉瓣迅速关闭，血流冲击大动脉根部及心室内壁振动而形成的。第二心音主要反映动脉血压的高低以及半月瓣的功能状态。

（3）第三心音 发生在第二心音之后，持续时间短、音弱，在马、骡、犬等动物中可听到，其他动物中不易听到。第三心音主要是由于心室舒张后，心房中的血液快速充盈心室，引起心室壁的振动而产生的。

（4）第四心音 又称心房音，发生在第一心音之前，并与之相连续。由心房收缩所引起的心室快速充盈所引起，是一种低频率和低振幅的振动音。第四心音一般不能听到，但能在心音图上找到。

听取心音对于诊查瓣膜功能有重要的临床意义。第一心音可反映房室瓣的功能，第二心音可反映半月瓣的功能。瓣膜关闭不全或狭窄时，均可使血液产生涡流而发生杂音，从杂音产生的时间及杂音的性质和强度可判断瓣膜功能损伤的情况和程度。听取心音还可判断心率和心律是否正常。

（四）心脏泵血功能的评价与调节

心脏在血液循环中所起的作用就是泵出足够的血液以适应机体新陈代谢的需要，心脏射出血液量的多少是衡量心脏泵血功能的基本指标。

1. 每搏输出量和射血分数

一侧心室每次搏动射入动脉的血量称为每搏输出量。在通常情况下，从左、右心室分别射入主动脉、肺动脉中的血量是相等的，这是体循环与肺循环保持协调的必要条件。因此，每搏输出量可用任一心室射入动脉的血量来表示，但通常是指左心室射入主动脉的血量。

心室舒张末期，心室内的血液充盈量称为舒张末期容量。心室收缩期末，心室内仍剩余一部分血液量，称之为收缩末期容量。生理学上将每搏输出量占心室舒张末期容量的百分比称为射血分数，它是衡量心脏射血能力的重要指标。一般静息状态下，射血分数为55%～65%，经过锻炼和调教的动物，其心脏射血分数相应较大，反映其心肌射血能力强。反之，则反映心脏射血能力弱。

2. 每分输出量与心指数

一侧心室每分钟射入动脉的血液总量称为每分输出量，一般所说的心输出量都是指每分输出量。即

心输出量＝每分输出量－每搏输出量×心率

每分输出量随着机体活动和代谢情况而变化，在肌肉运动、情绪激动、怀孕等情况下，心输出量增高。

心输出量是以个体为单位计算的。个体大小不同的动物，新陈代谢总量不同，如果用心输出量的绝对值作为指标，进行不同个体间心功能的比较是不全面的。研究发现，动物安静时的心输出量与体表面积成正比。为了便于比较，把在动物空腹和安静状态下，每平方米体表面积的每分心输出量，称为心指数或静息心指数，并将其作为分析和比较不同个体心脏功能时常用的指标。

3. 心脏泵血功能的调节

在机体内，心脏的泵血功能是随不同生理需要而改变的，如剧烈运动时的心输出量比安静状态下可增加 4～7 倍，这种改变是在复杂的神经和体液调节下实现的。从心脏本身来讲，心输出量的大小取决于心率和每搏输出量。每搏输出量主要由回心血量、心肌的收缩力量和动脉血压的大小来调节。在一定范围内，心率的增加可使每分心输出量相应增加。但当心率增加到某一临界水平时，由于心脏过度消耗供能物质，会使心肌收缩力降低。其次，心率加快时，心动周期缩短，特别是舒张期的时间缩短，心室缺乏足够的充盈时间，导致心输出量反而下降；反之，心舒期过长，心室充盈早已接近最大限度，不能再继续增加充盈量和搏出量，所以心输出量也下降。

二、心肌细胞的生物电现象与生理特性

心脏之所以能有节律地进行收缩、舒张活动并完成泵血功能，其生理基础在于心肌细胞具有独特的生理特性以及与这些特性密切相关的生物电活动。

（一）心肌细胞的生物电现象

1. 心肌细胞的类型及特征

心肌细胞根据其组织学特点、生理特性及功能的不同，可分为两大类：一类是普通的心肌细胞，包括心房肌细胞和心室肌细胞，它们含有丰富的肌原纤维，具有收缩性，执行收缩功能，所以又称为工作细胞。工作细胞能够接受外来刺激产生兴奋并传导兴奋，具有兴奋性和传导性，但不能自动产生节律性兴奋，即不具有自律性，所以也称为非自律细胞。另一类是组成心脏特殊传导系统的细胞，包括窦房结、房室交界（又称房室结区）、房室束及其分支和浦肯野纤维网。这类心肌细胞不仅具有兴奋性和传导性，而且还具有自律性（结区细胞除外），故称为自律细胞。自律细胞胞浆中的肌原纤维含量很少甚至缺乏，基本上不具有收缩性。心肌细胞是心脏内兴奋产生和传播的组织，起着控制心脏节律活动的作用。

2. 普通心肌细胞的跨膜电位及其形成原理

以心室肌细胞为例进行说明。

（1）静息电位　心室肌细胞在静息状态下，细胞膜内外的电位差称为心室肌细胞的静息电位。正常心室肌细胞的静息电位约为 -90mV。其产生原理和神经、骨骼肌细胞相同，主要是 K^+ 外流所达到的平衡电位。

（2）动作电位　心室肌细胞兴奋时，膜电位表现为动作电位。心肌工作细胞的动作电位与神经细胞和骨骼肌细胞的明显不同。其特征是持续时间较长、复极过程复杂以及动作电位的升支和降支不对称。心室肌细胞的动作电位包括去极化和复极化两个过程，分为 0、1、2、3 和 4 五个时期（图 8-28）。

① 去极化过程（0 期）：膜内电位由静息状态时的 -90mV 上升到 $+20\sim+30\text{mV}$，上升的幅度达 120mV 左右，此时膜由极化状态转成反极化状态，构成动作电位的上升支。哺乳动物心室肌动作电位的。期所占时间很短，仅为 1～2 毫秒。

0 期形成的机制和神经细胞、骨骼肌细胞相似，主要由于 Na^+ 的快速内流所致。心肌细胞膜上有两种允许 Na^+ 通过的通道。一为快 Na^+ 通道，或叫 Na^+ 通道，另一为慢通道，或叫 Ca^{2+} 通道。快通道与神经纤维上的 Na^+ 通道相似，它的激活迅速，失活也迅速。慢通道的激活和失活均较缓慢，它以允许 Ca^{2+} 缓慢内流为主（所以又叫 Ca^{2+} 通道），同时也允许少量 Na^+ 缓慢内流。

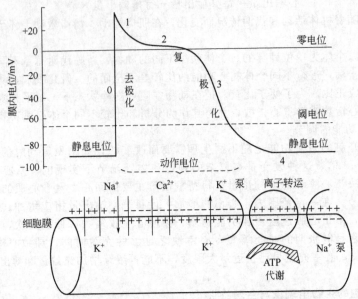

图 8-28　心室肌细胞的跨膜电位和主要离子活动示意图

心室肌细胞膜上的 Na^+ 通道在静息状态下是关闭的。在动作电位的形成过程中，局部电流刺激未兴奋区域，使该区心室肌细胞膜上部分 Na^+ 通道激活开放，少量 Na^+ 内流造成膜部分去极化。当去极到达阈电位时（约 $-70mV$），快通道则全部开放。于是膜外 Na^+ 顺浓度差迅速内流，至达到 Na^+ 平衡电位，形成动作电位的上升支。慢通道开放较快通道晚，所以，在 0 期形成中不起什么作用。以快 Na^+ 通道为 0 期去极的心肌细胞，如心房肌、心室肌及浦肯野细胞，称快反应细胞，所形成的动作电位称快反应动作电位。快 Na^+ 通道可被河豚毒阻断。

② 复极化过程：当心室肌细胞去极化达到峰值后，就开始复极化。心室肌细胞的复极过程远比神经和骨骼肌细胞慢，包括四个阶段。

a. 1 期（快速复极初期）：在复极初期，膜电位由 $+30mV$ 迅速下降到 0 左右，历时约 10 毫秒。0 期和 1 期的快速膜电位变化，常合称为锋电位。1 期膜电位的变化主要是由 K^+ 外流引起的。K^+ 通道可被四乙胺和 4-氨基吡啶等所阻断。

b. 2 期（平台期）：此期膜电位下降很缓慢，往往停滞于接近 0 的等电位状态，形成平台。形成平台区主要是由于 Ca^{2+} 通过慢通道（0 期膜电位的去极变化，除了导致快 Na^+ 通道的开放和以后的关闭外，也激活了膜上的 Ca^{2+} 通道 Ca^{2+} 通道的激活过程较 Na^+ 通道慢，因此要等 0 期后才表现为持续开放）持续缓慢内流的同时，少量 K^+ 通过慢 K^+ 通道外流彼此相抗衡的结果。2 期是心室肌细胞区别于神经或骨骼肌细胞动作电位的主要特征。此期占 100～150 毫秒，是心室肌动作电位持续较长的主要原因，与心肌的兴奋-收缩耦联、心室肌不应期长、不会产生强直收缩等特性密切相关。

c. 3 期（快速复极末期）：此期复极过程加速，膜电位由 0 左右较快地下降到 $-90mV$，占时 100～150 毫秒。2 期和 3 期之间没有明显界限。此期形成的原因是此时膜对 Ca^{2+} 的通透性降低而膜对 K^+ 的通透性增高，K^+ 依其膜内高于膜外的浓度梯度快速外流，使膜电位很快恢复到静息电位水平。

d. 4 期（恢复期）：动作电位复极化完毕之后的时期。在心室肌细胞或其他非自律细胞，4 期膜电位稳定于静息电位水平，故 4 期又称为静息期。在此期内离子的跨膜主动转运增强，通过 Na^+-K^+ 泵的作用将动作电位形成过程中进入细胞内的 Na^+ 运出，并摄入外流的 K^+，以恢复细胞内外离子的正常浓度差。至于 2 期进入细胞内的 Ca^{2+}，则是通过 Na^+-Ca^{2+} 交换移出细胞外的。交换时每摄入 3 个 Na^+ 则排出 1 个 Ca^{2+}。Ca^{2+} 的主动转运是由 Na^+-K^+ 泵间接提供能量。

心房肌细胞的跨膜电位及其形成机制与心室肌细胞几乎完全相同，只是心房肌不形成明显的平台期（图 8-29），故其动作电位 1 期与 2 期分界不清，动作电位持续时间较短，仅 150 毫秒左右。

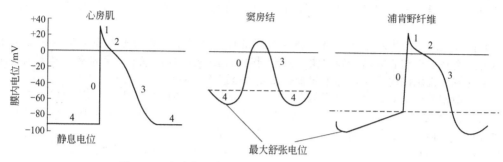

图 8-29　心房肌、窦房结和浦肯野式细胞的跨膜电位

（二）心肌的生理特性

心肌的生理特性包括自动节律性、兴奋性、传导性和收缩性。其中自律性、兴奋性和传导性是在心肌细胞跨膜电位的基础上产生的，故三者又称电生理特性，它们与心脏内兴奋的产生和传播密切相关。收缩性则属于心肌细胞的机械特性，和心脏的泵血功能密切相关。

1. 自动节律性

心肌在没有外来刺激的情况下，能自动发生节律性兴奋的能力或特性，称为自动节律性，简称自律性。具有自律性的组织或细胞，叫做自律组织或自律细胞。高等动物心脏的自律性组织存在于心肌特殊传导系统中，包括窦房结（蛙类为静脉窦）、房室交界（结区除外）、房室束及浦肯野纤维等，这些组织的节律性高低不一。以猪为例，窦房结每分钟兴奋 70～80 次，房室交界每分钟 40～60 次，房室束为每分钟 20～40 次，浦肯野纤维每分钟不足 20 次。可见，窦房结的自律性最高，整个心脏窦房结最早自动产生兴奋并向外扩布，依次激动心房肌、房室交界、心室内的传导组织和心室肌，从而引起整个心脏的兴奋和收缩。所以，心脏内兴奋起源于窦房结，窦房结为心脏的正常起搏点。当窦房结自律性增高时，心跳频率就加快；反之，当窦房结自律性下降时，心跳频率就减慢。临床上把以窦房结为起搏点的心脏活动节律称为窦性心律。心脏内其他自律组织的自律性较低，通常处于窦房结控制之下，其本身的自律性表现不出来，只起传导兴奋的作用，所以称为潜在起搏点。在异常情况下，比如窦房结功能下降或窦房结冲动下传受阻时，潜在起搏点中自律性最高的部位便可取而代之，表现出自己的自律性，来维持心脏的兴奋和搏动，使心脏免于停搏。这时，潜在起搏点就成为异位起搏点（窦房结以外的起搏点）。临床上将由异位起搏点引起的心脏活动节律称为异位心律。

2. 兴奋性

兴奋性是指心肌细胞对适宜刺激能够产生兴奋的能力或特性。衡量心肌细胞兴奋性的高低可用阈刺激的大小（即阈值）作指标，阈值大表示兴奋性低，阈值小则表示兴奋性高。

兴奋性的高低决定于静息电位与阈电位之间的差距以及 Na^+ 通道的功能状态。静息电位绝对值增大时，兴奋性降低。阈电位绝对值减小，引起兴奋所需刺激增大，兴奋性降低。Na^+ 通道有激活、失活、备用三种功能状态，只有 Na^+ 通道处于备用状态时，才能被激活，细胞膜上大部分 Na^+ 通道是否处于备用状态，是该心肌细胞是否具有兴奋性的前提。

心肌细胞与其他可兴奋组织一样，当接受刺激发生兴奋时，在兴奋的过程中，随心肌膜上离子通道的激活、失活、复活等电位变化，使心肌兴奋性也发生相应的改变。

3. 传导性

传导性是指心肌细胞兴奋时所产生的动作电位沿着心肌细胞膜向外扩布的特性。心肌细胞兴奋传导的原理与神经和骨骼肌细胞的兴奋传导基本相同，即通过局部电流不断地向外扩布，但心肌细胞之间的闰盘是低电阻的缝隙连接，允许局部电流通过，所以心肌局部电流不仅在心肌的单一细胞内传导，而且能在细胞与细胞之间传递，使心房、心室各为功能上的合胞体而表现为左、右心房或心室的同步兴奋和收缩。动作电位沿细胞膜传播的速度可作为衡量传导性的指标。

4. 收缩性

心肌细胞和骨骼肌细胞的收缩过程基本相同,在受到刺激发生兴奋时,首先在细胞膜上爆发动作电位,然后通过兴奋-收缩耦联,引起粗、细肌丝的滑行,造成整个细胞收缩。心肌的收缩有以下特点。

(1) 同步收缩 心房和心室内特殊传导组织的传导速度快,而心肌细胞之间的闰盘电阻又低,因此兴奋在心房和心室内传导很快,几乎同时到达所有心房肌或心室肌细胞,从而引起所有心房肌或心室肌细胞同时收缩,称为同步收缩或"全或无收缩"。

(2) 对细胞外液中 Ca^{2+} 浓度的依赖性 在一定范围内,细胞外液中的 Ca^{2+} 浓度升高,兴奋时内流的 Ca^{2+} 量增多,心肌收缩增强。当细胞外液中 Ca^{2+} 浓度很低时,心肌肌膜虽仍能兴奋并产生动作电位,但不能引起收缩,称为兴奋-收缩脱耦联。

(3) 不发生强直收缩 心肌发生一次兴奋后,兴奋性周期变化的特点是有效不应期特别长,相当于心肌的整个收缩期和舒张早期。在此期内,任何刺激都不能使心肌组织兴奋而发生收缩。所以,每次收缩后必有舒张,使心脏始终保持收缩与舒张相互交替的节律性活动,不会产生类似于骨骼肌的强直收缩。

(4) 期前收缩与代偿间歇 如果在心室肌有效不应期之后到下一次窦房结兴奋传来之前,受到一次来自窦房结之外的刺激,则可引起一次比正常窦性节律提前发生的额外兴奋,并导致心室肌收缩。由于这一收缩发生在窦房结兴奋所引起的正常收缩之前,故称为期前收缩或额外收缩,也称早搏。由于期前兴奋也有自己的有效不应期,使紧接在期前收缩后的窦房结的兴奋传到心室时,正好落在期前兴奋的有效不应期内,因而不能引起心室兴奋和收缩。必须等到下次窦房结的兴奋传来,才能发生收缩。所以在一次期前收缩之后,往往有一段较长的心脏舒张期,称为代偿间歇。

第五节 血管生理

【知识目标】

◆ 理解并掌握血压、中心静脉压、动脉脉搏的产生机制及意义。

◆ 掌握微循环的组成及功能。

◆ 掌握组织液、淋巴液的生成与回流过程。

◆ 了解心血管活动的调节。

【技能目标】

◆ 能在活体上测定动物血压及脉搏。

◆ 能熟练地运用循环生理内容解析临床实际问题。

【知识回顾】

◆ 血管的结构特点。

◆ 淋巴循环与心血管循环关系。

一、血管的种类和功能

血管是与心脏相通的封闭的管道系统,由心脏发出的血管称动脉管,由于动脉管内血压高,所以管壁厚而富有弹性,动脉管在体内反复分支,愈分愈细,最后在组织内形成毛细血管。毛细血管数量很多,遍及全身,它的管壁很薄,只由一层内皮构成,具有很大的通透性,是进行物质交换的地方。毛细血管汇合形成静脉。静脉管是回流心脏的血管,血压低、管壁薄,为了防止血液逆流,保证血液回流心脏,在静脉管内有静脉瓣。

二、血流阻力和血压

(一) 血流阻力

血液在血管内流动时所遇到的阻力称为血流阻力。血流阻力的产生是由于血液流动时血液内部以及血液与血管壁之间发生了摩擦。其消耗的能量一般表现为热能。这部分热能不可能再转换成血液的势能或动能，故血液在血管内流动时压力逐渐降低。

由于血管的长度很少变化，因此血流阻力主要由血管口径和血液黏滞度决定。血液黏滞度主要取决于血液中的红细胞数，血细胞比容愈大，血液黏滞度就愈高。对于一个器官来说，如果血液黏滞度不变，则器官的血流量主要取决于该器官的阻力血管的口径。阻力血管口径增大时，血流阻力降低，血流量就增多；反之，当阻力血管口径缩小时，器官血流量就减少。机体对循环功能的调节就是通过控制各器官阻力血管的口径来调节各器官之间的血流分配的。在整个体循环中，小动脉及微动脉是产生外周阻力的主要部位。

（二）血压

血压是指血管内流动的血液对单位面积血管壁的侧压力，即压强。测定血压时，是以血压与大气压作比较：一般将大气压作为生理上的血压零值，用超过大气压的数值表示血压的高低，单位为 kPa，但习惯以 mmHg 为单位。两者的关系为：$1mmHg = 0.133kPa$。

形成血压的前提是心血管系统内有血液充盈，充盈的程度可用循环系统平均充盈压来表示，或称体循环平均压。充盈压可随血量和循环系统容量相对大小的改变而变化。血量增大、容量减少，血量/容量比值增大，充盈压上升；反之下降。心脏射血是形成血压的另一个基本因素，心肌收缩时所释放的能量可分为两部分，一部分用于推动血液流动，是血液的动能；另一部分形成对血管壁的侧压，并使血管壁扩张，这部分是势能。在心舒期，大动脉发生弹性回缩，又将一部分势能转变为推动血液的动能，使血液在血管中继续向前流动。血液在血管内向前流动的过程中，其动能因不断地被用来克服外周阻力而逐渐消耗，这样就需要将一部分势能转化为动能，以保证血液继续向前流动，血压也就随之下降。

（三）动脉血压和动脉脉搏

1. 动脉血压

（1）动脉血压及正常值　血压按循环系统中血管的不同，分别称为动脉血压、静脉血压和毛细血管血压。通常所说血压，即指体循环的动脉血压。

动脉血压在一个心动周期中随着心室的舒缩活动，是呈周期性变化的。在心室收缩时，主动脉压急剧升高，约在收缩中期达到最高值，这时的血压称为收缩压或最高压。随后，动脉血压下降。心室开始舒张后，主动脉压迅速下降，在心舒末期，血压降至最低值，称之为舒张压，亦称最低压。收缩压与舒张压之差称为脉搏压，简称脉压。一个心动周期中每一瞬间动脉血压的平均值，称为平均动脉压，简称平均压。由于在每个心动周期中心舒期比心缩期长，动脉血压处在舒张压水平的时间较长，所以平均压不应该是收缩压和舒张压的简单平均数，简略估算，其数值大约等于舒张压加 1/3 脉压。

不同种属的动物，其血压也随年龄、性别及生理状况的变化而变化，各种成年动物血压见表 8-10。

表 8-10　各种成年动物的血压（颈动脉或股动脉动）　　　　　　　　　　　　kPa

动物	收缩压	舒张压	脉压	平均动脉压
牛	18.7	12.6	6.0	14.7
绵羊	18.7	12.0	6.7	14.3
猪	18.7	10.6	8.0	13.3
马	17.8	12.6	4.7	14.3
鸡	23.3	19.3	4.0	20.7
犬	16.0	9.3	5.3	11.6
猫	18.7	12.0	6.7	14.3
兔	16.0	10.6	5.2	12.4
大鼠	13.3	9.3	4.0	11.1

（2）影响动脉血压的因素

① 每搏输出量：当每搏输出量增加时，射入主动脉的血量增多，收缩压升高。由于收缩压升高，血流速度加快，大动脉内增多的血量仍可在心舒张期流至外周，在外周阻力和心率变化不大的情况下，舒张末期大动脉内存留的血液不会显著增加，因而大动脉壁弹性扩张的程度也不会显著增大，舒张压升高不多，但脉压增大。反之，心收缩力弱使每搏输出量减少时，则主要使收缩压下降，脉压减小。可见，在一般情况下，收缩压的高低主要反映心脏每搏输出量的多少。

② 心率：如果心率加快，而每搏输出量和外周阻力都不变，则由于心舒张期缩短，在心舒张期内流至外周的血液就减少，故心舒张期末主动脉内存留的血量增多，舒张期血压就升高。

③ 外周阻力：是血液流向外周血管所遇阻力的总称。如果心输出量不变而外周阻力加大，则心舒张期血液向外周流动的速度减慢，心舒张期末存留在主动脉中的血量增多，舒张压升高。在心收缩期，由于动脉血压升高使血流速度加快，因此，收缩压升高不如舒张压升高明显，脉压也相对减小。反之，当外周阻力减小时，舒张压降低比收缩压降低明显，故脉压加大。可见，舒张压的高低主要反映外周阻力的大小。

④ 大动脉管壁的弹性：大动脉管壁的弹性具有缓冲收缩压和维持舒张压的作用，也就是有降低脉压的作用。大动脉管壁的弹性在一般情况下短时间内不会发生明显的变化，但到老年，大动脉管壁由于胶原纤维的增生而导致弹性下降，心收缩期大动脉不能充分扩张，导致收缩压明显升高；心舒张期大动脉又无回缩余地，导致舒张压下降，因而脉压增大（图8-30）。

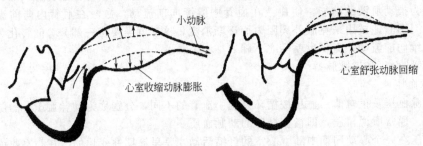

图 8-30　动脉管壁弹性对血流和血压的影响

⑤ 循环血量和血管系统容量的比例：循环血量减少或容量血管扩张，都会使循环系统平均充盈压下降，动脉血压降低。机体在正常情况下，循环血量和血管容量是相适应的，血管系统的充盈程度变化不大。但在失血时，循环血量减少，此时如果血管系统容量改变不大，则体循环平均压必然降低，从而使动脉血压降低。

为了便于分析，上述影响动脉血压的各种因素，都是在假设其他因素不变的条件下，探讨某一因素变化时对动脉血压的影响。实际上，在完整机体内，动脉血压的变化往往是各种影响因素综合作用的结果。

2. 动脉脉搏

在每个心动周期中，随着心脏周期性地收缩与舒张，动脉内的压力发生周期性的波动，主动脉壁相应地发生扩张-回缩的弹性搏动，且这种搏动可以弹性压力波的形式沿着动脉管壁传播，直至动脉末梢，形成动脉脉搏。通常所谓的脉搏，即指动脉脉搏。

（1）动脉脉搏的波形　动脉脉搏可在外周浅表动脉，如颈外动脉、股动脉或尾动脉触摸到。用脉搏描记仪记录下来的脉搏波波形称作脉搏图。动脉脉搏的波形可因描记方法和记录的部位不同而不同，但一般包括上升支和下降支两部分。

① 上升支：在心室快速射血期，动脉血压迅速上升，管壁被扩张，形成上升支。曲线上升的斜率和幅度受被测动脉区域距离心脏的远近、心输出量、心室射血速度、动脉外周阻力以及血管弹性等因素的影响。外周阻力大，心输出量少，射血速度慢，则脉搏波形中上升支的斜率小，幅度也低；反之，则上升支较陡，幅度也较大。

② 下降支：下降支比较平坦。在心室舒张时主动脉管壁弹性回缩，动脉血压下降，形成下

降支，包括心室射血后期形成的下降支前段和舒张期形成的其余下降支两部分。在心舒期开始时，心室内压力迅速下降，血液向心室反流，由于半月瓣关闭，回流的血液被主动脉瓣弹回，动脉压又在瞬间稍有回升，管壁又稍有扩张，从而在下降支的中段形成了一个小波，称降中波，其前面的切迹称为降中峡。下降支大致反映了外周阻力的高低。

（2）动脉脉搏波的传播速度 动脉脉搏波可以沿着动脉管壁向外周血管传播，它是一种能量的传播，传播的速度远远超过血流的速度。一般说来，动脉脉搏波的传播速度与血管壁的弹性成反比。在动脉系统中，主动脉的弹性最大，故脉搏波在主动脉段的传播速度最慢，为 3～5 米/秒；在大动脉的传播速度为 7～10 米/秒；到小动脉段可加快到 15～35 米/秒；由于小动脉和微动脉对血流的阻力很大，所以在微动脉段以后脉搏波动大大减弱，到毛细血管，脉搏已基本消失。

动脉脉搏不但能够直接反映心率和心动周期的节律，而且能够在一定程度上通过脉搏的速度、幅度、硬度、频率等特性反映整个循环系统的功能状态。所以，检查动脉脉搏有很重要的临床意义。

（四）静脉血压和静脉回心血量

静脉在功能上不仅是作为血液回流入心脏的通道，还因静脉系统容量大、静脉血管容易扩张等可起到血液储库的作用；静脉血管的舒缩可以有效地调节回心血量和心输出量，使循环功能能够适应机体在各种生理状态下的需要。

1. 静脉血压

静脉血压是指静脉内血液对血管壁产生的侧压力。当循环血液流过毛细血管之后，其能量已大部分用于克服外周阻力而被消耗，因此到达微静脉部位的血流对管壁产生的侧压力已经很小，血压下降至 15～20mmHg。由于静脉管壁薄、易扩张、容量大，较小的压力变化就能引起较大的容量改变，所以与动脉相比，在整个静脉系统中血压变化的梯度也很小。右心房作为体循环的终点，血压最低，接近于零。通常把右心房或胸腔内大静脉的血压称为中心静脉压，而把各器官静脉的血压称为外周静脉压。

中心静脉压的高低取决于心脏射血能力和静脉回心血量之间的相互关系。如果心脏功能良好，能及时将回心的血液射入动脉，则中心静脉压较低；反之，心脏射血功能减弱时，回流的血液淤积于右心房和腔静脉中，致使中心静脉压升高。另一方面，如果回心血量增加或静脉回液速度加快，会使胸腔大静脉和右心房血液充盈增加，中心静脉压升高。因此，在血量增加、全身静脉收缩或因微动脉舒张而使外周静脉压升高等情况下，中心静脉压都可能升高。可见，中心静脉压是反映心血管功能的又一指标，有重要的临床意义。中心静脉压过低，常表示血量不足或静脉回流受阻。在治疗休克时，可通过观察中心静脉压的变化来指导输液。如果中心静脉低于正常值下限或有下降趋势时，提示循环血量不足，可增加输液量；如果中心静脉压高于正常值上限或有上升趋势时，提示输液过快或心脏射血功能不全，应减慢输液速度和适当使用增强心脏收缩力的药物。

2. 静脉回心血量及其影响因素

单位时间内的静脉回心血量等于心输出量，其取决于外周静脉压和中心静脉压之差以及静脉对血流的阻力，所以只要能影响这三者的因素，都能影响静脉回心血量，主要因素如下。

（1）体循环平均充盈压 当血量增加或容量血管收缩时，体循环平均压升高，静脉回心血量也就增多。

（2）心脏收缩力量 心脏收缩时将血液射入动脉，舒张时心室内压下降，则可从心房和大静脉中抽吸血液，静脉回心血量加大，同时可降低中心静脉压，使体循环静脉系统回心血量增加。动物如右心衰竭时，其心脏射血力量显著减弱，心舒张期右心室内压较高，血液淤积在右心房和大静脉内，回心血量大大减少，可导致血液在外周静脉"淤积"。如左心衰竭时，左心房压和肺静脉压升高，可造成肺淤血和肺水肿。

（3）体位改变 动物躺卧时，全身各大静脉与心脏处于同一水平，靠静脉系统中的各段压差就可以推动血液流回心脏。当动物从卧位变为立位时，四肢部分的静脉血管因血液本身的重力作用而充盈扩张，容纳的血量增多，故回心血量减少。需借助骨骼肌的挤压及胸腔负压的抽吸作用促使其回流。

（4）骨骼肌的挤压作用　骨骼肌收缩时可对肌肉内和肌肉间的静脉发生挤压，提高静脉内压力，使其中的血液推开静脉瓣膜朝着向心的方向流动，静脉血流加快。因静脉内瓣膜的存在使静脉内的血液只能向心脏方向流动。当肌肉舒张时，静脉内压力降低，有利于微静脉和毛细血管内的血液流入静脉，使静脉充盈。这样，骨骼肌和静脉瓣膜一起对静脉回流起着"泵"的作用。

（5）呼吸运动　呼吸运动时，胸腔内产生的负压变化是影响静脉回流的另一个重要因素。胸腔内压比大气压低，吸气时更低。由于静脉管壁薄而柔软，故吸气时胸腔内的大静脉受到负压牵引而扩张，使静脉容积增大，内压下降，因而对静脉回流起着抽吸作用。同时，动物在吸气时由于膈的后退，能压迫腹腔内脏血管而使腹腔内静脉血回流加快。呼气时胸内负压下降，回心血量要相应地减少，用力呼气时，胸内负压显著下降甚至转为正压，可严重影响回心血量并导致心输出量下降。

（五）微循环

微循环是指微动脉和微静脉之间的血液循环。微循环是心血管系统与组织细胞直接接触并进行物质交换的场所。

1. 微循环的组成及血流通路

微循环的结构在不同的组织器官中会有一定的差异。典型的微循环结构是由微动脉、后微动脉、毛细血管前括约肌、真毛细血管、通血毛细血管、动静脉吻合支和微静脉七个部分组成的。微循环的血液可通过3条途径，即直捷通路、迂回通路和动-静脉短路，从微动脉流向微静脉（图8-31）。

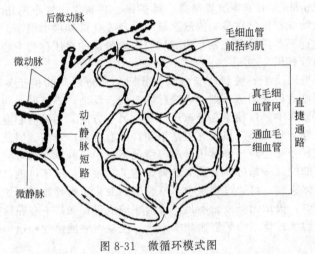

图8-31　微循环模式图

学习贴示

真毛细血管就是毛细血管，是由后微动脉分支来的。

（1）直捷通路　直捷通路是指血液从微动脉经后微动脉和通血毛细血管进入微静脉的通路。通血毛细血管是由后微动脉直接延伸成的毛细血管。和真毛细血管比较，通血毛细血管的管径较粗，血压较高，血流较快且经常处于开放状态，很少与组织液进行物质交换。直捷通路在骨骼肌的微循环中较多见，其主要作用是使一部分血液迅速通过微循环进入静脉，不致使血液过多地滞留于真毛细血管网内。

（2）迂回（营养）通路　血液从微动脉经后微动脉和由真毛细血管构成的毛细血管网到微静脉，这一条通路称为迂回通路。真毛细血管网管壁薄，血流缓慢，通透性大，是血液和组织细胞进行物质交换的主要部位，故此通路又称营养通路。

（3）动-静脉短路（非营养通路） 血液从微动脉经动静脉吻合支直接流到微静脉，这条通路叫做动-静脉短路。这条通路的血管壁较厚，血流迅速，故血液流经这一通路时基本不进行物质交换，又称为非营养通路。动-静脉短路多见于皮肤和肢端等处的微循环中。当温度升高时，动-静脉短路开放，皮肤血流量增加，有利于散热；当温度下降时，动-静脉短路关闭，利于保存热量。因此，皮肤微循环中的动-静脉短路在体温调节中有重要作用。此外，在某些病理状态下，例如感染性和中毒性休克时，动-静脉短路大量开放，以缩短循环途径，降低外周阻力，使血液迅速回流入心脏。但因血液不经过真毛细血管网，导致组织细胞不能与血液进行物质交换，致使组织缺血、缺氧加重，反而对机体不利。

2. 毛细血管的通透性

毛细血管壁由单层内皮细胞构成，外面由基膜包围，总厚度约为$0.5\mu m$，在细胞核的部分稍厚。内皮细胞之间相互连接处存在着细微的裂隙，成为沟通毛细血管内外的孔道。各种组织中毛细血管壁的通透性是不同的。例如，肝、脾和骨髓等处的毛细血管壁其裂隙较大，为不连续或窦性毛细血管，能够让整个细胞、大分子和颗粒物质通过其管壁。分布于皮肤、脂肪、肌肉组织、胎盘、肺及中枢神经系统等处的毛细血管，其内皮和基膜较完整，细胞之间为紧密连接，为连续性毛细血管，水和脂溶性分子可直接通过内皮细胞，许多离子和非脂溶性小分子则必须由特异的载体转运。分布于肾、胃肠黏膜、胰腺、唾液腺、肠绒毛、胆囊、脉络等处的毛细血管，其内皮较薄，并有许多窗孔，不仅可让液体经结合质间隙弥散，而且可通过窗孔大量转运。毛细血管的通透性可在一些因素的影响下发生改变。例如侵入体内的一些细菌毒素、昆虫毒和蛇毒等，可使毛细血管壁的孔隙增大，通透性增加；维生素C缺乏可引起内皮细胞间结合质缺乏，毛细血管的通透性增加。

（六）组织液和淋巴液

存在于血管外细胞间隙的体液称为组织液。组织液浸浴着机体的每一个细胞，是血液与组织细胞之间进行物质交换的媒介。组织液约占体重的15%，其中绝大部分呈胶冻状，不能自由流动，只有约1%为可流动液体，因而不受重力影响和不能被注射针头抽出。胶冻的基质主要是胶原纤维和透明质酸细丝，它不妨碍水及其溶质的弥散。组织液中各种离子成分与血浆相同，因而二者的晶体渗透压相等。组织液中也存在各种血浆蛋白质，但其浓度明显低于血浆，因而组织液胶体渗透压在正常状态下小于血浆胶体渗透压。因组织液流动性很小，所以组织液对其周围组织包括毛细血管外侧壁的压力称为静水压。

1. 组织液的生成与回流

血浆中的水和营养物质透过毛细血管壁进入组织间隙的过程称为组织液的生成；组织液中的水和代谢产物回到毛细血管内的过程称为组织液的回流。组织液是血浆滤过毛细血管壁而形成的，其生成与回流的机制见图8-32。

图8-32中，毛细血管血压和组织液胶体渗透压是促使液体由毛细血管内向血管外滤过的力量（＋），而组织液的静水压和血浆胶体渗透压是将液体从血管外重吸收入毛细血管内的力量（－）。滤过的力量和重吸收的力量之差，称为有效滤过压。即

有效滤过压＝（毛细血管血压＋组织液胶体渗透压）－（血浆胶体渗透压＋组织液静水压）

在毛细血管的动脉端，由于毛细血管血压较高，故有效滤过压为正值，组织液生成；在毛细血管的静脉端，由于毛细血管血压较低，故有效滤过压为负值，组织液回流入血液（占组织液生成量的90%，另10%组织液通过淋巴系统回流入血液）。从动脉端到静脉端，毛细血管血压的降低是逐渐移行的，所以，有效滤过压从正压到负压也是逐渐移行的。

2. 影响组织液生成与回流的因素

正常时，组织液不断生成而又不断回流到血管中去，构成了动态平衡，故血量和组织液量能维持相对稳定。如果破坏了动态平衡，都将导致组织间隙中有过多液体积存而形成水肿。凡能使有效滤过压发生改变的因素，都会影响组织液的生成与回流。主要有以下4个方面的因素。

（1）毛细血管血压 毛细血管血压升高可促进组织液的生成；反之，则减少其生成。影响毛

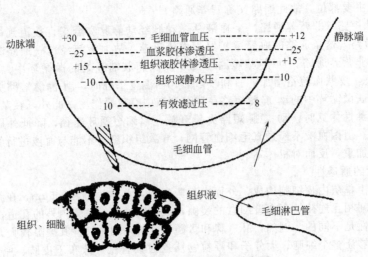

图 8-32 组织生成与回流示意图

细血管血压的毛细血管前、后阻力与组织液的生成量有关。如微动脉扩张时，毛细血管前阻力减小，毛细血管血压升高，组织液生成增多；如小静脉收缩或静脉回流受阻时，毛细血管后阻力增大，毛细血管血压也会升高，组织液的生成也会增加，并可导致组织水肿。

（2）血浆胶体渗透压 凡能引起血浆蛋白质含量改变而使血浆胶体渗透压发生改变因素都可影响组织液的生成。如患某些肾病时，由于大量的血浆蛋白质随尿液排出，而使血液中血浆蛋白质含量减少，从而使血浆胶体渗透压降低，有效滤过压增大，导致组织液生成增多，往往引起组织水肿，称为肾性水肿。动物严重营养不良时，由于血浆蛋白含量过低，也会出现组织水肿。

（3）毛细血管壁的通透性 在正常情况下毛细血管壁的通透性变化不大，只有在病理情况下，才有较大的改变。例如在过敏反应中，由于局部组织释放大量组织胺，使毛细血管的通透性加大，部分血浆蛋白渗出，使血浆胶体渗透压降低，而组织液胶体渗透压升高，组织液生成增多，回流减少，可出现局部水肿。

（4）淋巴回流 毛细血管动脉端滤出的液体，约有 10% 是从淋巴系统回流入血液，若淋巴回流受阻会造成组织液在受阻部位远端的组织间隙中积聚，形成组织水肿。如丝虫病引起的水肿。

3. 淋巴液的生成和回流

组织液进入淋巴管即成为淋巴液，同一组织的淋巴液和该处的组织液在成分上非常接近。毛细淋巴管以稍膨大的盲端（图 8-33）起始于组织间隙，彼此吻合成网，并逐渐汇合成大的淋巴管。全身的淋巴液经淋巴管收集，最后由右淋巴导管和胸导管汇入静脉。淋巴系统是组织液向血液回流的一个重要的辅助系统。淋巴液生成的动力是组织液和毛细淋巴管中淋巴液间的压力差。因此，任何能增加组织液压力的因素都能增加淋巴液的生成速度。例如，毛细血管的血压升高、血浆胶体渗透压下降、组织液胶体渗透压升高以及毛细血管壁通透性增高等因素，都可加速淋巴液的生成。

毛细淋巴管内皮细胞有收缩性，每分钟能收缩若干次，推送淋巴越过瓣膜向大淋巴管流动。由于瓣膜（图 8-33）作用，淋巴不能逆流，造成毛细淋巴管腔内的低压，吸引组织液进入毛细淋巴管，并使淋巴只能向单一方向流动。集合淋巴管的管壁中有平滑肌，平滑肌的舒缩也是淋巴液向心脏方向流动的动力。此外，骨骼肌和胃肠道平滑肌的运动、淋巴管邻近动脉的搏动、胸内负压以及增加淋巴液生成的因素也都可增加淋巴液的回流量。

4. 淋巴液回流的生理意义

（1）调节血浆和组织液之间的液体平衡 淋巴液的回流虽然缓慢，但在组织液生成与回流的平衡中起着重要的作用。从淋巴管回流的液体约占组织液的 10%，一天中回流的淋巴液量大致

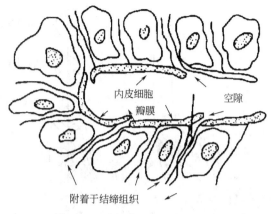

内皮细胞　　　空隙
瓣膜

附着于结缔组织

图 8-33　毛细淋巴管盲端示意图

相当于全身血浆总量。如果淋巴管受阻，淋巴液积滞于局部，可导致组织液增多，循环血量减少。

（2）回收组织液中的蛋白质　淋巴液回流是组织液中蛋白质回收入血的唯一途径，从毛细血管动脉端滤出的血浆蛋白（白蛋白），以及组织细胞分泌或排出的蛋白质分子，只能经淋巴管运走。如果这一途径被阻断，势必使这些蛋白质聚积在组织间隙中，使组织液的胶体渗透压不断上升，引起水肿。

（3）运输肠道吸收的脂肪　经小肠黏膜吸收的脂肪 80%～90%不能进入毛细血管，而是进入小肠绒毛的毛细淋巴管而回流入血液，所以小肠的淋巴液呈乳糜状。

（4）防御屏障作用　淋巴液在流入血液的途中经过许多淋巴结。淋巴结内有许多巨噬细胞，能清除淋巴液中的红细胞、细菌及其他微粒，减少感染扩散的危险。此外，淋巴结还产生淋巴细胞和浆细胞，参与免疫反应，对机体起重要的防御屏障作用。

三、心血管活动的调节

心血管活动调节的基本生理意义是维持动脉血压的相对稳定，保证各器官组织的血液供应。动物在不同的生理状态下，各组织器官的代谢水平不同，对血流量的需要也不同。心血管的活动不但要满足各器官组织新陈代谢活动的需要，而且还要随着机体活动的变化，对各器官组织之间的血液供应进行调配，维持内环境的相对稳定和使机体适应外环境的各种变化。心血管活动的调节主要是通过神经调节和体液调节的方式实现的。

（一）神经调节

心肌和血管平滑肌接受植物性神经支配。机体对心血管活动的神经调节是通过各种心血管反射实现的。

1. 心脏和血管的神经支配

（1）心脏的神经支配　支配心脏的传出神经主要为心交感神经和心迷走神经（副交感神经），见图 8-34。

① 心交感神经及其作用：心交感神经节前神经元胞体位于脊髓第 1～5 胸段的中间外侧柱，其轴突（节前纤维）在星状神经节或颈交感神经节内与节后神经元发生突触联系。轴突末梢释放的递质为乙酰胆碱，与节后神经元膜上的 N 型胆碱受体结合，引起节后神经元兴奋，节后神经元发出的节后纤维组成心脏神经丛，进入心脏，支配窦房结、房室交界、房室束、心房肌和心室肌等心肌细胞。心交感神经节后神经元末梢释放的递质为去甲肾上腺素，与心肌细胞膜上相应的肾上腺素能受体（β_1 受体）结合。从而激活腺苷酸环化酶，使细胞内环一磷酸腺苷（cAMP）的浓度升高，继而激活蛋白激酶和细胞内蛋白质的磷酸化过程，使心肌膜上的 Ca^{2+} 通道激活。其结果使心跳加快加强、房室交界的传导加快、心房肌和心室肌的收缩能力加强。动物实验表明，在安静状态下，心交感神经有一定程度的紧张性活动（即持续发放低频冲动）。

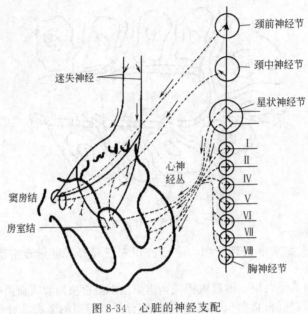

图 8-34　心脏的神经支配
虚线为交感神经

② 心迷走神经及其作用：心迷走神经节前神经元胞体位于延髓迷走神经背核和疑核区域（犬、猫等在疑核区，兔在背核区），该神经元胞体发出的节前纤维和心交感神经一起组成心脏神经丛并与之伴行进入心脏，与心内神经节中的节后神经胞体形成突触联系，节前纤维末梢释放乙酰胆碱，与节后神经元膜上的 N 型胆碱受体结合，引起节后神经元兴奋。节后神经元的轴突（节后纤维）支配窦房结、心房肌、房室交界、房室束及其分支。心室肌也有少量心迷走神经分布，但纤维数量比心房肌少得多。心迷走神经释放的递质是乙酰胆碱，与心肌细胞膜上相应的胆碱能受体（M 型受体）结合后，通过环一磷酸鸟苷的作用，使心肌细胞膜对 K^+ 的通透性升高，促进 K^+ 外流。其结果使心率减慢、心房肌收缩能力减弱、心房肌不应期缩短、房室传导速度减慢，同时，心室肌的收缩也减弱，但效应不明显。在安静状态下，心迷走神经也有一定程度的紧张性活动。

③ 支配心脏的肽能神经元：实验证明，心脏中存在多种肽类神经纤维，它们释放的递质有神经肽 Y、血管活性肠肽、降钙素基因相关肽、阿片肽等。一些肽类递质可与其他递质，如单胺和乙酰胆碱，共存于同一神经元内，并共同释放。目前对于分布在心脏的肽能神经元的生理功能还不完全清楚。

（2）血管的神经支配　除真毛细血管外，血管壁都有平滑肌分布。血管平滑肌的收缩和舒张活动，称为血管运动。支配血管平滑肌的神经纤维，称为血管运动神经纤维。根据不同的神经支配效应，将血管运动神经纤维分为缩血管神经纤维和舒血管神经纤维两大类。

2. 心血管中枢

与控制心血管活动有关的神经元集中的部位称为心血管中枢。控制心血管活动的神经元并不是只集中在中枢神经系统的一个部位，而是分布在中枢神经系统由脊髓到大脑皮质的各个水平上，它们各具不同的功能，又互相密切联系，使整个心血管系统的活动协调一致，并与整个机体的活动相适应。

（1）延髓心血管中枢　一般认为，延髓是心血管的基本中枢，因为只要保留延髓及其以下中枢部分的完整，就可以维持心血管正常的紧张性活动，并完成一定的心血管反射活动。

（2）延髓以上的心血管中枢　在延髓以上的脑干部分以及大脑和小脑中，都存在调节心血管活动的神经元。这些神经元的主要功能表现在整合和协调心血管活动与机体其他功能之间的复杂关系，增强和完善机体对环境变化的适应能力。下丘脑是对各种内脏功能进行整合的较高级部位，它在调节体温、摄食、水平衡、睡眠、觉醒、性行为和防御等活动中，都常伴有相应的心血管活动变化。

3. 心血管反射

神经系统对心血管活动的调节是通过各种反射活动来实现的。当机体处于不同的生理状态或机体内、外环境发生变化时，可被机体内、外各种不同的感受器感受，引起相应的心血管反射，使心输出量和各器官的血管收缩状况发生改变，从而使循环功能适应机体所处的状态或环境的变化。

（二）体液调节

心血管活动的体液调节是指血液和组织液中的某些化学物质，对心血管活动所产生的调节作用。这些体液因素中，有些是通过血液携带的，可广泛作用于心血管系统；有些则在组织中形成，主要作用于局部的血管，对局部组织的血流起调节作用。

1. 肾上腺素和去甲肾上腺素

循环血液中的肾上腺素和去甲肾上腺素主要来自肾上腺髓质的分泌，其中肾上腺素约占80%，去甲肾上腺素约占20%。二者对心血管活动的作用并不完全相同，这是因为它们和靶细胞上不同的肾上腺受体的结合能力不同所致。

肾上腺素对 α、β 两类肾上腺素能受体均有较强的结合能力。在心脏，肾上腺素与 β_1 受体结合，使心率加快、传导适度加快和心缩力增强，导致心输出量增多，在临床上常用作强心药。在血管，肾上腺素的作用取决于血管平滑肌上 α 和 β 肾上腺素能受体分布的情况。例如，皮肤、肾脏、胃肠等内脏的血管平滑肌中，α 受体占优势，肾上腺素引起缩血管效应；而骨骼肌和肝脏内的血管则以 β 受体占优势，肾上腺素引起舒血管效应，所以对外周阻力影响不大。只有在大剂量时，对血管的收缩效应增大，外周阻力才有所增加。

去甲肾上腺素与 α 受体结合能力强于与 β 受体结合的能力。因血管平滑肌受体以 α 受体为主，故去甲肾上腺素可使全身的血管广泛收缩，增加外周阻力，使动脉血压升高。去甲肾上腺素与心肌细胞的 β 受体结合，使心脏活动加强、加快。但是，整体来看，此作用往往被去甲肾上腺素引起血压明显升高而继发的减压反射所掩盖。因此，去甲肾上腺素在临床上常用作升压药。

2. 肾素-血管紧张素系统

肾素是由肾小球旁器的球旁细胞合成和分泌的一种酸性蛋白酶，进入血液后，可将血浆中的血管紧张素原水解，产生血管紧张素 I，后者在肺部由血管紧张素转换酶转变成血管紧张素 II。血管紧张素 II 在血浆和组织中的血管紧张素酶 A 的作用下，再失去一个氨基酸，成为血管紧张素 III。血管紧张素 I 可刺激肾上腺髓质释放肾上腺素和去甲肾上腺素，使血压升高。血管紧张素 II 具有很强的活性，是已知最强的缩血管活性物质之一，可直接使阻力血管平滑肌收缩，增加外周阻力；并可促进肾上腺皮质球状带细胞分泌醛固酮，增加肾对 Na^+ 重吸收和抗利尿，导致循环血量增加；还可兴奋交感中枢进而促进肾上腺髓质合成与分泌儿茶酚胺，引起阻力血管收缩。上述诸作用的综合效应是升高血压。

当各种原因引起肾入球小动脉压下降、肾血流量减少、流经致密斑原尿中的 Na^+ 量下降、交感神经兴奋和血中儿茶酚胺浓度升高等，都会增加肾素的分泌。根据上述肾素和血管紧张素的密切关系，故称为肾素-血管紧张素系统。

四、胎儿血液循环的特点

哺乳动物的胎儿在母体子宫内发育，其发育过程中所需要的全部营养物质和氧都是通过胎盘由母体供应，代谢产物也是通过胎盘由母体运走。所以胎儿血液循环具有与此相适应的一些特点。

1. 心血管结构特点

① 胎儿心脏的房中隔上有一卵圆孔，使左、右心房相互沟通。但血液只能由右心房流向左心房。

② 胎儿的主动脉与肺动脉间有动脉导管相通。因此，来自右心房的大部分血液由肺动脉通过动脉导管流入主动脉，仅有少量血液经肺动脉进入肺内。

③ 胎盘是胎儿与母体进行气体及物质交换的特有器官，借助脐带与胎儿相连。脐带内有两条脐动脉和一条（马、猪）或两条（牛）脐静脉。

脐动脉由髂内动脉（牛）或阴部内动脉（马）分出，沿膀胱侧韧带到膀胱顶，再沿腹腔底壁向前伸延至脐孔，进入脐带，经带到胎盘，分支形成毛细血管网；脐静脉由胎盘毛细血管汇集而成，经脐带由脐孔进入胎儿腹腔（牛的两条脐静脉入腹腔后则合成一支），沿肝的镰状韧带延伸，经肝门入肝。

2. 血液循环的途径

胎盘内从母体吸收来的富含营养物质和氧气的动脉血，经脐静脉进入胎儿肝内，反复分支后汇入窦状隙（在此与来自门静脉、肝动脉的血液混合），最后汇合成数支肝静脉血，注入后腔静脉（牛有一部分脐静脉的血液经静脉导管直接入后腔静脉），与来自胎儿身体后半部的静脉血混合后入右心房。进入右心房的大部分血液经卵圆孔到左心房，再经左心室到主动脉及其分支，其中大部分血液到头、颈和前肢。

来自胎儿身体前半部的静脉血，经前腔静脉入右心房到右心室，再入肺动脉。由于肺没有功能活动，因此肺动脉中的血液只有少量进入肺内，大部分血液经动脉导管到主动脉，然后主要分布到身体后半部，并经脐动脉到胎盘。由此可见，胎儿体内的大部分血液是混合血，但混合程度不同。到肝、头、颈和前肢的血液，含氧和营养物质较多，以适应肝功能活动和胎儿头部发育较快的需要；而到肺、躯干和后肢的血液，含氧和营养物质较少。

3. 胎儿出生后的变化

胎儿出生后，肺和胃肠道都开始了功能活动，同时脐带中断，胎盘循环停止，血液循环随之发生改变。

脐动脉和脐静脉闭锁，分别形成膀胱圆韧带和肝圆韧带，牛的静脉导管成为静脉导管索；动脉导管闭锁，形成动脉导管索或称动脉韧带；卵圆孔闭锁形成卵圆窝，左、右心房完全分开，左心房内为动脉血，右心房内为静脉血。

第九章　免疫系统

第一节　免疫系统的组成

一、免疫系统概述

免疫系统也称淋巴系统，由免疫器官、免疫组织和免疫细胞组成。该系统产生的免疫作用是机体的一种保护性反应，通过免疫防御、免疫稳定和免疫监视等作用抵抗病原微生物入侵和维持机体内环境的稳定。

知识链接

免疫应答指动物机体对侵入体内的抗原物质进行识别并产生一系列的复杂的免疫连锁反应的过程。

（1）**免疫组织**　也叫淋巴组织，不同的书上名字不同，但指的是同一种组织。淋巴组织是以网状组织为基本支架，内含有大量淋巴细胞或其他免疫细胞的组织。它可以分成两类：一类呈弥散型分布的，与周围分界不清，含T淋巴细胞为主；另一类形成淋巴小结分布，结构致密，与周围分界清楚，含B淋巴细胞为主，如形成的淋巴集结、淋巴孤结等。再有淋巴组织还会形成索状结构，称为淋巴结索、脾索、淋巴结髓索等。这些索可交织成网，索内主要是B淋巴细胞。

除了分布在淋巴器官内，淋巴组织也分布在淋巴器官以外的地方，如禽的哈氏腺、眼结膜上，这些叫黏膜淋巴组织，是机体的第一道防御结构。

（2）**免疫器官**　也叫淋巴器官。淋巴器官分为两类，一个是淋巴样上皮器官，由淋巴组织与上皮细胞或来源于上皮的细胞密切相关的细胞组成，其中的淋巴细胞尚未有免疫活性，因此称为淋巴样细胞。这类淋巴器官在家畜主要是胸腺和骨髓，在家禽还有腔上囊；此外，还有分布于消化道和呼吸道等上皮下的淋巴孤结、淋巴集结。另一类是淋巴器官，由淋巴组织构成，其淋巴细胞来源于淋巴上皮器官，具有免疫活性。这类在家畜主要是脾、扁桃体和淋巴结等。

（1）**免疫器官**　是由免疫组织和其他网状组织一起由被膜包裹而形成的相对独立的结构，包括中枢免疫器官（骨髓、胸腺）和周围免疫器官（淋巴结、脾脏、扁桃体）。

（2）免疫组织　机体中的免疫组织分布很广，存在形式多种多样。有些免疫组织没有特定结构，淋巴细胞弥散性分布，与周围组织无明显界限，称为弥散免疫组织，常分布于咽、消化道及呼吸道等与外界接触较频繁的部位或器官的黏膜内；有的密集成球形或卵圆形，轮廓清晰，称为淋巴小结；单独存在的淋巴小结称为淋巴孤结，成群存在时称淋巴集结，如回肠黏膜内的淋巴孤结和淋巴集结。

（3）免疫细胞　凡是参与机体免疫反应的细胞统称为免疫细胞，包括淋巴细胞、单核-巨噬细胞系统的细胞、抗原递呈细胞及各种粒细胞等。

> **学习贴示**
>
> 　　学习免疫器官的组织学结构像学习其他组织结构一样。机体的免疫系统作为一个系统，由器官构成，构成这些器官的基本组织是淋巴组织，在这些淋巴组织中分散着淋巴细胞。只是淋巴组织在形成各种免疫器官时的形态和结构不同而已。例如扁桃体，也是淋巴器官，它就指分布于消化呼吸道交界处黏膜下的，由弥散性淋巴组织构成的器官。另外，学习时注意举一反三，作为一个器官的淋巴结，它一定有实质部分和间质部分，并有血管和神经分布，并执行一定的生理功能。

二、中枢免疫器官

中枢免疫器官也称为中枢淋巴器官，是免疫细胞发生、分化和成熟的基地。

（一）骨髓

骨髓既是造血器官又是中枢免疫器官。骨髓中的多能造血干细胞经增殖、分化，演化为髓系干细胞和淋巴系干细胞。髓系干细胞是颗粒白细胞和单核-巨噬细胞的前身；淋巴干细胞则演变为淋巴细胞。哺乳动物的 B 淋巴细胞直接在骨髓内分化、成熟，然后进入血液和淋巴中发挥免疫作用。

> **学习贴示**
>
> 　　骨髓能生成一切血细胞，也就包括免疫细胞。其他免疫器官有造血功能指能增殖一些免疫细胞。

（二）胸腺

胸腺既是免疫器官，又是内分泌器官。骨髓中的淋巴干细胞转移到胸腺后，在胸腺激素的作用下，分化成具有免疫活性的淋巴细胞，这种依赖胸腺才能发育分化成为具有免疫活性的淋巴细胞称 T 淋巴细胞。

1. 胸腺的形态位置

胸腺位于胸腔前部纵隔内，分颈部胸腺、胸部胸腺两部分，呈粉红色或红色，幼龄动物发达，胸腺的大小和结构随年龄有很大变化，性成熟后逐渐退化，到老龄阶段几乎被脂肪组织所代替。

（1）牛、羊胸腺　粉红色，犊牛很发达。牛的胸部胸腺位于心前纵隔内；颈部胸腺分左、右两叶，自胸前口沿气管、食管向前延伸至甲状腺的附近（图 9-1）。4～5 岁时开始退化，至 6 岁时退化完。羊的胸腺呈淡黄色，由心脏伸至甲状腺附近，1～2 岁时开始退化。

（2）猪的胸腺　仔猪胸腺发达，呈灰红色，在颈部沿左、右颈总动脉向前伸延至枕骨下方（图 9-2）。

（3）马的胸腺　幼驹的胸腺发达，呈灰白粉红色，位于心前纵隔中，向前延伸至颈部。2 岁以后胸腺退化。

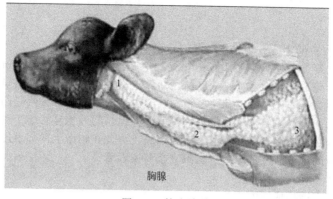

图 9-1　犊牛胸腺
1—腮腺；2—颈部胸腺；3—胸部胸腺

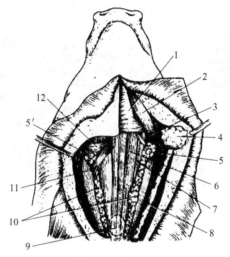

图 9-2　猪的胸腺、甲状旁腺和甲状腺位置
1—下颌舌骨肌；2—二腹肌；3—舌下神经；4—下颌腺；5，5'—左、右甲状旁腺；
6—喉的位置；7—颈总动脉；8—颈外静脉；9—甲状腺的位置；10—颈部胸腺；
11—肩胛舌骨肌；12—茎舌骨肌

2. 胸腺的组织构造

胸腺的表面有一层被膜，被膜的结缔组织向内伸入将胸腺实质分成许多胸腺小叶，每个小叶分为皮质和髓质两部分。

（1）皮质　主要由胸腺上皮细胞和密集排列的胸腺细胞（T细胞）及巨噬细胞组成。

（2）髓质　髓质与皮质无明显分界，结构与皮质相似，但胸腺细胞数量较少。

（3）血-胸屏障　胸腺皮质的毛细血管与周围组织具有屏障结构，能阻止血液内大分子抗原物质进入胸腺内，称为血-胸屏障，从而使淋巴细胞在没有抗原物质存在的条件下完成增殖分化。

知识链接

血-胸屏障是胸腺内存在能阻止大分子抗原物质进入胸腺的一个结构，主要由皮质内的毛细血管及周围的结构组成。

三、周围免疫器官

周围免疫器官也称周围淋巴器官或次级淋巴器官，包括淋巴结、脾、扁桃体等。周围免疫器官内的免疫细胞来自中枢免疫器官内，在抗原的刺激下进一步增殖分化，以执行免疫功能，是免疫反应的重要场所。

（一）淋巴结

1. 淋巴结的形态、位置

淋巴结位于淋巴管的路径上，大小不一，大的达几厘米，小的只有1mm，多成群分布。形态有球形、卵圆形、肾形、扁平形等。淋巴结在活体上呈微红色，肉尸上略呈黄灰白色。淋巴结的一侧凹陷为淋巴结门，是输出淋巴管、血管、神经出入的地方；另一侧隆凸，有多条输入淋巴管注入。猪淋巴结的输入、输出淋巴管位置正相反。淋巴结的结构经常处于动态变化之中，受抗原刺激时可增大，当抗原被清除后，又萎缩甚至消失，因此在临床上局部淋巴结肿大，可反映其收集区域有病变，对临床诊断及兽医卫生检测有重要实践意义。

2. 淋巴结的组织构造

淋巴结由被膜和实质构成（图9-3）。

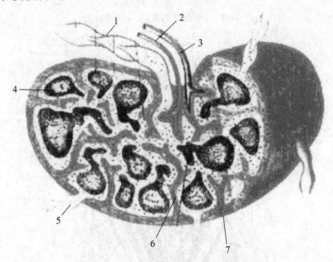

图9-3　淋巴结构造模式图
1—输出淋巴管；2—动脉；3—静脉；4—淋巴小结；
5—输入淋巴管；6—小梁；7—被膜

（1）被膜　为覆盖在淋巴结表面的结缔组织膜。被膜结缔组织伸入实质形成许多小梁并相互连接成网，构成淋巴结的支架，进入淋巴结的血管则沿小梁分布。

（2）实质　位于被膜和小梁之间，分皮质和髓质两部分。

① 皮质：位于淋巴结的外围，颜色较深，包括淋巴小结、副皮质区和皮质淋巴窦三部分。

a. 淋巴小结：呈圆形或椭圆形，在皮质区浅层，淋巴小结分为中央区和周围区。中央区着色淡，主要有B淋巴细胞、巨噬细胞，还有少量的T淋巴细胞和浆细胞等，此区的淋巴细胞增殖能力较强，称为生发中心。周围区着色深，聚集大量的小淋巴细胞。淋巴小结为B淋巴细胞的主要分化、增殖区。

b. 副皮质区：又称胸腺依赖区，是分布在淋巴小结之间及皮质深层的一些弥散淋巴组织。副皮质区主要是T淋巴细胞的分化、增殖区。

c. 皮质淋巴窦：是被膜下、淋巴小结和小梁之间互相通连的腔隙，为淋巴流通的部位，接收来自输入淋巴管的淋巴，淋巴在皮质淋巴窦内缓慢流动，有利于巨噬细胞的吞噬活动。

② 髓质：位于淋巴结中央和淋巴结门附近，由髓索和髓质淋巴窦组成。

a. 髓索：是密集排列呈索状的淋巴组织，它们彼此吻合成网，并与副皮质区的弥散淋巴组织相连续。髓索主要由B淋巴细胞组成，还有浆细胞和巨噬细胞。

b. 髓质淋巴窦：位于髓索之间以及髓索与小梁之间，结构与皮质淋巴窦相同，接收来自皮质淋巴窦的淋巴并将其汇入输出淋巴管。

（3）猪淋巴结的组织构造特点　猪的淋巴结形态因部位不同差异较大，如肠系膜淋巴结多合并成串，淋巴结门不明显。淋巴结的皮质、髓质位置正相反，即淋巴小结和弥散的淋巴组织位于中央区，髓质则分布于外周。

3. 淋巴细胞再循环

有些淋巴细胞离开淋巴结进入血液循环后，又穿过淋巴结副皮质区内的毛细血管后微静脉返回淋巴结，有些淋巴细胞则从这一淋巴器官转移到另一淋巴器官的淋巴组织中，这种现象不断重复称为淋巴细胞再循环。参加再循环的淋巴细胞主要是长寿的 T 记忆细胞及 B 记忆细胞。淋巴细胞再循环有利于发现和识别抗原，在机体免疫活动中具有重要意义。

知识链接

（1）抗原　凡是能刺激机体免疫系统产生抗体或致敏淋巴细胞，并能与相应抗体或致敏淋巴细胞在体内或体外发生特异性反应的物质。

（2）细胞免疫　广义的细胞免疫包括巨噬细胞的吞噬作用，K 细胞、NK 细胞等介导的细胞毒作用和 T 细胞介导的特异性免疫。狭义是指由 T 细胞介导的。T 细胞在抗原的刺激下，增殖分化成效应 T 细胞，并产生细胞因子，直接杀伤或激活其他细胞来杀伤、破坏抗原或靶细胞而发挥免疫作用。

（3）体液免疫　抗原进入机体后，经过加工，刺激 B 细胞转化为浆母细胞，浆母细胞再增殖发育成浆细胞，浆细胞针对抗原的特性，合成及分泌抗体，通过抗体发挥特异性的体液免疫作用。

（4）抗体　由抗原进入机体刺激 B 细胞分化增殖为浆细胞，由浆细胞合成分泌的一类能与相应抗原结合的、产生免疫应答的免疫球蛋白。

4. 淋巴结的分布

牛、羊淋巴结的体积大，但数量少，牛约有 300 个，马的淋巴结很小，数目最多（全身会有 8000 个左右），常集合成淋巴结群。淋巴结或淋巴结群在身体的同一部位，收集同一区域的淋巴，称为该区域的淋巴中心。牛、马有 19 个淋巴中心，羊、猪有 18 个淋巴中心（图 9-4、图 9-5）。

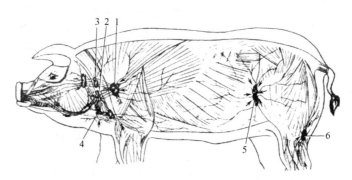

图 9-4　猪浅层淋巴结
1—颈浅背侧淋巴结；2—咽后外侧淋巴结；3—腮腺淋巴结；4—下颌淋巴结；
5—髂下淋巴结；6—腘淋巴结

（1）头部主要淋巴结　头部有腮腺、下颌、咽后共 3 个淋巴中心。主要包括：①位于颞下颌关节后下方的腮腺淋巴结；②位于下颌间隙内、血管切迹后方的下颌淋巴结；③位于咽附近的咽后内、外侧淋巴结；④位于甲状舌骨附近的舌骨前、舌骨后淋巴结等。其中，下颌淋巴结是兽医卫生检验和兽医临床诊断的重要淋巴结。

（2）颈部主要淋巴结　颈部有颈浅、颈深 2 个淋巴中心。主要包括：①位于肩关节前方的颈

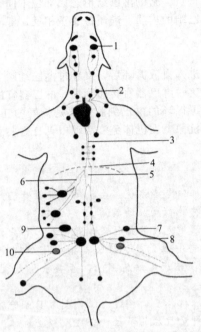

图 9-5　胸导管、淋巴结分布模式图（示背面）

1—下颌淋巴结；2—颈浅淋巴结；3—胸导管；4—膈；5—乳糜池；6—内脏淋巴干；7—髂下淋巴；
8—腹股沟浅淋巴；9—肠系膜后淋巴结；10—腹股沟深淋巴结

浅淋巴结（肩前淋巴结）；②位于颈部气管两侧附近的颈深前淋巴结、颈深中淋巴结、颈深后淋巴结。

（3）前肢主要淋巴结　仅有腋淋巴中心。主要包括：①位于肩关节与胸壁间由一群淋巴结组成的腋淋巴结；②位于冈下肌后缘的冈下肌淋巴结。

（4）后肢主要淋巴结　主要包括：①位于膝关节后方的腘淋巴结；②位于髂骨体前方的腹股沟深淋巴结；③位于近耻骨处腹直肌内面的腹壁淋巴结。

（5）胸部主要淋巴结　胸部有胸背侧、胸腹侧、纵隔和支气管 4 个淋巴中心。主要包括：①位于胸主动脉与胸椎椎体之间脂肪内的胸主动脉淋巴结；②位于各肋间隙近端的肋间淋巴结；③位于胸骨背侧胸廓内的胸骨淋巴结；④位于后腔静脉裂孔附近的膈淋巴结；⑤位于纵隔中的纵隔前、纵隔中、纵隔后淋巴结；⑥位于支气管附近的支气管左、中、右淋巴结；⑦位于肺内支气管附近的肺淋巴结等（图 9-6）。

（6）腹壁及骨盆壁主要淋巴结　有腰淋巴中心、髂荐淋巴中心、腹股沟浅淋巴中心和坐骨淋巴中心 4 个淋巴中心。主要包括：①位于腹主动脉和后腔静脉沿途的主动脉腰淋巴结；②位于腰椎横突之间、椎间孔附近的固有腰淋巴结；③位于肾门附近的肾淋巴结；④位于左、右髂外动脉起始处的髂内、髂外侧淋巴结；⑤位于荐结节阔韧带内侧的腹下淋巴结；⑥位于直肠后部背侧的肛门直肠淋巴结；⑦位于腹底壁后部、腹股沟管外环附近的腹股沟浅淋巴结；⑧位于膝关节前上方的髂下淋巴结；⑨位于荐结节阔韧带外侧、坐骨大孔附近的坐骨淋巴结等。

（7）腹腔内脏主要淋巴结　有腹腔淋巴中心、肠系膜前淋巴中心、肠系膜后淋巴中心三个淋巴中心。主要包括：①位于腹腔动脉起始处附近的腹腔淋巴结；②位于门静脉沿途的肝门淋巴结；③分布于胃的血管沿途的胃淋巴结（牛、羊因有 4 个胃，故淋巴结的位置各异，名称亦不同）；④位于十二指肠系膜附近的胰十二指肠淋巴结；⑤位于肠系膜前动脉起始处附近的肠系膜前淋巴结；⑥分布在空肠系膜内、沿结肠旋袢与空肠间呈念珠状分布的空肠淋巴结；⑦分布于回肠、盲肠之间的盲肠淋巴结；⑧位于结肠旋袢附近的结肠淋巴结；⑨分布于肠系膜后动脉起始处至结肠左动脉和直肠前动脉之间系膜内的肠系膜后淋巴结（图 9-7）。

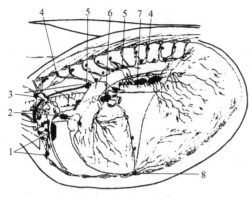

图 9-6 牛胸腔淋巴结

1—胸骨前淋巴结；2—纵隔前淋巴结；3—肋颈淋巴结；
4—肋间淋巴结；5—胸主动脉淋巴结；6—气管支气管
左淋巴结；7—纵隔后淋巴结；8—胸骨后淋巴结

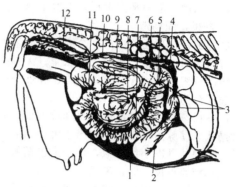

图 9-7 牛腹腔和骨盆腔淋巴结

1—皱胃腹测淋巴结；2—皱胃背侧淋巴结；3—肝淋巴结；
4—胸导管；5—胰十二指肠淋巴结；6—乳糜池；7—空肠
淋巴结；8—结肠淋巴结；9—腰淋巴干；10—髂内侧淋巴结；
11—盲肠淋巴结；12—肛门直肠淋巴结

学习贴示

淋巴结的功能如何实现的

当"敌人"（异物或抗原）通过分布在眼结膜等处的黏膜的第一道防线，经淋巴管进入淋巴结后，淋巴结就成了"战场"。对于小而弱的"敌人"，巨噬细胞就解决了，大而强的它解决不了。"递呈"可理解为向淋巴细胞"报告"，进而引发免疫应答，即淋巴结中的 T 或 B 淋巴细胞增多，参与消灭"敌人"的过程。如果消不灭，那淋巴结就成了"敌人"（异物或抗原）的基地，它们可以从这儿出发，再侵害别的器官。淋巴结是机体防御的第二道防线。

（二）脾

1. 脾的形态位置

脾是动物体内最大的免疫器官，不同动物的脾形态不同（图 9-8）。

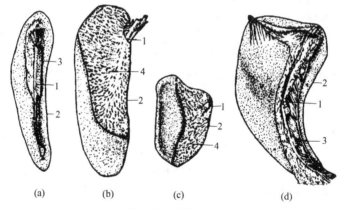

(a)　　(b)　　(c)　　(d)

图 9-8 脾的形态

(a) 猪；(b) 牛；(c) 羊；(d) 马

1—脾门；2—前缘；3—胃脾韧带；4—脾和瘤胃粘连处血管

（1）牛脾 长而扁的椭圆形，呈蓝紫色，质地较硬。位于瘤胃背囊的左前方。

（2）羊脾 呈扁平状，钝角三角形，红紫色，质地柔软。位于瘤胃左侧。

（3）猪脾 长舌形，上宽下窄，红紫色，质地较软。位于胃大弯左侧，以宽松的胃脾韧带与胃大弯相连。

（4）马脾　呈扁平镰刀形，上宽下窄，蓝红或铁青色。位于胃大弯左侧。

2. 脾的组织构造

脾是血液循环通路上的一个滤器，有造血、滤血、储血、调节血量及参与机体免疫活动等功能。脾有输出淋巴管，无输入淋巴管；无淋巴窦，但有血窦。脾也分被膜和实质。被膜由浆膜和致密结缔组织构成，含有胶原纤维、弹性纤维和平滑肌纤维，被膜的结缔组织伸入实质中形成小梁。实质分为白髓和红髓。

（1）白髓　由淋巴组织环绕动脉构成，分布于红髓之间，它分为动脉周围淋巴鞘和淋巴小结两种结构。动脉周围淋巴鞘相当于淋巴结的副皮质区，属胸腺依赖区；淋巴小结即脾小结，结构与淋巴结内的淋巴小结相似，位于淋巴鞘的一侧，亦有生发中心，主要为 B 淋巴细胞，当抗原刺激引起体液免疫反应时，淋巴小结则增大增多。

（2）红髓　由脾索和脾窦（血窦）组成，因含有许多红细胞，故呈红色。脾索为彼此吻合成网的淋巴组织索，除网状细胞外，还有 B 淋巴细胞、巨噬细胞、浆细胞和各种血细胞；脾窦分布于脾索之间，窦壁内皮细胞呈长杆状，内皮细胞之间有裂隙，基膜也不完整，这些均有利于血细胞从脾髓进入脾窦。

（3）边缘区　位于白髓与红髓的交界处，为淋巴细胞从血液进入红髓和白髓的门户，是血液进入红髓的滤器，有很强的吞噬滤过作用，是脾内首先捕获抗原和引起免疫应答的重要部位。

知识链接

脾的功能实现

脾是机体的第三道防线。脾的免疫功能与淋巴结相同；另外由于脾内含有大量的巨噬细胞，所以当血流经此处时，衰老死亡的细胞、异物、细菌等被巨噬细胞吞噬，这被称为滤血；除此，由于脾的结构中形成了大量的血窦（见知识链接第八章毛细血管分类），可容纳许多的血，称为储血；当机体失血、缺血时，这些血被释放，可以补充血容量，维持血压；胎儿时期脾还能造血，但仅能造淋巴细胞和浆细胞。

四、其他免疫器官

（1）扁桃体　消化道和呼吸道交汇处，位于舌、软腭和咽的黏膜下组织内，形状和大小因动物种类不同而异，仅有输出淋巴管，注入附近的淋巴结，参与机体的免疫防御。根据扁桃体存在部位不同，可分为腭扁桃体、舌扁桃体和腺样体。腭扁桃体位于口咽部两侧，舌扁桃体位于舌根部，腺样体位于咽喉的最上部和鼻腔最后端的交界处。

（2）血结　一般呈圆形或卵圆形，紫红色，直径 5～12mm，结构似淋巴结，但无淋巴输入管和输出管，其中充盈血液而无淋巴。主要分布在主动脉附近，胸腹腔脏器的表面和血液循环的通路上，有滤血的作用。多见于牛、羊，马属动物体内也有分布。

知识链接

还有一种叫血淋巴结的。因为淋巴结内的毛细血管和淋巴窦相通，使得窦腔内既有血液也有淋巴液，而称为血淋巴结，分布于脾的血管附近，也滤血，也参与免疫应答。

五、免疫细胞

学习贴示

由中枢免疫器官所产生的淋巴细胞是通过血液循环路径进入各外周免疫器官的。而各免疫器官是分布在淋巴循环的路径上的，因此，通过淋巴管免疫细胞可以在不同免疫器官内流动。

1. 淋巴细胞

（1）T细胞　是骨髓内形成的淋巴干细胞在胸腺内分化、成熟的淋巴细胞，也称胸腺依赖淋巴细胞，用胸腺（thymus）一词英文字头"T"来命名。成熟后进入血液和淋巴，参与细胞免疫。

（2）B细胞　是淋巴干细胞直接在骨髓分化、成熟的淋巴细胞，也称骨髓依赖淋巴细胞，用骨髓（bone marrow）一词的英文字头"B"冠名。B细胞进入血液和淋巴后在抗原刺激下转为浆细胞，产生抗体，参与体液免疫。

（3）K细胞　是发现较晚的淋巴样细胞，分化途径尚不明确，具有非特异性杀伤功能，它能杀伤与抗体结合的靶细胞。

（4）NK细胞　亦称自然杀伤细胞，它不依赖抗体，不需抗原作用即可杀伤靶细胞，尤其是对肿瘤细胞及病毒感染细胞具有明显的杀伤作用，能使靶细胞溶解。

2. 单核-巨噬细胞系统

单核-巨噬细胞是指分散在许多器官和组织中的一些形态不同但都来源于血液的单核细胞，是具有吞噬能力的一类细胞。主要包括血液中的单核细胞、结缔组织内的组织细胞、肺内的尘细胞、肝内的枯否细胞、脾及淋巴结内的巨噬细胞、脑和脊髓中的小胶质细胞等。血液中的中性粒细胞虽有吞噬能力，但不是由单核细胞转变而来的，故不属于单核-巨噬细胞系统。

学习贴示

单核-巨噬细胞系统是由免疫系统中的一类细胞组成的。只是这些细胞不是在一个器官或某个特定的部位存在，而且形态、大小都各异。但相同的是它们有共同的来源。具有一样的功能即很强的吞噬功能，可吞噬外界来的微生物，又能处理机体内衰老死亡的细胞，还参与杀伤肿瘤、分泌抗体及白介素等很多的功能。因此，组织学上把它们归成单核-巨噬细胞系统。这个系统是机体的"防御卫士"。

3. 抗原递呈细胞

抗原递呈细胞指在特异性免疫应答中，能够摄取、处理转递抗原给T细胞和B细胞的细胞，作用过程称抗原递呈。有此作用的细胞主要有巨噬细胞、B细胞等。

学习贴示

机体的防御系统功能的实现主要依靠这些免疫细胞，但这些免疫细胞也是各司其职的。做自己该作的"工作"。分布在哪，它都有一样的功能。例如巨噬细胞，分布在组织间还是淋巴结中，它都有吞噬功能。抗原递呈细胞像"前哨"，它的功能是负责捕获并向淋巴细胞"递呈"，诱发机体产生特异性免疫应答，只有它参与"工作"，免疫应答才启动。并且，不同的抗原递呈细胞的"上司"不同，所"通报"的淋巴细胞不同，例如，一种为交错突细胞的递呈细胞，它的"上司"是T细胞；而另一种为微皱褶细胞的抗原递呈细胞的"上司"是B细胞。

第二节　淋巴管道和淋巴循环

【知识目标】

◆ 掌握淋巴管的结构。

◆ 掌握淋巴循环的路径。

【技能目标】
　　◆ 能理解淋巴循环与心血管系统的关系。
【知识回顾】
　　◆ 毛细血管、静脉血管的结构特点。

　　淋巴管道为淋巴液通过的管道，根据汇集顺序、口径大小及管壁薄厚，可分为毛细淋巴管、淋巴管、淋巴干和淋巴导管。

一、毛细淋巴管

　　毛细淋巴管以盲端起始于组织间隙，其结构似毛细血管，管壁只有一层内皮细胞，且相邻细胞以叠瓦状排列。毛细淋巴管的管径较毛细血管的大，粗细不一，通透性也比毛细血管大，因此一些不能透过毛细血管壁的大分子物质如蛋白质、细菌等由毛细淋巴管收集后回流。除无血管分布的组织器官如上皮、角膜、晶状体等以及中枢神经和骨髓外，机体全身均有毛细淋巴管的分布。

二、淋巴管

　　毛细淋巴管汇集而成淋巴管，其形态结构与静脉相似，但管壁较薄，管径较细且粗细不均，常呈串珠状，瓣膜较多。在其行程中，通过一个或多个淋巴结。

　　按所在位置，淋巴管可分为浅层淋巴管和深层淋巴管。前者汇集皮肤及皮下组织淋巴液，多与浅静脉伴行；后者汇集肌肉、骨和内脏的淋巴液，多伴随深层血管和神经。此外，根据淋巴液对淋巴结的流向，淋巴管还可分成输入淋巴管和输出淋巴管。

三、淋巴干

　　淋巴干为身体一个区域内大的淋巴集合管，由淋巴管汇集而成，多与大血管伴行。主要淋巴干如下。

　　（1）气管淋巴干　伴随颈总动脉，分别收集左、右侧头颈、肩胛和前肢的淋巴，最后注入胸导管（左）和右淋巴导管或前腔静脉或颈静脉（右）。

　　（2）腰淋巴干　伴随腹主动脉和后腔静脉前行，收集骨盆壁、部分腹壁、后肢、骨盆内器官及结肠末端的淋巴，注入乳糜池。

　　（3）内脏淋巴干　由肠淋巴干和腹腔淋巴干形成，分别汇集空肠、回肠、盲肠、大部分结肠和胃、肝、脾、胰、十二指肠的淋巴，最后注入乳糜池。

四、淋巴导管

　　淋巴导管由淋巴干汇集而成，包括胸导管和右淋巴导管。

　　（1）胸导管　为全身最大的淋巴管道，起始于乳糜池，穿过膈上的主动脉裂孔进入胸腔，沿胸主动脉的右上方、右奇静脉的右下方向前行，然后越过食管和气管的左侧向下行，在胸腔前口处注入前腔静脉。胸导管收集除右淋巴导管以外的全身淋巴，乳糜池是胸导管的起始部，呈长梭行膨大，位于最后胸椎和前1～3腰椎腹侧，在腹主动脉和右膈脚之间。

　　（2）右淋巴导管　短而粗，为右侧气管干的延续，收集右侧头颈、右前肢、右肺、心脏右半部及右侧胸下壁的淋巴，末端注入前腔静脉。

五、淋巴生成和淋巴循环

　　血液经动脉输送到毛细血管时，其中一部分液体经毛细血管动脉端滤出，进入组织间隙形成组织液。组织液与周围组织细胞进行物质交换后，大部分渗入毛细血管静脉端，少部分则渗入毛细淋巴管，成为淋巴液。淋巴液在淋巴管内流动，最后注入静脉。淋巴管周围的动脉搏动、肌肉收缩、呼吸时胸腔压力一变化对淋巴管的影响和新淋巴的不断产生，可促使淋巴管内的淋巴向心流动，最后经淋巴导管进入前腔静脉，形成淋巴循环，以协助体液回流。因此，可将淋巴循环看做血液循环的辅助部分。

🖐 **学习贴示**

　　免疫系统与心血管系统是相连续的管道。淋巴管与一部分血管是相互伴行的。淋巴管和血管之间的区别除了结构上不同外，主要是内部流动的液体不同。组织液由毛细血管渗透到组织间生成组织液（不含有血细胞和大分子蛋白的液体成分），有一部进入毛细淋巴管了，成为淋巴液。而淋巴液中没有免疫细胞成分，当淋巴管经过免疫器官时，淋巴液中就开始具有免疫细胞。这些免疫细胞又经由淋巴液回到心脏，见图9-9。

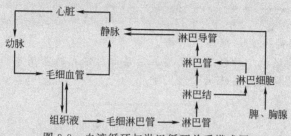

图 9-9　血液循环与淋巴循环关系模式图

　　从图9-9中可以看出，淋巴细胞是可以经过淋巴循环回到血液，再从血液中经毛细血管后微动脉重新带到这些淋巴器官内，可以周而复始地从一个地方到另一个地方。这样有利于淋巴细胞的识别和保护机体，就像"巡逻"一样。

第十章 神经系统

第一节 神经系统构造

神经系统由中枢神经和外周神经组成（图 10-1）。中枢神经包括脑和脊髓，外周神经包括从脑发出的脑神经、从脊髓发出的脊神经以及控制心肌、平滑肌和腺体活动的植物性神经（交感神经和副交感神经）。

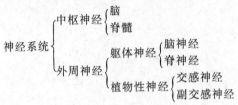

图 10-1 神经系统的组成

一、中枢神经

（一）脊髓

1. 形态和位置

脊髓位于椎管内，呈背腹略扁的圆柱形。前端经枕骨大孔与延髓相连，后端伸延至荐骨中部，并逐渐变细呈圆锥形，称脊髓圆锥。脊髓圆锥向后延伸成细的终丝，终丝与其左、右两侧的神经根聚集成马尾状，合称马尾（图 10-2）。根据脊髓在椎管内的位置，可将脊髓分为颈、胸、腰、荐四部分。脊髓各段粗细不一，在颈后部和胸前部较粗，称颈膨大，发出的神经大都分布于前肢；在腰荐部也较粗，称腰膨大，发出的神经大都分布于后肢。

脊髓的背侧有纵向的浅沟，称背正中沟；腹侧正中有一纵向的裂隙，称腹正中裂。脊髓的背腹两侧附有成对的脊神经根，背外侧有背侧根（感觉根），腹外侧有腹侧根（运动根）。背侧根的外侧有脊神经节，是感觉神经元胞体集结的地方（图 10-3）。

2. 脊髓的内部构造

脊髓外周为白质，中部为灰质，呈 H 形。灰质中央有一条贯穿脊髓全长的脊髓中央管，前通第四脑室，后端在脊髓圆锥内稍膨大，形成终室，内含脑脊液。

图 10-2　牛脊髓

1—大脑；2—小脑；3—颈膨大；4—脊神经节；5—腰膨大；6—马尾

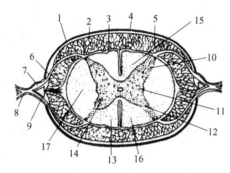

图 10-3　脊髓横断面模式图

1—硬膜；2—蛛网膜；3—软膜；4—硬膜下腔；5—蛛网膜下腔；6—背根；
7—脊神经节；8—脊神经；9—腹根；10—背角；11—侧角；12—腹角；
13—白质；14—灰质；15—背侧索；16—腹侧索；17—外侧索

（1）灰质　从横断面上看，灰质分别向背侧和腹侧突出，形成背角和腹角，胸腰段脊髓灰质还有向外侧突出的侧角。从整体上看，它们在脊髓内前后延伸成柱状，称背侧柱、腹侧柱和外侧柱。灰质主要由神经元的胞体构成，背角由联络神经元胞体构成，接受脊神经节内的感觉神经元传来的神经冲动，并传导至运动神经元或下一个联络神经元。腹角由运动神经元胞体构成，支配骨骼肌的活动。侧角由植物性神经元胞体构成。

（2）白质　白质主要由纵行的神经纤维束构成，被灰质柱、背正中沟和腹正中裂分成左、右对称的三对索：背侧索、腹侧索和外侧索。一般靠近灰质柱的白质都是一些短的纤维，主要联络各段的脊髓，称为脊髓固有束，其他都是远程的连于脑和脊髓间的上行（感觉）、下行（运动）纤维束。其中，背侧索主要由感觉神经元发出的上行纤维束构成；腹侧索主要由运动神经元发出的下行纤维束构成；外侧索是由脊髓背侧柱的联络神经元的上行纤维束和来自大脑与脑干中间神经元的下行纤维束构成。

（二）脑

脑为神经系统的高级中枢，位于颅腔内，后端在枕骨大孔处延接脊髓。脑可分大脑、小脑和脑干三部分。大脑在前，脑干位于大脑和脊髓之间，小脑位于脑干的背侧。大脑和小脑之间有一大脑横裂分开（图 10-4、图 10-5、彩图 20）。

1. 脑干

脑干由后向前依次为延髓、脑桥、中脑和间脑。

（1）延髓　形似脊髓，后端在枕骨大孔处与脊髓相连，前端连脑桥，背侧为小脑。延髓的腹侧面有一浅沟，称腹正中裂。延髓的背侧面构成第四脑室后底壁，内含有第 6～12 对脑神经的感觉核、运动核以及植物性神经核。延髓的网状结构也是唾液分泌、吞咽、呕吐、呼吸、心跳等生命中枢所在地。

（2）脑桥　脑桥位于延髓前方，小脑腹侧，其背侧面构成第四脑室前底壁。脑桥腹侧部呈横

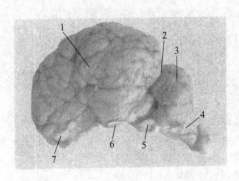

图 10-4　牛小脑位置（示左侧）
1—大脑；2—大脑横裂；3—小脑；
4—延髓；5—脑桥；6—脑垂体；7—嗅脑

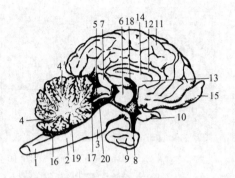

图 10-5　牛脑的矢状面
1—脊髓；2—延髓；3—脑桥；4—小脑；4′—小脑树；
5—四叠体；6—丘脑间黏合；7—松果腺；8—灰结节
和漏斗；9—垂体；10—视神经；11—大脑半球；
12—胼胝体；13—穹隆；14—透明中隔；15—嗅球；
16—后髓帆和脉络丛；17—前髓帆；18—第三脑室；
19—第四脑室；20—中脑导水管

行隆起，内含横行纤维，纤维向两侧通入小脑，为大脑皮质与小脑之间的中间站。背侧部主要为网状结构，脑桥发出第 5 对脑神经。

（3）第四脑室　位于延髓、脑桥和小脑间的腔隙，前通中脑导水管，后接脊髓中央管。

（4）中脑　中脑位于脑桥的前方，内有中脑导水管，前通第三脑室，后接第四脑室。中脑导水管的背侧面有 4 个丘状隆起，称四叠体。腹侧称大脑脚，大脑脚又分为背侧部和腹侧部。

（5）间脑　间脑位于中脑的前方，大部分被两侧的大脑半球覆盖，内有第三脑室。间脑主要由丘脑、丘脑下部等组成。

① 丘脑：丘脑为一对略呈卵圆形灰质核团。左、右两丘脑的内侧部相连，横断面呈圆形，称丘脑间黏合（中间块）。左、右丘脑的背侧后方与中脑四叠体之间有松果腺，为内分泌腺。

② 丘脑下部：位于丘脑的腹侧，是内脏神经的重要中枢。从脑底面看，由前向后依次为视交叉、视束、灰结节、漏斗、脑垂体、脑乳头体等结构。丘脑下部的核团中，有一对在视束的背侧，称视上核；另一对在第三脑室两侧，称室旁核。它们都有纤维伸向脑垂体，具有神经分泌功能。

③ 第三脑室：丘脑间黏合周围的环状裂隙称第三脑室。向前以一对室间孔与左、右大脑半球的侧脑室相通，向后接中脑导水管。

2. 小脑

小脑略呈球形，位于大脑后方、延髓和脑桥的背侧，构成第四脑室的顶壁。其表面有许多凹陷的沟和凸出的回。小脑两侧为小脑半球，正中为蚓部。小脑表面的灰质称小脑皮质，主要由神经细胞体构成；深部为白质，主要由神经纤维构成，呈树枝状伸至小脑各叶，称髓树。小脑蚓部主管平衡和调节肌张力，小脑半球参与调节随意运动（图 10-6）。

3. 大脑

大脑位于脑干前方，被大脑纵裂分为左、右大脑半球，之间借由横行神经纤维束构成的胼胝体相连。

（1）大脑皮质　为大脑表面的灰质，其表面凹凸不平，沟状凹陷称脑沟；脑沟之间的弯曲隆起称脑回。每侧大脑皮质背外侧面可分为 4 叶：前部为额叶，是运动区；后部为枕叶，是视觉区；外侧部为颞叶，是听觉区；背侧部为顶叶，是一般感觉区（图 10-6）。

（2）大脑白质　位于大脑皮质的深面，有联络、联合、投射 3 种纤维。①联络纤维连于同侧半球各脑回之间；②联合纤维连于左、右半球之间；③投射纤维连接大脑皮质和皮质下中枢的传入和传出纤维。

（3）基底核 为大脑半球白质中的灰质核团，也是皮质下中枢，主要由尾状核和豆状核组成。在大脑皮质的控制下，可调节骨骼肌运动。

4. 嗅脑

嗅脑位于大脑腹侧，发出第 1 对脑神经。

5. 侧脑室

在每侧大脑半球内有一个呈半环形的狭窄裂隙，称侧脑室。分别经室间孔与第三脑室相通。

（三）脑膜和脑脊髓液

脑的外面包有三层膜，即脑硬膜、脑蛛网膜和脑软膜。

1. 脑软膜

脑软膜较薄，富含血管，紧贴于脑的表面并深入脑沟，并随血管分支入脑质中形成一鞘，包围在小血管的外面。进入侧脑室、第三脑室和第四脑室的脑软膜内含大量的血管丝，形成脉络丛，能产生脑脊髓液（图 10-7、图 10-8）。

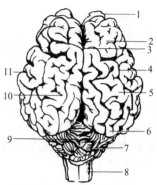

图 10-6 牛脑（背侧面）
1—嗅球；2—额叶；3—大脑纵裂；
4—脑沟；5—脑回；6—枕叶；
7—小脑半球；8—延髓；9—小脑蚓部；10—顶叶；11—颞叶

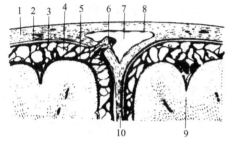

图 10-7 脑膜构造模式图
1—硬膜；2—硬膜下腔；3—蛛网膜；4—蛛网膜下腔；5—软膜；6—蛛网膜粒；7—静脉窦；8—内皮；9—大脑皮质；10—大脑镰

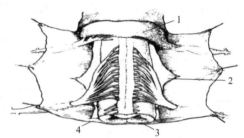

图 10-8 脊髓、脊神经及脊髓膜
1—蛛网膜；2—齿状韧带；
3—软膜；4—硬膜

2. 脑蛛网膜

脑蛛网膜很薄，包于软膜的外面，并以纤维与软膜相连，但不伸入脑沟内。位于蛛网膜与软膜之间的腔隙称蛛网膜下腔，内含脑脊髓液。通过第四脑室脉络丛上的孔使脑室与蛛网膜下腔相通。

3. 脑硬膜

脑硬膜较厚，包围于蛛网膜之外。位于硬膜与蛛网膜之间的腔隙称硬膜下腔，内含淋巴。脑硬膜紧贴于颅腔壁，其间无腔隙存在。脑硬膜在两半球间的大脑纵裂内形成大脑镰，在大脑半球与小脑之间的横沟内形成一小脑幕。在大脑镰和小脑幕的根部内含有脑硬膜静脉窦，接受来自脑的静脉血。

4. 脑脊液

脑脊液是无色透明的液体，由侧脑室、第三脑室和第四脑室的脉络丛产生，充满于脑室和脊髓中央管，通过第四脑室脉络丛上的孔（正中孔和外侧孔）进入蛛网膜下腔。蛛网膜下腔内的脑脊髓液通过硬膜窦而归入静脉。脑脊髓液与位于硬膜下腔的淋巴共同起保护和营养脑、脊髓的作用。

学习贴示

脉络丛由脑室壁细胞特化来，它是由室管膜细胞构成的，有分泌功能，能分泌脑脊液。脉络丛内分布的血管由有孔的毛细血管组成，这类血管的内皮细胞连续，细胞上有孔，孔上覆盖一层隔膜，细胞的通透性高。血脑屏障就是由这些室管膜细胞之间形成了紧密连接和黏合小带，也称为血-脑脊液屏障。

学习贴示

　　神经系统可以这样想象：中枢神经系统的"脑和脊髓"是一棵树的"树干"，而"外周神经"是由树干所发出的"树枝"。每一个"树叶"成为一个"机体器官"（效应器）。这些系统结构都是一样的，都是由神经组织的神经元和神经胶质细胞构成。而植物性神经可认为是树干发出的"树枝"没有直接连接在树叶上，而是由"树枝"又分支（树杈）后才连在树叶（器官）上。而躯体运动神经则是由树干发出树枝后直接连了一个树叶。交感神经和副交感神经的区别是从树干上发出树枝的部位不同，从树枝再分叉时离树干本身的远近不同。

二、外周神经

　　外周神经是神经系统的外周部分，即中枢神经以外的所有的神经干、神经节、神经丛及神经末梢等的总称。它们一端借助神经根与中枢神经相联系，另一端同动物体各器官的感受器或效应器相连。根据其功能和分布不同，外周神经可分为躯体神经和内脏神经。

　　躯体神经分布于体表和骨骼肌，又可分为脑神经和脊神经。脑神经连于脑，主要分布于头颈部；脊神经与脊髓相连，主要分布于躯干和四肢。

　　内脏神经分布于内脏、腺体和血管。根据其功能不同又分为交感神经和副交感神经。

　　（一）脑神经

　　脑神经共 12 对（表 10-1），多数从脑干发出，通过颅骨的一些孔出颅腔。脑神经按其所含神经纤维种类不同，可分为感觉神经、运动神经和混合神经三类。

表 10-1　脑神经分布简表

顺序及名称	连脑部位	性质	分布范围
嗅神经	嗅球	感觉	鼻黏膜
视神经	间脑	感觉	视网膜
动眼神经	中脑	运动	眼球肌
滑车神经	中脑	运动	眼球肌
三叉神经	脑桥	混合	面部皮肤、口鼻黏膜、咀嚼肌
外展神经	延髓	运动	眼球肌
面神经	延髓	混合	鼻唇肌肉、耳肌、眼睑肌、唾液腺等
听神经	延髓	感觉	内耳
舌咽神经	延髓	混合	舌、咽和味蕾
迷走神经	延髓	混合	咽、喉、食管、胸腔、腹腔内大部分内脏及腺体
副神经	延髓和颈部脊髓	运动	咽、喉、食管、斜方肌、臂头肌、胸头肌
舌下神经	延髓	运动	舌肌和舌骨肌

　　附　脑神经名称的记忆口诀：一嗅二视三动眼，四滑五叉六外展，七面八听九舌咽，十迷一副舌下全。

　　（二）脊神经

　　脊神经为混合神经，含有感觉神经纤维和运动神经纤维，在椎间孔附近由背侧根（感觉根）和腹侧根（运动根）聚集而成。出椎孔后，分为背侧支和腹侧支，分别分布于脊柱背侧和腹侧的肌肉和皮肤。脊神经按照连接脊髓的部位分为颈神经、胸神经、腰神经、荐神经和尾神经（表10-2）。

表 10-2　不同动物脊神经数目

名称	牛、羊	猪	马	对
颈神经	8	8	8	
胸神经	13	14～15	18	
腰神经	6	7	6	
荐神经	5	4	5	
尾神经	5～6	5	5～6	
合计	37～38	38～39	42～43	

　　脊神经腹侧支的分布范围较广，除分布于脊柱腹侧的肌肉和皮肤外，还形成臂神经丛和腰神经丛，分别发出走向前肢和后肢的神经干。

　　1. 躯干部的神经

　　（1）颈神经　分为背侧支和腹侧支，分布于颈部背、外侧的肌肉、皮肤及前肢，参与组成臂神经丛和膈神经。

　　（2）膈神经　为膈肌的运动神经。由第 5～7 颈神经的腹侧支联合组成。入胸腔后，沿纵隔向后延伸，分布于膈。

　　（3）肋间神经　为胸神经的腹侧支，随血管在肋间隙中沿肋骨后缘下行，分布于肋间肌、膈、皮肤。最后 1 对肋间神经在第 1 腰椎横突末端前下缘进入腹壁，分布到腹部的肌肉和皮肤（图 10-9）。

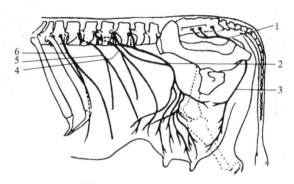

图 10-9　母牛的腹壁神经

1—阴部神经；2—精索外神经；3—会阴神经的乳房支；4—髂腹股沟神经；
5—髂下腹神经；6—最后肋间神经

　　（4）髂下腹神经　为第 1 对腰神经的腹侧支。牛的经第 2 腰椎横突腹侧及第 3 腰椎横突末端的外侧缘；马的经第 2 腰椎突末端腹侧分成深浅两支，分布于腹膜、腹壁肌肉和皮肤。

　　（5）髂腹股沟神经　为第 2 腰神经的腹侧支。牛的经第 4 腰椎横突末端外侧缘；马的经第 3 腰椎横突末端腹侧分为深、浅两支，分布于腹壁肌肉和皮肤。

　　（6）精索外神经　为第 2、3、4 腰神经的腹侧支，沿腰肌间下行，分为前、后两支，向下延伸穿过腹股沟管，雄性动物分布于睾外提肌、阴囊和包皮；雌性动物分布于乳房。

　　（7）阴部神经　为第 2～4 荐神经的腹侧支。

　　（8）直肠后神经　来自第 4、5（牛）或第 3、4（马）荐神经的腹侧支。

　　2. 前肢神经

　　由第 6、7、8 颈神经的腹侧支和第 1、2 胸神经的腹侧支在肩关节内侧构成臂神经丛，再由此发出分布于前肢的神经（图 10-10）。

　　（1）肩胛上神经　经肩胛下肌和冈上肌之间，绕过肩胛骨前缘，分布于冈上肌和冈下肌。

　　（2）肩胛下神经　通常有 2～4 支，分布于肩胛下肌和肩关节囊。

　　（3）腋神经　经肩胛下肌与大圆肌之间，在肩关节后分成数支，分布到肩关节的屈肌及前臂背侧皮肤等。

　　（4）桡神经　臂神经丛中最粗的分支。由臂神经丛发出后向前下方延伸至腕、掌部，分布于第3、4指的背侧。桡神经易受压迫，在临床上常见桡神经麻痹。

　　（5）尺神经　在臂内侧随同血管下行，经臂骨内侧髁与肘突之间进入前臂，沿尺沟向下延伸。分布于腕指关节的屈肌及皮肤。

　　（6）正中神经　前肢最长的神经，在臂内侧随同血管下行至肘关节内侧，进入前臂的正中沟。

　　3. 后肢神经

　　由第4、5、6腰神经的腹侧支和第1、2荐神经的腹侧支在腰荐部腹侧构成腰荐神经丛。由此发出分布于后肢的神经（图10-11）。

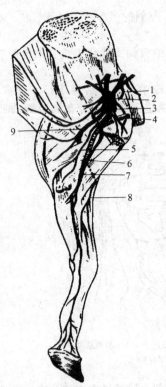 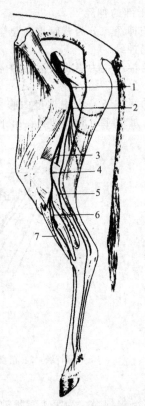

图 10-10　牛的前肢神经（内侧面）　　　　图 10-11　牛的后肢神经（外侧面切去股二头肌）

1—肩胛上神经；2—臂神经丛；3—腋神经；4—腋动脉；　　　　1—坐骨神经；2—肌支；3—胫神经；

5—尺神经；6—正中神经和肌皮神经总干；7—正中神经；　　　　4—腓总神经；5—小腿外侧皮神经；

8—肌皮神经皮支；9—桡神经　　　　　　　　　　6—腓浅神经；7—腓深神经

　　（1）股神经　行经腰大肌与腰小肌之间和缝匠肌深面而进入股四头肌。股神经分出肌支分布于髂腰肌，还分出隐神经分布于股部、小腿部及跖部内侧面的皮肤。

　　（2）坐骨神经　为全身最粗、最长的神经。由坐骨大孔走出盆腔，沿荐坐韧带的外侧面向后下方延伸，经大转子与坐骨结节之间绕过髋关节后方，沿股二头肌沟下行，并分为腓神经和胫神经。

　　（三）内脏神经

　　内脏神经又称植物性神经，由感觉（传入）神经和运动（传出）神经组成。感觉神经的背侧根入脊髓，或随同相应的脑神经入脑。通常所讲的内脏神经是指其运动神经。植物性神经又可以分为交感神经和副交感神经（图10-12）。

　　1. 植物性神经与躯体神经的区别

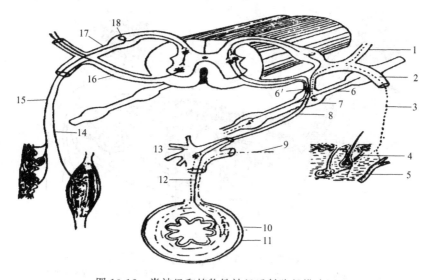

图 10-12　脊神经和植物性神经反射路径模式图
1—脊神经背侧支；2—脊神经腹侧支；3—交感节后神经纤维；4—竖毛肌；5—血管；
6—交感神经干；6′—交通支；7—椎神经节；8—交感节前神经纤维；9—副交感
节前神经纤维；10—副交感节后神经纤维；11—消化管；12—交感节后神经纤维；
13—椎下神经节；14—脊神经运动神经纤维；15—感觉神经纤维；16—腹侧根；
17—背侧根；18—脊神经节

① 躯体神经支配骨骼肌，而植物性神经支配平滑肌、心肌和腺体。

② 躯体神经运动神经元的胞体存在于脑和脊髓，神经冲动从中枢到效应器只需经过一个运动神经元。而植物性神经的神经冲动从中枢到达效应器需通过两个神经元，第一个神经元称节前神经元，第二个神经元称节后神经元，节前神经元和节后神经元以突触相连。

③ 躯体运动神经纤维一般为较粗的有髓神经纤维；而植物性神经的节前纤维为细的有髓神经纤维，节后神经纤维为细的无髓神经纤维。

④ 躯体神经一般都受意识支配；而植物性神经一般不受意识的控制，有相对的自主性（表10-3）。

表 10-3　植物性神经与躯体神经的区别

区别点	植物性神经	躯体神经
效应器	平滑肌、心肌、腺体	骨骼肌
受支配的情况	不受意识支配、有自主性	受意识支配
神经元数目	两个	一个
神经纤维	节前纤维是细有髓纤维，节后纤维细无髓纤维	较粗有髓纤维，以干的形式分布到效应器
传导刺激	传导来自内脏的冲动，调节内环境	传导来自浅表感觉和躯体深部感觉的刺激调机体的运动和平衡
作用性质	双重性	单一性
胞体的位置	脑、脊髓内节前神经元、植物性神经节内的节后神经元	脑、脊髓内

2. 交感神经

交感神经的低级中枢（节前神经元）位于胸腰部脊髓的灰质外侧柱内。交感神经干按部位可分为颈部、胸部、腰部和荐尾部交感神经干。其中颈部的交感神经干与迷走神经并行，外包结缔组织膜，称为迷走交感干（图10-13）。

交感神经干位于脊柱两侧，自颈前端伸延到尾部，由许多椎神经节与连接这些神经节的交感神经纤维（节间支）所组成。节前纤维到达交感神经干，一部分在相应部位的椎神经节内更换神经元或通过椎神经节而至椎下神经节内更换神经元；另一部分通过椎神经节向前、后延伸，在

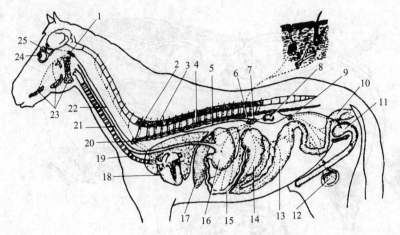

图 10-13　交感神经分布模式图

实线示节前神经纤维，虚线示节后神经纤维

1—颈前神经节；2—白交通支；3—灰交通支；4—交感神经干；5—内脏大神经；
6—内脏小神经；7—腹腔肠系膜前神经节；8—肾；9—肠系膜后神经节；10—直肠；
11—膀胱；12—睾丸；13—大结肠；14—盲肠；15—小肠；16—胃；17—肝；18—心；
19—气管；20—星状神经节；21—食管；22—颈部交感干；23—唾液腺；24—眼球；25—泪腺

前、后段的椎神经节内更换神经元。椎神经节的节后纤维部分离开交感神经干，又返回到脊神经，随脊神经分布到体壁和四肢的血管、汗腺、竖毛肌等处。椎下神经节的节后纤维直接分布于平滑肌或腺体。

　　3. 副交感神经

　　副交感神经的低级中枢（节前神经元）位于中脑、延髓和荐部脊髓。由脑干发出的副交感神经与某些脑神经一起行走，分布到头、颈和胸腹腔器官。

　　迷走神经是体内分布最广泛、行程最长的混合神经。感觉纤维来自消化管、呼吸道及外耳等；运动纤维分别为支配咽喉横纹肌的躯体运动纤维和支配食管、支气管、心、肺、胃、肠和肾等器官的副交感神经纤维。迷走神经的运动纤维中，大部分为副交感神经的节前纤维，在终末神经节内更换神经元后，节后纤维分布于上述器官（图 10-14）。

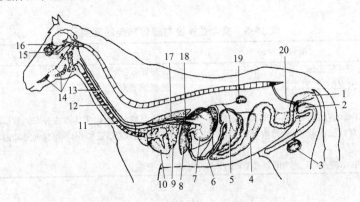

图 10-14　副交感神经分布模式图

实线示节前神经纤维，虚线示节后神经纤维

1—直肠；2—膀胱；3—睾丸；4—大结肠；5—盲肠；6—小肠；7—胃；8—肝；
9—肺；10—心；11—气管；12—食管；13—迷走神经；14—唾液腺；15—眼球；
16—泪腺；17—迷走神经食管背侧干；18—迷走神经食管腹侧干；19—肾；20—盆神经

　　4. 交感神经和副交感神经的主要区别

交感神经和副交感神经多数是共同支配一个器官，但在结构、分布、功能上存在差异。

（1）中枢部位不同　交感神经的低级中枢位于胸腰部脊髓灰质外侧柱；副交感神经的低级中枢位于脑干和荐部脊髓。

（2）周围神经节部位不同　交感神经的神经节位于脊柱的两旁（椎旁节）和脊柱的腹侧（椎下节）；副交感神经的神经节位于所支配的器官附近（器官旁节）和器官壁内（器官内节）。

（3）节前纤维和节后纤维的比例不同　一个交感神经节前神经元的轴突可与许多节后神经元形成突触；而一个副交感神经节前神经元的轴突则与较少的节后神经元形成突触。

（4）分布范围不同　一般认为，交感神经的分布范围较广，分布于胸腹腔内脏器官、头颈各器官及全身的血管和皮肤。副交感神经的分布不如交感神经广泛，大部分的血管、汗腺、竖毛肌、肾上腺髓质均无副交感神经的分布。

（5）对同一器官所起的作用不同　交感神经和副交感神经对同一器官的作用，既是相互对抗的，又是相互统一的。如交感神经活动加强，则副交感神经的活动减弱，使心搏动加强，血压升高；而副交感神经活动加强，则交感神经的活动减弱，使心搏动减慢，血压降低。

第二节　神经生理

【知识目标】
◆ 理解并掌握神经元、神经纤维的功能。
◆ 了解突触的分类及突触传递的原理。
◆ 理解并掌握植物性神经的功能。
◆ 理解并掌握受体、介质特点及分布。
◆ 了解神经对内脏的调节。
【技能目标】
◆ 通过掌握神经系统的组织与功能，能解析临床相关的问题。
【知识回顾】
◆ 神经元、突触结构特点。

神经系统通过数以亿计的具有兴奋性并能高速传递冲动的神经元和存在于神经元之间起支持、营养和保护功能的神经胶质细胞，完成了动物体生命活动的主导作用的整合与调节功能。

归纳起来神经系统的功能有三个方面：第一，分析功能或感觉功能，即感受、分析和整合体内外的各种刺激，产生感觉；第二，躯体运动功能，即在产生感觉的基础上，使体内外的各种刺激与躯体运动联系起来，控制和调节骨骼肌的运动；第三，对脏腑的调节，通过植物性神经，在产生感觉基础上，使体内外的各种刺激与内脏活动联系起来，控制平滑肌、心脏、腺体等的活动。

一、神经元和神经纤维

神经系统由神经组织构成，包括神经细胞和神经胶质两种细胞成分。神经细胞是神经系统构造和功能的基本单位，故也称神经元。神经胶质在神经细胞或血管的周围，对神经细胞起着支持、营养、保护、修复和形成髓鞘的作用，是神经系统的辅助成分。

（一）神经元的功能

神经元（图 10-15）具有接受、整合和传递信息的功能。树突和胞体接受从其他神经元传来的信息并进行整合，然后通过轴突将信息传递给另一些神经元或效应器。根据神经元的功能，可将其分为传入神经元（感觉神经元）、中间神经元（联络神经元）和传出神经元（运动神经元）三种。

（二）神经纤维的功能

神经纤维由神经元的较长突起（主要为轴突）和包在外面的髓鞘及神经膜组成。根据髓鞘的厚薄，分为有髓纤维和无髓纤维（髓鞘薄，在光镜下看不见）。髓鞘的有无和厚薄与神经冲动传导的速度有关，即髓鞘厚的纤维传导的速度快。

神经纤维的主要功能是传导动作电位，即传导神经冲动。神经纤维传导兴奋的一般特征如下。

（1）生理完整性　神经纤维只有在结构和生理功能都完整时，才有传导冲动能力，这种特性称为神经纤维传导的生理完整性。如果神经纤维受损伤、被切断或者被冷冻、压迫、麻醉药等因素作用时，其生理完整性会受破坏，传导冲动能力随之消失。

（2）绝缘性　在一条神经干中包含有很多数量的神经纤维，由于具有绝缘性，各条纤维上传导的冲动互不干扰，保证神经调节具有极高的精确性。

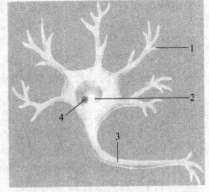

图 10-15　神经元
1—树突；2—细胞；3—轴突；4—细胞核

（3）双向传导性　刺激神经纤维上任何一点，所产生的冲动都可沿纤维同时向两端传导。但在整体条件下，由于轴突总是将神经冲动由胞体传向末梢，故表现为传导的单向性，这是由轴突的极性所决定的。

（4）不衰减性　神经纤维传导冲动时，具有不因传导距离的增大而使动作电位的幅度变小和传导速度减慢的特性，称为传导的不衰减性。

（5）相对不疲劳性　试验表明，用50～100次/秒的感应电流连续刺激蛙的神经9～12小时，神经纤维仍保持传导冲动的能力，这说明神经纤维具有相对不疲劳性。

二、神经胶质细胞

除神经元外，神经组织内还有大量的神经胶质细胞。在中枢神经系统内有星状胶质细胞、少突胶质细胞、小胶质细胞和室管膜细胞；在外周神经系统，有包绕轴索形成髓鞘的施万细胞和脊神经节中的卫星细胞。它们具有分裂和增殖能力，特别是脑或脊髓受到损伤时能大量增殖，局部出现许多巨噬细胞，吞噬变性的神经组织碎片，并由星状胶质细胞填充缺损。外周神经再生时，轴突则沿着施万细胞形成的索道生长。少突胶质细胞形成中枢神经纤维的髓鞘，起到绝缘作用，可防止神经冲动传导时的电流扩散，使神经元的活动互不干扰。神经胶质细胞参与血脑屏障的形成，是构成血脑屏障的重要组成成分。星形胶质细胞可通过加强自身膜上的钠钾泵活动，维持细胞外液中合适的 K^+ 浓度，有助于神经活动的正常进行。这些胶质细胞还起到支持、营养神经细胞的作用。

三、突触与突触传递

神经元之间没有原生质相连，它们之间的联系只靠彼此接触，即通过一个神经元的轴突末梢与其他神经元发生接触，并传递兴奋或抑制，这些接触部位称为突触。

（一）突触的分类

（1）按神经元之间的联系部位，突触可分为以下三类。

① 轴-树型突触：前一个神经元的轴突与后一个神经元的树突相接触而形成的突触。这类突触最为多见。

② 轴-体型突触：前一个神经元的轴突与后一个神经元的胞体相接触而形成的突触。这类突触也较常见。

③ 轴-轴突触：前一个神经元的轴突与后一个神经元的轴突相接触而形成的突触。这类突触较少见。

（2）按突触的功能可分为以下两类。

① 兴奋性突触：即突触的信息传递使突触后膜去极化，产生兴奋性的突触后电位。

② 抑制性突触：即突触的信息传递使突触后膜超极化，产生抑制性的突触后电位。

（3）按突触传递信息的方式可分为以下两类。

① 化学性突触：它依靠突触前神经元末梢释放特殊化学物质作为信息传递的媒介来影响突

触后神经元。

② 电突触：它依靠突触前神经元的生物电和离子交换直接传递信息来影响突触后神经元。

（二）突触的结构

突触由突触前膜、突触间隙和突触后膜三部分组成（图10-16）。

（1）突触前膜　突触前神经元的轴突末梢首先分成许多小支，每个小支的末梢部分膨大呈球状而为突触小体，贴附在下一个神经元的胞体或树突的表面。突触小体外面有一层突触前膜包裹，比一般神经元细胞膜稍厚，突触小体内部除含有轴浆外，还有大量线粒体和突触小泡。突触小泡内含有兴奋性递质或抑制性递质。

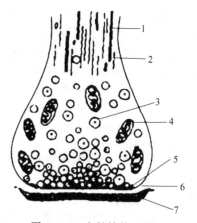

图 10-16　突触结构示意图
1—微管；2—微丝；3—突触小泡；
4—线粒体；5—突触前膜；6—突
触间隙；7—突触后膜

（2）突触间隙　是突触前膜和后膜之间的空隙，突触间隙宽 20～40nm，间隙内有黏多糖和黏蛋白。

（3）突触后膜　指与突触前膜相对的后一种神经元的树突、胞体或轴突膜。突触后膜比一般神经元膜稍厚，膜上有相对应的特异性受体。

（三）突触传递过程

当突触前神经元的兴奋传到神经末梢时，突触前膜发生去极化，前膜上 Ca^{2+} 通道开放，细胞外 Ca^{2+} 进入突触前末梢内，使一定数量的突触小泡与前膜紧贴融合，发生胞裂，小泡内的递质释放到突触间隙，扩散到达突触后膜，与后膜上特异性受体结合，引起后膜对某些离子通透性的改变，从而引起后膜的膜电位发生去极化或超极化，这种突触后膜上的电位变化称为突触后电位。

突触传递的信息包括兴奋性和抑制性两类，所以将突触后电位分为兴奋性突触后电位和抑制性突触后电位。

（1）兴奋性突触后电位　突触前膜释放兴奋性递质（如乙酰胆碱或去甲肾上腺素等），作用于后膜上的特异受体时，引起后膜 Na^+ 和 K^+ 通道开放。由于 Na^+ 的内流量大于 Na^+ 的外流，所以发生净的正离子内流，使突触后膜发生局部去极化，突触后神经元的兴奋性提高，故称为兴奋性突触后电位。

（2）抑制性突触后电位　突触前神经末梢兴奋时释放抑制性递质（如甘氨酸），与突触后膜上特异性受体结合后，可提高后膜对 Cl^- 和 K^+ 的通透性，尤其是对 Cl^- 通道开放，由于 Cl^- 的内流和 K^+ 的外流，突触后膜发生局部超极化，化学门控通道开放，进而降低了突触后神经元的兴奋性，故称之为抑制性突触后电位。

（四）突触传递的特征

（1）单向传递　突触传递冲动只能由突触前神经元传向突触神经元的胞体或突起，不能逆向传递。因为只有突触前膜才能释放递质。因此，兴奋只能由传入神经元经中间神经元传向传出神经元，使整个神经系统活动规律进行。

（2）突触延搁　突触传递以递质为中介，需经历递质的释放、扩散及对突触后膜的作用等过程，需要耗费较长时间，称为突触延搁。据测定，冲动通过一个突触所需时间比神经冲动在神经纤维上传导要慢得多。

（3）总和作用　突触前膜传来一次冲动及其引起递质释放的量，一般不足以使突触后神经元产生动作电位。如果同一突触前神经末梢连续传来一系列冲动，或许多突触前末梢同时传来一排冲动，都可以释放较多的递质，当产生的兴奋性突触后电位逐渐积累达到阈值时，就能激发突触后神经元产生动作电位，这种现象即称兴奋总和作用。同样，在抑制性突触后膜也可以发生抑制总和。

（4）对内环境变化的敏感性　突触部位最易受内环境变化的影响。缺氧、酸碱度变化、离子浓度改变等均可改变突触传递能力。如急性缺氧可使神经元完全丧失兴奋性，导致传导障碍，较持久的缺氧甚至引起神经元死亡。

（5）对某些化学物质的敏感性　许多中枢性药物的作用部位大都是在突触。有些药物能阻断或加强突触传递，如咖啡因和茶碱可以提高突触后膜对兴奋性递质的敏感性；而士的宁则阻遏某些抑制性递质对突触后膜的作用，可导致神经元过度兴奋。各种受体激动剂或拮抗剂可直接作用于突触后膜受体而发挥生理效应。

（五）神经递质和受体

1. 神经递质

神经递质是由突触前神经元合成并由其末梢释放，并经突触间隙扩散，是能与突触后神经元或效应器细胞上的受体特异性地结合，而引起信息从突触前传递到突触后的一些化学物质。中枢神经系统内具有生理活性的化学物质很多，只有具备下列条件者才被认为是神经递质。

① 在突触前神经元内存在合成递质的前体物和合成酶。

② 递质储存于突触小泡内，当冲动到达神经末梢时小泡内递质能释放入突触间隙。

③ 递质经突触间隙作用于突触后膜的特殊受体，发挥其生理效应。

④ 存在使递质失活的酶或摄取回收的过程。

⑤ 有特异的受体激动剂和拮抗剂，能分别模拟或阻断递质的突触传递作用。

神经递质根据其产生部位可分为中枢神经递质和外周神经递质。

（1）中枢神经递质　由中枢神经系统的神经元合成，主要有乙酰胆碱、生物胺类、氨基酸类和肽类。

① 乙酰胆碱：脊髓腹角运动神经元、脑干网状结构前行激动系统、大脑基底神经节等部位的一些神经元，均以乙酰胆碱作为神经递质，多数呈现兴奋作用。这种递质对中枢神经系统的感觉、运动、心血管活动、呼吸、体温等功能均有重要影响。

② 生物胺类：包括肾上腺素、去甲肾上腺素、多巴胺等。肾上腺素能神经元的胞体主要位于延髓和下丘脑，主要参与血压和呼吸的调控。在中枢神经系统内，去甲肾上腺素能神经元的胞体主要集中在延髓和脑桥，发出的前行和后行纤维支配前脑和脊髓，功能主要涉及心血管活动、情绪、体温、摄食和觉醒等方面的调节。

③ 氨基酸类：包括谷氨酸、甘氨酸、γ-氨基丁酸、天冬氨酸、丙氨酸和牛磺酸等。谷氨酸和天冬氨酸等酸性氨基酸，对中枢神经系统的多数神经元起兴奋作用；γ-氨基丁酸、甘氨酸、丙氨酸和牛磺酸等中性氨基酸，对中枢神经系统的神经元起抑制作用。

④ 肽类：主要有 P 物质、阿片肽和脑-肠肽等。P 物质见于脊髓背根神经节内，是第一级传入神经元的末梢，特别是痛觉传入纤维末梢释放的兴奋性递质。在中枢神经系统的高级部位，P 物质有明显的镇痛作用。

（2）外周神经递质　由外周神经系统的神经元合成，主要有乙酰胆碱、去甲肾上腺素和肽类。

① 乙酰胆碱：凡是释放乙酰胆碱作为递质的神经纤维，称为胆碱能纤维，主要分布在所有植物性神经的节前纤维、大多数副交感神经的节后纤维、少数交感神经的节后纤维以及躯体运动神经纤维等部位。

② 去甲肾上腺素：以去甲肾上腺素作为递质的神经纤维称为肾上腺素能纤维，主要分布在大部分交感神经节后纤维等部位。

③ 肽类：凡释放肽类物质作为递质的神经纤维称为肽能纤维，主要分布于胃肠道、心血管、呼吸道、泌尿道等器官。特别是胃肠道的肽能神经元，能释放多种肽类递质，主要包括降钙素基因相关肽、血管活性肠肽、胃泌素、胆囊收缩素、脑啡肽、强啡肽和生长抑素等。

2. 受体

受体是指细胞膜或细胞内能与某些化学物质发生特异性结合并诱发生物效应的蛋白质。受体不仅存在于突触后膜，可与特定的递质结合产生相应的生理效应，而且突触前膜上也存在受体，可对递质的合成、释放等过程起调控作用。

（1）胆碱能受体 胆碱能受体有两类。一类是毒蕈碱受体，简称 M 受体，广泛存在于绝大多数副交感神经节后纤维支配的效应器细胞上，可产生一系列副交感神经兴奋的效应，包括心脏活动的抑制、支气管平滑肌、胃肠平滑肌、膀胱逼尿肌和瞳孔括约肌的收缩以及消化腺分泌的增加等，这种效应称毒蕈碱样效应，又称 M 样作用。该作用可被受体拮抗剂阿托品阻断。另一类是烟碱受体，简称 N 受体，存在于交感和副交感神经节神经元的突触后膜和神经肌肉接头处的终板膜上，发生的效应是导致节后神经元和骨骼肌的兴奋，这种效应称烟碱样作用，又称 N 样作用。

（2）肾上腺素能受体 这种受体可分为 α 受体和 β 受体两种类型。α 受体又可分为 α_1 和 α_2 受体两个亚型。β 受体分为 β_1、β_2 和 β_3 受体三个亚型。去甲肾上腺素与平滑肌 α 受体结合后，产生以兴奋为主的效应，但也有抑制性的（如小肠平滑肌舒张）。而去甲肾上腺素与平滑肌的 β 受体结合后，则产生抑制性效应，但却使心肌兴奋。有的效应器上只有单一的 α 受体或 β 受体，有的两种受体都有（表10-4）。

表 10-4　肾上腺素能受体的分布及效应

效 应 器	受 体	效 应
瞳孔散大肌	α	收缩（瞳孔）
睫状肌	β	舒张
心脏	β	心率加快、传导加速、收缩加强
冠状动脉	α、β	收缩、舒张（舒张为主）
骨骼肌血管	α、β	收缩（舒张为主）
皮肤血管	α	收缩
脑血管	α、β	收缩、舒张（舒张为主）
肺血管	α	收缩
腹腔内脏血管	α、β	收缩、舒张（除肝血管外收缩为主）
支气管平滑肌	β	舒张
胃平滑肌	β	舒张
小肠平滑肌	α、β	舒张
胃肠括约肌	α	收缩

（3）突触前受体 受体一般存在于突触后膜，但也可分布于突触前膜，分布于突触前膜的受体称为突触前受体。它的作用在于调节突触前神经末梢的递质释放。如肾上腺素能纤维末梢的突触前膜上存在 α 受体，当末梢释放的去甲肾上腺素在突触前膜处超过一定量时，即能与突触前 α 受体结合，从而反馈抑制末梢合成和释放去甲肾上腺素，起调节递质释放量的作用。

（4）中枢递质的受体 中枢递质种类复杂，相应的受体也多，除上述受体外，还有多巴胺受体、5-羟色胺受体、γ-氨基丁酸受体、甘氨酸受体及肽类受体等，它们也都有相应的受体拮抗剂。

四、神经活动的基本方式

（一）反射的概念

反射是神经系统活动的基本形式，是指在中枢神经系统的参与下，机体对内、外环境刺激的规律性应答。从最简单的眨眼反射到复杂的行为表现，都是反射活动。

（二）反射弧的组成

反射的结构基础和基本单位是反射弧。反射弧包括感受器、传入神经、反射中枢、传出神经和效应器 5 个组成部分。感受器一般是神经组织末梢的特殊结构，是一种换能装置，可将所感受的各种刺激的信息转变为神经冲动。反射中枢是中枢神经系统内调节某一特定生理功能的神经细胞群。效应器是指产生效应的器官，如骨骼肌、平滑肌、心肌和腺体等。当一定的刺激作用于感受器时，感受器兴奋，并以神经冲动的形式经传入神经传向中枢，通过中枢的分析与综合，作出一定的反应。如果中枢发生兴奋，其冲动沿传出神经到达效应器，使效应器发生反应。如果中枢发生抑制，则中枢原有的传出冲动减少或停止。在自然条件下，反射活动需要反射弧的结构和功能保持完整，如果反射弧中任何一个环节中断，反射活动将不能发生。

（三）中枢神经元的联系方式

中枢神经内神经元数量巨大，相互之间通过突触联系，构成复杂多样的联系方式。归纳起来主要有以下几种。

（1）单线式　单线式联系是指一个突触前神经元仅与一个突触后神经元发生突触联系。例如，视网膜中央凹处的一个视锥细胞常只与一个双极细胞形成突触联系，而该双极细胞也只与一个神经节细胞形成突触联系，这种联系方式可使视锥系统具有较高的分辨能力。

（2）辐射式　一个神经元通过其轴突末梢的分支与许多神经元建立突触联系，称为辐射式联系。这种方式能使与之相联系的许多神经元同时兴奋或抑制，从而扩大突触前神经元的作用范围。机体内传入神经元和植物性神经的节前神经元主要以这种方式传递冲动。

（3）聚合式　多个突触前神经元的轴突共同与一个突触后神经元建立突触联系，称为聚合式联系。这种联系可以将来自不同神经元兴奋和抑制在同一个神经元上进行整合，导致后者兴奋或抑制。

（4）链锁式与环式　中枢神经系统内神经元的辐射式和聚合式联系方式常常共同存在，并且通过中间神经元将这两种联系方式结合构成许多复杂的链锁式和环式联系。神经元一个接一个依次连接，构成链锁式联系；当兴奋通过链锁式联系时，可以在空间上加强或扩大作用范围。一个神经元通过其轴突侧支与多个神经元建立突触联系，而后继神经元通过其轴突，又回返性地与原来的神经元建立突触联系，形成一个闭合环路，称环式联系。

五、神经系统对内脏活动的调节

（一）交感和副交感神经的特征

从中枢神经系统发出的植物性神经并不直接到达效应器官，途中必须在神经节中更换一次神经元。由脑和脊髓发出到神经节的纤维叫节前纤维，由节内神经元发出终止于效应器的纤维叫节后纤维。交感神经的节前纤维较短，而节后纤维相对较长；副交感神经的节前纤维较长，而节后纤维较短。

交感神经起源于脊髓胸腰段灰质侧角的中间外侧柱，分布较广泛，几乎全身所有内脏器官都受其支配。因为一根交感神经节前纤维往往与多个节后神经元发生突触联系，因此刺激交感神经节前纤维引起的反应比较弥散。副交感神经一部分起自脑干的脑神经核，另一部分起自脊髓荐部灰质侧角的部位。副交感神经的分布较局限，某些器官还不具有副交感神经支配，例如皮肤和肌肉的血管、汗腺、竖毛肌、肾上腺髓质、肾脏等。因一根副交感神经前纤维只与几个节后神经元形成突触，则刺激副交感神经节前纤维引起的反应则比较局限。

（二）交感和副交感神经的功能

植物性神经系统对各器官的调节功能归纳见表10-5。交感神经和副交感神经的功能特征如下。

表10-5　植物性神经系统对各器官的调节功能

器官	交感神经	副交感神经
心血管	心搏加快、加强，腹腔脏器血管、皮肤血管、唾液腺与外生殖器血管收缩，肌肉血管收缩或舒张	心搏减慢、收缩减弱，软脑膜外与外生殖器血管舒张
呼吸器官	支气管平滑肌舒张	支气管平滑肌收缩，黏液腺分泌
消化器官	分泌黏稠唾液，抑制胃肠运动，促进括约肌收缩，抑制胆囊运动	分泌稀薄唾液，促进胃液、胰液分泌，促进胃肠运动，括约肌舒张，胆囊运动收缩
泌尿生殖器官	逼尿肌舒张，括约肌收缩，子宫收缩（有孕）和舒张（无孕）	逼尿肌收缩，括约肌舒张
眼	瞳孔放大，睫状肌松弛，上眼睑平滑肌收缩	瞳孔缩小，睫状肌收缩，促进泪腺的分泌
皮肤	竖毛肌收缩，汗腺分泌	
代谢	促进糖的分解，促进肾上腺髓质分泌	促进胰岛素的分泌

（1）对同效应器的双重支配　除少数器官外，一般组织器官都接受交感和副交感神经的双重支配。两者的作用往往是相拮抗的。如心脏，迷走神经具有抑制作用，而交感神经具有兴奋作用；又如，迷走神经能增强小肠平滑肌运动，而交感神经则抑制其活动。有时交感和副交感神经也表现为协同作用。例如，交感神经、副交感神经都能引起唾液分泌，交感神经兴奋可使唾液分泌少量较稠的唾液；而副交感神经兴奋则能引起分泌大量稀薄的唾液。

（2）紧张性作用　植物性神经对效应器的支配一般表现为紧张性作用。例如，切断心迷走神经，心率即加快；切断心交感神经，心率则减慢。这说明两种神经对心脏的支配都具有紧张性活动。

（3）效应器所处功能状态的影响　植物性神经的外周作用与效应器本身的功能状态有关。例如胃幽门如果原来处于收缩状态，刺激迷走神经能使之舒张，如果原来处于舒张状态，则刺激迷走神经能使之收缩。

（4）对整体生理功能调节的意义　在环境急骤变化的条件下，交感神经可以动员机体许多器官的潜在功能以适应环境的急变。例如，在剧烈肌肉运动、缺氧、失血或寒冷环境等情况下，机体出现心律加速，皮肤与腹腔内脏血管收缩，血液储存库排出血液以增加循环血量，血压升高、支气管扩张、肝糖原分解加速以及血糖浓度上升、肾上腺素分泌增加等生理功能的变化。副交感神经协调活动主要在于保护机体、休整恢复、促进消化、积蓄能量以及加强排泄和生殖功能等方面。例如，在相对静止状态下，副交感神经的活动相对增加，此时心脏活动抑制，瞳孔缩小，消化功能增加，以促进营养物质吸收和能量补充等。

六、条件反射

反射活动可分为非条件反射和条件反射，非条件反射是通过遗传获得的先天性反射活动；条件反射是后天获得的，是脑的高级神经活动。

1. 条件反射的形成

在动物实验中，喂犬食物时能引起犬分泌唾液，这是非条件反射，食物是非条件刺激。而给犬以铃声刺激不会引起唾液分泌，因为铃声与食物无关，这种情况下铃声称为无关刺激。但是如果每次给犬喂食物之前先出现一次铃声，然后再给予食物，这样多次结合以后，当铃声一出现，犬就会出现唾液分泌。铃声本来是无关刺激，现在已成为进食的信号，因此称为信号刺激或条件刺激。这种由条件刺激引起的反射即称为条件反射。

2. 条件反射的消退

条件反射建立以后，如果只反复应用条件刺激而不用非条件刺激强化，条件反射就会逐渐减弱，最后完全不出现，这种现象称为条件反射的消退。例如，铃声与食物多次结合应用，使犬建立条件反射。然后，再反复单独应用铃声而不给予食物，即不强化，则铃声引起的唾液分泌量会逐渐减少，最后完全不能引起分泌。条件反射的消退是由于在不强化的条件下，原来引起唾液分泌的条件刺激转化为引起中枢发生抑制的刺激。

3. 条件反射的生理意义

条件反射是对信号刺激发生反应的活动。机体在生活过程中对各种各样的信号刺激可形成各种条件反射，同时，这些信号一旦失去信号刺激的意义，条件刺激也就随之消退。如此势必增加了动物机体活动的预见性和灵活性及对环境的变化更能准确地适应。例如，依靠食物的条件反射，家畜不再是消极地等待食物进入口腔，而可根据食物的形状或气味主动地寻找食物。同时，在食物进入口腔前，消化腺的分泌已为消化食物做好准备。

总之，机体对内、外环境的反射性适应都是通过非条件反射和条件反射的复杂反射活动来实现的。非条件反射适应恒定的环境，而条件反射则随环境的变化，不断地消退不适于生存的旧条件反射，建立新的条件反射。从进化的观点出发，越是高等动物形成条件反射的能力越强，对环境的适应能力也越强。

第十一章 内分泌系统

第一节 概 述

内分泌系统是机体内所有内分泌腺和分散存在于某些组织器官中的内分泌细胞共同组成的一个信息传递系统，是机体重要的调控系统之一。这里所说的内分泌腺是指由功能相同的腺上皮细胞聚集在一起形成没有导管的腺体（又称无管腺），其分泌物由腺细胞直接分泌入体液，再传递给特定的器官、组织或细胞，来活化或抑制其生理反应，是以体液为媒介的体内信息传播。而内分泌细胞则是单个分散存在于体内一些器官组织（如脑、心、肺、肾、消化道黏膜、皮肤及胎盘）中的有分泌功能的上皮细胞。所有内分泌细胞都是通过分泌激素在细胞之间传递信息而发挥其调节作用的。它们所分泌的这种信息物质就是激素。

一、激素的分类

激素是由机体某些细胞合成、分泌的，经由组织液或血液进行信息传递的生物活性物质。它可以从一个细胞传递到另一个细胞，也可以从一个细胞的这一部分传递到同一细胞的另一部分，从而诱导靶器官或靶细胞产生特殊的生理效应。

1. 含氮类激素
（1）多肽激素 主要有下丘脑调节肽、神经垂体素、降钙素及胃肠道激素等。
（2）蛋白质激素 主要有垂体激素、胰岛素、甲状旁腺激素等。
（3）胺类激素 主要有肾上腺素、去甲肾上腺素和甲状腺激素等。

2. 脂类激素
（1）类固醇类激素 主要有醛固酮、皮质醇、雄性激素、雌性激素等。
（2）固醇类激素 $1,25$-二羟维生素 D_3。
（3）脂肪酸衍生物 前列腺素、血栓素等。

二、激素的一般特性和传递方式

（一）激素作用的一般特征

激素虽然种类很多，作用也很复杂，但它们在对靶细胞的调节过程中却表现出许多共同的特征。

1. 特异性

激素释放出来后，只选择性地作用于某些器官、组织或细胞，这种特性称为特异性，被激素作用的细胞、组织或器官称为靶细胞、靶组织或靶器官。因为这些靶细胞、靶组织或靶器官的细胞膜上、细胞浆内或细胞核内具有该激素的受体，能和激素产生特异性结合而使其发生生理效应。有些激素的特异性极强，只能作用于某一个靶器官，如甲状腺激素只作用于甲状腺；而有些激素的作用却无选择性，如生长激素几乎作用于全身所有的细胞。激素作用的特异性实质上就是指激素与受体的特异结合。

2. 激素的高效性

血液中激素的生理浓度很低，一般在纳摩/升（nmol/L）或皮摩/升（pmol/L）数量级，但作用却显著。激素与受体结合后，在细胞内发生一系列酶促放大作用，并逐级放大其后续效应，形成一个高效能生物放大系统，所以，虽然体液中激素含量甚微，但其作用十分显著。如下丘脑内 $0.1\mu g$ 的促肾上腺皮质激素释放激素（CRH）可使腺垂体释放 $1\mu g$ 促肾上腺皮质激素（ACTH），后者能使肾上腺皮质分泌 $40\mu g$ 糖皮质激素，生物效能放大了 400 倍。

3. 激素间的相互作用

（1）协同作用　多种激素在调节同一生理过程时，共同引起一种生理功能的增强或减弱。如胰高血糖素与肾上腺素合用升高血糖的作用，较单一用其中一种时的作用效果要明显。

（2）拮抗作用　和协同作用相反，两种激素在调节同一生理过程时，可产生相反的生理效应。如胰岛素能降低血糖，而胰高血糖素能升高血糖，那它们的作用就是拮抗作用，当它们共同存在时，可维持血糖的正常浓度。

（3）允许作用　有的激素对某组织、细胞并无直接作用，但它的存在是其他激素发挥生理作用的必要条件，这种现象叫允许作用。如糖皮质激素对血管平滑肌并无收缩作用，但只有当它存在时儿茶酚胺才能很好地发挥对心血管的调节作用。

4. 激素的半衰期较短

激素作用时效激素发挥生理效应后，在酶的作用下被灭活，最后经肾随尿排出。血液中激素更新的速度用半衰期表示，即血浆中激素原有的活性下降到一半所需要的时间。各种激素半衰期长短不同，大多数激素半衰期为 20～30 分钟，需要指出，激素半衰期与激素作用速度和作用时间是不同的，由于各种激素的作用方式不同，所以发生作用的速度也不同。如肾上腺素在体内分解很快，静脉给药只能维持几分钟作用；胰岛素需要几分钟至几十分钟才呈现效应；甲状腺素则需要几天才出现明显效应。作用持续时间与激素分泌方式有关，如果激素持续分泌，即使半衰期只有几分钟，其作用仍能维持数小时。了解激素作用的这些特点，有利于临床上掌握正确的给药时间。

（二）激素的传递方式

畜禽体生命活动过程中，激素仅起信使的作用。它可以在细胞和细胞之间传递信息，激素传递信息的方式主要有以下几种。

1. 远距离分泌

分泌的激素由血液循环运输到离腺细胞较远的靶细胞，发挥生理作用，如腺垂体。

2. 旁分泌

指内分泌细胞分泌的激素，不通过血液运输，只通过组织液扩散而作用于邻近的细胞，发挥生理作用。如胃肠激素。

3. 神经分泌

指一些形态和功能都具有神经元特征的神经内分泌细胞，其轴突末梢向细胞间液分泌神经激素传递信息的方式，如下丘脑神经肽等。

4. 自分泌

内分泌细胞自身所分泌的激素对其他靶细胞外，还对自身起作用，发挥自身的反馈性调节，如前列腺素等。

激素通过上述方式传递化学信息，作用于相应的靶器官或靶组织，调节其代谢和功能。此外，一个机体的某些细胞产生的化学物质通过环境条件传播到其他机体的细胞产生作用，这类化学物质称为外激素（信息激素）。

三、激素的作用机制

激素作用的机制实际上就是由激素-受体复合物介导的细胞信号转导过程。激素对靶细胞的作用是通过受体介导的（这些受体存在于细胞外膜，细胞内膜及细胞内）。不同结构的激素可分别与细胞膜上受体（或称胞膜受体）或者细胞内受体（或称胞内受体）结合，并通过不同信号转导途径最终引起靶细胞的生物效应。

1. 含氮类激素的作用机制

这些激素均为水溶性物质，不能穿透细胞膜，只能与胞膜上受体结合。这些激素与膜受体结合时，都不对靶细胞直接发挥调节作用，而只作为第一信使先引起胞浆中第二信使的生成，由第二信使调节细胞内酶类的活性，再改变细胞的功能，而实现调节效应。一般有两种信使。

（1）以 cAMP 为第二信使

① 激素是第一信使，首先与靶细胞膜上具有立体结构的专一性受体结合。

② 激素与受体结合后，激活膜上的腺苷酸环化酶系统。

③ 在 Mg^{2+} 存在的条件下，腺苷酸环化酶促使 ATP 转变为 cAMP，cAMP 是第二信使，信息由第一信使传递给第二信使。

④ cAMP 使无活性的蛋白激酶（PKA）激活。PKA 具有两个亚单位，即调节亚单位与催化亚单位。cAMP 与 PKA 亚单位结合，导致调节亚单位与催化亚单位脱离而使 PKA 激活，催化细胞内多种蛋白质发生磷酸化反应，包括一些酶蛋白发生磷酸化，从而引起靶细胞各种生理生化反应。

（2）以三磷酸肌醇和二酰甘油为第二信使   激素作用于膜受体后，通过 G 蛋白的介导，激活细胞膜内的磷脂酶 C，它使由磷脂酰肌醇（PI）二次磷酸化生成的磷脂酰二磷肌醇（PIP_2）分解，生成三磷酸肌醇（IP_3 在下方）和二酰甘油（DG）。IP_3 在下方则进入胞浆。细胞内 Ca^{2+} 储存库释放 Ca^{2+} 进入胞浆。IP_3 诱发 Ca^{2+} 动员的最初反应是引起暂短的内质网释放 Ca^{2+}，随后是由 Ca^{2+} 释放诱发作用较长的细胞外 Ca^{2+} 内流，导致胞浆中 Ca^{2+} 浓度增加。Ca^{2+} 与细胞内的钙调蛋白结合后，可激活蛋白激酶，促进蛋白质磷酸化，从而调节细胞的功能活动。DG 生成后仍留在膜中，DG 的作用主要特异性激活蛋白激酶 C。例如催产素的作用属于这种作用机制。

2. 类固醇激素作用机制——基因表达学说

类固醇激素的相对分子质量小（仅为 300 左右），有脂溶性，可用过细胞膜而进入细胞内，与胞内受体结合成复合物，直接起介导靶细胞效应的信使作用。这类激素进入细胞后一般需经两个步骤影响基因的表达，增加新的酶和功能蛋白质而发挥作用，故将此种作用机制称为二步作用原理或"基因表达学说"。

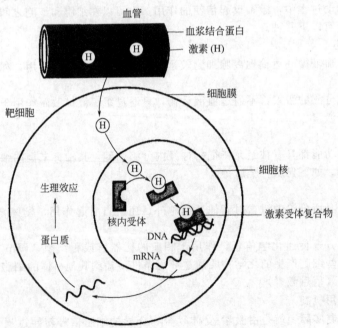

图 11-1　胞内受体介导的激素的作用

　　首先，激素与胞浆受体结合，形成激素-胞浆受体复合物。受体蛋白发生构型变化，从而使激素-胞浆受体复合物获得进入细胞核的能力，由胞浆转移至核内。与核内受体相结合，形成激素-核受体复合物，从而激发 DNA 的转录过程，生成新的 mRNA，诱导蛋白质合成，引起相应的生物效应。还有另一些如雌激素、孕激素等类固醇激素进入靶细胞后直接穿越核膜，与相应的核受结合，调节基因表达而实现生理效应（图 11-1）。

　　总之，激素通过与受体结合启动一系列反应来发挥生理功能。一般来说，含氮激素等水溶性激素通过第二信使学说发挥作用，类固醇激素等脂溶性激素则通过基因学说发挥作用，但近年来研究表明，有的多肽激素可通过基因学说发挥作用，而有的类固醇激素也可。作用于细胞膜引起非基因效应，这充分体现了激素作用方式的多样性。

第二节　内分泌腺及功能

【知识目标】
◆ 掌握下丘脑分泌的主要激素及生理作用。
◆ 掌握肾上腺、性腺分泌的激素及生理作用。
◆ 了解垂体、甲状腺、甲状旁腺分泌的激素的主要生理功能。

【技能目标】
◆ 能在活体或离体上识别动物体主要内分泌器官。
◆ 能结合畜体内主要激素作用，合理运用于临床饲养管理与疾病诊疗。

【知识回顾】
◆ 腺体的概念。
◆ 内分泌腺和外分泌腺的区别。
◆ 脑的结构。

一、下丘脑

　　下丘脑位于丘脑腹侧，构成第三脑室的侧壁的一些灰质核团（包括视上核、室旁核、视交叉、乳头体、脑垂体、漏斗等）。下丘脑面积虽小，但接受很多神经冲动，故为内分泌系统和神经系统的中心。下丘脑虽不属于内分泌腺，但与内分泌腺有着密切的联系。一方面，下丘脑内视上核、室旁核等的轴突投射到神经垂体，其分泌物也在神经垂体内储存；另一方面，下丘脑分泌的多种神经肽通过垂体门脉系统到达腺垂体，对腺垂体的分泌活动进行调节，从而组成下丘脑-垂体-性腺轴、下丘脑-垂体-肾上腺轴等，对整个内分泌系统产生影响。

　　（一）下丘脑的神经内分泌细胞及其与垂体的功能关系

　　下丘脑与垂体在结构和功能上联系密切，是神经和体液调节相互联系的重要枢纽。下丘脑释放的许多激素调节着垂体激素的分泌，进而调节体内各内分泌腺的激素分泌，来调节机体的功能。下丘脑释放的激素也能对垂体外的其他部位起调节作用。

　　下丘脑的神经内分泌细胞是指下丘脑具有内分泌功能的神经元。由于这些神经内分泌细胞都能分泌肽类激素或神经肽，故统称为肽能神经元。而这些神经肽有调节功能，故又称为下丘脑调节肽。

　　下丘脑肽能神经元大致可分为两类。第一类为神经内分泌大细胞，主要分布在视上核和室旁核，这些细胞体积较大，轴突较长，其末梢大部经漏斗柄终止于神经垂体，构成下丘脑-垂体束。第二类为神经内分泌小细胞，集中分布在弓状核、视交叉上核、腹内侧核等部位，这些细胞体积较小，轴突较短。这些细胞分布的部位又被称为下丘脑促垂体区，下丘脑与腺垂体之间通过垂体门脉系统发生功能联系。下丘脑的这些肽能神经元既具有分泌神经激素的内分泌功能，又保持了典型的神经细胞的功能。可将从大脑或中枢神经系统其他部位传来的神经信息转变为激素信息，起着换能神经元的作用，从而以下丘脑为枢纽，把神经调节与体液调节紧密联系起来。下丘脑与垂体一起组成下丘脑-垂体功能单位。

（二）下丘脑分泌的激素及生理作用

现在能确定下来的下丘脑所分泌的下丘脑调节肽有9种，其中对于化学结构已阐明的，称为激素，那些结构不明确的暂称为因子。这些调节肽能促进或抑制腺垂体激素的合成与分泌，其中起促进作用的下丘脑合成肽称为释放（激素）因子，抑制的称为释放抑制激素（因子），主要有以下几种。

（1）促甲状腺释放激素（TRH）　它是由谷氨酸、组氨酸和脯氨酸结合而成的三肽。主要的生理作用是促进腺垂体释放促甲状腺激素（TSH），从而能使血液中甲状腺激素的浓度升高。TRH还能促进腺垂体分泌催乳素和生长激素。

（2）促性腺激素释放激素（GnRH）　它是由10种氨基酸组成的激素，主要的生理作用是促进腺垂体释放卵泡刺激素（FSH）和黄体生成素（LH）两种促性腺激素。

（3）生长素释放激素（GHRH）　它是多肽类的激素。主要的生理作用是促进腺垂体生长激素分泌细胞合成和分泌生长激素。

（4）生长素释放抑制激素（SS或GHRIH）　它是由14个或28个氨基酸组成的肽类激素。生理作用极广泛，它可抑制因运动、进食、应激、低血糖等因素引起的GH分泌活动；除抑制黄体生成素、卵泡刺激素（FSH）、促甲状腺激素（TSH）、催乳素（PRH）、促肾上腺皮质激素（ACTH）、胰岛素、甲状旁腺素、降钙素等多种激素分泌外，对神经活动还能有抑制作用。

（5）促肾上腺皮质激素释放激素（CRH）　它是41肽激素，它的生理作用是促进腺垂体合成和释放促肾上腺皮质激素。

（6）催乳素释放因子（PRF）和催乳素释放抑制因子（PIF）　分别能促进和抑制腺垂体分泌催乳素。

（7）促黑（细胞）激素释放因子（MRF）和促黑（素细胞）激素抑制因子（MIF）　它们可能都是小分子的肽类物质。分别可促进和抑制腺垂体分泌促黑（素细胞）激素的释放。

二、垂体

垂体（图11-2）是下丘脑的一部分，位于脑的基底部，又称脑垂体，与下丘脑连接，小而略呈扁圆形。垂体可分腺垂体和神经垂体两部分。垂体是体内最重要的内分泌腺，结构复杂，所能分泌的激素种类也比较多，作用更是广泛，并且与其他内分泌腺有着密切的生理联系。

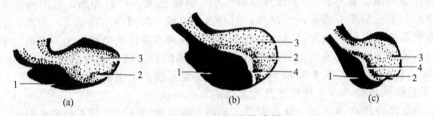

图 11-2　垂体构造模式图

(a) 马；(b) 牛；(c) 猪

1—远侧部；2—中间部；3—神经部；4—垂体腔

（一）神经垂体分泌的激素与功能

神经垂体没有腺细胞，不产生激素。所谓的神经垂体激素是指下丘脑视上核和室旁核合成的抗利尿激素（ADH，又叫血管加压素）和催产素，它们都是由9个氨基酸组成的多肽。

（1）抗利尿激素的生理作用　抗利尿激素的主要功能是抗利尿效应，是机体调节水平衡的重要激素之一；其次是升压效应。在生理状态下，抗利尿激素的主要生理作用是抗利尿效应，一般认为正常生理情况下几乎无升压效应，只有在机体失血等情况下才起缩血管和升压作用。

（2）催产素的生理作用　①催产效应，即促进哺乳类的输卵管和子宫在交配时的收缩，促进精子及卵子在生殖道的运行；分娩时子宫收缩，促进胎儿和胎衣的排出，并对子宫的复位有重要作用。②排乳效应，即促使乳腺腺泡周围的肌上皮细胞和导管平滑肌收缩，促使乳汁排出。

（二）腺垂体分泌的激素与功能

腺垂体含多种内分泌细胞，至少分泌 6 种多肽素，其靶组织和生理功能见表 11-1。与腺垂体激素的作用方式不完全相同，其中 TSH（促甲状腺激素）、ACTH（促肾上腺皮质激素）、FSH（促卵泡激素）和 LH（黄体生成素）均有各自的靶腺，能促进其靶腺分泌激素，所以又把这些激素统称为"促激素"。而 GH（生长激素）、PRL（催乳素）及 MSH（促黑激素）是直接作用于靶组织和靶细胞而发挥作用，它们的作用简述如下。

表 11-1　腺垂体分泌的激素及其主要生理功能

激素	靶组织	生 理 功 能
ACTH	肾上腺皮质	增加肾上腺皮质类固醇类激素的分泌
TSH	甲状腺	增加甲状腺激素的合成与分泌
GTH	卵巢、睾丸	增加性腺类固醇类激素的合成与分泌；促进配子的生成性腺的发育和成熟；排精、排卵
GH	所有组织	促进组织生长、RNA 的合成、蛋白质的合成、葡萄糖、氨基酸的运输；促进脂肪和抗体的形成
PRL	乳腺、性腺	促进乳腺的发育发动和维持泌乳；促进排卵，维持机体的水盐代谢平衡
MSH	黑素细胞	促进黑素细胞合成并在体内散布

1. 生长素

（1）促生长作用　生长素（GH）的促生长作用是由于它能促进骨、软骨、肌肉以及其他组织细胞分裂增殖，蛋白质合成增加。GH 能诱导靶细胞产生一种叫做生长素介质（SOM）的肽物质，促进钙、磷等在软骨沉积，加速了软骨的基质合成与软骨细胞的分裂，使骺部的软骨生长，再钙化成骨，从而达到促生长的作用。

（2）促进代谢　GH 可促进氨基酸进入细胞，加快 DNA/RNA 的合成，从而促进蛋白质合成，包括软骨、骨、肌肉、肝、肾、心、肺、肠、脑及皮肤等组织中蛋白合成增强；促进机体呈正氮平衡。GH 促进脂肪分解，增强脂肪酸氧化，提供能量，特别是使肢体组织脂肪含量减少。GH 抑制外周组织摄取和利用葡萄糖，减少葡萄糖消耗，提高血糖水平。GH 可以引起细胞内钠、钾、镁和磷等无机物的摄取和利用。促进小肠对钙的吸收。促进 25-羟维生素 D_3 变为 1,25-二羟维生素 D_3。增加近端小管对磷的重吸收。此外，GH 促进胸腺基质细胞分泌胸腺素，参与机体免疫功能的调节。

2. 催乳素

催乳素（PRL）是腺垂体催乳素细胞分泌的一种糖蛋白，有明显的种族特异性。主要的生理作用如下。

（1）对乳腺和性腺的作用　催乳素在哺乳类主要是促进乳腺充分发育，使其具备泌乳能力，于分娩后发动和维持泌乳。此外，还有促进性腺发育的作用，PRL 和 LH 配合能促进黄体的形成和维持黄体分泌孕酮。在卵泡发育过程中，PRL 可刺激 LH 受体生成，LH 与其受体结合可促进排卵、黄体生成及分泌孕激素、雌激素。对于雄性哺乳动物，PRL 能促进前列腺及精囊的生长，增强 LH 对间质细胞的作用，使睾酮的合成增加。

（2）对渗透压的调节　PRL 能维持水盐和渗透压平衡，PRL 有保 Na^+ 作用，防止 Na^+ 的丢失。

3. 促黑（素细胞）激素（MSH）

MSH 主要作用于黑色素细胞。MSH 可使黑色素扩散，引起动物皮肤变深或变浅以与周围环境相适应。它还有促使黑色素合成和促进黑色素细胞增殖的作用。

4. 促甲状腺激素（TSH）

由促甲状腺激素分泌细胞分泌的一种糖蛋白，主要的生理作用是促进甲状腺细胞的增生和活动，促使甲状腺激素的合成和释放。

5. 促肾上腺皮质激素（ACTH）

是含有 39 个氨基酸的多肽，主要是促进肾上腺皮质的发育以及糖皮质激素的释放。

6. 促性腺激素

是一种糖蛋白，可分为卵泡刺激素（FSH）和黄体生成素（LH）两种。

（1）FSH 的作用　主要可以促进卵泡的生长、发育和成熟，并且在 LH 的协同下，促进卵泡细胞的增殖和发育。对于雄性动物，卵泡刺激素称为精子生成素，能促使睾丸的生精作用，并在睾酮的协同下，使精子成熟。在畜牧实践中，FSH 常用于诱导母畜发情排卵和超数排卵以治疗卵巢疾病等。

（2）LH 的作用　小量的 LH 与卵泡刺激素共同促进卵泡分泌雌性激素，大量的 LH 与 FSH 配合可促进卵泡成熟，并激发排卵，排卵后的卵泡在 LH 作用下转变成黄体。对于雄性动物，LH 又叫做间质细胞刺激素，能促进睾丸间质细胞增殖和合成激素。

三、甲状腺

甲状腺（图 11-3）位于气管腹侧面，在甲状软骨附近，是体内最大的内分泌腺体。其表面包有一层结缔组织被膜，被膜结缔组织伸向腺体内，把腺体分隔成许多小叶。小叶内含有大小不等的甲状腺滤泡，腺泡壁为单层立方形上皮，腺泡腔内充满含甲状腺素的甲状腺球蛋白的胶质，在功能活动增强时，细胞呈柱状，腔内胶质减少；活动减弱时细胞呈扁平状，胶质增加。滤泡上皮有两种，一种能分泌甲状腺素；另一种能分泌降钙素。

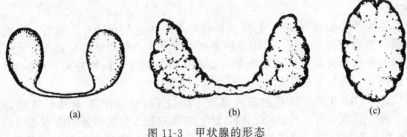

(a)　　　　　　　　(b)　　　　　　　　(c)

图 11-3　甲状腺的形态

(a) 马；(b) 牛；(c) 猪

（一）甲状腺激素的合成

甲状腺分泌的激素为含碘的酪氨酸衍生物，甲状腺素主要有四碘甲腺原氨酸（T_4）和三碘甲腺原氨酸（T_3）两种。T_3 和 T_4 统称甲状腺素。另外，甲状腺还分泌少量 rT_3，但它不具有甲状腺激素的生物学活性。

（二）甲状腺激素的储存、分泌、转运和代谢

1. 储存

甲状腺激素在甲状腺球蛋白分子内生成后，与 TG 共同储存在甲状腺的腺泡腔中，而且储存量大，可供几周到十几周的需要。甲状腺是唯一能够把合成的激素储存在细胞外的内分泌腺。

2. 运输与代谢

甲状腺激素进入血液后，99％以上与血浆内的蛋白质结合，其中约 60％与甲状腺素结合球蛋白（TBG）结合，约 30％与前白蛋白结合，约 10％与白蛋白结合。仅有不到 1％呈游离状态被转运。但只有游离的激素才能进入细胞，与细胞内受体结合，发挥生理作用。随着游离激素的消耗，结合的 T_4 和 T_3 能游离出来补充，使血浆中结合的 T_4 和 T_3 与游离的 T_4 和 T_3 保持动态平衡。

甲状腺激素是半衰期最长的激素。甲状腺释放 T_4 大部分在肝及其他组织转变成 T_3。T_4、T_3 最后在肝脏内经脱碘与葡萄糖醛酸或硫酸结合，形成代谢产物，随尿或粪排出。近年来研究证明，脱碘酶中含有硒，硒对该酶的活性有重要影响，因此，缺硒会引起 T_4 转为 T_3 的过程受阻，外周组织中 T_3 含量减少。

（三）甲状腺激素的生理作用

甲状腺素激素作用广泛，影响到畜体的生长发育、组织分化、能量代谢、物质代谢等，动物的换毛、长齿和角及性器官的发育都受到甲状腺激素的影响。

1. 对新陈代谢的调节

（1）氧化产热作用 甲状腺激素能使绝大多数组织，特别是心、肝、肾、骨骼和肌肉等组织的耗氧量和产热量增大，细胞内氧化速率加快，基础代谢率提高。切除甲状腺可使代谢率逐渐降至正常水平的 $30\%\sim50\%$，给动物注射甲状腺激素，经 $1\sim2$ 天的潜伏期后可出现产热效应。甲状腺激素可使组织中 Na^+-K^+-ATP 酶活性明显升高，并促进脂肪酸氧化产生大量热能，对恒温动物有调节体温作用。对变温动物甲状腺激素在调节代谢活动中亦起重要作用，但在产热方面作用很小，而主要在调节渗透压方面。

（2）对三大物质代谢的影响 甲状腺激素能促进小肠对单糖的吸收，促进糖原分解，抑制糖原合成。并且有加强肾上腺素、胰高血糖素、皮质醇和生长激素的升糖作用，有升高血糖的趋势；甲状腺激素促进脂肪酸氧化，增强儿茶酚胺与胰高血糖素对脂肪的分解作用。T_4、T_3 既促进胆固醇的合成，又可通过肝脏加速胆固醇的分解，而且分解作用大于合成作用，所以甲状腺功能亢进者血中胆固醇含量低于正常；在生理状态下 T_3 或 T_4 作用于核受体，通过激活 DNA 转录过程，促进 mRNA 合成，加速蛋白质及酶的生成。肌肉、肝与肾的蛋白质合成明显增加，细胞数量增多、体积增大，尿氮减少，表现为正氮平衡，有利于机体生长发育。T_3 或 T_4 不足时，蛋白质合成减少，肌肉无力。T_3 或 T_4 分泌过多时，则又促进蛋白质分解，特别是骨骼肌和骨的蛋白质分解。

（3）对水盐转运的影响 甲状腺激素参与毛细血管通透性的维持和促进细胞内液更新。甲状腺功能低下时，组织间黏蛋白增加，可结合大量正离子和水分子，发生黏液性水肿。给予甲状腺激素后黏蛋白氧化和排出，同时水、盐排出增加，黏液性水肿消除。甲状腺激素还加速骨溶解，使尿中钙、磷排出增多，并促进 K^+ 从细胞内释放和排出。

2. 调节生长发育

甲状腺激素有促生长作用，是促进组织分化、生长、发育和成熟的重要因素，尤其对脑和骨的发育有重要作用。

（1）对脑和骨发育的影响 在胚胎，T_3 可诱导神经因子的合成，促进神经元的分裂、突起的形成和胶质细胞以及髓鞘的生长，促进神经元细胞骨架的发育。缺碘可导致脑发育显著障碍。甲状腺激素还能刺激骨化中心的发育，使软骨骨化，促进长骨和牙齿的生长。但胚胎期胎儿骨的生长并不必需甲状腺激素，所以患有甲状腺发育不全的胎儿，出生时身长可基本正常。

（2）对性腺发育及其他器官的影响 幼年时缺乏甲状腺激素可见动物性腺发育停止，附性器官退化，副性征不表现；成年动物甲状腺激素不足将影响雄性精子成熟和雌性发情、排卵、受孕。乳牛甲状腺功能不足，产乳量和乳脂率下降，喂以甲状腺制剂或甲状腺激素可恢复产乳量和乳脂含量。T_4、T_3 可使心率加快，心缩力加强，心输出量与心脏做功增加。

3. 对神经系统的影响

甲状腺激素不但影响中枢系统的发育，对已分化成熟的神经系统活动也有作用。甲状腺功能亢进时，中枢神经系统的兴奋性增高，主要表现为注意力不易集中、感觉过敏、疑虑、多愁善感、喜怒失常、烦躁不安、睡眠不好而且多梦幻以及肌肉纤颤等。相反，甲状腺功能低下时，中枢神经系统兴奋性降低，出现记忆力减退、说话和行动迟缓。甲状腺激素除了影响中枢神经系统活动外，也能兴奋交感神经系统，其作用机制还不十分清楚。

另外，甲状腺激素对心脏的活动有明显影响。T_4 与 T_3 可使心率增快，心缩力增强，心输出量与心做功增加。患甲状腺功能亢进症时心动过速，心肌可因过度耗竭而致心力衰竭。离体培养的心细胞实验表明，甲状腺激素可直接作用于心肌，T_3 能增加心肌细胞膜上 β 受体的数量，促进肾上腺素刺激心肌细胞内 cAMP 的生成。甲状腺激素促进心肌细胞肌质网释放 Ca^{2+}，从而激活与心肌收缩有关的蛋白质，增强收缩力。

四、甲状旁腺

甲状旁腺是位于甲状腺附近的小腺体（肉食动物和马包埋在甲状腺内部），呈豆状，一般有两对。肉食兽和马的两对甲状旁腺都包埋在甲状腺内部。反刍动物有一对甲状旁腺在甲状腺内，另一对位于甲状腺前方。猪的两对甲状旁腺都位于甲状腺前方。禽类的两对甲状旁腺都位于甲状腺后方。甲状旁腺由主细胞和嗜酸细胞组成，主细胞为分泌细胞。在主细胞内最先合成的是含115个氨基酸的前甲状旁腺素原，经先后两次酶解，共脱去31个氨基酸肽段而成为84肽的甲状旁腺素（PTH）。

（一）甲状旁腺素的生理作用

PTH是调节血钙与血磷水平的重要激素，它能升高血钙、降低血磷。主要是通过对骨、肾、肠道等靶器官的调节而实现的。

1. 对骨的作用

PTH能促进骨钙入血，使血钙升高。该作用包括快速反应和延迟反应两个时期。快速反应可在PTH作用后的几分钟内出现，一般不能持久；而延迟反应需PTH作用。

2. 对肾脏的作用

TH促进远曲小管对钙的重吸收，减少尿钙增加血钙。抑制近曲小管对磷酸的重吸收，减少钙、促进磷随尿排出，使血钙升高，血磷降低。PTH还可激活肾内羟化酶，促进25羟钙化醇[25-(OH)D$_3$]转变为1,25-二羟维生素D$_3$[1,25-(OH)$_2$D$_3$]。

（二）甲状腺C细胞与降钙素

1. 甲状腺C细胞

哺乳动物的降钙素（CT）由甲状腺C细胞分泌。C细胞位于甲状腺滤泡之间和滤泡上皮细胞之间，故又称滤泡旁细胞。鸟类或其他脊椎动物的CT由鳃后体分泌。

2. 降钙素及其生理作用

CT是含32个氨基酸的直链多肽，只有完整的分子结构才具有生物学活性。在高等动物，CT的生理作用与甲状旁腺激素相反，主要是降血钙和血磷。

（1）对骨的作用　CT能抑制破骨细胞的生成和活动，减弱骨的溶解过程，同时促进破骨细胞向成骨细胞转化，使钙盐在骨中沉积，骨释放钙、磷减少。降钙素对骨的作用与骨本身的更新率有密切关系。幼年动物骨的更新率较快，降钙素抑制骨Ca^{2+}动员和降低血钙的作用都较明显。成年骨更新率减慢后，降钙素对骨和血钙的控制作用就减弱。

（2）对肾脏的作用　降钙素抑制肾小管对钙、磷、钠和氯的重吸收，增加这些离子随尿排出量。

（3）对消化道的作用　降钙素对消化道吸收钙没有直接作用，但能通过降钙素抑制肾内25-(OH)D$_3$转变为1,25-(OH)$_2$D$_3$，间接抑制小肠对钙的吸收，使血钙水平降低。

五、肾上腺

哺乳动物的肾上腺位于肾脏的前缘，左、右各一。肾上腺按其组织学结构及其生理作用，每个肾上腺明显地分为皮质和髓质。皮质在外，自外向内分几部分（图11-4）。

（1）球状带　此区细胞排列不规则，细胞分泌类固醇类激素，以调节体内的水盐代谢为主，故称盐皮质激素。

（2）束状带　细胞呈条索状排列，分泌以皮质醇参与体内的糖代谢的调节，故称为糖皮质激素。

（3）网状带　细胞索互相吻合成网，分泌雄性激素和雌性激素。

（4）肾上腺的髓质　由不规则的细胞索和窦状隙组成，直接受到交感神经节前纤维支配，分泌肾上腺素与去甲肾上腺素，不同种动物的髓质分泌的这两种激素的比例也不同，同一种成年动物肾上腺素分泌常常多于去甲肾上腺素。

（一）肾上腺皮质激素

肾上腺皮质激素分为三类，即盐皮质激素、糖皮质激素和性激素。它们都是类固醇的衍生物，统称为类固醇激素或甾体激素。其中盐皮质激素由球状带分泌，主要有醛固酮、去氧皮质酮

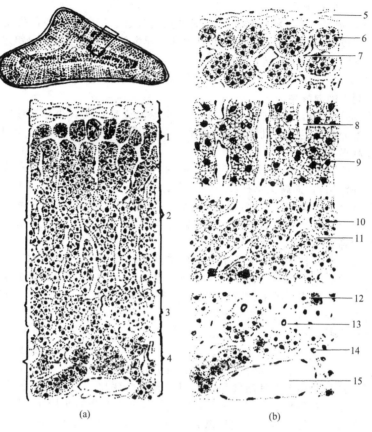

图 11-4　肾上腺组织构造

(a) 低倍；(b) 高倍

1—多形带；2—束状带；3—网状带；4—髓质；5—被膜；6—多形带细胞；7—血窦；
8—血窦；9—束状带细胞；10—网状带细胞；11—血窦；12—去甲肾上腺素细胞；
13—交感神经节细胞；14—肾上腺素细胞；15—中央静脉

等。糖皮质激素由束状带和网状带分泌，糖皮质激素主要有皮质醇和皮质酮。如大鼠、小鼠、兔分泌的有95％以上是皮质酮；而牛、羊和人等分泌的则有90％以上是皮质醇。性激素以脱氢表雄酮为主，还有少量雌二醇。

1. 盐皮质激素的生理作用及其分泌调节

(1) 生理作用　盐皮质激素中最主要的是醛固酮和去氧皮质酮，主要作用是通过促进肾小管上皮细胞合成醛固酮诱导蛋白，从而促使肾远曲小管和集合管对 Na^+ 主动重吸收，抑制对 K^+ 和 H^+ 的重吸收，还可刺激大肠重吸收 Na^+，降低汗腺和唾液腺对 Na^+ 的分泌。随着 Na^+ 被保留，机体可保留较多的水分，即具有保钠排钾、保水的作用。若醛固酮分泌过多，则使钠和水滞留，会引起血钠、血压升高而血钾降低。

(2) 分泌的调节　肾上腺皮质球状带分泌的醛固酮主要受肾素-血管紧张素系统的调节。血浆 K^+ 浓度的变化可直接刺激肾上腺皮质球状带，影响醛固酮的分泌。此外，ACTH、心钠素、前列腺素、B-促脂解素对醛固酮分泌也有一定促进作用。

2. 糖皮质激素的生理作用及其分泌调节

(1) 糖皮质激素的生理作用

① 对糖代谢的影响：糖皮质激素是调节体内糖代谢的重要激素之一，有显著的升血糖作用。这是由于皮质醇可促进蛋白质分解、抑制外周组织对氨基酸的利用而异生成肝糖原，使糖原储存增加。同时，通过抗胰岛素作用，降低肌肉、脂肪等组织对胰岛素的反应性，使外周组织对葡萄

糖的利用减少，导致血糖升高。

② 对蛋白质代谢的影响：糖皮质激素有促进蛋白分解、抑制其合成的作用。肝外组织，特别是肌蛋白分解生成的氨基酸进入肝脏，可成为糖原异生的原料。皮质醇分泌过多常引起生长停滞、肌肉消瘦、皮肤变薄、骨质疏松等现象。

③ 对脂肪代谢的影响：糖皮质激素促进脂肪分解和脂肪酸在肝内的氧化，抑制外周组织对葡萄糖的利用，利于糖原异生。

④ 对水盐代谢的影响：糖皮质激素可增加肾小球血流量，使肾小球滤过率增加，促进水的排出。糖皮质激素分泌不足时，机体排水功能低下，严重时可导致水中毒、全身肿胀，补充糖皮质激素后可使症状得到缓解。

⑤ 对某些组织器官的作用生理：一定剂量的糖皮质激素能提高心肌、血管平滑肌对儿茶酚胺的敏感性（允许作用）；提高交感神经—肾上腺髓质系统和儿茶酚胺的作用，增强血管张力和维持血压；可降低毛细血管的通透性，减少血浆滤出，有利于维持血容量；糖皮质激素能使骨髓造血功能增强，血中红细胞、血小板增多。在临床上可使用大量的糖皮质激素及其类似物于抗炎、抗过敏、抗中毒和抗休克等的治疗。

（2）在应激反应中的作用　应激是指当机体受到强烈刺激时，血中 ACTH 增加，糖皮质激素分泌相应增加，并产生一系列全身性反应。能引起 ACTH 和糖皮质激素分泌增加的刺激，称为应激刺激，如缺氧、创伤、手术、饥饿、疼痛、寒冷以及精神紧张和惊恐不安等。去掉肾上腺皮质时，机体应激反应减弱，对有害刺激的抵抗力大大降低，若不适当处理，1～2 周内即可死亡，如及时补给糖皮质激素，则可生存较长时间。说明在应激反应中，血中 ACTH 和糖皮质激素增加对提高机体抗伤害能力有重要意义。在应激反应中，除垂体-肾上腺皮质系统外，交感-肾上腺髓质系统活动也明显增加。同时多种内分泌组织分泌增强。因此，除 ACTH、糖皮质激素、儿茶酚胺的浓度增加外，还有多种激素和细胞因子分泌的变化，这说明应激反应是以 ACTH 和糖皮质激素分泌为主，多种激素、因子参与，使机体抵抗力增强的非特异性反应。

（3）糖皮质激素分泌的调节　糖皮质激素的分泌直接受到腺垂体 ACTH（促肾上腺皮质激素）的控制，而 ACTH 又受到丘脑中 CRH（促肾上腺皮质激素释放激素）的调节。

① 下丘脑-垂体-肾上腺皮质轴调节：主要是下丘脑分泌促肾上腺皮质激素释放激素（CRH）来调节腺垂体中促肾上腺皮质激素（ACTH）的分泌，当机体在创伤失血等刺激以及精神紧张时，中枢神经系统释放神经递质，可使 CRH 分泌，促进 ACTH 的释放，糖皮质激素的分泌大幅度提高。

② 垂体分泌的 ACTH 对糖皮质激素的合成和分泌有直接和经常性刺激作用。ACTH 主要生理功能是：a. 促进肾上腺皮质的生长发育。促进肾上腺皮质细胞 DNA 和 RNA 及蛋白质的合成。在 ACTH 的长期作用下，肾上腺皮质可以增生肥大。相反，若切除动物垂体后，肾上腺上皮细胞萎缩，腺体重量减轻，蛋白质和核酸含量减低。b. 促进糖皮质激素的合成分泌。ACTH 与这些地方的细胞膜上的受体结合后，通过 cAMP-PKA 信息传递系统，加速胆固醇进入线粒体，激活合成糖皮质激素的各种酶系，增强糖皮质激素的合成与分泌。

③ 反馈调节：当血中糖皮质激素浓度升高时，不仅使腺垂体合成、分泌 ACTH 减少，而且使腺垂体对 CRH 反应性减弱。加压素引起 ACTH 分泌增加，褪黑素对 CRH 释放起抑制作用，这些都能影响糖皮质激素的分泌。

（二）肾上腺髓质激素

肾上腺髓质和皮质相邻，但实质上它们是两个完全不同的内分泌腺体，无论从形态发生、细胞结构上还是生理功能上均不同。肾上腺髓质分泌的激素有肾上腺素（E）和去甲肾上腺素（NE）两种。

1. 肾上腺髓质激素的生理作用

（1）中枢神经系统　提高其兴奋性，使机体处于机警状态，反应灵敏。

（2）对呼吸、心血管系统的作用　呼吸加强、加快，肺通气量增加；心跳加快，心缩力增强，心输出量增加，血压升高，血液循环加快，内脏血管收缩，骨骼肌血管舒张，全身血液重新分配，保证应急反应时重要器官有充足的血液供应；肾上腺素、去甲肾上腺素都有强心、升压作用，前者以强心为主，后者以升压为主。

（3）对代谢的作用　促进肝糖原和脂类分解，增加血糖和血浆脂肪酸水平，葡萄糖和脂肪酸氧化过程增强，增加组织的耗氧量，提高基础代谢率，以适应应急状态下对能量的需要。但肾上腺素的作用强度大于去甲肾上腺素。

上述各种变化都是在紧急情况下，通过交感-肾上腺髓质系统发生的适应性反应，故称之为应急反应。实际上，引起应急反应的各种刺激也是引起应激反应的刺激，当机体受到应激刺激时，同时引起应急反应和应激反应，两者相辅相成，共同维持机体的适应能力。

2. 肾上腺激素分泌的调节

① 去甲肾上腺素和多巴胺的负反馈调节：二者在髓质细胞内的量增加到一定程度时，可抑制酪氨酸羟化酶的活性，减少二者的合成；当 NE 合成量增多时，可抑制儿茶酚胺的合成，儿茶酚胺含量少时，上述合成酶的负反馈性抑制随即解除。

② 交感神经兴奋时，节前纤维末梢释放的乙酰胆碱作用于嗜铬细胞，促进了 Ca^{2+} 进入，然后使储存激素的囊泡与细胞膜融合，裂开而释放出肾上腺素和去甲肾上腺素。

③ 促肾上腺皮质激素能直接提高相关酶的活性而促进髓质激素的合成。

六、胰岛

（一）胰岛的结构特点

胰岛是胰腺的一部分，是胰腺的内分泌部分。胰腺位于十二指肠的"U"形曲内，由胰腺的腺泡组成，主要作用分泌胰酶。这些胰酶通过胰管分泌入十二指肠，参与动物体小肠内的消化过程，而散在于胰腺腺泡（外分泌腺）之间的一些大小不等、形状不定的胰腺组织中的细胞群形成内分泌的小岛，称之为胰岛。胰岛属于内分泌腺，分泌的激素直接进入血液。

根据胰岛细胞颗粒的特点和所含激素的不同，将哺乳动物内分泌细胞分为 5 种，即 A 细胞（又称 α 细胞）约占总数 20%，分泌胰岛高血糖素；B 细胞（又称 β 细胞）约占总数 70%，分泌胰岛素；D 细胞占总数的 1%～8%，分泌生长抑制素；F 细胞（又称 PP 细胞）占 1%～3%，分泌胰多肽；D1 细胞数量更少，分泌物质不明。

（二）胰岛分泌的激素

胰岛有 B 细胞分泌的胰岛素、A 细胞分泌的胰高血糖素、D 细胞分泌的生长抑素和 F 细胞分泌的胰多肽。另外，还可能有胃泌素和血管活性肠肽样物质，其中胰岛素和胰高血糖素是机体调节糖代谢最重要的激素。生长抑素和胰多肽则主要以旁分泌方式对胰腺的内分泌和外分泌功能起局部调节作用。

（三）胰岛分泌激素的生理功能及其调节

1. 胰岛素的生理功能

胰岛素的主要作用是促进合成代谢，促进营养物质储存，调节血糖浓度。通过影响糖、蛋白质、脂肪的中间代谢途径以增加血液中葡萄糖的去路、减少血糖来源、降低血糖。

① 对糖代谢调节：胰岛素能增强肝外组织，特别是骨骼肌和脂肪组织对葡萄糖的摄取和利用，加速肝糖原和肌糖原的合成与储存，抑制肝内糖原的异生，使血糖降低，当胰岛素缺乏时，血糖升高，若超过肾糖阈，则引起糖尿。

② 对脂肪代谢的调节：促使脂肪细胞膜对葡萄糖的转运和脂肪酸的合成及储存，抑制脂肪酶的活性，减少脂肪分解，使血中游离脂肪酸减少，酮体生成减少。胰岛素缺乏时，出现脂肪代谢紊乱，脂肪分解增强，血脂增高，加速脂肪酸在肝内氧化，生成大量酮体，引起酮血症。

③ 蛋白质代谢的作用：胰岛素促进蛋白质的合成和储存，另一方面又抑制组织蛋白的水解，其作用可发生在蛋白质合成的各个环节上：促进各种组织细胞对氨基酸的摄取；加速细胞核的复制和转录过程，促进 DNA 和 RNA 的生成；加速核糖体上的翻译过程，促进蛋白质的合成。因为，胰岛素能稳定溶酶体，防止溶解蛋白水解酶的释放，从而可以抑制组织蛋白的分解。另外，由于胰岛素是蛋白质合成过程中所必需的激素之一，因此与生长素一样，胰岛素也与机体的生长密切相关。而且，这两种激素各自单独作用时，对机体的生长没有明显作用，只有当胰岛素与生

长素共同作用时才表现出很强的促生长作用。

2. 胰高血糖素的生理作用

胰高血糖素的生理作用与胰岛素相反，是一种促使分解代谢的激素，有人把胰高血糖素称为"动员激素"。

① 对糖代谢的作用：它能激活肝细胞内的磷酸化酶，加速肝糖原分解，促进肝内糖原异生，因而使血糖升高。

② 对脂肪代谢的作用：它能激活脂肪酶，促使脂肪分解，增加血中游离脂肪酸的浓度，促进脂肪酸氧化，使酮体生成增多。

③ 对蛋白质的代谢作用：能促进组织蛋白质的分解和抑制蛋白质的合成，同时还能促进肝脏合成尿素。

④ 对心脏的作用：胰高血糖素还具有强心和增加心率等作用，大剂量的胰高血糖素能提高心肌磷酸酶的活性，从而使肌糖原分解，为心肌提供能量。同时，还能促进胰岛素、甲状旁腺素、降钙素和肾上腺皮质激素的分泌。

3. 生长抑素和胰多肽的生理功能

由胰岛 D 细胞分泌的生长抑素与下丘脑和胃肠道等其他部位分泌的生长抑素相同，均为 14 肽。其主要作用是通过旁分泌方式抑制其他三种细胞的分泌活动，参与胰岛素分泌的调节。

胰岛 F 细胞分泌的胰多肽是 36 个氨基酸组成的直链多肽，生理作用主要是对胃肠消化功能起抑制作用，能使胰液基础分泌减少，并抑制胃肠运动和减弱胆囊收缩，还可促进肝糖原分解，但血糖升高并不明显。在禽类胰多肽有较强的促胃液分泌作用，能使胃液分泌总量和其中的盐酸及蛋白酶含量显著增强。

七、性腺

性腺是雄性的睾丸和雌性的卵巢的统称。睾丸和卵巢都是形成雄性配子和雌性配子的器官，同时也是生成雄性和雌性激素的地点。通常说的性激素指主要由睾丸和卵巢所分泌的激素，现在人们知道这些化合物也会由非性腺分泌，还有与生殖过程没有直接的效应的，人们根据其化学结构及生理作用常分为雄性激素、雌性激素、孕激素和松弛激素四类。不论雄性还是雌性，身体中都有雄性、雌性两类激素。雄性以雄性激素为主，也有少量的雌性激素分泌；雌性动物体中以雌性激素为主，也有少量的雄性激素分泌。

（一）睾丸分泌激素

雄性激素分泌主要由雄性动物的睾丸间质细胞。其化学成分为 19 个碳雄烷环的衍生物，是睾丸间质细胞分泌的睾酮及其有活性的代谢物的统称。包括睾酮、双氢睾酮、氧异雄酮、雄烯二酮。主要的生理作用如下。

① 促进精子的成熟，并能延长精子的寿命。

② 促进雄性器官的生长发育及副性征的出现，维持正常的性反射。如雄性特有的体型结构、公鸡的鸡冠等。

③ 促进蛋白质的合成，特别是肌肉和生命器官的蛋白质的合成，使尿氮排出减少。

④ 促进骨钙、骨磷沉积，从而促进骨骼的生长。

（二）卵巢所分泌的激素的生理作用

卵巢内的分泌细胞是卵泡内膜的细胞和黄体细胞。在卵泡生长的过程中，能分泌出雌性激素；排卵后的卵泡壁的卵泡细胞和卵泡内膜细胞在黄体生成素的作用下演变成黄体细胞，开始分泌孕激素。另外，卵巢本身还能分泌少量的雄性激素及抑制素，在妊娠期还能分泌松弛激素。

1. 雌性激素的生理作用

雌性激素也是个统称，一般是指卵巢卵泡的颗粒细胞所分泌的雌二醇和雌酮及其代谢产物雌三醇。已经知道的卵巢、胎盘、睾丸、肾上腺皮质等可以产生雌性激素。现在人工合成的雌性激素有乙烯雌酚和乙烷雌酚。主要的生理作用如下。

① 促进卵巢等雌性生殖器官的生长发育，并维持正常的生理功能。

② 促进输卵管上皮的增生，使其分泌细胞、纤毛细胞和平滑肌细胞活动增强，同时促进输卵管的运动，有利于精子与卵子的运动。

③ 促进阴道上皮的增生和分化，增强其抵抗力。

④ 促进乳腺导管系统生长。

⑤ 促使发情行为表现。

⑥ 促进体内的水、钠、钙等的潴留。

⑦ 与雌性的体型发育有关，促进骺软脚骨的成熟，抑制长骨的生长，因此雌性个体较小。

2. 孕激素的生理作用

孕激素主要是由黄体和胎盘分泌的，肾上腺也能少量分泌。孕激素也是个统称，泛指黄体黄素细胞分泌物孕酮及其他孕激素。孕激素应用广泛，已人工合成很多种类似物，且具有较高的活性。孕激素的作用很难和雌性激素作用区分开来。因为正常情况下，二者都是结合起来发挥作用的，单独起作用时只产生少量的特异作用。下面列出其特异性作用。

① 使预先被雌性激素作用的子宫形成分泌性子宫内膜，为受精卵的附植准备条件。

② 在妊娠后使子宫内膜继续增厚，形成蜕膜。

③ 使子宫颈黏液分泌减少、变稠，阻止受精卵从宫颈口排出。

④ 降低子宫肌肉对催产素的敏感度，有助孕和维持妊娠的作用。

3. 松弛激素生理作用

松弛激素主要在妊娠过程中由卵巢黄体分泌。某些动物胎盘，或许还有子宫，也能分泌松弛激素。牛、猪等动物的松弛激素主要来自黄体，兔主要来自于胎盘。其主要的生理作用与分娩有关。可以使雌性动物的骨盆韧带松弛，耻骨联合和其他骨盆关节松弛和分离，子宫颈扩张和软化，抑制子宫平滑肌收缩，有利于分娩的进行。但松弛激素的以上作用是在雌性激素作用的基础上实现的。

4. 抑制素的生理作用

卵巢的颗粒细胞分泌的抑制素 A 和抑制素 B，主要作用是反馈性调节腺垂体的分泌，使得 FSH 水平降低，从而影响卵泡的发育。

5. 雄性激素的生理作用

少量的雄性激素由卵泡内膜细胞和肾上腺皮质网带细胞产生的，与性欲的维持有关。

第十二章　感觉器官

第一节　眼

一、眼球

眼球位于眼眶内（图 12-1、图 12-2），后端有视神经与脑相连。眼球的构造分眼球壁和内容物两部分。

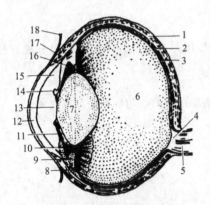

图 12-1　眼球纵切面模式图

1—巩膜；2—脉络膜；3—视网膜；4—视乳头；
5—视神经；6—玻璃体；7—晶体状；8—睫
状突；9—睫状肌；10—晶状体悬韧带；
11—虹膜；12—角膜；13—瞳孔；14—虹
膜粒；15—眼前房；16—眼后房；17—巩
膜静脉窦；18—球结膜

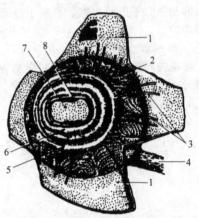

图 12-2　马眼球的血管膜前部
（角膜切除，虹膜翻开）

1—巩膜；2—脉络膜；3—睫状静脉；
4—视神经；5—睫状肌；6—虹膜；
7—瞳孔；8—虹膜粒

（一）结构

眼球壁分三层，由外向内依次为纤维膜、血管膜和视网膜。

1. 纤维膜

厚而坚韧，由致密结缔组织构成，为眼球的外壳。可分为前方的角膜和后方的巩膜。

（1）角膜　占眼球前部约 1/5，为透明的折光结构，呈外凸内凹的球面。周缘较厚，中部薄，嵌入巩膜中。角膜表面被有球结膜。角膜内面与虹膜之间构成眼前房，内有眼房水。

（2）巩膜　占眼球后部约 4/5，乳白色，不透明。巩膜前方接角膜，交界处有环状的巩膜静脉窦，是眼房水流出的通道，起着调节眼压的作用。巩膜的后腹侧，视神经纤维穿出的部位有巩膜筛板。

2. 血管膜

是眼球壁的中层，位于纤维膜与视网膜之间，富含血管和色素细胞，有营养眼内组织的作用，并形成暗的环境，有利于视网膜对光色的感应。血管膜由后向前分为脉络膜、睫状体和虹膜三部分。

（1）脉络膜 呈棕色，衬于巩膜的内面，其后壁除猪外有一呈青绿色带金属光泽的三角区，叫照膜，由于这一区域的视网膜没有色素，所以反光很强，有助于动物在暗光环境中对光的感应。

（2）睫状体 是血管膜中部的增厚部分，呈环状围于晶状体周围，形成睫状环，其表面有许多向内面突出并呈放射状排列的皱褶，称睫状突。睫状突与晶状体之间由纤细的晶状体韧带连接。在睫状体的外部有平滑肌构成的睫状肌，肌纤维起于角膜与巩膜连接处，向后止于睫状环。睫状肌受副交感神经支配，收缩时可向前拉睫状体，使晶状体韧带松弛，有调节视力的作用。

（3）虹膜 是血管膜的最前部，呈环状，位于晶状体的前方，将眼房分为前房和后房。虹膜的周缘连于睫状体，其中央有一孔以透过光线，称瞳孔。虹膜内分布有色素细胞、血管和肌肉。虹膜肌有两种：一种叫瞳孔括约肌，围于瞳孔缘，其收缩可缩小瞳孔，受副交感神经支配；另一种为放射状肌纤维，称为瞳孔开肌，其收缩可开大瞳孔。猪的瞳孔为圆形，其他家畜的为椭圆形，马瞳孔的游离缘上有颗粒状突出物，称虹膜粒。

3. 视网膜

是眼球壁的最内层。可分为视部和盲部。

（1）视部 衬于脉络膜的内面，且与其紧密相连，薄而柔软。活体时略呈淡红色，死后混浊，变为灰白色，易于从脉络膜上脱落。在视网膜后部有一视乳头，为一卵圆形白斑，表面略凹，是视神经纤维穿出视网膜处，没有感光能力，又称盲点。视网膜中央动脉由此分支呈放射状分布于视网膜。在眼球后端的视网膜中央区是感光最敏锐部分，成一圆形小区称视网膜中心，相当于人眼的黄斑。

视网膜视部的外层是色素上皮层，内层是神经层。神经层由浅向深部由三级神经元构成。最浅层为感光细胞，有两种细胞，即视锥细胞和视杆细胞，前者有感强光和辨别颜色的能力，后者有感弱光的能力。第二级神经元为双极神经元，是中间神经元。第三级为多极神经元，称为神经节细胞，其轴突向视网膜乳头集中，成为视神经。

（2）盲部 视网膜盲部，无感光能力，外层为色素上皮，内层无神经元。被盖在睫状体及虹膜的内面。

（二）眼球内容物

眼球内容物是眼球内一些无色透明的折光结构，包括晶状体、眼房水和玻璃体，它们与角膜一起组成眼的折光系统。

1. 晶状体

呈双凸透镜状，透明而富有弹性，位于虹膜和玻璃体之间。周缘由晶状体韧带连于睫状突上。其实质由多层纤维构成。

2. 眼房水和眼房

眼房是位于角膜和晶状体之间的腔隙，被虹膜分为前房和后房。眼房水为无色透明液体，充满于眼房内，主要由睫状体分泌产生，然后在眼前房的周缘渗入巩膜静脉窦而至眼静脉。眼房水有运输营养物质和代谢产物、折光和调节眼压的作用。

知识链接

房水由眼后房经瞳孔进入前房，由虹膜吸收，进入巩膜外、内的血管丛。这样通过流动来调节眼内压，并能为晶状体和角膜提供营养。

3．玻璃体

为无色透明的胶冻状物质，充满于晶状体与视网膜之间，外包一层透明的玻璃体膜。玻璃体除有折光作用外，还有支持视网膜的作用。

二、辅助器官

眼球的附属器官（图12-3）包括眼睑、泪器、眼球肌和眶骨膜等，对眼球有保护、运动和支持作用。

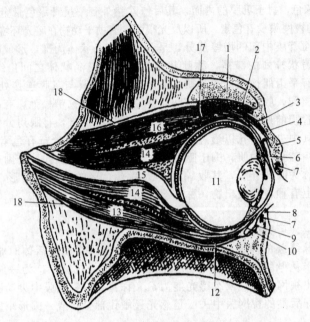

图 12-3　眼的辅助器官

1—额骨眶上突；2—泪腺；3—眼睑提肌；4—上眼睑；5—眼轮匝肌；6—结膜囊；
7—睑板腺；8—下眼睑；9—睑结膜；10—球结膜；11—眼球；12—眼球下斜肌；
13—眼球下直肌；14—眼球退缩肌；15—视神经；16—眼球上直肌；
17—眼球上斜肌；18—眶骨膜

（一）眼睑

为覆盖在眼球前方的皮肤褶，分为上眼睑和下眼睑。上眼睑和下眼睑间形成眼裂。眼睑的外面为皮肤，中间主要为眼轮匝肌，内面衬着一薄层湿润而富有血管的膜，称为睑结膜。结膜还折转覆盖在眼球巩膜的前部，这部分结膜称为球结膜。当眼睑闭合时结膜合成一完整的结膜囊。第3眼睑又称瞬膜，为位于眼内侧角的半月状结膜褶，常见色素，内有一块软骨。

（二）泪器

包括泪腺和泪道两部分。

1．泪腺

位于眼球的背外侧，在眼球与眶上突之间，为扁平卵圆形，有十余条导管开口于上眼睑结膜。其分泌的泪液有湿润和清洗眼球的作用。

2．泪道

为泪液的排泄管道，由泪小管、泪囊和鼻泪管组成。泪小管为两条短管，起始于眼内侧角处的两个小裂隙即泪点，汇注于泪囊。泪囊为膜性囊，位于泪骨的泪囊窝内，呈漏斗状，为鼻泪管的起端膨大部。鼻泪管位于骨性鼻泪管中，沿鼻腔侧壁向前向下延伸，开口于鼻腔前庭。

（三）眼球肌

属横纹肌，一端附着在视神经周围的骨上，另一端附着在眼球巩膜上，全部由眶骨膜所包。

1. 眼球退缩肌

位于最深部，围绕着视神经，收缩时使眼球向后移位。

2. 眼球直肌

有4条，上、下各一，内、外各一。收缩时使眼球做上、下、内、外转动。

3. 眼球斜肌

共两块，即眼上斜肌和眼下斜肌。收缩时可旋转眼球。

4. 眶骨膜

又称眼鞘，为致密坚韧的纤维膜。呈锥状，包围着眼球和眼肌，其内、外间隙中充填着大量脂肪。

三、视觉传导路径

第一级神经元为视网膜的视锥细胞和视杆细胞。第二级神经元为视网膜的双极细胞。第三级神经元为视网膜的节细胞，节细胞的轴突合成视神经，经视神经孔入颅腔形成视交叉，向后延续为视束。在视交叉中只有来自两眼鼻侧的纤维交叉，因此，左侧视束含有来自两眼视网膜左侧的纤维，右侧视束含有来自两眼视网膜右侧的纤维。第四级神经元为外侧膝状体，其轴突组成视辐射，止于距状沟周围的皮质。

视束中有少数纤维组成四叠体的上丘和顶盖前区。顶盖前区发出纤维到两侧 EW 核，再经动眼神经至睫状神经节，节后纤维至瞳孔括约肌，完成瞳孔对光反射。由上丘发出纤维参加顶盖脊髓束，止于前角运动神经元，主要支配颈部等肌肉，完成视反射。

视网膜的视锥细胞和视杆细胞为感光细胞→双极细胞→神经节细胞→节细胞的轴突在神经盘处集合形成视神经→经视神经管入颅腔→视交叉→视束→（在视交叉处视神经纤维不全交叉，来自两眼视网膜鼻侧半的纤维交叉，来自颞侧半的纤维不交叉。视束纤维绕过大脑脚，多数纤维止于外侧膝状体）外侧膝状体细胞→视辐射（经内囊后脚）→枕叶距状沟上、下的皮质（视觉中枢）。

第二节 耳

【知识目标】
  ◆ 掌握耳基本结构。
  ◆ 了解听觉的传导路径。
【技能目标】
  ◆ 能在活体上识别外耳的各部分结构。
【知识回顾】
  ◆ 复层扁平上皮特点。
  ◆ 特殊类上皮分布。

一、外耳

耳包括外耳、中耳和内耳三部分（图12-4）。外耳收集声波；中耳传导声波；内耳为听觉感受器和位置感受器所在地。

外耳包括耳廓、外耳道和鼓膜三部分。

1. 耳廓

耳廓的形状、大小因动物种类不同而异，一般呈圆筒状。耳廓背面隆凸称为耳背，与耳背相对应的凹面称为耳舟，前后两缘向上汇合成耳尖，耳基部附着于岩颞骨的外耳道突。耳廓由耳廓软骨、皮肤和肌肉等构成。

2. 外耳道

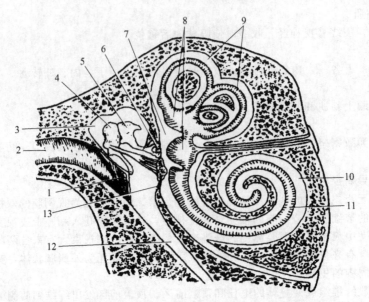

图 12-4 耳构造模式图

1—鼓膜；2—外耳道；3—鼓室；4—锤骨；5—砧骨；6—镫骨及前庭窗；7—前庭；
8—椭圆囊和球囊；9—半规管；10—耳蜗；11—耳蜗管；12—咽鼓管；13—耳蜗窗

外耳道是从耳廓基部到鼓膜的一条管道，外侧部是软骨管，内侧部是骨管，内面衬有皮肤，在软骨管部的皮肤含有皮脂腺和耵聍腺，后者为变态的汗腺，分泌耳蜡，又叫耵聍。

3. 鼓膜

鼓膜是构成外耳道底的一片圆形纤维膜，坚韧而有弹性。鼓膜外层为皮肤，中层为纤维层，由致密胶质纤维构成，内层衬有黏膜。

二、中耳

中耳包括鼓室、听小骨和咽鼓管。

1. 鼓室

鼓室位于岩颞骨内部的一个小腔，内面衬有黏膜。外侧壁以鼓膜与外耳道隔开。内侧壁为骨质壁与内耳为界。内侧壁上有前庭窗和耳蜗窗。前庭窗被镫骨底所封闭，耳蜗窗被第2鼓膜封闭。鼓室的前下方有孔通咽鼓管。

2. 听小骨

听小骨位于鼓室内，有3块，由外向内顺次为锤骨、砧骨和镫骨。3块听小骨以关节连成一个骨链，连接于鼓膜至前庭窗之间，可将声波传递至内耳。

3. 咽鼓管

咽鼓管为连接咽与鼓室之间的管道。外壁由软骨和骨质构成，内面衬有黏膜。鼓室口在鼓室的前部，咽口位于咽的侧壁。马属动物的咽鼓管膨大形成一对咽鼓管囊。

三、内耳

内耳又称迷路，位于岩颞骨岩部内，由骨迷路和膜迷路组成。膜迷路内有内淋巴，在膜迷路和骨迷路的间隙内有外淋巴。

1. 骨迷路

包括前庭、耳蜗和3个骨半规管。

(1) 前庭　是骨迷路的扩大部，呈球形。外侧壁即鼓室的内壁，有前庭窗和蜗窗。

(2) 耳蜗　位于前庭的前下方，由耳蜗螺旋管围绕蜗轴盘旋数圈形成，管的起端与前庭相通，盲端位于蜗顶。沿蜗轴向螺旋管内发出骨螺旋板，将螺旋管不完全地分隔为前庭阶和鼓室阶两部分。

（3）骨半规管 位于前庭的后上方，由 3 个互相垂直的半环形骨管组成。按其位置分别为上半规管、后半规管和外半规管。每个半规管的一端膨大，称为壶腹，另一端称为脚。

2. 膜迷路

膜迷路是套于骨迷路内、互相通连的膜性管和囊，包括椭圆囊、球囊、膜半规管和耳蜗管。

椭圆囊和球囊在前庭内；骨半规管内衬为膜半规管；在耳蜗内为膜质耳蜗管。内含内淋巴全部位于密闭的膜迷路内，不与外淋巴相通。椭圆囊与 3 个半规管相通连，球囊一端与椭圆囊相通，另一端与耳蜗管相通。在椭圆囊、球囊和膜半规管壶腹的壁上均有一增厚部分，分别形成椭圆囊斑、球囊斑和壶腹嵴，它们都是平衡觉感受器。

耳蜗管位于骨质耳蜗管内。与前庭阶相接的是前庭膜，与鼓室阶相接的是基膜。基膜上有感觉上皮的隆起称为螺旋器，是重要的声感受器。衡感受器由前庭神经分布；声感受器由耳蜗神经分布。

四、听觉和平衡传导路径

1. 听觉传导路径

第一级神经元为耳蜗螺旋神经节的双极细胞，其周围突至内耳的螺旋器，中枢突组成蜗神经，止于蜗前核和蜗后核。第二级神经元为蜗前核和蜗后核，该核发出的纤维一部分交叉形成斜方体，至对侧上升，一部分不交叉，在同侧上升，两部分纤维合成外侧丘系。第三级神经元为内侧膝状体，其轴突组成听辐射，经内囊后脚至颞横回。外侧丘系小部分纤维止于下丘，由下丘发出纤维组成顶盖延髓束和顶盖脊髓束，止于脑干运动神经核和脊髓前角运动神经元，完成听反射。

2. 平衡觉传导路径

第一级神经元是前庭神经节（位于内耳道底）的双极细胞。其树状突分布于各半规管的壶腹嵴、球囊斑和椭圆囊斑。其轴突组成前庭神经，与耳蜗神经一起进入脑干，经小脑下脚和三叉神经脊束之间行向背侧。一部分纤维经小脑下脚终于小脑的绒球小结叶；大部分纤维终于前庭神经核群。由核起始为第二级神经元，但由前庭神经核至大脑皮质的道路尚未确定。前庭神经核与脑干内核团、脊脑前角和小脑的关系如下。

① 由前庭外侧核所发纤维构成前庭脊髓束下行入脊髓前索内，终于脊髓前角，形成姿势反射弧。

② 其余的前庭核纤维参与内侧纵束，终于眼外肌的运动核和颈肌的运动核，将眼的同向运动和头的转动置于前庭反射控制之下。

③ 一部分前庭核发出的纤维终于脑干网状结构和脑神经的内脏运动核，构成前庭兴奋引起的内脏反射（如呕吐等反射）。

④ 一部分前庭核发出的纤维经小脑下脚入小脑，再通过传出纤维控制前庭神经核和脑桥、延髓网状结构，以维持身体的平衡。

第十三章　体　温

第一节　能量代谢

一、动物体能量的来源与消耗

自然界中生物体的一切生命活动都需要能量，如果没有能量来源，生命活动也就无法进行，生命就会停止。

太阳能是所有生物最根本的能量来源。具有叶绿素的生物在进行光合作用的过程中，将光能转化为化学能。动物机体不能直接利用外部环境中的光能、热能、电能和机械能等，动物唯一能利用的能量是蕴藏在饲料中的化学能。然而，饲料中的能量并不能被机体的组织细胞直接利用，必须通过细胞内一系列的化学反应，将饲料中储存的能量释放出来，并以能够被细胞利用的形式将能量捕获、储存起来，用于细胞的各种生理功能的发挥，如肌细胞的收缩、腺体上皮细胞的分泌、细胞膜电位的维持、细胞内物质的合成以及消化道上皮细胞对营养成分的吸收等。

（一）机体能量利用的基本形式

在分解代谢中，捕获和储存能量的分子是三磷酸腺苷（ATP）。ATP 是由一分子腺嘌呤、一分子核糖和三个相连的磷酸基团构成的核苷酸，可由二磷酸腺苷（ADP）和无机磷酸合成。ADP 和无机磷酸广泛存在于生物体的各个细胞内，起着传递能量的作用，因此又称为能量传递系统。

在标准状态下，每摩尔 ATP 中每个高能键含 30.54kJ 的能量，而在活细胞中，由于温度、反应物浓度和 pH 等各种因素的影响，断裂一个高能磷酸键，最多可释放 52.3kJ 的能量。ATP 作为能量的储存分子，不断地处于动态平衡的周转之中。一般情况下，ATP 分子一旦形成，1 分钟之内就被利用，所以严格地说，ATP 并不是能量的储存形式，而是一种传递能量的分子。

体内含有高能磷酸键的化合物除 ATP 外，还有磷酸肌酸（CP）。CP 是由肌酸和磷酸合成的，主要存在于肌肉组织中。它在体内的量是 ATP 总储备量的 3～8 倍。当物质氧化释放的能量过多时，ATP 将高能磷酸键转移给肌酸，生成 CP 而将能量储存起来。另一方面，当 ATP 被消耗而减少时，CP 可将所储存的能量再转给 ADP，生成 ATP，以补充 ATP 的消耗。这种补充作用比直接由食物氧化释放能量的补充要快得多，只需几分之一秒，这可满足机体在进行应急生理活动时对能量的需求。因此，CP 可以看做是 ATP 的储存库，但它不能直接提供细胞生命活动所需要的能量。从能量代谢的整个过程来看，ATP 合成与分解是体内能量转换和利用的关键环节。ATP 因此又被称为是在机体内流通的"能量货币"，可以不断地赚取（合成而储存能量）和花费（分解而释放能量）。

生物机体能量的消耗量是惊人的，据计算，一个处于安静状态的成人 24 小时需消耗 40kg 的 ATP，而在激烈运动时，每分钟所需的 ATP 即可达到 0.5kg。临床上常把 ATP 作为辅助性药物用于休克、昏迷等的急救和某些疾病的治疗。由于正常机体 ATP 的转化量很大，而临床的治疗剂量只不过几十毫克，可见，ATP 的治疗作用不是单纯的直接供能，还可能有直接促进或改善组织代谢的作用。

（二）饲料中主要营养物质的能量转化

饲料中主要的营养物质如糖、脂肪和蛋白质均可以在细胞内氧化，并在此过程中释放出大量能量。通常机体所需能量的 70% 以上由糖供给，其余由脂肪供给。只有在某些特殊情况下，如长期不能进食或体力极度消耗，而体内糖原、脂肪储备耗竭时，才依靠蛋白质分解供能，以维持必要的生理活动。

糖、脂肪和蛋白质在体内氧化供能的途径各不相同，但有共同规律。乙酰辅酶 A 是它们共同的中间代谢产物，三羧酸循环是它们的共同代谢途径。释放的能量约有 50% 以上迅速转化为热量，其余不足 50% 转移到 ATP 的高能磷酸键中储存。

1. 全氧化并释放出大量能量

全氧化是糖的有氧氧化。1mol 葡萄糖完全氧化所释放的能量可供合成 38mol ATP，能量转化的效率可达 66%。在一般情况下，绝大多数组织细胞有足够的氧供应，能够通过糖的有氧氧化获得能量。在氧供应不足时，葡萄糖只能分解到乳酸阶段，释放的能量也很少，这是糖的无氧酵解。1mol 的葡萄糖经这个途径释放的能量只能合成 2mol 的 ATP，能量转化效率仅为 3%。然而，在无氧状态下，糖酵解可以维持动物几分钟的生命。在动物剧烈运动时，骨骼肌的氧耗量猛增，而循环、呼吸等功能不能及时快速地满足机体对氧的需要，骨骼肌因而处于相对缺氧的状态，称为氧债。在这种情况下，机体只能动用储备的高能磷酸键和进行无氧酵解来供能。所以在肌肉活动停止后的一段时间内，循环、呼吸功能还将维持在较高的工作水平，这样可以摄取更多的氧，以偿还氧债。

2. 脂肪

脂肪在体内的主要功能是储存和供给能量。体内脂肪的储存量要比糖多得多。在体内氧化供能时，每克脂肪所释放的能量约为糖有氧氧化时释放能量的 2 倍。当机体需要时，储存的脂肪首先在酶的催化下分解为甘油和脂肪酸。甘油主要在肝脏被利用，它经过磷酸化和脱氢处理而进入糖的氧化分解途径来供能或转变为葡萄糖。脂肪酸的氧化分解是在肝及肝以外的许多组织细胞内进行的，长链脂肪酸经过活化和氧化逐步分解为许多乙酰辅酶 A 而进入糖的有氧氧化途径，彻底分解，同时释放能量。脂肪虽为重要的供能物质，但不能在机体缺氧条件下供能。

3. 蛋白质

组成蛋白质的基本单位是氨基酸。不论是由肠道吸收的氨基酸，还是由机体自身蛋白质分解所产生的氨基酸，都主要用于重新合成细胞成分以实现组织的自我更新，或用于合成酶、激素等生物活性物质，而提供能量则是次要的功能。当细胞中储存的蛋白质超量时，体液中任何多余的氨基酸则被降解，或者转化为脂肪或糖，或者用于供能。这种降解几乎完全在肝脏发生，首先是通过脱氨基作用，然后脱氨基产生的 α-酮酸转化为一般的代谢中间体，加入枸橼酸循环。由于体内氨基酸分解过程中氧化不完全，有一部分以尿素形式排出。因此，1g 蛋白质生物氧化所产生的能量大约与 1g 葡萄糖所生成的能量相类似。

（三）饲料总能量的去路

食物在体外燃烧也可以氧化释放出大量能量，只是这时所有的能量均以热的形式被突然释放。饲料燃烧时所释放的热量称为饲料的总能，又称粗能。

1. 总能

包括可消化能和粪能，粪能不仅代表饲料中未消化的成分，还包括自体内进入胃肠道而未被吸收的物质。

2. 可消化能

可消化能可分为代谢能和发酵能以及尿能。

（1）代谢能　代谢能是糖、脂肪和蛋白质的化学能在动物机体内经氧化作用而释放出的能量；

又可细分为净能和特种动力效应。特种动力效应的能量是营养物质参与代谢时不可避免地以热的形式损失的能量。只有净能才是用于维持家畜本身的基础代谢、随意运动、调节体温和生产活动的能量。饲料中的总能量的去路可简要归纳为图 13-1。

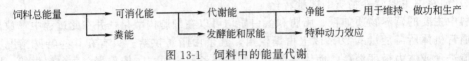

图 13-1　饲料中的能量代谢

由饲料营养物质生物氧化而转化成的"能量货币"——ATP（净能）可为所有的生理活动提供能量，包括合成与生长、肌肉收缩、腺体分泌、神经冲动传导、主动吸收等许多细胞功能。

（2）发酵能　是指草食动物胃肠道中因发酵而丢失的能量。

（3）尿能　指尿中未被完全氧化的物质的能量。

二、基础代谢与静止能量代谢

1. 基础代谢

动物在维持基本生命活动条件下的能量代谢水平，称为基础代谢。

基础代谢的高低通常用基础代谢率来表示。基础代谢率是指动物在基本生命活动条件下，单位时间内每平方米体表面积的能量代谢。在人通常以每平方米体表面积 1 小时内所产生或散发的热量计，单位为 $kJ/(m^2 \cdot h)$，家畜则常以代谢体重（kg，按体重 0.75 计，0.75 为常数）计算，单位为 $kJ/(kg \cdot h)$，这是因为家畜个体大小悬殊，采用代谢体重可减少计算误差。所谓基本生命活动条件是指动物在清醒、肌肉处于安静状态、最适于该动物的外界环境温度和消化道内空虚（即要经过一段时间的饥饿）的状态。由于此时排除了肌肉活动、精神活动、食物的特殊动力效应及环境温度等因素对能量代谢的影响，体内能量的消耗只用于维持一些基本的生命活动（如心跳、呼吸、泌尿、兴奋传导、腺体分泌等），能量代谢比较稳定。但家畜基础代谢的测定有很大困难，这是由于不易达到和掌握测定基础代谢的条件。如很难达到肌肉完全处于安静的状态，在反刍动物，即使饥饿 2～3 天或更长时间也不出现消化道空虚。因此，在实践中通常以测定静止能量代谢来代替基础代谢。

2. 静止能量代谢

动物在一般的畜舍或实验室条件下，早晨饲喂前休息时（以卧下为宜）的能量代谢水平称为静止能量代谢。这时，许多家畜的消化道并不处于空虚和吸收后的状态，环境温度也不一定适中。静止能量代谢与基础代谢的不同之处在于静止能量代谢还包括数量不定的特殊动力效应的能量、用于生产的能量以及可能用于调节体温的能量消耗。

三、影响能量代谢的因素

肌肉活动、精神活动、食物的特殊动力效应、环境温度、内分泌腺的活动是影响能量代谢的因素。

1. 肌肉活动

它对能量代谢的影响最为显著。主要以增加肌肉耗氧量而做外功，使能量代谢率升高。

2. 精神活动

因为脑的能量来源主要靠糖氧化释能，安静思考时影响不大，但精神紧张时，产热量增多，能量代谢率增高。

3. 食物的特殊动力效应

进食之后的一段时间内，机体内可以产生额外热量的作用称为食物的特殊动力效应。其在蛋白质最强，脂肪次之，糖类最少。

4. 环境温度

人在安静状态下，在 20～30℃ 的环境中最为稳定。环境温度过低可使肌肉紧张性增强，能量代谢增高。环境温度过高，可使体内物质代谢加强，能量代谢也会增高。

5. 内分泌腺的活动

如甲状腺素能促使氧化代谢增强。肾上腺素也可使细胞内氧化反应增强，同时引起血糖浓度升高和血糖利用增强，从而使产热量增加。

第二节　体温调节

【知识目标】

◆ 掌握体温的来源和去路。

◆ 掌握各种动物的直肠温度、等热温度范围。

【技能目标】

◆ 熟知各种动物直肠温度及等热温度。

◆ 能熟练地进行动物直肠内温度的测定。

◆ 能根据产、散热过程在畜牧生产实际中采取有效的方式调整畜禽的饲养温度。

【知识回顾】

◆ 辐射、对流、传导等概念。

一、动物体温及变动

畜禽都属于恒温动物，具有相对恒定的体温。但是"体温恒定"并不意味着全身各部分的温度完全相同，事实上畜禽身体各部的温度有差异，而且有些部位的温度差异还很大。

身体体表由于散热速度较快，其温度比深部组织和内脏器官的温度要低，生理上所说体温指机体深部的温度。体表温度是指体表及体表下结构（如皮肤、皮下组织等）的温度。由于易受环境温度或机体散热的影响，动物的体表温度波动幅度较大，且各部分温度差也大；以躯干部和头部温度较高，四肢的温度从近端到远端逐渐递减，躯干腹部的温度比背部高。

机体温度是机体深部（如内脏）的温度比体表温度高，且相对稳定。由于代谢水平不同，各内脏器官的温度也略有差异。通常生理学上所说的体温是指身体深部的平均温度，一般用直肠温度来代表动物的体温。

临床上，常用体温检测判定动物是否生病，如在正常情况下，鹿的体温在一日之内略有变动，一般以早晨最低，午后稍高，傍晚5～6时达到最高限度，正常的日温差在0.1～0.5℃，检查时不应认为是病态。此外，在运动、进食、兴奋时也可见体温稍增高，鹿的体温检查以直肠温为标准。成年鹿体温38～39℃，平均38.50℃，仔鹿体温38.7～40.60℃，平均39.50℃。

表 13-1　各种畜禽正常体温　　　　　　　　　　　　　℃

动物	平均体温	变动范围	动物	平均体温	变动范围
黄牛	38.2	37.9～38.6	兔	39.5	38.6～40.1
乳牛	38.6	38.0～39.3	猪	39.2	38.7～39.8
肉牛	38.3	36.7～39.1	犬	38.9	37.9～39.9
马	37.6	37.2～38.2	鸡	41.6	39.6～43.6
驴	37.4	36.4～38.4	鸭		41.0～42.5
骡	38.5	38.0～39.0	鹅	42.0	40.0～41.3
绵羊	39.1	38.3～39.9	鸽		40.0～41.2
山羊	39.1	38.5～39.7	火鸡		40.0～41.2

由于动物的种别、年龄、生理状况和生活环境不同，体温也有所不同。表 13-1 列出了常见动物在安静状态下的直肠温度。一般情况下，公畜体温比母畜略高，而母畜在发情期和妊娠期的体温较平时稍高，排卵时则有体温降低现象。动物肌肉活动时代谢增强，产热增多，也可使体温升高，采食后体温可升高0.2～1℃，并持续2～5小时之久。相反，动物长期饥饿后体温降低，大量饮水后也能使体温下降。

二、机体的产热与散热

体内产热和散热两个生理过程调节了畜禽正常体温的平衡。

（一）产热

产热调节是通过改变体内物质代谢的强度而实现的。在恒温动物中，环境温度与机体物质代谢强度之间存在着密切的联系：环境温度降低时，体内物质代谢加强，产热量也增强；环境温度升高时，体内物质代谢减弱，产热量也随着减少。

1. 产热器官

动物体内的热量是由糖、蛋白质、脂肪三大营养物质在各组织器官中进行分解代谢时产生的。体内的一切组织细胞活动时都产生热，由于新陈代谢水平的差异，各组织器官的产热量并不相同，肌肉、肝脏和腺体产热最多。在动物运动和使役时，其骨骼肌代谢明显增加。草食家畜的饲料在瘤胃内发酵，可产生大量热能，也是体热的重要来源。

2. 机体的产热形式

动物在寒冷环境中，散热量明显增加，机体要维持体温的相对稳定，可通过战栗产热和非战栗产热两种形式来增加产热量。

（1）战栗产热　战栗是骨骼肌发生不随意的节律性收缩，特点是屈肌和伸肌同时收缩，所以不做外功，但产热量很高。发生战栗时，代谢率可增加 4～5 倍。通常机体在寒冷环境中，在发生战栗之前先出现寒冷性肌紧张（又称战栗前肌紧张），此时代谢率就有所增加。随着寒冷刺激的继续作用，便在此基础上出现战栗，产热量大大增加。这样有利于维持机体在寒冷环境中的体热平衡。

（2）非战栗产热　又称代谢产热，指机体处于寒冷环境中时，除战栗产热外，体内还会发生广泛的代谢产热增加的现象。在增加的代谢产热中，以褐色脂肪组织的产热量为最大，可占非战栗产热总量的 70%。

3. 等热范围或代谢稳定区

动物的产热量随环境温度而改变。在适当的环境温度范围内，动物的代谢强度和产热量可保持在生理的最低水平而体温仍能维持恒定。这种环境温度称为动物的等热范围或代谢稳定区。生产实践中以在等热范围内饲养畜禽最为适宜，在经济上最为有利。因为环境温度过低，机体将提高代谢强度，增加产热量才能维持体温，因而饲料的消耗增加；反之，则会降低动物的生产性能。各种畜禽的等热范围见表 13-2。

表 13-2　各种动物的等热范围　　　　　　　℃

畜禽种类	等热范围	畜禽种类	等热范围
牛	16～24	豚鼠	25
猪	20～23	大鼠	29～31
绵羊	10～20	兔	15～25
犬	15～25	鸡	16～26

等热范围因动物种属、年龄及管理条件不同而不同。等热范围的低限温度称为临界温度。从年龄来看，幼畜的临界温度高于成年家畜，这不仅与畜的皮毛较薄、体表面积与体重的比例较大、较易散热有关，还由于幼畜以吃乳为主，产热较少的缘故。

（二）散热

1. 散热途径

动物的主要散热部位是皮肤。皮肤可以通过辐射、传导和对流等方式向外界发散热量，经这一途径散发的热量占全部散热量的 75%～85%。另外，机体还可以通过呼吸器官、消化器官和排尿等途径向外界散热。

2. 散热方式

（1）辐射　机体以热射线（红外线）的形式向外界发散体热的方式称为辐射散热。在常温和安静状态下辐射散热是机体最主要的散热方式，大约占总散热量的 60%。辐射散热量的多少主要与皮肤和周围环境之间的温度差、有效辐射面积等因素有关。如皮肤温度高于环境温度，其差值越大，散热量越多；反之，如果环境温度高于皮肤温度，则机体不仅不能散热反而会吸收周围的热量（如在高温环境中使役）；动物舒展肢体可增加有效辐射面积，增加散热量，而身体蜷曲时，有效辐射面积减少从而可减少散热。

（2）传导 传导散热是指机体的热量直接传递给与它接触的较冷物体的一种散热方式。传导散热量的多少与接触面积、温度差和物体的导热性能有关。水的导热性能比空气好，湿冷的物体传导散热快。生产中在冬季要力求保持畜舍地面干燥以防止散热，而在夏季水牛要下水，常以冷水淋浴促进散热，可以有效地防止奶牛中暑。

（3）对流 对流散热是指机体通过与周围的流动空气来交换热量的一种散热方式，是传导散热的一种特殊形式。风是典型的对流散热方式。机体周围总有一薄层被体热加温了的空气，由于空气不断流动，热空气被带走，冷空气则填补其位置，体热便不断散发到空间。对流散热与空气对流速度有关。风速越大散热越多。在畜牧生产上，夏季加强通风可增加散热，冬季则尤其要注意防风以减少散热，这些措施均有利于畜禽体温的维持。

（4）蒸发 蒸发散热是机体通过体表水分的蒸发来发散体热的一种方式。当环境温度等于或高于皮肤温度时，机体已不能用辐射、传导和对流等方式进行散热，蒸发散热便成了唯一有效的散热方式。据测定，在常温下，蒸发 1g 水可使机体散发 2.43kJ 的热量。蒸发散热有不显汗蒸发和显汗蒸发两种形式。

① 不显汗蒸发：是指机体中水分直接渗透到皮肤和黏膜表面，在未聚集成明显汗滴前即被蒸发掉。这种蒸发持续不断地进行，即使在低温环境中也同样存在，与汗腺的活动无关。有些动物如犬、牛、猪等，虽有汗腺结构，但在高温下也不能分泌汗液，而必须通过呼吸道和唾液水分的蒸发来散热。

② 显汗蒸发：是通过汗腺主动分泌汗液，由汗液蒸发有效地带走热量的方式。当环境温度达 30℃ 以上或动物在劳役、运动时，汗腺便分泌汗液。值得注意的是，汗液必须在皮肤表面蒸发，才能吸收体内的热量，达到散热效果。如果汗液被擦掉，就不能起到散热的作用。汗液的蒸发受环境温度、空气对流速度、空气湿度等因素的影响。环境温度越高，汗的蒸发速度越快。空气对流速度越快，汗液越易蒸发；环境湿度大时，汗液则不易蒸发，体热因而不易散失，结果会反射性地引起大量出汗。

三、体温调节

通常健康动物的体温都能维持在一个正常的范围之内，但体温总会受到环境温度和机体代谢的干扰。这些干扰可通过反馈途径协调产热和散热，建立相应的体热平衡，使体温保持稳定。体温调节由温度感受器、体温调节中枢、效应器共同完成。

（一）温度感受器

温度感受器是感受机体各个部位温度变化的特殊结构。按其感受刺激的不同可分为冷感受器和热感受器；按其分布的部位又可分为外周温度感受器和中枢温度感受器。

1. 外周温度感受器

外周感受器官存在于皮肤、黏膜和内脏中，包括冷感受器和热感受器，它们都是游离神经末梢。这两种感受器各自对一定范围的温度敏感。当局部温度升高时，热感受器兴奋，反之，冷感受器兴奋。皮肤的冷感受器数量较多，为热感受器的 4～10 倍，这提示皮肤温度感受器在体温调节中主要感受外界环境的冷刺激，防止体温下降。

2. 中枢温度感受器

中枢温度感受器指分布于脊髓、延髓、脑干网状结构以及下丘脑等处对温度变化敏感的神经元。根据它们对温度的不同反应，可分为两类神经元。在局部组织温度升高时冲动发放频率增加的神经元，称为热敏神经元，主要分布在视前区-下丘脑前部（PO/AH）中；在局部组织温度降低时冲动发放频率增加的神经元，称为冷敏神经元，主要分布在脑干网状结构和下丘脑的弓状核中（PO/AH）。当局部脑组织温度变动 0.1℃，这两种神经元的放电频率就会发生改变，而且不出现适应现象。此外，这类神经元还能直接对致热原或 5-羟色胺、去甲肾上腺素以及多种多肽类物质发生反应，并导致体温的改变。

（二）体温调节中枢

调节体温的中枢结构存在于从脊髓到大脑皮质的整个中枢神经系统内，但是体温调节的基本中枢位于视前区-下丘脑前部（PO/AH）。实验表明，PO/AH 是体温调节中枢的关键部位，原因如下：

① PO/AH 是接受机体各部位温度传入的会聚之处。它既能感受局部的微小变化，也可以引起相应的体温调节反应。

② 致热原等化学物质直接作用于 PO/AH 区的温度敏感神经元可引起体温调节反应。

③ 破坏 PO/AH 区，体温调节的散热和产热反应都将减弱或消失。

（三）信号传出途径与效应器

由 PO/AH 区发出的传出信号可通过植物性神经系统、躯体运动神经系统和内分泌系统三种途径以维持体温的稳定。

1. 植物性神经系统

主要通过对心血管系统、呼吸系统、皮肤和代谢等的影响，改变机体的产热和散热过程。如寒冷刺激可使交感神经兴奋，引起代谢增强，增加产热，同时皮肤血管和竖毛肌收缩，引起体表温度降低、被毛耸立，以减少散热。而在热应激时，交感神经兴奋性降低，皮肤小动脉舒张，动静脉吻合支开放，皮肤血流量因而大大增加，于是较多的体热从机体深部被带到机体表层，皮肤温度升高，散热作用增强。另一方面，交感神经控制汗腺，兴奋时引起大量泌汗，使蒸发散热增加；副交感神经支配唾液腺，其兴奋时唾液分泌增加也有利于蒸发散热。

2. 躯体运动神经系统

主要控制骨骼肌的紧张性和运动，引起机体的非战栗产热和战栗产热。此外还控制动物的行为变化，如炎热时动物寻找阴凉处并展开肢体以增加散热，加强热辐射；而在寒冷时则身体蜷缩，拥挤在一起，或寻找较温暖的环境以减少散热，防止体温下降。

3. 内分泌系统

下丘脑还通过垂体分泌促甲状腺激素和促肾上腺皮质激素控制甲状腺和肾上腺激素的分泌，调节机体的产热和散热过程。甲状腺激素加速细胞内的氧化过程，促进分解代谢，使产热量增加。肾上腺素和去甲肾上腺素促进糖和脂肪在体内的分解，也可增加产热；肾上腺皮质激素促进糖原异生和脂肪分解，也有增加产热的作用。

（四）体液调定点学说

体温调定点学说认为，在 PO/AH 区中有一个控制体温的调定点，而 PO/AH 区的温度敏感神经元可能是起调定点作用的结构基础。体温调定点的作用是将机体温度设定在一个恒定的温度值，调定点的高低决定着体温的水平。当体温处于这一温度值时，热敏神经元和冷敏神经元的活动处于平衡状态，致使机体的产热和散热也处于动态平衡状态，体温就维持在调定点设定的温度值水平。当中枢的温度超过调定点时，散热过程增强而产热过程受到抑制，体温因而不至于过高；如果中枢的温度低于调定点时，产热增强而散热过程受到抑制，因此体温不至于过低。

在正常情况下，调定点虽然可以上下移动，但范围很窄。某些中枢神经递质，如 5-羟色胺、乙酰胆碱、去甲肾上腺素和一些多肽类活性物质，可对调定点产生影响。当细菌感染后，由于致热原的作用，PO/AH 区热敏神经元的反应阈值升高，而冷敏神经元的阈值则下降，调定点因而上移。因此，先出现恶寒、战栗等产热反应，直到体温升高到新的调定点水平以上时才出现散热反应。

四、动物对环境温度的适应

动物的体温调节功能虽然很完善，但这种能力毕竟有一定的限度，如果环境温度变化超过了它们的调节能力，体温就难以维持恒定，甚至死亡。

（一）家畜的耐热能力

家畜对高热环境的适应能力是很有限的，不同畜种对炎热的适应能力不同。骆驼耐热能力最强，在 43℃ 可坚持数小时，主要调节方式是喘息，通过呼吸道蒸发散热。绵羊有较好的耐热能力，对高温的体温调节方式主要是热喘呼吸，出汗也有一定的作用，气温在 32℃ 时，其直肠温度开始升高，当达到 41℃，出现热喘呼吸。外界温度高达 43℃ 而相对湿度不超过 65％ 时，绵羊一般可耐受几小时。荷兰乳牛在气温为 21℃ 时，直肠温度就开始升高。气温继续上升时，进食量减少，甲状腺活动减弱，产奶量下降，气温达 40℃ 时，直肠温度可升高到 42℃，此时食欲废绝、产奶停止。猪对高温的耐受能力较差。气温为 30～32℃ 时，成年猪直肠温度就开始升高，在相对湿度超过 65％ 的 35℃ 环境中，猪就不能长时间耐受。直肠温度升高到 41℃ 是猪的致死临界点。由于猪耐热能力差，仔猪则更差，夏季应采取定时用冷水泼浇地面等降温措施，人工协助猪体散热，此外还要避免长途驱赶。马汗腺发达，皮肤较薄，耐热能力较强，气温在 30～32℃ 时，呼吸次数增加，但不出现喘息，其调节方式主要是出汗。

（二）家畜的抗寒能力

家畜的抗寒能力比耐热能力大得多。例如气温接近体温时（35～40℃），大多数家畜都不能长时间耐受，但气温比体温低 20～30℃ 甚至更低时，一般都能维持体温于正常水平。牛、马和绵羊在气温降到 −18℃ 时，都能有效地调节体温。在 −15℃ 环境中，荷兰乳牛仍能维持正常产奶量。猪的抗寒能力比其他家畜低很多，成年猪在 0℃ 环境中一般不能持久地维持体温。一日龄猪在 1℃ 环境中停留 2 小时就将陷入昏睡状态。家畜长期处在冷环境中的体温调节可以分为以下三类。

1. 冷服习

动物在寒冷环境中生活 2～3 周后，一般形成冷服习。其主要变化是：首先发生战栗产热，然后转变为非战栗产热，这种增加非战栗产热的变化，叫做冷服习。冷服习后，动物抗寒能力增强，在严寒环境中比一般个体能生存得更久些。动物在 30℃ 环境中生活 4 天后，这种冷服习的效应即消失。

2. 冷驯化

从夏季到冬季，气温逐渐降低，动物的体温调节反应主要是增强热绝缘和减少散热，如更换加厚被毛，增加皮下脂肪，血管运动发生改变，借以加强体热储存，这些变化叫做冷驯化。冷驯化的特点是调整和提高机体保存体热的能力，但产热并不增加，许多生活在极冷地区的动物，冬季的基础代谢率实际上比夏季还低。

3. 气候适应动物

由于自然选择，经过多代遗传改变之后，适应于生活在寒冷的气候中，叫做气候适应。气候适应并不改变动物的体温。寒带和热带地区的动物一般都有大致相同的直肠温度。寒带动物体温调节特点是：皮肤具备最有效的热绝缘作用，皮肤深部血管有良好的逆流热交换能力，它们不到环境温度很低时，是不加强代谢的。

家畜对环境温度过高或过低的适应能力受品种、营养状态、对温度适应的锻炼等因素影响。例如寒带地区生长的家畜品种对低温有较大的适应性，而对高温则难以适应。反之，热带地区生长的家畜能适应高温而对低温适应能力差。冬季加强饲养，增加精料，可提高家畜对低温的抵抗力。加强适应寒冷的锻炼，也可增强家畜的耐寒能力，如使家畜（特别是幼畜）适应一定温度的冷环境后，再移到更冷些的环境中生活，如此逐渐地锻炼，就可提高体温的调节能力，有效地增强机体对寒冷的适应能力。同样也可锻炼家畜适应酷热的能力，使在热环境中保持健康和高产。

第三部分

禽类解剖生理

第十四章　禽的解剖生理

第一节　运动系统

一、骨

1. 概述

禽类的骨按部位可分为头骨、躯干骨和四肢骨。禽类骨骼具有与哺乳动物明显不同的特征。

(1) 强度大，质量轻　禽类骨质中含较多钙盐（如鸡骨中钙占 37.2%，磷占 16.42%），骨质致密；禽的气囊可扩展到许多骨的髓腔和松质骨间隙内，形成含气骨。

(2) 形成特殊的髓质骨　雌禽在产蛋期前还形成类似骨松质的髓质骨，即长骨的内腔面形成互相交错的小骨针，它储存或释放钙盐，在肠管对钙吸收不足的情况下为形成蛋壳补充钙源。

(3) 不形成骨骺　禽类骨骼在发育过程中不形成骨骺，骨的加长主要靠骨端软骨的增长和骨化。如肉用鸡饲养管理不当，使骨组织的增生、分化和骨化不一致，可导致骨、关节畸形。

(4) 骨骼愈合程度较高　许多部位的骨在生长时互相愈合，如颅骨、腰荐骨和盆带骨等。

2. 头骨

头骨愈合早，以大而深的眼眶为界分为颅骨和面骨。

(1) 颅骨的特点　呈圆形，愈合较早，为含气骨，其骨松质的间隙较大，通鼓室，经咽鼓管与咽相通。禽外耳道很短，鼓室宽而浅，有若干个小气孔，通于颅骨内的气室。公鹅的额骨形成一发达的隆起。

(2) 面骨的特点　位于颅骨前方，鸡呈尖圆锥形，鸭呈前方钝圆的长方形。禽眼眶大，上颌骨缺颜面部，形成眶下窦。颌前骨构成上喙的大部分，鸡、鸽为尖锥形，鸭、鹅为长扁状。

在颈骨与下颌骨之间有一块方骨（图 14-1）。方骨有眶突作为肌肉的杠杆，肌肉收缩时将方骨向前拉，能上提上喙，使上、下喙间开张较大，便于吞食较大的食块。下颌骨是下喙的骨质基础，位置与上喙相对。

3. 躯干骨

躯干骨由椎骨、肋和胸骨构成（图 14-2）。

(1) 椎骨

① 颈椎：呈 S 形弯曲，颈椎数量多（鸡 14 个，鸭 15 个，鹅 17 个，鸽 12 个）。因关节突发

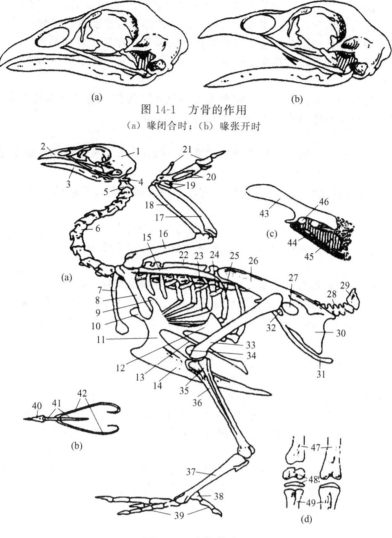

图 14-1　方骨的作用
（a）喙闭合时；（b）喙张开时

图 14-2　鸡的骨骼
（a）全身骨骼；（b）舌骨；（c）幼禽髋骨；（d）幼禽（左）和成禽（右）的跗骨
1—颅骨；2—颌前骨；3—下颌骨；4—寰椎；5—枢椎；6—颈椎；7—锁骨；
8—乌喙骨；9—胸骨的前外侧突；10—正中突；11—胸骨（体）；12—胸突；
13—后外侧突；14—胸骨嵴；15—肩胛骨；16—臂骨；17—尺骨；18—桡骨；
19—腕骨；20—掌骨；21—指骨；22—胸椎（背骨）；23—胸肋骨；24—钩突；
25—椎肋骨；26—髂骨；27—髂坐孔；28—尾椎；29—综尾骨；30—坐骨；
31—耻骨；32—闭孔；33—股骨；34—髌骨；35—腓骨；36—胫骨；37—跗跖骨；
38—小跖骨；39—趾骨；40—舌内骨；41—前、后基舌骨；42—舌骨支；
43—髂骨；44—耻骨；45—坐骨；46—髋臼；47—胫骨；48—跗骨；49—距骨

达，椎体的关节面呈鞍状，所以颈部运动灵活，伸展自如，便于飞翔、采食和梳理羽毛。

②胸椎：数量少（鸡、鸽 7 个，鸭、鹅 9 个）。其主要特点是部分椎骨间相互愈合。鸡的第 2～5 胸椎愈合成一个整体。

③腰荐椎：鸡的第 7 胸椎（鸭、鹅最后 2～3 个胸椎）与腰椎、荐椎、第 1 尾椎在发育早期愈合而成为一块综荐骨。

④尾椎：鸡、鸽有 5～6 个，鸭、鹅有 7 个。最后一块是由几节尾椎在胚胎期愈合形成的综尾骨，为尾羽和尾脂腺的支架。

（2）肋　肋的数量与胸椎相对应，鸡、鸽为 7 对，鸭、鹅为 9 对。除前 1～2 对为浮肋外，每一肋都由椎肋骨和胸肋骨两部分构成。与胸椎相接的部分称椎肋骨；与胸骨相接的部分称胸肋骨。椎肋骨的上端以肋头和肋结节与相应的胸椎形成关节；除第 1 对和最后 2 对（鸡、鸽）或 3 对（鸭、鹅）椎肋骨无钩突外，其他肋的肋体上都有钩突，向后覆于后一肋骨的外侧面，起加固胸廓侧壁的作用。

（3）胸骨　禽类的胸骨特别发达，向腹侧还形成庞大的胸骨嵴（俗称龙骨突），供发达的胸肌附着。胸骨背侧以及侧缘有大小不等的气孔与气囊相通。

4. 前肢骨

前肢骨分为肩带部和游离部。肩带部是联系躯干的骨，而游离部则不与躯干相连。

（1）肩带部　肩带部包括乌喙骨、肩胛骨和锁骨。

①乌喙骨：乌喙骨强大，斜位于胸廓之前，下端与胸骨形成牢固的关节；上端与肩胛骨连接并一起形成关节盂。

②肩胛骨：肩胛骨狭长，与脊柱平行；前端与乌喙骨相接，后端达髂骨。

③锁骨：两侧锁骨在下端汇合，俗称叉骨。鸡、鸽的叉骨呈 V 字形，鸭、鹅的叉骨呈 U 字形。

（2）游离部　前肢游离部形成翼，由臂骨、前臂骨和前脚骨组成。

①臂骨：发达，鹅的最长，近端有大而呈卵圆形的臂骨头，与肩带骨的关节盂形成肩关节。

②前臂骨：包括尺骨和桡骨，尺骨较发达，但两骨长度相似；两骨间在两端形成关节，大部分则以骨间隙分开。

③前脚骨：由腕骨、掌骨和指骨构成，但退化较多。

5. 后肢骨

后肢骨由骨盆带骨和游离部骨组成。

（1）骨盆带骨　骨盆带即髋骨，包括髂骨、坐骨和耻骨。髂骨发达，向前可伸达胸部；坐骨位于髋骨后部腹侧；耻骨细长，位于坐骨腹侧。两侧髋骨与综荐骨广泛连接，形成骨盆，但没有骨盆联合，属开放性骨盆，以适应产蛋。

（2）游离部骨　包括股骨、小腿骨和后脚骨。股骨为强大的管状长骨；小腿骨包括胫骨和腓骨；后脚骨包括跗骨、跖骨和趾骨。禽类有 4 趾，第 1 趾向后向内；其余 3 趾向前，以第 3 趾最发达。禽类断趾时，通常断去第 2 趾的末节，有时也将第 3 趾末节断去。

二、肌肉

禽类肌肉的肌纤维较细，没有脂肪沉积。肌纤维可分为白肌纤维、红肌纤维和中间型肌纤维。白肌颜色较淡，血液供应较少，肌纤维较粗，收缩作用较快但短暂。红肌大多呈暗红色，血液供应丰富，肌纤维较细，收缩作用较慢但持久。各种肌纤维含量在不同部位的肌肉和不同生活习性的禽类有较大的差异。善飞的鸟类和鸭、鹅等水禽红肌纤维含量多；飞翔能力差或不能飞的禽类，肌肉以白肌纤维为主，如鸡的胸肌。

家禽的肌肉可分为皮肌、头部肌、颈部肌、躯干肌、前肢肌和后肢肌等（图 14-3）。

1. 皮肌

家禽的皮肌薄而分布广泛。一类为平滑肌，终止于羽毛的羽囊，控制羽毛活动。另一类为翼膜肌，当翼伸展时，翼膜肌使前翼膜张开；当翼收拢时，前翼膜因所含弹性组织而自行回缩。此外，颈皮肌向腹侧分出一束，形成嗉囊的肌性悬带，收缩时协助嗉囊周期性排空。

2. 头面部肌

不发达，但开闭上、下颌的肌肉则比较发达。

3. 颈部肌

禽类颈部较长，活动灵活，因此颈部的多裂肌、棘突间肌、横突间肌等分布较多。但禽的颈部无臂头肌和胸头肌，不形成颈静脉沟，颈静脉直接位于颈部皮下。

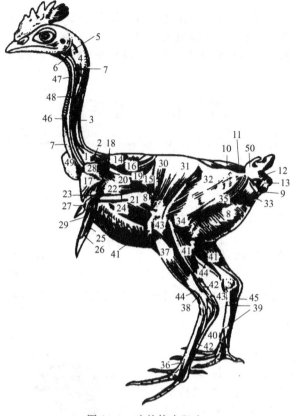

图 14-3　鸡的体表肌肉

1—颈最长肌；2—颈半棘肌；3—颈二腹肌；4—复肌；5—头外侧直肌；

6—头内侧直肌；7—颈长肌；8—腹外斜肌；9—泄殖腔提肌；10—尾提肌；

11—尾外侧肌；12—尾肌；13—泄殖腔括约肌；14—斜方肌；15—后浅锯肌；

16—背阔肌；17—胸浅肌；18—三角肌；19—后肩胛臂骨肌；20—臂三头肌；

21，22—腕桡侧伸肌；23—腕尺侧伸肌；24—指总伸肌；25—骨间背侧肌；

26—掌骨间肌；27—翼膜张肌；28—长翼膜张肌；29—第 3 指外展肌；

30—髂胫前肌和臀浅肌；31—阔筋膜张肌和臀浅肌（尾侧部）；32—股二头肌；

33—尾股肌；34—半腱肌；35—半膜肌；36—趾长伸肌；37—腓骨长肌；

38—腓肌短肌；39—拇短伸肌；40—趾短伸肌；41—腓肠肌；42—趾深屈肌；

43—趾浅及趾深屈肌；44—胫骨前肌；45—拇短屈肌；46—胸骨甲状肌；

47—气管；48—颈静脉；49—嗉囊；50—尾脂腺

4. 躯干肌

背部和综荐部因椎骨大多愈合，肌肉大大退化。

尾部肌肉较发达，借以运动尾羽。

胸廓肌有肋间肌、斜角肌和肋胸骨肌等，但无膈肌。

腹壁肌也分为腹外斜肌、腹内斜肌、腹直肌和腹横肌四层，但肌肉很薄弱，主要参与呼气作用，也可协助排粪和产蛋。

5. 肩带肌

肩带肌中最发达的是胸部肌，善飞的禽类可占全身肌肉总重的一半以上。胸部肌包括胸肌（又称胸浅肌、胸大肌）和乌喙上肌（又称胸深肌、胸小肌）两块。胸肌的作用是将翼向下扑动；乌喙上肌则是将翼向上举。位于臂部和前臂部的翼部肌肉主要起着展翼和收翼的作用。为了限制禽类的飞翔活动，可将翼肌部分肌腱切断。

6. 盆带肌和腿肌

盆带肌不发达。腿部肌肉很发达，是禽体内第二发达的肌肉，仅次于胸部肌。它们大部分位于股部，作用于髋关节和膝关节。小腿部肌肉作用于跗关节和趾关节。当禽下蹲栖息时，由于体重将髋关节、膝关节屈曲，趾关节也同时屈曲而牢固地攀持栖木，不需要消耗能量。这是禽类和两栖类动物特有的功能。

第二节　被皮系统

【知识目标】
◆ 掌握禽皮肤及衍生物的结构特点。
【技能目标】
◆ 能在活体上识别禽的体表各部位名称。
【知识回顾】
◆ 家畜皮肤及衍生物的组成及特点。

家禽体表被覆有浓密的羽毛，前肢演变成了翼，皮肤衍生物也和哺乳动物明显不同（图14-4）。

一、皮肤

禽皮肤较薄。真皮分为浅层和深层。浅层除少数无羽毛部位外不形成乳头，而形成网状小嵴；深层具有羽囊和羽肌。皮下组织疏松，有利于羽毛活动。皮下脂肪仅见于羽区，在其一定部位形成若干脂肪体，营养良好的禽较发达，特别在鸭、鹅。

皮肤没有皮脂腺。尾脂腺位于综尾骨背侧，分为两叶。鸡为圆形；水禽为卵圆形，较发达。分泌物含有脂质，可润泽羽毛，排入腺叶中央的腺腔，再开口于尾脂腺乳头上。

禽皮肤也无汗腺，体温调节的散热作用除依靠体表裸区外，均为蒸发散热。

二、羽毛

羽毛是禽皮肤特有的衍生物，可分为正羽、绒羽和纤羽三类。

1. 正羽

又称廓羽，构造较典型。有一根羽轴，下段为羽根，着生在皮肤的羽囊内；上段为羽茎，其两侧为羽片。羽片是由许多平行排列的羽枝构成的，从其上又分为两行小羽枝，远列小羽枝具有小钩，与相邻的近列小羽枝互相勾连，从而构成一片完整的弹性结构。正羽覆盖在禽体的一定部位，称羽区，其余部位称裸区，以利肢体运动和散发体温。

2. 绒羽

绒羽茎细，羽枝长，小羽枝不形成小钩，

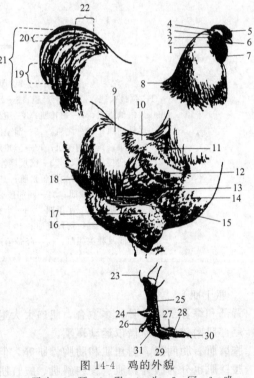

图14-4　鸡的外貌

1—耳叶；2—耳；3—眼；4—头；5—冠；6—喙；7—肉垂（肉髯）；8—颈羽（梳羽）；9—鞍（腰）；10—背；11—肩；12—翼；13—副翼羽；14—胸；15—主翼羽；16—腹；17—小腿；18—鞍羽；19—小镰羽；20—大镰羽；21—主尾羽；22—覆尾羽；23—跗关节；24—距；25—跖；26—第1趾；27—第2趾；28—第3趾；29—第4趾；30—爪；31—脚

密生于皮肤表面，被正羽所覆盖，主要起保温作用。初孵出的幼禽雏羽似绒羽，不具小羽枝。

3. 纤羽

分布于全身，长短不一，细长如毛发状。有些禽类无纤羽。

三、其他衍生物

禽类其他衍生物包括冠、肉髯、耳垂、喙、爪、距和鳞片等。

冠的表皮很薄，真皮厚，浅层含有毛细血管窦，中间层为厚的纤维黏液组织，能维持冠的直立，但去势公鸡和停产母鸡中间层的黏液性物质消失，故冠也倾倒。冠中央为致密的结缔组织，含有较大血管。肉髯的构造与冠相似，但中间层为疏松结缔组织。耳垂的真皮不形成纤维黏液层。

喙、爪、距和鳞片的角质都是表皮增厚并角蛋白钙化而成，故很坚硬。

第三节　消化系统

【知识目标】
◆ 掌握禽消化系统组成。
◆ 掌握嗉囊、肌胃、腺胃结构特点。
◆ 掌握禽的消化生理特点。

【技能目标】
◆ 能在活体或离体上识别嗉囊、腺胃、肌胃、脾及各段肠管。
◆ 能在活体或离体上识别泄殖腔内的各部分结构。

【知识回顾】
◆ 家畜消化系统的组成。
◆ 腔性器官的结构特点。
◆ 家畜肠管的分段。

一、禽的消化器官的结构

家禽的消化系统由口咽、食管、嗉囊（鸡）、胃、肠、泄殖腔等消化管和肝、胰等消化腺构成（图14-5和彩图21）。

（一）口咽

禽没有软腭、唇和齿，有不明显的颊。喙是采食器官。喙在鸡和鸽为尖锥形，被覆有坚硬的角质；鸭和鹅的长而扁，除上喙尖部外，大部分被覆以角质层较柔软的所谓蜡膜，边缘形成横褶，在水中采食时能将水滤出。鸡、鸽的舌为锥形；鸭、鹅的舌较长而厚。禽咽与口腔没有明显分界，常合称为口咽。

（二）食管与嗉囊

1. 食管

食管分颈、胸两段。颈段与气管一同偏于颈的右侧，位于皮下。鸡、鸽的食管在胸腔前口处形成嗉囊；鸭、鹅没有真正的嗉囊，在食管颈段扩大成纺锤形，以储存食料，有括约肌与胸段为界。食管末端略变狭而与腺胃相接。食管黏膜分布有较大的黏液性食管腺。鸭食管后端的淋巴滤泡较明显，称食管扁桃体。

2. 嗉囊

嗉囊位于皮下叉骨之前，为食管膨大部，鸡的偏于右侧，鸽的分为对称的两叶。嗉囊内面沿背缘形成食管嗉囊裂，又称嗉囊道。嗉囊的前、后两开口相距较近，有时食料可经此直接入胃。鸽嗉囊的上皮细胞在育雏期增殖而发生脂肪变性，脱落后与分泌的黏液形成嗉囊乳，以哺乳幼鸽。

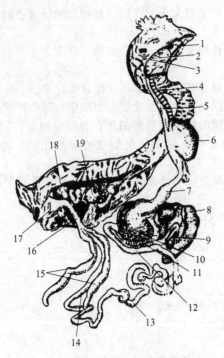

图 14-5　鸡的消化器官

1—口腔；2—喉；3—咽；4—气管；5—食管；6—嗉囊；7—腺胃；
8—肝；9—胆囊；10—肌胃；11—胰；12—十二指肠；13—空肠；
14—回肠；15—盲肠；16—直肠；17—泄殖腔；18—输卵管；19—卵巢

（三）胃

禽胃分腺胃和肌胃两部分，中间为峡部（图 14-6）。

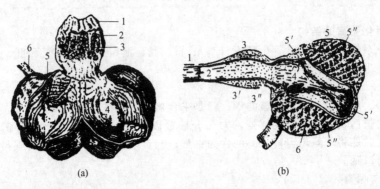

图 14-6　鸡、鹅的胃（剖面）

（a）鸡的胃（剖面）1—食管；2—腺胃；3—腺胃乳头；4—肌胃侧肌；
5—幽门；6—十二指肠

（b）鹅的胃（纵剖后右侧半）1—食管；2—食管与腺胃的黏膜分界；
3—腺胃；3′—腺胃乳头；3″—深腺小叶；4—肌胃侧肌；5—肌胃；
5′—前囊和后囊的薄肌；5″—背侧和腹侧的厚肌；6—胃角质层

1. 腺胃

呈纺锤形，位于腹腔左侧，在肝两叶之间的背侧。前以贲门与食管相通，仅黏膜具有较明显的分界。向后以峡与肌胃相接，两者间的黏膜形成胃中间区。腺胃壁较厚，内腔不大，食料通过的时间很短。黏膜表面分布有乳头，鸡的较大，鸭、鹅的较小、较多。腺胃黏膜内有单管状前胃浅腺和复管状前胃深腺两种。前胃浅腺为黏膜浅层形成的隐窝，分泌黏液。前胃深腺肉眼可见，集合成许多腺小叶，以集合管开口于黏膜乳头上，分泌盐酸和胃蛋白酶原。

2. 肌胃

为双面凸的圆盘形，壁厚而坚实；位于腹腔左侧，在肝后方两叶之间。其壁为平滑肌，背、腹两块厚的侧肌构成厚的背侧部和腹侧部，前、后两块薄肌构成薄的前囊和后囊。四块肌肉在胃两侧以厚的腱中心相连接，形成腱镜。肌胃的入口和出口（幽门）都在前囊处。黏膜表面被覆有一层厚而坚韧的类角质膜，能保护黏膜，为胃角质层，由肌胃腺分泌物与脱落的上皮细胞在酸性环境下硬化而成，俗称鸡内金。肌胃内常有吞食的沙砾，故又称砂囊。肌胃通过发达的肌层、粗糙而坚韧的类角质膜和胃内沙砾对食物进行机械磨碎。

学习贴示

出壳几日内的雏禽的腺胃和肌胃均很软，色泽也相近，似肉色，有的还呈透明状。

（四）肠

1. 小肠

分为十二指肠、空肠和回肠。十二指肠位于腹腔右侧，形成"U"字形的肠袢，分为降支和升支，两支的转折处达盆腔。升支在幽门附近移行为空回肠。空回肠形成 6～12 圈肠袢，鸡和鸽的数目较多，鸭和鹅的较少，以肠系膜悬挂于腹腔右侧。空回肠中部的小突起称卵黄囊憩室，是卵黄囊柄的遗迹，常以此作为空回肠的分界。空回肠壁内含有淋巴组织。小肠黏膜表面形成绒毛，黏膜内有小肠腺，但无十二指肠腺。

学习贴示

卵黄囊柄是禽在孵化过程中，卵黄（蛋黄）吸收部位在肠管处留下的遗迹。

2. 大肠

分为盲肠和直肠。盲肠有两条，长 14～23cm，分为盲肠基、盲肠体和盲肠尖三部分（彩图22）。盲肠基较狭，以盲肠口接直肠。盲肠体较粗。盲肠尖为细的盲端。盲肠基的壁内分布有丰富的淋巴组织，称为盲肠扁桃体，以鸡最明显。鸽的盲肠小如芽状。禽无明显的结肠，仅有一短的直肠，长 8～10cm，称为结直肠，以系膜悬挂于盆腔背侧。大肠肠壁具有较短的绒毛和较少的肠腺。

学习贴示

禽没有明显的结肠。在两根盲肠之间是一个结直肠，两条盲肠都是由盲端分别开口在结直肠上，两口相对。

（五）泄殖腔

泄殖腔是消化、泌尿和生殖的共同通道，位于盆腔后端，略呈椭圆形，以黏膜褶分为粪道、泄殖道和肛道三部分。粪道较膨大，前接直肠，黏膜上有较短的绒毛，以环形襞与泄殖道为界。泄殖道短，背侧面有一对输尿管开口。在输尿管开口的外侧略后方，雄禽有一对输精管乳头，雌禽则只在左侧有一输卵管开口。泄殖道以半月形或环形的黏膜襞与肛道为界。肛道背侧在幼禽有腔上囊的开口，向后以肛门开口于体外。肛道的背侧壁内有肛道背侧腺，侧壁内有分散的肛道侧腺（图 14-7）。

（六）肝、胰

1. 肝

分为左、右两叶，位于腹腔前下部。两叶之间在前部夹有心及心包，背侧和后部夹有腺胃和肌胃。成年禽的肝为暗褐色，肥育的禽因肝内含有脂肪而为黄褐色或土黄色，刚孵出的雏禽因吸收卵黄色素而为黄色，约两周后色泽转深。两叶的脏面各有 1 肝门，有肝动脉、门静脉和肝管出入。除鸽外，家禽右叶腹侧有胆囊，右叶肝管先到胆囊，由胆囊发出胆囊管。左叶的肝管不经胆囊，与胆囊管共同开口于十二指肠终部，但鸽左叶的肝管较粗，开口于十二指肠袢的降支。

2. 胰

位于十二指肠袢内，淡黄或淡红色，长条形。分为背叶、腹叶和很小的脾叶。胰管在鸡一般有 3 条，鸭、鹅有 2 条，与胆管一起开口于十二指肠终部。

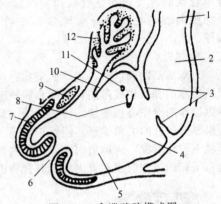

图 14-7　禽泄殖腔模式图

1—直肠；2—粪道；3—粪道泄殖道襞；
4—泄殖道；5—肛道；6—肛门；7—括约肌；
8—输精管乳头；9—肛道背侧腺；10—泄
殖道肛道襞；11—输尿管口；12—腔上囊

二、禽的消化生理特点

禽类没有齿，腺胃也很小，所分泌的消化腺与家畜相比量很小。但为了保证其消化食物的功能，禽特有的嗉囊先将食物暂时储存，在储存过程中，将其软化，并逐渐少量地向后推向腺胃；经腺胃分泌消化液后，又分批地推向具有强大磨碎能力的肌胃内进行物理性、化学性消化；禽能消化饲料中的粗纤维，与牛的瘤胃功能相似，盲肠内的 pH 值 6.5～7.5，也具备厌氧的环境，适于微生物的繁殖生长，食糜在此要停留 6～8 小时。盲肠内的细菌分解饲料中的蛋白质和氨基酸，产生氨，还能利用饲料中的非蛋白氮成分合成菌体蛋白，合成 B 族维生素和维生素 K。与反刍动物的瘤胃对蛋白的利用相同。结肠和直肠短，没有太大的消化功能，只是吸收水分和盐并形成粪便。禽的这些特点都保证禽类自身良好的消化过程。禽的食物消化后排泄过程是随时消化随时排泄。

第四节　呼吸系统

【知识目标】

◆ 掌握禽呼吸系统组成。

◆ 掌握气管、鸣管、肺及气囊的结构特点。

◆ 掌握禽呼吸生理特点。

【技能目标】

◆ 能在活体或离体上识别气管、鸣管、肺及气囊结构。

【知识回顾】

◆ 家畜呼吸系统的组成。

◆ 家畜肺结构特点。

◆ 家畜胸、腹腔的分界。

◆ 禽的胸骨及肋骨的特点。

一、禽的呼吸系统结构

家禽的呼吸系统由鼻、喉、气管、支气管、肺和气囊等器官构成。

1. 鼻腔

禽鼻腔较狭。鼻孔位于上喙基部，鸡鼻孔上缘有膜性鼻瓣，周围有小羽毛，可防小虫、灰尘进入。鸭、鹅鼻孔四周为柔软的蜡膜，鸽的上喙基部在两鼻孔之间形成隆起的蜡膜。

眶下窦（又称上颌窦）是禽类唯一的鼻旁窦，位于眼球前下方和上颌外侧，略呈三角形，鸡的较小，鸭、鹅的较大。

眼眶顶壁和鼻腔侧壁有一特殊的鼻腺，有分泌氯化钠的功能，又称盐腺。鸡的狭长，不发达；鸭、鹅的呈半月形，较发达。鼻腺对调节渗透压有重要作用。

2. 喉、气管、鸣管、支气管

（1）喉　喉位于咽底壁舌根后方。喉口与鼻后孔相对，喉腔内无声带。喉软骨有环状软骨和勺状软骨，无甲状软骨和会厌软骨。环状软骨分成4片，以腹侧板（体）最长，呈匙状。1对勺状软骨形成喉口的支架，外被覆黏膜褶，围成缝状的喉口。

（2）气管和支气管　气管长而较粗，与食管同行，到颈的下半偏至右侧，入胸腔前又转至颈的腹侧。气管入胸腔后，在心基的背侧分为两条支气管，分叉处形成鸣管。相邻气管环互相套叠，便于伸缩颈部（图14-8）。

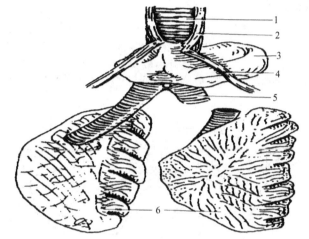

图 14-8　公鸭的气管和肺（腹面观）
1—气管；2—气管喉肌；3—鸣泡；4—胸骨喉肌；5—支气管；6—肺

（3）鸣管　是禽的发音器官，由气管、支气管的几个环和一块楔形的鸣骨构成（图14-9）。鸣骨位于气管分叉的顶部，在鸣管腔分叉处。鸣管有2对弹性薄膜，分别称外侧鸣膜和内侧鸣膜，呼吸时振动鸣膜而发声。鸭的鸣管主要由支气管构成，公鸭鸣管在左侧形成一个膨大的骨质鸣管泡，无鸣膜，发声嘶哑。

🖐 **学习贴示**

禽的气管到肺内不像家畜那样会形成支气管树，而是会反复分支并连通在一起。

3. 肺

禽肺呈鲜红色，不分叶，略呈扁平四边形，位于第1～6肋之间。背侧面嵌入肋间，形成肋沟。肺的实质由三级支气管和肺房、漏斗、肺毛细管组成（图14-10）。初级支气管为支气管的延续，纵贯全肺，后端出肺通腹气囊。初级支气管发出4群次级支气管。次级支气管分出的许多第3级支气管呈袢状连接于两群次级支气管之间。

4. 气囊

气囊是肺的衍生物，为禽类特有，容积比肺大5～7倍，是支气管的分支出肺后形成的黏膜囊（图14-10）。多数禽类为9个。颈气囊1对（鸡为单一的颈气囊），位于胸腔前部背侧，其分支向前可伸达第2颈椎；锁骨间气囊1个，位于胸腔前部腹侧；前胸气囊1对，位于两肺腹侧；

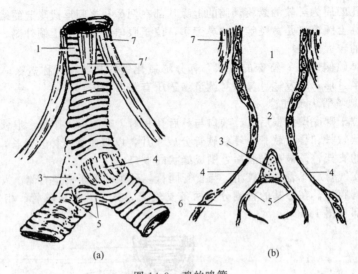

图 14-9　鸡的鸣管

（a）外面；（b）纵剖面

1—气管；2—鸣腔；3—鸣骨；4—外鸣膜；5—内鸣膜；6—支气管；7,7′—气管肌

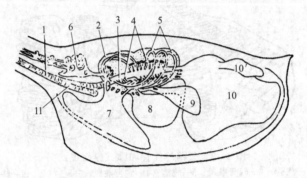

图 14-10　禽气囊及支气管分支模式图

1—气管；2—肺；3—初级支气管；4—次级支气管；

5—三级支气管；6—颈气囊；7—锁骨间气囊；8—前胸气囊；

9—后胸气囊；10—腹气囊；10′—肾憩室；11—鸣管

后胸气囊 1 对，位于肺腹侧后部；腹气囊 1 对，最大，位于腹腔内脏两旁。气囊壁很薄，除开口处为柱状纤毛上皮外，其内外两层都为单层扁平上皮，两层间为疏松结缔组织，血管较少。气囊所形成的憩室可伸入许多骨的内部和脏器之间。气囊除参与呼吸外，还有减轻体重、平衡体位、加强发音气流和调节体温的作用。

学习贴示

　　气囊很薄，是透明的，易破，它是一层浆膜，在内表面上衬有上皮细胞。气囊及含气的骨的存在可使禽更适于飞行。生产实际中有给雄性家禽去势（摘除睾丸）的，要防止碰破气囊。

二、呼吸生理主要特点

　　禽类的呼吸过程也有三个阶段：肺通气、气体在血液中的运输、肺和组织换气。但由于禽类的呼吸系统没有喉，也没有真正的胸腔和肺泡，因此它的呼吸过程与家畜不同。虽然禽类的肺是镶嵌在肋凹内的，且没有肺泡，胸腔的起浮也没有家畜的明显，但禽的换气率高，即吸气和呼气都能进行气体交换；因为禽的肺发出了三级支气管，并在周围分布有丰富的毛细血管利于气体交换；另外在禽吸气过程中，肺的初级和次级支气管内气体直接进入了气囊，不参与交换，当禽呼气时，气囊的气体经过肺，进行气体交换，这使得禽在吸气和呼气过程中均有新鲜的气体进行气体交换。在禽进行呼吸时，腹壁肌也参与其中，因而禽是胸腹式呼吸。

学习贴示

禽的某些呼吸系统疾病或传染病常在气囊发生病变。雄禽去势时易损伤气囊而导致皮下气肿。腹腔注射时如注入气囊，则会导致异物性肺炎。由于胸腹腔没有膈的存在，消化、呼吸任何器官的病变往往会波及两个系统的器官。

第五节 泌尿系统

【知识目标】

◆ 掌握禽泌尿系统组成。

◆ 掌握禽泌尿生理特点。

【技能目标】

◆ 能在活体或离体上识别肾及输尿管。

【知识回顾】

◆ 家畜泌尿系统的组成及肾结构特点。

◆ 家畜尿生成过程。

◆ 禽泄殖腔特点。

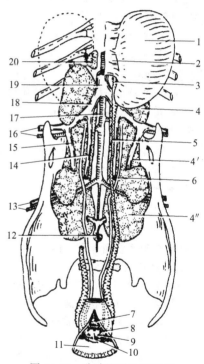

图 14-11 公鸡泌尿生殖器官
腹侧观，右睾丸和部分输精管已切除，泄殖腔从腹侧剖开
1—睾丸；2—睾丸系膜；3—附睾；4,4′,4″—肾前部、肾中部、肾后部；5—输精管；6—输尿管；7—粪道；8—输尿管口；9—输精管乳头；10—泄殖道；11—肛道；12—肠系膜后静脉；13—坐骨血管；14—肾后静脉；15—肾门静脉；16—髂外血管；17—主动脉；18—髂总静脉；19—后腔静脉；20—肾上腺

一、禽类泌尿系统的组成

禽泌尿系统包括肾和输尿管（图 14-11）。

1. 肾

禽肾狭长，红褐色，位于综荐骨两旁和髂骨的内面，前达最后椎肋骨，向后几乎抵达综荐骨的后端。禽肾较发达，占体重的 1%～2.6%。

肾分为前、中、后三部。无肾门和肾脂肪囊，血管、输尿管直接从肾的表面进出。

肾由许多肾小叶构成。在鸡肾表面，肾小叶表现为直径为 1～2mm 的小圆形突起。肾小叶表层为皮质区，深部为髓质区，但由于肾小叶的分布深浅不一，皮质和髓质区分不很明显。皮质区由许多肾单位构成。髓质区主要由集合小管和肾单位构成。肾间质不发达，表面的结缔组织膜极薄，故禽肾质地较脆。

2. 输尿管

输尿管在肾内不形成肾盂或肾盏，而是先分为一级分支（鸡约 17 条），再由每支一级分支分出 5～6 条二级分支。

学习贴示

> 禽的肾是镶嵌在盆腔顶部的，红褐色，左右各一，看起来每侧有三个肾，其实为一个，分上、中、下三部分。禽的肾没有肾门，输尿管就在其表面。

禽输尿管从肾中部走出，沿肾的腹侧面向后延伸，最后开口于泄殖道，与粪混合后排出体外。管壁较薄，透过管壁常可看到尿酸盐的白色结晶。

二、禽类的泌尿生理特点

禽的尿液生成过程与家畜相同，存在原尿和终尿生成两个过程。所不同的是禽没有膀胱，不能将尿液存留于体内，而是随时产生随时排出。禽类的肾小球的有效滤过压要低于家畜，为 $1\sim2kPa$。生成尿液过程中滤过作用不如哺乳动物的重要。全部的尿液的产生和粪便一起进入泄殖腔内，随产随排泄。肾小管内 99％的水，全部的葡萄糖、氯、钠及碳酸盐等成分可被重吸收。禽尿的 pH 值在 $5.8\sim8.00$，尿酸含量大于尿素，肌酸含量大于肌酐。

第六节 生殖系统

【知识目标】
- ◆掌握禽生殖系统组成。
- ◆掌握禽生理特点。

【技能目标】
- ◆能在活体或离体上识别雌禽的卵巢、输卵管等生殖器官。
- ◆能在活体或离体上识别雄禽的睾丸及交配器官。

【知识回顾】
- ◆家畜生殖系统的组成及子宫特点。
- ◆家畜生殖生理过程。
- ◆禽泄殖腔特点。

（一）雄禽生殖系统

雄禽生殖系统由睾丸、附睾、输精管和交配器官等组成。

1. 睾丸和附睾

睾丸位于腹腔，右侧睾丸位于肝右叶的背侧，左侧睾丸接胃的腺部及小肠以短的系膜悬腹腔顶侧，与胸、腹气囊相接触。睾丸的位置体表投影相当于最后两椎肋骨的上部。睾丸大小和色泽因品种、年龄、生殖季节而有很大变化。在幼禽只有米粒大，淡黄或黄色；成年禽睾丸在生殖季节大如鸽蛋，增大 $200\sim500$ 倍，呈黄白或白色，在非生殖季节则萎缩变小。睾丸外面包有浆膜和一层薄的白膜。睾丸实质内的精小管则在生殖季节加长、增粗。附睾小，位于睾丸的背内侧缘。

2. 阴茎

鸭和鹅的阴茎较发达，位于肛道腹侧偏左，长 $6\sim9cm$，它由两个螺旋形的纤维淋巴体和产生精液的腺部构成。

3. 输精管

输精管为一对弯曲的细管，与输尿管并行，向后因管壁平滑肌增厚而逐渐变粗。其终部略扩大，埋于泄殖腔壁内，末端形成输精管乳头，突出于输尿管口的外下方。禽没有副性腺，精清主要由精小管、睾丸输出管及输精管的上皮细胞分泌。

4. 交配器官

公鸡的交配器官包括阴茎体、生殖突、1对输精管乳头和1对淋巴褶。阴茎体为3个并列的小突起，位于肛门腹侧唇的内侧，刚孵出的雏鸡可以此来鉴别雌雄。

（二）雄性生殖生理特点

雄性家禽与家畜不同的是其睾丸在腹腔内，没有副性腺。但其也和家畜一样，会产生精子，产生的精子也进入附睾内成熟。不同的是公鸡一次射精量少（0.12～1ml），并且在体外存活的能力要强于家畜的精子，在2～34℃均能存活。

（三）雌性生殖系统

雌性生殖系统由卵巢和输卵管构成，但仅左侧发育正常，右侧退化（图14-12）。

1. 卵巢

卵巢以短的系膜悬挂于左肾前部腹侧。幼禽为扁平形，灰白或白色，表面略呈颗粒状，被覆生殖上皮。皮质区内有卵泡；髓质区为疏松组织和血管。随年龄增长和性活动增强，卵泡不断发育生长，卵泡内的卵细胞逐渐储积卵黄，并突出于卵巢表面，至排卵前7～9天，仅以细的卵泡蒂与卵巢相连。排卵时，卵泡膜在薄弱而无血管的卵泡斑处破裂，将卵子释出。禽卵泡没有卵泡腔和卵泡液，排卵后不形成黄体，卵泡膜于2周内退化消失。产蛋期经常保持有5个成熟卵泡，如葡萄状。停产期卵巢回缩，到下一个产蛋期又开始生长。

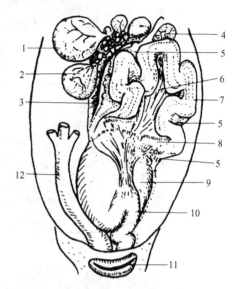

图 14-12　母鸡的生殖器官

1—卵巢中的成熟卵泡；2—排卵后的卵泡膜；3—漏斗部的输卵管伞；4—左肾前叶；5—输卵管背侧韧带；6—输卵管腹侧韧带；7—卵白分泌部；8—峡；9—子宫及其中的卵；10—阴道；11—肛门；12—直肠

2. 输卵管

禽只有左输卵管发育完全，以其背侧韧带悬挂于腹腔背侧偏左；腹侧以富含平滑肌的游离腹侧韧带向后固定于阴道。输卵管在幼禽是一条细而直的小管，到产蛋期发育为管壁增厚、长而弯曲的管道，至停产期则逐渐回缩。

（1）漏斗部　漏斗部前端扩大呈漏斗状，其游离缘呈薄而软的皱襞，称输卵管伞，向后逐渐过渡为狭窄的颈部。漏斗底部有输卵管腹腔口，呈长裂隙状。漏斗部收集并吞入卵子到输卵管，所需的时间20～30分钟。漏斗部是卵子和精子受精的场所。输卵管颈部有分泌功能，其分泌物参与形成卵黄系带。

（2）膨大部或蛋白分泌部　长且弯曲，管壁厚，管壁内存在大量腺体。产卵期，其黏膜呈乳白色。卵在膨大部停留3小时。该部的作用是形成浓稠的白蛋白，一部分参与形成卵黄系带。

（3）峡部　略窄且较短，其管壁薄而坚实，黏膜呈淡黄褐色，卵在狭部停留75分钟，狭部分泌物形成卵内、外壳膜。

（4）子宫部　子宫壁厚且肌组织发达，管腔大，黏膜淡红色。其皱襞长而呈螺旋状。当卵通过时，由于平滑肌的收缩，是卵在其中反复转动，使分泌物分布均匀。卵在子宫内停留时间长达18～20小时。

（5）阴道部　壁厚，呈特有的"S"状弯曲，阴道肌层发达。卵经过阴道时间极短，仅几秒至1分钟。阴道黏膜呈灰白色，形成纵行皱襞，内有阴道腺。

（四）家禽的胚外结构

家禽胚胎的营养和呼吸主要靠胎膜实现，鸡的胎膜主要有羊膜、浆膜、卵黄囊和尿囊4种（图14-13）。4种胎膜先后发生，逐渐完善。

1. 羊膜和浆膜

羊膜和浆膜是同时发生的两种胎膜。羊膜在孵化第2天即覆盖胚胎的头部，并逐渐包围胚体，到第4天时羊膜合拢，胚胎被包围起来，而后增大，并充满透明的液体，即羊水。羊水可保

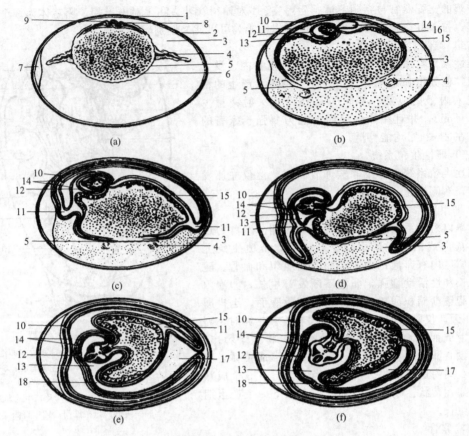

图 14-13 鸡胚胎膜形成

鸡胚横切，(a) ～ (f) 示顺序

1—蛋壳；2—壳膜；3—蛋白；4—系带；5—卵黄膜；6—卵黄；7—气室；
8—胚体横切；9—羊膜侧褶；10—浆膜；11—浆羊膜腔；12—羊膜；13—羊
膜腔；14—尿囊；15—卵黄囊；16—卵黄囊血管；17—蛋白囊；18—浆羊膜道

护胚胎不受机械损伤，防止粘连。由于羊膜的节律性收缩，能起到促进胚胎运动的作用。浆膜的胚层结构与羊膜相同，但位置相反。

2. 卵黄囊

卵黄囊从第 2 天开始形成，到第 9 天几乎覆盖整个卵黄表面。卵黄囊由卵黄囊柄与胎儿连接，卵黄囊上分布着浓密的血管，胚胎由卵黄得到营养物质，孵化期前 6 天还供应胚胎所需要的氧气，孵出前与卵黄一起被吸入腹腔内。

3. 尿囊

尿囊位于羊膜、卵黄囊之间，孵化第 3 天开始形成，而后迅速增大，孵化至第 6 天时，达到壳膜内表面。孵化第 10～11 天时包围整个蛋的内容物，而在蛋的小头合拢。尿囊表面布满血管，胎儿通过尿囊血液循环吸收蛋白中的营养物和蛋壳的矿物质，并于气室和气孔吸收外界氧气、排出二氧化碳。因此，尿囊既是胎儿的营养、排泄器官，又是呼吸器官。

(五) 雌禽的生殖生理特点

雌性禽的卵巢和家畜的一样，会产生许多的卵母细胞，形成卵泡。卵泡的排出是有一定的规律性的。母鸡一次产卵后的 15～75 分钟后排卵。卵排出后到子宫内形成蛋。蛋黄是由肝合成的，以血液输送到了卵泡内形成卵黄物质，呈同心圆状排列。而蛋的其他部分是在输卵管内其他部位形成。卵泡排出在子宫膨大部生成蛋白；蛋白围在蛋黄周围。然后，再推动到峡部，在此停 1.5 小时，形成壳膜，壳膜的主要成分是角蛋白和少量的糖类。最后卵在子宫部停 19～20 小时。在此处，子宫部分泌含有大量钙盐和少量蛋白质的成分，形成了蛋的壳。禽产生的蛋往往会有颜色，这主要是在子宫内停留的最后几小时色素沉积的结果。是否交配对母禽产蛋的过程来说不是必需的。但是要想繁殖后代，则一定要经过交配或人工授精的卵才能孵化出幼雏。

关于鸡抱窝现象，其实是雌性家禽的一种母性行为，主要是性激素调节的结果。

第七节　脉管系统

一、心血管系统

1. 心脏

位于胸腔前下部，心基与第1、2肋骨相对，心尖与第5、6肋骨相对，夹于肝左、右叶之间。右心房有静脉窦（鸡明显），与心房之间以窦房瓣为界。右房室口无哺乳动物心脏的三尖瓣，而为一半月形肌性瓣。左房室瓣、肺动脉瓣和主动脉瓣与哺乳动物相似。禽的房室束及其分支无结缔组织鞘包裹，兴奋易扩布到心肌，这与禽的心搏频率较高有关。

2. 动脉

右心室发出肺动脉干，分为左、右肺动脉入肺。左心室发出主动脉，形成右主动脉弓（哺乳动物为左动脉弓），延续为降主动脉。右主动脉弓上发出左、右臂头动脉，并分别分为左、右颈总动脉和左、右锁骨下动脉。主动脉沿体腔背侧正中后行，分出的壁支有肋间动脉、腰动脉和荐动脉；脏支有腹腔动脉、肠系膜前动脉、肠系膜后动脉和1对肾前动脉。此外，还发出髂外动脉、坐骨动脉到后肢。坐骨动脉还发出肾中动脉和肾后动脉到肾的中后部，肾前动脉还分支到睾丸或卵巢。主动脉在延续为尾动脉前分出一对髂内动脉到泄殖腔、腔上囊等处。

3. 静脉

肺静脉有左、右两支，注入左心房。全身静脉汇集于两条前腔静脉和一条后腔静脉，开口于右心房的静脉窦；但鸡的左前腔静脉直接开口于右心房。

二、淋巴系统

1. 淋巴组织

淋巴组织广泛分布于禽体的许多实质性器官、消化道壁以及神经干、脉管壁内。如从咽到泄殖腔的消化道黏膜固有层或黏膜下组织内分布有弥散性淋巴组织；在鸡盲肠基部的壁内有发达的淋巴组织，称为盲肠扁桃体。

2. 淋巴器官

禽的淋巴器官有胸腺、腔上囊、脾和淋巴结等（图14-14）。

（1）胸腺　位于颈部皮下气管两侧，形成不规则的串，沿颈

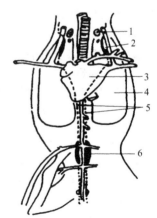

图14-14　鹅淋巴结位置模式图
1—甲状腺；2—颈胸淋巴结；
3—心脏；4—肺；5—左、右
胸导管；6—腰淋巴结

静脉直到胸腔入口的甲状腺处。每侧一般有5叶（鸭、鹅、鸽）或7叶（鸡）。淡黄或黄红色。性成熟前发育至最大，此后逐渐萎缩，仅保留一些遗迹。

（2）法氏囊　是禽类特有的淋巴器官。鸡的呈圆形，鸭、鹅的为长椭圆形，位于泄殖腔背侧，开口于肛道。黏膜形成纵褶，内有少量黏液，并有大量排列紧密的淋巴小结。在禽孵出时囊已存在，性成熟前发育最大，此后即逐渐萎缩为小的遗迹（鸡10个月，鸭1年，鹅较迟），直至完全消失。

（3）脾　位于腺胃右侧，褐红色，为不大的圆形或三角形（鸽为长形），外包薄的被膜。红髓与白髓分界不甚明显。

（4）淋巴结　仅见于水禽，主要有颈胸淋巴结和腰淋巴结两对。

① 颈胸淋巴结：位于颈基部，贴于颈静脉上，纺锤形，长1.5cm。

② 腰淋巴结：位于腰部主动脉两侧，长可达2cm。

3. 淋巴管

禽淋巴管较少，主要有毛细淋巴管、淋巴管、淋巴干、胸导管。多数随血管而行，管内瓣膜不发达，壁内有淋巴小结。

学习贴示

禽类的心血管及免疫生理与家畜相同。只是禽的免疫器官没有家畜的多，其防御功能也要弱些。

第八节　神经系统、内分泌系统和感觉器官

【知识目标】
◆ 了解禽类神经系统、内分泌系统组成。
◆ 了解禽类感觉器官。

【技能目标】
◆ 能在活体或离体上识别禽的主要神经和内分泌腺。

【知识回顾】
◆ 家畜神经系统、内分泌系统的组成。

一、神经系统

家禽的神经系统由中枢神经和外周神经组成，与哺乳动物比较有不同的特点。

1. 中枢神经

禽类的中枢神经由脊髓和脑组成。

（1）脊髓　家禽的脊髓细而长，呈上下略扁的圆柱形，从枕骨大孔起向后延伸达尾综骨后端，禽类脊髓后端不形成马尾。颈胸部和腰荐部形成颈膨大和腰膨大，是翼和腿的低级运动中枢所在地。灰质呈H形，位于中心，中央有较细的脊髓中央管。白质位于灰质周围。脊髓的膜有3层，从外向内依次为脊硬膜、脊蛛网膜和脊软膜。

（2）脑　家禽的脑较小，呈桃形，脑桥不明显，延髓不发达。大脑半球前部较窄，后部较宽，皮质层较薄，表面光滑，不形成脑沟和脑回。嗅脑不发达，嗅球较小，故家禽的嗅觉不发达。

2. 外周神经

（1）脊神经　家禽的脊神经成对排列，可分为颈神经、胸神经、腰荐神经和尾神经。脊神经由背根和腹根组成，并分为背侧支和腹侧支，与哺乳动物相似。

（2）脑神经　家禽脑神经有12对。其中，嗅神经细小；视神经由中脑的视顶盖发出；三叉

神经发达，特别是水禽的动眼神经及下颌神经较粗大，与喙的敏锐感觉有关；面神经较细，分布于颈皮肌和舌骨肌；副神经不明显；舌下神经分布于舌骨肌及气管肌，后者与发声有关。植物性神经交感神经从颅底颈前神经节起沿脊柱向后延伸终止于尾神经节，交感神经干有一系列椎旁神经节。但颈前部、胸部和综荐部前部的神经节与脊神经节紧密相连，因此交通支不明显。副交感神经与哺乳动物相似。

二、感觉器官

1. 眼

家禽的眼较大，视觉发达。眼球呈扁平形，能通过头、颈的灵活运动弥补眼球运动范围小的不足。瞬膜发达，是半透明的薄膜，能将眼球完全盖住，有利于水禽的潜水和飞翔。在瞬膜内有瞬膜腺，又称哈氏腺，较发达，哈氏腺还是禽类的淋巴器官。鸡哈氏腺呈淡红色，位于眶内眼球的腹侧和后内侧，分泌黏液性分泌物，能清洁、湿润角膜。

2. 耳

家禽无耳廓，有短的外耳道。外耳道呈卵圆形，周围有褶，被小的羽毛覆盖，可减弱啼叫时剧烈震动对脑的影响，还能防止小昆虫、污物的侵入。中耳只有一块听小骨，称为耳柱骨。

三、内分泌系统

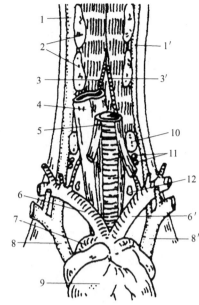

图 14-15 鹅颈基部及胸腔入口主要结构
1,1'—右、左颈静脉；2—胸腺；3,3'—左、右颈总动脉；4—食管；5—气管及气管肌；6,6'—右、左臂头动脉；7—主动脉弓；8,8'—右、左前腔静脉；9—心脏；10—甲状腺；11—甲状旁腺；12—腮后腺

内分泌系统和哺乳动物相似，包括甲状腺、甲状旁腺、肾上腺、脑垂体、松果腺等器官。除此之外，家禽还形成了独有的腮后腺（图 14-15）。

腮后腺为一对较小的腺体，位于甲状腺和甲状旁腺后方，紧靠颈总动脉与锁骨下动脉分叉处。形状不规则，无被膜，周界不明显。腮后腺能分泌降钙素，参与体内钙的代谢，与禽髓质骨的发育有关。

第四部分

经济动物解剖特点

第十五章 经济动物的解剖特点

经济动物与常见的家畜在解剖生理结构方面主要区别在于内脏系统，本章重点介绍兔、犬、鹿三种动物的消化、呼吸、泌尿和生殖四大系统各器官的解剖特点。

第一节 兔的内脏器官解剖特点

【知识目标】
◆ 掌握兔内脏器官与家畜的主要区别。
【技能目标】
◆ 能在活体或离体上识别兔的内脏器官。
◆ 能在活体上识别兔常用的静脉注射的血管。
◆ 能在活体上识别兔的心脏位置。
【知识回顾】
◆ 内脏的概念。
◆ 马的消化系统的组成及消化特点。

一、消化系统

（一）口腔

兔口腔容积较小，由唇、颊、腭、舌、齿和唾液腺组成。

（1）唇 兔的上唇中线上有一个纵裂，称为兔裂，将其完全分成左右两部，常显露门齿，便于快速啃食短草和较硬的物体。裂唇与上端圆厚的鼻端构成三瓣鼻唇（鼻端可随呼吸而活动）。

（2）颊 兔的颊黏膜光滑湿润，在靠近第3、4臼齿处有腮腺管的开口。

（3）舌 兔的短而厚，分舌根、舌体和舌尖三部分。舌体背面有明显的舌隆起，与牛舌圆枕很像。舌的背侧的黏膜上有呈绒毛样的丝状乳头，散在丝状乳头间的有菌状乳头，在舌体的后部有成对的轮廓乳头和叶状乳头。

（4）齿 两对上门齿排列特殊，一对大门齿在前方，一对小门齿在门齿后方，组成两排，大门齿外露。门齿生长较快，常有啃咬、磨牙的习性。兔无犬齿。

$$恒齿式:2\left(\frac{2033}{1023}\right)=28$$

$$乳齿式:2\left(\frac{203}{102}\right)=16$$

（5）唾液腺 兔的唾液腺较发达，主要有腮腺、颌下腺、舌下腺和眶下腺。唾液腺中含有消化酶。

（6）软腭和硬腭 兔的软腭较长，与舌之间的舌腭弓内有扁桃体窝。硬腭前部有一对鼻腭管孔，靠鼻腭管与鼻腔相通。硬腭有16～17个腭褶。

（二）咽喉

鼻咽部较大，口咽部较小，软腭后缘与会厌软骨汇合。

（三）食管

为细长的扩张性管道，前部肌层为横纹肌，中后部肌层为平滑肌。

（四）胃

兔的胃呈椭圆囊状，属于单室，横位于腹腔前部。与猪胃相似，贲门腺区为无腺区，面积最小，其他为有腺部。胃入口处平滑肌较发达（图15-1）。

胃液酸度较高，消化力较强，主要成分是盐酸和胃蛋白酶。健康家兔的胃常充满食物。

（五）肠

兔肠管较长（为体长的10倍以上），容积较大，具有较强的消化吸收功能（图15-1）。

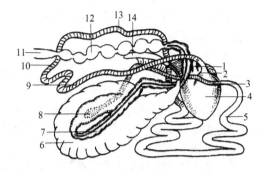

图15-1　兔消化管走向模式图

1—食管；2—幽门；3—回肠；4—胃；
5—空肠；6—盲肠；7—结肠；8—圆小囊；
9—十二指肠降支；10—十二指肠横支；11—肛门；
12—直肠；13—十二指肠升支；14—盲肠蚓突

1. 小肠

兔的小肠包括十二指肠、空肠和回肠。小肠总长达3m以上。

（1）十二指肠　呈"U"形，形弯曲，十二指肠之间彼此有系膜相连，而大部分全游离于腹腔的背侧的腰下部。肠袢之间有胰腺，肠管内有总胆管和胰管的开口。

（2）空肠　有2m长，呈淡的红色，位于腹腔的左侧前半部分，形成许多弯曲的肠袢，有较长的空肠系膜，悬于腰椎下方。

（3）回肠　较短，约有40cm，以回盲褶与盲肠相连，在盲肠的起始部，连在圆小囊处。

2. 大肠

兔大肠包括盲肠、结肠和直肠。大肠总长度为1.9m。

（1）盲肠　兔的盲肠（彩图23）特别发达，长约50cm，为卷曲的锥形体，与结肠并列，由系膜将盲肠和结肠联系起来。盲肠基部粗大，体部和尖部缓缓变细。在与回肠相连的起始部肠壁膨大成一厚壁圆囊，约拇指大小，呈灰白色，是兔特有的淋巴组织，称为圆小囊。基部黏膜中有盲肠扁桃体，体部和尖部黏膜面有螺旋瓣，从盲肠外表可看到相应的沟纹，盲肠尖部有狭窄的、灰白色的"蚓突"，蚓突长约10cm，光滑形成螺旋褶，突壁内有丰富的淋巴滤泡，对兔肉制品检查时，要详细地检查圆小囊和蚓突。

（2）结肠　长约1m，管径由粗变细，起始部粗，直径可达2cm，称为大结肠。外表有两条纵肌带和两列肠袋。大结肠后部变细的部分为小结肠，小结肠先由右向左穿过腹腔部分（横结肠），在此处与十二指肠的后段间有十二指肠韧带相连。后在左侧后转变为降结肠，由肠系膜固定于腰下。

知识链接

兔的大结肠又由梭形部将结肠分为近盲端和远盲端，分别与兔排软硬两种不同的粪便有关。据测定，软粪含有大量优质的粗蛋白和水溶性维生素，正常情况下，兔排出软粪时，会自然地弓腰用嘴从肛门采食，稍加咀嚼便吞咽至胃，与其他饲草混合，重新进入小肠消化。

（3）直肠　长30～40cm，直肠与降结肠无明显的界限，但二者之间有"S"形弯曲。直肠内有粪球，肠外观察呈串珠样。

（六）肝和胰

兔肝（彩图24）位于腹前部偏右侧，暗紫色，有两面（膈面和脏面）。两缘（背缘和腹缘）、四种韧带（镰状韧带、冠状韧带、三角韧带和肝圆韧带）与其他器官相接。肝分六叶，即左外叶、左中叶、右外叶、右中叶、方叶和尾叶。右中叶处有胆囊。兔肝能分泌大量胆汁。

胰位于十二指肠袢内，其叶间结缔组织比较发达，使胰呈松散的枝叶状结构。胰呈灰紫色。

二、呼吸系统

1. 鼻腔

鼻与家畜的相同，由中隔分成左、右两个鼻腔，每个鼻腔内也有上下鼻甲骨做支架。鼻腔内面鼻甲上均有黏膜分布，前部为呼吸区，后为嗅区。

鼻孔卵圆形，与唇裂相连，鼻端随呼吸而活动。鼻腔为管道状，鼻道构造较复杂，嗅区黏膜分布有大量嗅觉细胞，对气味有较强的分辨能力。

2. 咽和喉

咽呈漏斗状，为消化管和呼吸道的交叉要道。喉呈短管状，声带不发达，发音单调。

3. 气管和支气管

气管由不闭合的 48～50 个软骨环构成，气管末端分为左右支气管。

4. 肺

肺分为 7 叶，即左尖叶、左心叶、左膈叶、右尖叶、右心叶、右膈叶和副叶。左肺较小，心压迹较深。

三、泌尿系统

1. 肾脏

肾呈蚕豆形，为平滑单乳头肾，左、右各一，位于最后肋骨近端和前部腰椎横突腹面，右肾靠前，左肾稍后。肾脂肪囊不明显。

2. 输尿管

输尿管起于漏斗状的肾盂，左、右各一，呈白色，经腰肌与腹膜之间向后伸延至骨盆腔，由膀胱颈背侧开口于膀胱。

3. 膀胱

呈盲囊状，无尿时位于骨盆腔内，当充盈时可突入腹腔内。

4. 尿道

公兔尿道细长，起始于膀胱颈后，开口于阴茎头端，具有排尿和排精的功能。母兔尿道宽短，起始于膀胱颈后，开口于尿生殖前庭内，仅为排尿通道。

四、生殖系统

（一）母兔生殖器官

见图 15-2。

1. 卵巢

左、右各一个，呈长卵圆形，位于后部腰椎腹侧，呈浅粉色。幼兔卵巢表面光滑，成年兔卵巢表面有突出的卵泡。

2. 输卵管

左、右各一条，由输卵管系膜系于腰下。前端有输卵管伞和漏斗，稍后处增粗为壶腹，后端以峡与子宫角相通。输卵管兼有输卵和受精的功能。

3. 子宫

兔的子宫属于双子宫，左、右两侧的子宫是完全分离开的，两侧子宫前均接输卵管，后开口于阴道。子宫角较长，子宫颈较短，两侧的子宫分别以子宫颈管外口共同突入阴道中。

4. 阴道

在直肠腹侧，紧接于子宫后面，其前端有双子宫颈管外口，口间有嵴，后端有阴瓣。

5. 阴门

开口在肛门的腹侧，两侧隆突形成了阴唇。在阴唇的背、腹侧形成了阴唇连合，在腹侧的阴唇联合处形成阴瓣，阴瓣与阴门之间为尿生殖前庭，尿道外口位于前庭的前腹侧壁。

6. 雌性生殖生理特点

一般母兔性成熟年龄为 3.5～4 月龄，公兔为 4～4.5 月龄。刚达性成熟年龄的公、母兔不宜

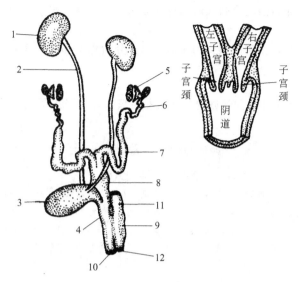

图 15-2　母兔泌尿生殖器官

1—肾；2—输尿管；3—膀胱；4—尿道；5—卵巢；6—输卵管；7—子宫；
8—阴道；9—尿生殖前庭；10—阴门；11—直肠；12—肛门

立即配种，初配年龄应再推后 1～3 个月。兔为诱发排卵动物，只有在公兔交配或有关激素等刺激下才能排卵，排卵发生于交配刺激后 10～12 小时，排卵数为 5～20 个。如果母兔卵巢中卵子成熟后不交配，成熟卵则经 10～16 天内被吸收，新的卵泡又不断地成熟。母兔妊娠期为 30～31 天。孕兔一般在产前 5 天左右开始衔草做窝，临近分娩时用嘴将腹毛拔下垫窝。分娩多在凌晨，弓背努责呈蹲坐姿势，有边分娩边吃胎衣的习性。

（二）公兔生殖器官

1. 睾丸和附睾

（1）睾丸　呈卵圆形，睾丸头向上。胚胎时期，睾丸位于腹腔。幼兔的睾丸位于腹腔内，在出生后 1～2 个月，移行到腹股沟管（此时尚未有明显的阴囊）。3～4 月龄睾丸下降至阴囊中。因腹股沟管宽短、鞘膜仍与腹腔保持联系、管口终生不封闭，所以睾丸仍能回到腹腔，故检查成年兔的睾丸时，一定要让公兔姿势正确。

（2）附睾　发达，呈长条状，位于睾丸的背外侧面上，附睾头和尾均超出睾丸的头尾，附睾尾部折转向上移行为输精管。

2. 输精管

输精管由附睾尾向上延续形成，前段穿行于精索中，后经腹股沟管进入腹腔内，向后方移行至盆腔内，与输尿管交叉后，管壁增厚形成输精管壶腹。左、右输精管在精囊腹侧开口，通入尿生殖道中。

3. 副性腺

包括精囊腺、前列腺、尿道球腺。但雄性子宫也很发达，有分泌的作用。

（1）雄性子宫　位于膀胱颈和输精管壶腹的背侧，为扁平囊，开口于尿道的背侧壁。

（2）精囊腺　1 对，椭圆形，位于雄性子宫之间，开口于尿道的背侧壁。分泌物可稀释精液，在交配后于阴道中凝固形成阴道栓，防止精液倒流。

（3）前列腺　位于精囊腺的后方，椭圆形，其分泌物呈碱性，可中和阴道中的酸性物质。

（4）尿道球腺　在前列腺的后方呈暗红色。开口于尿道背侧壁，腺的后端有薄的球海绵体肌覆盖。当性冲动时，尿道球腺分泌物流入尿道，起冲洗和润滑作用。

4. 阴茎

阴茎呈圆柱状，是交配和排尿器官，主要由海绵体构成，平时缩向肛门附近，交配时，海绵体充血膨胀，阴茎勃起伸向前方。阴茎前端没有龟头，游离部稍弯曲。

5. 尿生殖道

尿生殖道起于膀胱颈，止于阴茎头的尿道外口，分为骨盆部和阴茎部，具有排尿和输送精液的功能。

6. 阴囊

阴囊位于股内侧，2.5月龄方能显现。兔睾丸在繁殖时才降入阴囊，过后又回升到腹股沟管或腹腔中。

> **知识链接**
>
> **公母兔的鉴别方法**
>
> 初生的仔兔可根据阴部距离肛门的远近鉴别。母兔的阴部孔扁，与肛门同大，且离肛门近；公兔的阴部孔呈圆形，较肛门小，且离肛门远。稍大的可检查其外生殖器，用食指和中指夹住尾巴，大拇指轻轻向下按压生殖器，其顶端呈圆形、下方圆柱体的为公兔；局部呈"V"形、下端裂缝延至肛门的为母兔。成年后就直接看有没有阴囊即可区分公母。

第二节　犬的内脏器官解剖特点

> **【知识目标】**
> ◆ 掌握犬内脏器官与家畜的主要区别。
> **【技能目标】**
> ◆ 能在活体或离体上识别犬内脏器官。
> ◆ 能在活体上识别犬常用颈静脉沟等骨性、肌性标志。
> **【知识回顾】**
> ◆ 内脏的概念。
> ◆ 猪的内脏器官结构特点。

一、消化系统

1. 口腔

（1）唇　犬的口裂长，下唇短小且薄而灵活，犬下唇常松弛，并在齿缘上有锯齿状突起，上唇有中央沟或中央裂。上唇与鼻端间形成光滑湿润的暗褐色无毛区且有一中央沟（人中）。

（2）颊　犬颊部松弛，颊黏膜光滑并常有色素。

（3）舌　舌宽而薄且灵活，呈淡红色。黏膜结构与猪和马相似。

（4）齿　犬的第四上臼齿与第一下后臼齿格外发达，称为裂齿，具有强有力的咬断食物的能力。犬的犬齿大而尖锐并弯曲成圆锥形，上犬齿与隔齿间有明显的间隙，正好容受闭嘴时的下犬齿。犬的臼齿数目常有变动。

（5）腭　硬腭前部有切齿乳头，软腭较厚。腭咽弓基部有扁桃体窦和腭扁桃体。

（6）唾液腺　犬的唾液腺特别的发达，包括腮腺、颌下腺、舌下腺和眶腺。眶腺又叫颧腺，位于翼腭窝前部，有4～5条眶腺管开口于最后上臼齿附近。

（7）咽和食管　咽部与家畜同，有7个孔与其他部分相连。顶壁狭窄，食管入口处较小。食管起始端狭窄，称为食管峡，该部黏膜隆起，内有黏液腺。食管峡以后管腔比较宽阔。颈后段食管偏于气管左侧。食管肌层全部为横纹肌。

2. 胃

容积较大，呈长而弯曲的囊管状，左侧贲门部比较大，为圆囊形，右侧及幽门部较小，为圆管形。犬的胃属于单室有腺胃，贲门腺区呈环带状，围于贲门稍后的内壁，胃底腺区占胃黏膜面积的 2/3，黏膜很厚，幽门腺区黏膜较薄。大网膜特别发达，从腹面完全覆盖肠管。

3. 肠

犬肠管比较短，由总肠系悬吊于腰、荐椎腹面。

(1) 小肠 犬小肠约 400cm。十二指肠腺仅位于幽门附近，在肝的脏面处不形成"乙"状曲。胆管和胰腺大管的十二指肠开口部距幽门 5～8cm。空肠形成许多袢，位于腹腔左后下方。回肠末端有较小的回盲瓣。

(2) 大肠 大肠与小肠的管径相似，且肠壁没有纵肌带和肠袋。犬大肠为 60～75cm，犬盲肠退化，呈"S"形，位于右髂部，盲尖向后。结肠可分为升结肠、横结肠和降结肠。升结肠位于右髂部，横结肠接近胃幽门部，降结肠位于左髂部和左腹股沟部。直肠在左肾后下方内侧承接于降结肠，末端与肛门交界处的黏膜含肛门腺。

4. 肝和胰

肝体积较大，呈紫红色，在膈与胃之间。分为六叶，即左外叶、左中间叶、右外叶、右中间叶、方叶和尾叶。胆囊隐藏在脏面的方叶和右中间叶之间。胰位于十二指肠、胃和横结肠之间，犬胰呈"Y"形。

5. 犬的消化生理特点

犬是肉食性动物，但经人类的长期驯化后成为以肉食为主的杂食性动物。犬齿尖锐发达，适合对食物进行撕咬并且咬合力很强，可达 165kg，适合啃咬骨头；但犬臼齿的咀嚼面不发达，因此，犬不适合仔细咀嚼食物，而适合捕获猎物并将其撕成小块，所以犬的觅食方式是吞食，对食物的咀嚼程度较差。

犬的消化道相对较短，其消化道的整体特点比家畜消化管短，肠管的长度是体长的 3～5 倍，管壁也相对厚。食物在肠道内停留的时间短，胃内分泌盐酸浓度高，胃的排空的速度也比其他动物快，食物通过整个消化道的时间是 12～14 小时，所以犬易有饿感。犬的消化液对食物的消化作用不彻底，影响了对营养物质的消化吸收。

犬消化道中没有消化纤维素的微生物，所以对植物性饲料的消化力弱，尤其对粗纤维饲料几乎不能消化。也正因如此，犬对维生素的合成能力远不及草食动物。所以，犬饲料中应注意补充各种维生素。

犬对蛋白质和脂肪的消化吸收能力很强，消化液中虽然淀粉酶少，但蛋白酶和脂肪酶丰富。胃液中的盐酸含量也居家畜首位，便于蛋白质膨胀变性而利于消化；肝脏功能也很强，胆汁分泌旺盛，增强对脂肪的乳化，便于脂肪的消化。

由于犬的呕吐中枢比较发达，当吃进变质的食物或毒物时，能引起强烈的呕吐，对自身产生保护性反射。

二、呼吸系统

1. 鼻腔

鼻孔呈逗点状，鼻腔宽大，下鼻甲较发达。鼻腔后部由一鼻腔后部由一横行板隔成上下两部，上部为嗅觉部，下部为呼吸部。嗅区黏膜富含嗅细胞，使嗅觉灵敏。鼻唇镜为低温、湿润的黑色无毛区。

2. 喉

犬的喉口较大喉较短，声带大而隆起，喉侧室较大，喉小囊较广阔，喉肌较发达。

3. 管和支气管

气管由 40～45 个"U"形软骨环构成，气管的背侧，软骨环两端并不互相相接，而由横行的平滑肌相连接。气管在颈部位于食管的背侧。气管末端在心基上方分为左、右支气管。

4. 肺

肺很发达，分为 7 叶，即左尖叶、左心叶、左膈叶、右尖叶、右心叶、右膈叶和副叶。右肺显著大于左肺。但右肺心压迹比左肺深，右肺心切迹比左肺明显，呈三角形，右侧心包直接接触右胸壁（此部相当于第4～5肋软骨间隙）。

三、泌尿系统

1. 肾脏

肾呈蚕豆形，右肾靠前，位置较固定，位于前三个腰椎的横突下方；左肾因系膜松弛并受胃充满程度的影响而位置常有变动。胃空虚时，左肾位于第2～4腰椎的下方，胃充满时，左肾后移一个椎体的距离，前端约与右肾后端相对。犬肾为表面光滑的单乳头肾，无肾盏，有肾盂，肾盂在肾门处变细，与输尿管相连。

2. 输尿管

起于肾盂止于膀胱，左、右各一，右输尿管略长于左输尿管。

3. 膀胱

犬膀胱较大，尿充盈时顶端可达脐部，空虚时位于骨盆腔内。

4. 尿道

雄性尿道细长，分为骨盆部和阴茎部。起始于膀胱颈后，开口于阴茎头端，具有排尿和排精的功能。雌性尿道宽而短，起始于膀胱颈后，开口于尿生殖前庭腹侧壁，仅为排尿通道。

四、生殖系统

（一）雌性生殖器官

1. 卵巢

较小，左右各一，呈长卵圆形，在非发情期，每侧卵巢均隐藏在发达的卵巢囊中。卵巢表面常有突出的卵泡。

2. 输卵管

较细小，伞端大部分在卵巢囊内。其腹腔口较大，子宫口较小，接子宫角。

3. 子宫

属于双角子宫，子宫角细而长，子宫体很短，子宫颈较短，且与子宫体界限不清，子宫颈位于腹腔内，含有一厚层肌肉，形成圆柱状突。

4. 阴道

较长，前端稍细，不形成明显的穹隆，肌层较厚。黏膜内有纵行皱褶。

5. 尿生殖前庭

前庭较宽，有两个发达的突起。当交配刺激时，两个发达的突起充血膨大，也是交配时发生锁紧的又一个条件。在尿生殖前庭的前腹壁有尿道外口。侧壁黏膜有前庭小腺，犬无前庭大腺。

（二）雄性生殖器官

见图15-3。

1. 睾丸和附睾

睾丸体积较小，呈卵圆形，位于阴囊内。睾丸纵隔很发达。附睾较大，紧附于睾丸背外侧。

2. 输精管和精索

输精管起端在附睾尾，先沿附睾体伸至附睾头部，又穿行于精索中，后进入腹腔，继而各后上方延伸进入盆腔。左、右输精管末端通入尿道起始部背侧。精索较长，呈圆锥状，内有输精管和血管、神经，精索上部无鞘膜环。

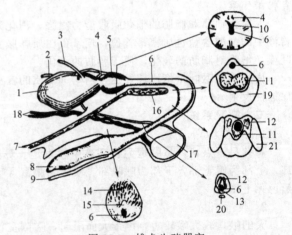

图15-3　雄犬生殖器官

1—膀胱；2—右输尿管；3—左输尿管；4—输精管；5—前列腺；6—尿道；7—腹壁；8—阴茎头；9—包皮；10—尿道峰；11—尿道球；12—阴茎海绵体；13—尿道海绵体；14—阴茎头球；15—阴茎骨；16—耻骨联合；17—睾丸；18—精索内动脉、静脉；19—球海绵体肌；20—阴茎缩肌；21—坐骨海绵体肌

3. 副性腺

犬一般无精囊腺和尿道球腺，只有前列腺。犬的前列腺比较发达，位于耻骨前缘，呈球状环绕在膀胱颈及尿道起始部。

4. 尿生殖道

起于膀胱颈，分为骨盆部和阴茎部，其前部包藏于前列腺中（当前列腺增大时会影响排尿）。坐骨弓处的尿道特别发达，称为尿道球。该部分有发达的尿道海绵体和尿道肌。

5. 阴茎

犬的阴茎较特殊。阴茎后部有一对海绵体，正中由阴茎中隔隔开。中隔前方有棒状的阴茎骨，长约10cm。腹侧有尿生殖道沟，背侧隆，前端变小，有一带弯曲的纤维质延长部，阴茎头很长，包在整个阴茎骨的表面。包皮内中含有淋巴结。

知识链接

　　阴茎前端有龟头球（两个圆形膨大部）和龟头突，二者均为勃起组织，它们的血液来自于包皮阴茎层。当交配时，阴茎发生两次充血。第一次充血使阴茎勃起变硬，便于交配；第二次充血使阴茎球膨大，有利于阴茎锁结在阴道内。因此犬交配后发生锁紧现象，不要人为地强行分开。

6. 阴囊

位于腹股沟部与肛门之间的中央部，常有色素并生有细毛，正中缝不明显。

第三节　鹿的内脏器官解剖特点

【知识目标】
◆ 掌握鹿内脏各器官的位置结构特点。
【技能目标】
◆ 能在活体或离体上识别鹿的内脏器官。
◆ 能在活体上识别鹿颈静脉沟等骨性、肌性标志。
【知识回顾】
◆ 内脏的概念。
◆ 反刍性家畜的内脏组成及生理特点。

一、消化系统

鹿是反刍动物，其消化系统的解剖生理特点与牛相似。

（一）口腔

1. 唇

上唇与鼻孔间有暗褐色的鼻唇镜，下唇比较短小，唇部灵活，采食动作快。

2. 颊

颊黏膜呈淡红色或暗褐色，口角附近有许多倒刺状乳头。软腭较长，咽峡很小。舌狭长，舌体背面有舌圆枕，常带有色素。

3. 切齿

呈铲状，下齿8枚，无上切齿。犬齿位于上颌齿槽间隙的前部，公鹿、母鹿左、右各有一枚，但公鹿较发达，母鹿仅露齿龈。下颌无犬齿。臼齿6枚，由前向后逐渐增大。

（二）咽

较宽短，与其相通的鼻后孔较小，食管口较大。

（三）食管

食管颈前部位于气管背侧，至颈后部，稍偏于气管左侧，向后通过隔的食管裂孔进入腹腔，连于胃的贲门。

（四）胃

鹿也有四个胃瘤胃、网胃、瓣胃和皱胃。其中，前三个胃没有腺体，只有皱胃含有消化腺。

1. 瘤胃

形态、位置和结构与牛的瘤胃基本相似。呈前后稍长、左右稍扁的长囊形，但是多一个后腹副囊。

2. 网胃

位置、结构与牛的相似。呈长椭圆形，肝、膈后面、瘤胃前下方，由左后背侧斜向右腹侧，占左、右季肋部各一部分，与6～7肋骨下部相对。与牛相同位置也存在食管沟，食管沟唇由两侧隆起的黏膜褶形成，幼鹿时很发达，可闭合成管，成鹿则闭合不全。

3. 瓣胃

呈椭圆形，体积最小，位于右季肋部，与第8～9肋骨中下部相对。与牛瓣胃相似，在大弯及侧壁有四级皱褶，小弯处有连通网瓣口和瓣皱口的瓣胃沟，沟底无黏膜褶，液体和细碎饲料可直接进入皱胃。

4. 皱胃

呈前粗后细的弯曲管囊，平滑的黏膜形成13～14道前后纵行的螺旋状黏膜褶，内含丰富的腺体。与胃相连的网膜与韧带与牛相似。

（五）肠

1. 小肠

鹿的小肠分为十二指肠、空肠、回肠。十二指肠约40cm长，距幽门处13cm左右，位于右季肋部、右髂部和右腹股沟部，有较短的系膜连于结肠肠拌的周边。回肠很短，末端有回盲瓣突入盲肠。

2. 大肠

大肠分为盲肠、结肠和直肠。盲肠约15cm长，盲端向后，盲肠体位于右髂部，盲肠尖可达右腹股沟部。结肠位于右季肋部和右髂部，长约5m，分为初袢、旋袢和终袢。旋袢盘曲圆锥状，分向心回和离心回（分别旋转四圈半）。直肠长约30cm，在子宫、阴道（母鹿）或膀胱（公鹿）的背侧，通过直肠系膜连于骨盆腔顶壁，直肠末段形成直肠壶腹。

（六）肝和胰

鹿肝全部位于右季肋部，其膈面隆凸，脏面凹，没有胆囊。左缘有食管切迹，右缘有切迹将肝分左叶、右叶、尾叶和方叶，尾叶上有尾状突和乳头突。鹿胰腺位于右季肋部，呈灰黄色，前端可达肝门附近，后端位于第2腰椎横突下方，内侧与瘤胃相邻，外侧靠近十二指肠。

二、呼吸系统

1. 鼻腔

鹿的鼻腔较长，占头长的2/3，鼻孔呈裂缝状，鼻前庭腹侧与黏膜之间有鼻泪管开口。左右鼻腔在后部互通，鼻后孔细小。

2. 咽和喉

咽呈漏斗状，是呼吸道与消化管的交叉处，喉呈长筒状，会厌软骨边缘呈圆形，声门裂较狭窄，鸣叫时音频较高。

3. 气管和支气管

气管由半封闭的软骨环串联而成的，管径较细，其末端在心基的后上方分为左、右支气管，右支气管在进入肺前又分出一支较大的尖叶支气管，进入右肺尖叶。

4. 肺

鹿的肺与牛相似。

三、泌尿系统

1. 肾脏

鹿的右肾呈蚕豆形，位于最后肋间上端到第 2 腰椎横突腹面，前端接肝。左肾呈长椭圆形，位于第 2～4 腰椎横突腹面，左右两肾均偏于体中线的右侧。鹿肾为表面光滑的单乳头肾。鹿无肾盏。

2. 输尿管

起于肾盂，出肾门后在腰椎腹侧面的腹膜褶下向后延伸进入骨盆腔，末端进入膀胱体后背侧，开口在膀胱颈黏膜上。

3. 膀胱

膀胱呈梨形，公鹿的膀胱位于直肠腹侧，母鹿则位于子宫、阴道腹侧。膀胱顶可前后移动。

4. 尿道

公鹿尿道细而长，尿道内口的后上方有一对精阜突入，因而有排尿和排精的双重功能，尿道外口在阴茎尿道突上。母鹿尿道宽短，仅有排尿功能，尿道外口隐藏在尿生殖前庭内的前下方底壁，其后下部有一个尿道憩室。

四、生殖系统

（一）母鹿的生殖器官

1. 卵巢

左、右各一，豌豆形，光滑色淡，表面常有 1～3 个卵泡。卵巢囊较深，老龄母鹿卵巢缩小。卵巢位于骨盆腔前口处。

2. 输卵管

位于卵巢系膜中，细而弯曲。靠近输卵管漏斗部的管径较粗，称为输卵管壶腹部，输卵管后端与子宫角之间无明显的界限。

3. 子宫

子宫角弯曲成螺旋形，弯曲程度略大于牛子宫角。子宫体较短，子宫伪体较长。子宫颈管径很小，有明显的阴道部突入阴道内腔。在子宫角和子宫体的黏膜面上，每侧各有 4～6 个子宫阜。子宫体和子宫颈位置固定，位于第 3 腰椎到第 3 荐椎之间的腹腔和骨盆腔顶壁的两侧。

4. 阴道

整个阴道黏膜被中央的环形沟分为前后两部分，阴道前部有子宫颈的阴道部、环形穹隆和较高的纵行黏膜皱褶，阴道后部有明显的阴瓣，后部阴道壁较薄。

5. 尿生殖前庭

尿生殖前庭较短，介于阴瓣和阴门之间，前庭底壁前端有尿道外口和尿道憩室。

（二）公鹿的生殖系统

1. 睾丸和附睾

左、右睾丸均呈长椭圆形，睾丸头向上，游离缘前凸。膨大的附睾头附在睾丸头上部和游离缘的上 1/3 部，附睾体狭窄，附睾尾向下由附睾韧带与睾丸尾相连。附睾韧带由附睾尾延伸到总鞘膜，形成阴囊韧带。公鹿发情季节，睾丸显著增大。

2. 输精管和精索

输精管是附睾尾到尿生殖道的肌质管道，起始部与附睾体并行，然后沿精索上升进入腹腔，又伸向骨盆腔内的膀胱颈背侧并形成输精管壶腹，末端与精囊腺的排出管共同合并成射精管，开口于尿生殖道起始部背侧的精阜。精索位于阴囊和腹股沟管内，呈上窄下宽的扁圆形体，内有输精管和血管、神经。

3. 副性腺

精囊腺位于膀胱颈背侧和输精管壶腹外侧，精囊腺管与输精管壶腹末端汇合成射精管，左、右射精管相邻，中部隔有黏膜褶，形成精阜。前列腺体横位于膀胱颈背侧，扩散部存在于尿生殖道骨盆部壁内。尿道球腺位于尿生道骨盆后部背侧，大小可随生殖季节发生变化。

4. 阴茎

阴茎呈侧扁的圆柱状，阴茎体无"S"形弯曲，阴茎头呈圆锥状，头窝内有尿道突和尿道外口。阴茎属于纤维型，海绵体较少。

5. 尿生殖道

比较细长，以坐骨弓折转处的尿道峡为界，分为骨盆部和阴茎部，是排精和排尿的共同管道。

6. 阴囊

位于两股之间，为紧凑的长形肉袋，阴囊颈不明显。

（三）鹿的生殖生理特点

鹿的交配过程中，射精时间较短，在1~2秒内完成。公鹿的交配能力特别强，在45~60天繁殖季节内，梅花鹿可交配达到40~50次。鹿为季节性多次发情的动物，梅花鹿的发情周期为12~16天，持续24~36小时，妊娠期223~225天。分娩期在次年的4~6月份，多数产双仔。

> **学习贴示**
>
> 　　鹿与牛、羊的解剖生理结构没有太大的区别。解剖生理结构学习完全可参照牛、羊的结构特点学习，在临床问题处理时，可以按牛、羊的解剖生理特点来分析和处理。例如子宫也是有子叶的，因此胎盘也是子叶型绒毛膜胎盘。鹿的正常体温在38.2~39.0℃，幼鹿38.5~39.0℃；心率成年为40~78次/分，幼鹿为70~120次/分；呼吸频率成年鹿为15~25次/分，幼鹿为12~17次/分。

实 训

实训一　显微镜的使用与保养

一、实训目标

① 掌握生物显微镜的构造。

② 初步学会显微镜的使用及保养。

二、实训材料与准备

显微镜；鸡血涂片；显微互动实训室；擦镜纸；香柏油；二甲苯等。

三、实训过程设计

（一）知识准备

1. 显微镜的结构

（1）机械部分

① 镜座：直接与实验台接触（图1）。

② 镜体：又称镜柱，在斜型显微镜的镜体内有细调节器的齿轮，叫齿轮箱。

③ 镜臂：中部稍弯，握持移动显微镜用。

④ 镜筒：为接目镜与转换器之间的金属筒，可聚光。镜筒上端装有目镜。

⑤ 抽筒：有些显微镜在镜筒内装有抽筒，上有刻度，上提抽筒时，可扩大倍数。

⑥ 活动关节：可使镜臂倾斜。

⑦ 粗调节器：旋转它，可使目镜与标本间距离迅速拉开或接近。

⑧ 细调节器：旋转一周，可使镜筒升降0.1mm。

⑨ 载物台：为放组织标本的平台，分圆形和长方形两种，载物台中央都有一个圆形的通光口孔。

⑩ 推动器：可前后、左右移动标本。

⑪ 压夹：可固定组织标本。

⑫ 转换器：位于镜筒下部，上装放大各种倍数的物镜，可转换物镜用。

⑬ 集光器升降螺旋：可使集光器升降以调节光线之强弱。

（2）光学部分

① 接目镜（简称目镜）：安装在镜筒的上端，目镜上的数字是表示放大倍数的，有5×、8×、10×、15×、16×及25×等。

② 接物镜（简称物镜）：是显微镜最贵重的光学部分。物镜安装在转换器上，可分为低倍、高低和油镜三种。

a. 低倍镜：有8、10、20、25倍。

b. 高倍镜：有40、45倍。

c. 油镜：在镜头上一般有一红色、黄色或黑色横线作标志，一般为100倍。

显微镜的放大倍数等于目镜的放大倍数称以物镜的放大倍数。例如目镜是10倍，物镜是45

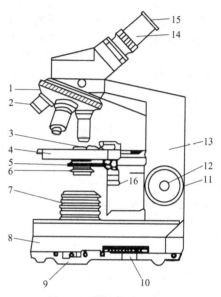

图1　显微镜构造示意图

1—物镜转换器；2—物镜；3—游标卡尺；
4—载物台；5—聚光器；6—彩虹光圈；
7—光源；8—镜座；9—电源开关；10—电源滑动变阻器；11—粗调螺旋；12—微调螺旋；13—镜臂；14—镜筒；15—目镜；
16—标本移动螺旋

倍，显微镜的放大倍数为 $10 \times 45 = 450$ 倍。

③ 反光镜：镜有两面，一面为平面，一面为凹面。有的无反光镜，直接安有灯泡做光源。

④ 集光器：位于载物台下，内装有虹彩（光圈），虹彩是由许多重叠的铜片组成，旁边有一条扁柄，左右移动可以使虹彩的开孔扩大或缩小，以调节光线的强弱。

（3）显微镜的使用方法

① 搬动显微镜时，必须用右手握镜臂，左手托镜座（图2）。

② 将镜轻放于实验台上，并避免阳光直射。先用低倍镜对光，直至获清晰明亮、均匀一致的视野为止。除日光灯外，一般电灯光下看镜时，应在集光器下插入蓝玻璃滤光片，以吸收黄色光线部分。

图2 持显微镜

③ 将要观察的切片放在载物台上，将要观察的组织细胞对准圆孔正中央，用推进器或压夹固定，注意标本若有盖玻片者，一定使盖玻片一面朝上。

④ 调节粗调节器，使镜筒徐徐向下，此时应将头偏向一侧注视接物镜下降程度，以免标本片互相碰撞，特别当转换高倍镜或油镜观察时更要小心。原则上使物镜与标本之间的距离缩到最小。

⑤ 观察切片时，先用低倍镜，身体坐端正，胸部挺直，用左眼自目镜观察（右眼同时睁开）同时转动粗调节器，时镜筒上升至一定程度时，就会出现物像，再微微转动细调节器，调整焦点，直到物像达到最清晰程度为止。

⑥ 如果需要观察细胞的微细结构时，再转换高倍接物镜至镜筒下面，并转动细调节器，以期获得清晰的物像。但有些显微镜在转换高倍镜前，必须先转动粗调节器，使镜筒向上，然后再转动粗调节器，使物镜下降至接近标本时，进行观察。

⑦ 组织学标本多半在高倍镜下即可辨认。如需采用油镜观察时，应先用低倍镜检查，把欲观察处置于视野中央，然后移开高倍镜把香柏油（或檀香油）滴于标本上，转换油镜，使油镜头与标本上油滴接触，轻轻转动粗调节器，直至获得最清晰的物像为止。

调节光线时，可扩大或缩小虹彩（光圈）的开孔，也可使集光器上升或下降。有的还可直接调节灯光的强弱。

（4）反光镜应用方法

① 平行光线（如有阳光）原则上用平面镜，但若因此映入外界景物（如窗格、树叶）妨碍观察时，可改用凹面镜。

② 点状光线（如灯光）原则上用凹面镜，因其可聚集光线，增加亮度。

（5）显微镜的保养方法

① 显微镜使用后，取下组织标本，将转换器稍微旋转，使物镜叉开（呈八字形），并转动粗调节器，使镜筒稍微下移，然后用绸布包好，装入显微镜箱内。

② 不论目镜或物镜，若有灰尘，严禁用口吹或手抹。应用擦镜纸擦净。

③ 勿用暴力转动粗、细调节器，并保持该部齿轮之清洁。

④ 显微镜勿置于日光下或靠近热源处。

⑤ 活动关节，不要任意弯曲，以免机件由于磨损而失灵。

⑥ 显微镜的部件，不应随意拆下，箱内所装之附件，也不应随便取出，以免损坏或丢失。

（6）显微镜使用注意事项

使用过程中，切勿将酒精或其他药品污染显微镜。显微镜一定要保存在干燥的地方，不能使其受潮，否则会使透镜发霉或机械部分生锈，特别在多雨季节更注意。最好用精制的显微镜专用柜子保存。

应用油镜后，应即以擦镜纸蘸少量二甲苯（半滴已够）将镜头上及标本上的油擦去，再用干擦镜纸擦镜之。对于无盖玻片的标本，可采用"拉纸法"，即把小张擦镜纸盖在玻片上的香柏油处，加数滴二甲苯，趁湿向外拉擦镜纸，拉出后丢掉，如此连续 3～4 次即可将标本上的油去净。

2. 血细胞的结构

观察用高倍镜或油镜观察，注意各种血细胞的形态、构造，区别鸡血和哺乳动物血液的不同点。

① 红细胞数量多、无核、红色、扁圆形，中央染色淡，但鸡红细胞内有大的细胞核。

② 中性粒细胞：胞质中含有淡红色微细颗粒，胞核有2～5个分叶。

③ 嗜酸粒细胞：胞质内含有深红色大而圆的颗粒，核通常有2～3个分叶。

④ 嗜碱粒细胞：胞质内含有粗细不等的蓝紫色颗粒，核分叶不明显。

⑤ 淋巴细胞：a. 小淋巴细胞细胞形态小，核呈椭圆形或豆形，染成蓝色，细胞质较少，染成浅蓝色。b. 中或大淋巴细胞细胞较大，细胞质较多，核的周围有亮晕。

⑥ 单核细胞：细胞较淋巴细胞大，细胞质也较多，细胞核呈肾形或马蹄形。

⑦ 血小板：形体较小，形态不规则，内含紫色颗粒，无核，常聚集成团。

第一循环 教师示范

（二）显微镜的结构与使用

① 教师分别用低倍镜、高倍镜、油镜观察血涂片，并讲解显微镜的结构。

② 随机抽选择学生进行血涂片观察，教师对其操作点评。

第二循环 学生分组训练，教师指导

（三）分组要求：每3人一组，进行血涂片的观察并还原。然后进行油镜的使用练习。

第三循环 考核

四、考核

考核标准（供参考）：考核时每名教师考核5人，在规定的5分钟内完成一张血涂片的观察。超时2分钟或不能完成规定的考核内容，申请重新考核。

考核内容	操作环节与要求	考核结果		考核方法	熟练程度	
		合格	不合格			
显微镜使用与保养	能正确指出各部件的名称5处			实践操作及口述	熟练	
	正确提取显微镜					
	正确使用低倍镜观到血涂片并还原				不熟练	
	正确使用油镜观察到血涂片还原					

注意事项：

① 实训前确保所用的每一台显微镜为正常。

② 提前准备好鸡血涂片。

实训二　基本组织的观察

一、实训目标

① 能在镜下识别单层柱状上皮、单层立方上皮、疏松结缔组织等基本组织的结构。

② 能熟练地使用显微镜。

二、实训材料与设备

显微镜；小肠组织切片；甲状腺切片；皮下疏松结缔组织铺片；血涂片；平滑肌纵切片或分离装片；脊髓切片等；擦镜纸；松柏油；二甲苯。

三、实训过程设计

（一）知识准备

1. 了解HE染色切片的制备

由教师讲解。

（1）取材与固定　切取组织时应使用锋利的刀、剪，切取组织块时，从刀的根部开始向后拉动切开组织。组织块的厚度为 0.2～0.3cm，大小以 1.5cm×1.5cm×0.3cm 为宜。取好的组织块用 10％福尔马林溶液固定 24～48 小时。

（2）包埋　先经梯度乙醇脱水后用二甲苯透明，然后入熔融的石蜡中浸透，每次 30 分钟，共 3 次；再包埋。

（3）切片　包埋好的石蜡块即可进行切片；切片的厚度为 5μm 左右。

2.苏木精-伊红（hematoxylin and eosin，HE）染色方法

① 脱蜡：主要用二甲苯脱蜡。

② 梯度乙醇脱水。

③ 自来水冲洗。

④ 苏木精染色：水化后的切片放入苏木精染液中浸 5～20 分钟，染细胞核。自来水冲洗 3～5 分钟。

⑤ 1％盐酸乙醇分化 5～30 秒。自来水冲洗 1～3 分钟。

⑥ 弱碱性水溶液返蓝 30 秒～1 分钟。自来水充分冲洗 5～10 分钟。

⑦ 伊红染色：充分水化后的切片直接入伊红染色液中，染细胞质 5～15 分钟。

⑧ 梯度乙醇脱水。

⑨ 二甲苯透明。

⑩ 中性树胶封片。

第一循环　教师示范

（二）教师利用多媒体观察各组织切片

① 教师选四种组织切片各观察一片，同时讲解其结构特点。

② 随机抽选一名同学，进行切片观察，教师点评。

第二循环　学生分组实训，教师指导

（三）具体操作方法

可参见实训一。

1.单层柱状上皮（小肠）

（1）低倍镜观察　整个小肠壁由几层组织膜构成，低倍镜下可见小肠绒毛呈指状，其表面覆盖一层柱状上皮，由于材料和制片关系，有的绒毛横断呈游离状态，选择一部分切面比较正，细胞核呈单层排列的上皮进行观察。

（2）高倍镜观察　细胞核排列紧密，细胞核呈椭圆形，蓝紫色，位于细胞基底部。细胞顶端有一层粉红色的膜状结构（纹状缘），在上皮的基底面有染成粉红色的条状结构（基膜），此外，在柱状上皮细胞之间，有散在的杯状细胞存在。

2.单层立方上皮（甲状腺）

（1）低倍镜观察　腺实质主要由圆或稍长的囊泡组成，腺泡中含有大量红色的类胶质。

（2）高倍镜观察　腺泡壁为单层立方上皮构成，细胞彼此之间界限明显，细胞的特点高度和宽度几乎相等，胞核圆，居于细胞中央。

3.疏松结缔组织（蜂窝组织）

（1）低倍镜观察　选择标本最薄处，可以见到交叉成网的纤维与许多散在纤维之间的细胞纤维与细胞之间为无定形基质。

（2）高倍镜观察　胶原纤维为红色粗细不等的索状结构，数量甚多，交叉排列，有的较直，也有的呈波浪形。混杂在胶原纤维之间有细的蓝紫色弹性纤维，仔细观察可见其有分支，彼此交叉，在纤维之间可辨认以下几种细胞。

① 成纤维细胞：数量较多，细胞轮廓不明显，多数细胞只见椭圆形的细胞核，染色质少，核仁比较明显，有时在细胞核外面隐约可见浅蓝紫色的细胞质。

② 组织细胞（巨噬细胞）：细胞轮廓清楚，有圆形、椭圆形或梭形，常有短而钝的小突起，胞质和胞核均较成纤维细胞染色深，细胞较小，位于细胞中央，胞质中含有大小不等的蓝色

颗粒。

③ 肥大细胞：多呈椭圆形，胞质中颗粒粗大而密，紫蓝色，胞核被颗粒遮盖看不清楚。

④ 浆细胞：在油镜下可见浆细胞的细胞质呈紫红色，胞核偏于细胞一侧，紫蓝色的染色质在核内排列成车轮状，近核部位的细胞质染色略浅。

4. 平滑肌

（1）低倍镜观察　在分离装片上可以看到平滑肌纤维，呈红色。

（2）高倍镜观察　可见肌细胞呈长梭形，两端尖，中央有椭圆形的细胞核，细胞膜不明显。

5. 神经元

第三循环　考核

四、考核

考核标准（供参考）：随机选择切片 4 张，在 10 分钟内学生能识别所选择的组织结构，记为合格。超时 5 分钟或三项中有一项不合格，均记为不合格，需申请重新考核。

考核内容	操作环节与要求	考核结果		考核方法	熟练程度	
		合格	不合格			
四大基本组织结构识别	正确取放显微镜			实践操作及口述	熟练	
	正确使用显微镜观察组织切片并还原					
	能识别各种组织切片				不熟练	

实训三　小肠、肝、肺、肾的组织学构造观察

一、实训目标

① 能在镜下识别小肠绒毛的正常结构特点。

② 能在镜下识别肝小叶的组织学构造，能在镜下识别中央静脉及肝细胞索的结构。

③ 能在镜下识别肾单位的结构，能在切片内识别肾小管、肾小球等结构。

二、实训材料与设备

显微镜；擦镜纸；松柏油；二甲苯；小肠、肝、肾脏的组织学切片若干；多媒体显微互动实训室。

三、实训内容设计

第一循环　知识准备

（一）教师利用显微互动实训室对小肠、肝、肾组织切片观察并讲解结构特点。

（二）随机选学生进行一张组织切片的观察，教师点评。

第二循环　学生分组实训，教师指导

（三）操作方法

参见实训一。

1. 小肠的组织构造特点

肠壁的黏膜层、黏膜下层、肌层及浆膜层的形态构造，用高倍镜可观察依次是肠绒毛、绒毛表层的单层柱状上皮、上皮之间的杯状细胞及绒毛内的毛细血管和中央乳糜管。上皮下固有膜，内有腺体和孤立淋巴小结。并注意黏膜肌层，肌层为内环，外纵两层的平滑肌。

2. 肝脏的组织构造特点

高倍镜观察，肝小叶主要以中央静脉为中心向周围呈放射状排列，肝细胞索及细胞索之间有窦状隙。肝细胞多为多角形，胞核圆形、染色较淡、胞质丰富。在小叶边缘的结缔组织中找到小叶间静脉、小叶间动脉和小叶间胆管。三者同在的部位称汇管区。

3. 肾的组织学结构特点

高倍镜下观察，能识别肾小管、肾小球、肾小囊等结构。

第三循环 考核

四、考核

考核标准（供参考）：由教师随机抽选1～2张切片进行考核，在5分钟内学生观察所选择的切片，记为合格。超时2分钟或三项中有一项不合格均记为不合格，需申请重新考核。

考核内容	操作环节与要求	考核结果		考核方法	熟练程度
		合格	不合格		
主要器官组织结构识别	能正确取放显微镜			实践操作及口述	熟练
	能在镜下识别出各器官				
	能在镜下找到各器官的特征性组织学结构				不熟练

实训四 畜体全身骨骼的观察与识别

一、实训目标

① 掌握全身各骨骼名称及顺序。

② 掌握各关节的组成及部位。

③ 能拼接胸廓及骨盆。

④ 能识别出各椎骨。

二、实训材料与设备

马、牛、猪、羊零散的全身骨骼标本；牛、马、猪、羊的全身整体骨骼标本；骨骼挂图；牛、马整体塑化标本。

三、实训过程设计

第一循环 知识准备

（一）教师利用多媒体、挂图，和学生一起识别畜体骨骼。

第二循环 学生分组实训，教师指导

（二）操作步骤

① 对各畜体全身各骨骼名称进行识别。

② 在牛、羊等塑化整体标本上进行各关节的位置、名称的识别。

③ 用零散的骨骼标本进行骨骼的整理体拼接。

第三循环 考核

四、考核

考核标准（供参考）：能在规定的5分钟内完成规定内容，记为合格，超时5分钟，或三项考核内容中有一项不能完成均记为不合格，重新申请考核。也可抽签考核法（将要识别的骨做成题签），可使学生增强对各骨的记忆。

考核内容	操作环节与要求	考核结果		考核方法	熟练程度
		合格	不合格		
全身骨骼识别	能正确找出不同类型的椎骨，并识别其结构			实践操作及口述	熟练
	能在整体骨骼标本中识别全身的关节				
	能在散在骨骼中拼接胸廓和骨盆				不熟练

实训五 消化系统各器官的形态构造的观察

一、实训目标

① 能识别各消化器官。

② 能指出单室胃与多室胃动物各消化器官主要结构区别。

③ 能识别肠系膜、网膜、各韧带。

④ 能给各断肠管分段。

二、实训材料与设备

牛、羊、猪消化器官标本或模型；牛、羊、猪等动物整理体模型或标本；手术刀；剪刀；猪、牛、羊消化器官实物；结扎绳；多媒体；消毒液；一次性手套等。

三、实训过程设计

第一循环 知识准备

（一）教师利用多媒体、结合解剖图片、照片和学生一同回顾牛（羊）、猪消化系统结构特点。

（二）随机抽选学生识别消化器官，并点评。

第二循环 学生分组实训，教师指导

（三）操作步骤

利用牛（羊）、猪的消化器官模型或塑化标本及实物观察分组进行对消化器官的形态、结构、名称进行识别。

1. 消化管整体识别

将牛（羊）、猪的消化器官从咽、食管、胃、小肠、大肠和肛门，识别几次。观察各消化器官之间的浆膜联系，找出大网膜、小网膜、肠系膜、回盲韧带、十二指肠结肠韧带等。

2. 观察胃及肠管的颜色

眼观瘤胃、网胃、瓣胃的外观为灰白色，有些反刍动物的胃略有发绿色，因其内容物的关系。皱胃和猪的单室胃眼观很淡的粉色。肠管的颜色反刍动物与胃相似，单室胃动物视肠管内容物的多少的质地而稍显差别。

3. 观察胃、肠道黏膜

在皱胃与十二指肠之间做两个近距离的结扎，在两结扎处切断肠管。然后从瘤胃的腹囊，进行一个纵行的切口，在瓣胃的壁面进行下个纵行的切口，在皱胃的小弯处进行一个纵行的切口，猪的胃切口同皱胃。将胃内容物倒出，胃内进行冲洗干净，然后进行观察。主要看食管沟（沟内光滑似食管壁，呈灰白色）、瘤网口、网瓣口、瓣皱口及瓣胃沟（壁光滑、似食管壁呈灰白色），它们的位置和大小，彼此相连接的方向。前胃内的黏膜（参见消化系统内容）。肠管可分别结扎切取一点段，将内容物冲净观察其黏膜颜色及肠壁的厚度，对回盲瓣处的黏膜进行观察。同时观察正常的肠系膜淋巴结的形状、颜色，并将其纵切开观察颜色结构。

4. 肝的观察

肝脏主要看色、质地。找到肝圆韧带及后腔静脉与肝的切迹所在，用刀将后腔静脉纵剖开，可见内有许多火柴头大小的眼，此为肝静脉的开口。胆囊主要观察外观颜色，后将胆囊从肝上取下，取小量胆汁观察其颜色、黏稠度。

5. 胰腺的观察

位置在十二指肠的"U"形的肠袢内。主要观察颜色、位置及分叶情况等。

四、作业

对所观察各消化器官的形态、结构、颜色、质地做记录，书写实训报告。

第三循环 考核

五、考核

考核标准（供参考）：在规定的 10 分钟内正确识别四项内容，记为合格。超时 5 分钟，或四项中一项不合格均记为不合格，需申请重新考核。

考核内容	操作环节与要求	考核结果		考核方法	熟练程度
		合格	不合格		
消化器官识别	能正确说出单胃、复胃动物消化管组成			实践操作及口述	熟练
	能识别复胃各胃室及其各部分结构 4 处				
	能分清各段肠管及说明其分界点				
	能识别肝脏的各部分结构（包括肝的分叶、肝静脉、后腔静脉、肝门、肝圆韧带等）2 处				不熟练

注意事项：学生解剖器械注意安全使用，新鲜标本应取自检疫过的动物。

实训六 小肠平滑肌运动观察

一、实训目标

① 观察小肠的运动情况以及某些因素对肠运动的影响。

② 培养学生手术过程的操作规范意识。

二、实训材料及设备

家兔；手术器械；0.01％肾上腺素；0.01％乙酰胆碱；1ml 的注射器；消毒液；一次性手套；纱布；生理盐水；烧杯等。

三、实训过程设计

第一循环 知识准备

（一）教师讲解常用的手术器械，并了解其使用方法。

（二）教师讲解手术过程中操作规范，了解麻醉剂的使用。

（三）观看教师示教的录像，教师利用实训录像进行示教。

第二循环 学生分组实训，教师指导

（四）操作步骤

① 麻醉：麻醉 3～5 分钟后，观察兔子是否进入麻醉状态。如无眼睑毛反射或反应慢为进入麻醉状态。将麻醉好的家兔仰卧固定在手术台上保定（麻醉选择臀部肌肉，注射按体重计算。有个别家兔对麻醉药有一定的抗性，因此，另选一只家兔，手术中若出现有苏醒的家兔需要补注一定量的麻醉药，补打的剂量不能超过麻醉剂量的 1/5）。

② 前毛：找到剑状软骨、耻骨联合，两者间为腹白线。然后，从剑状软骨下方，沿腹中线部位用剪毛，将一个长 6cm、宽约 3cm 区域剪毛。

③ 切口：对手术切口进行碘酊消毒，然后用酒精棉脱碘。在切口上放上创巾（创巾用温生理盐水沾湿）。用左手拇指和另外四指固定切口上端两侧的皮肤，尽量不要改变皮肤原来的位置，右手持手术刀，刀刃与皮肤表面垂直，一次切开皮肤全层，切缘整齐不偏斜。切开皮肤及皮下组织时，一般应按解剖层次逐层切开。若肌纤维行走方向与切口方向一致，可剪开肌膜，用分离钳进行钝性分离至所需长度，否则将肌层横行切断或剪断，切口由外向内，应外大内小，以便于观察和止血（由于兔的腹壁肌极薄，用手术刀做切口时，一手持刀一手要提起腹壁的肌肉，先切一长 2cm 的切口，后将手术刀刃向上，左手食指和中指夹住手术刀，向前推进）。沿腹中线切开，

暴露其小肠。

④ 注意观察正常状态下小肠的运动情况。并记录其蠕动次数。

⑤ 然后在一只家兔的小肠上滴 2 滴 0.01％肾上腺素，另一只家兔滴上 2 滴 0.01％乙酰胆碱（滴加乙酰胆碱时，注意不要用力过大，导致一次滴加的过量，使肠发生紧密收缩而不舒张，引起实训动物的突然死亡），注意观察小肠的运动发生了什么变化？记录其运动的次数。

四、思考讨论

试分析肾上腺素和乙酰胆碱对小肠运动影响的机制。

注意事项：

① 注意培养学生手术过程的规范意识。

② 建议由专人进行兔子进行麻醉，负责麻醉剂的管理。

实训七　小肠吸收和渗透压的关系

一、实训目标

① 观察溶液浓度对小肠吸收速度的影响。

② 培养学生手术过程的操作规范意识。

二、实训材料与设备

家兔；解剖器械；结扎线；蒸馏水；0.9 氯化钠；0.7％氯化钠；剪毛剪；小动物手术台；止血钳；婴儿称；饱和的硫酸镁溶液；1ml 的注射器；消毒液；一次性手套等。

三、实训过程设计

第一循环　知识准备

（一）教师讲解常用的手术器械，并了解其使用方法。

（二）教师讲解手术过程中操作规范，了解麻醉药的使用。

（三）观看教师示教的录像，教师利用实训录像进行示教。

第二循环　学生分组实训，教师指导

（四）操作步骤

① 麻醉：麻醉 3～5 分钟后，观察兔子是否进入麻醉状态。如无眼睑毛反射或反应慢为进入麻醉状态。将麻醉好的家兔仰卧固定在手术台上保定（麻醉选择兔的臀部肌肉，个别家兔对麻醉药有一定的抗性，可另选一只兔子。手术中若出现有苏醒的家兔需要补打一定量的麻醉药补充剂量不能超过麻醉剂量的 1/5）。

② 剪毛：找到剑状软骨、耻骨联合，两者间的白线为腹白线，然后沿腹中线部位用剪毛，将一个长 6cm、宽约 3cm 区域剪毛。

③ 切口：对手术切口进行碘酊消毒、然后用酒精棉脱碘。将手术刀等器械提前消毒。在切口上放上创巾（创巾用温生理盐水沾湿）。沿腹中线切开（方法同实训六），暴露其小肠，选取其中的一段约 15cm，将内容物挤向一侧，然后用结扎线将无内容物的部分结扎成等长的三段（结扎小肠时，注意结扎线在肠系统的血管分布小可无的地方进行结扎，以免影响吸收效果和实验结果）。

④ 用注射器将饱和的硫酸镁溶液、0.9％氯化钠、0.7％氯化钠分别等量的注射到每一段中，然后，将腹腔用止血钳闭合，30 分钟后观察结果（此时应注意动物的保温）。

四、思考讨论

分析三段肠管中溶液的量有什么变化？为什么？

注意事项：

① 注意培养学生手术过程的规范意识。

② 建议由专人进行兔子进行麻醉，负责麻醉药的管理。

实训八　家畜生殖系统的观察

一、实训目标

① 能在活体上识别公畜阴茎、阴囊、睾丸、精索和母畜的外生殖器官。

② 能在活体上找到牛、猪等各年龄段母畜卵巢体表的位置。

二、实训材料与设备

牛、羊、猪生殖器官塑化标本或模型；镊子；多媒体互动实训室；健康牛（母、公）、猪（母公）生殖器官；直检用长臂手套；消毒水；肥皂水；开室器；一次性手套等。

三、实训过程设计

第一循环　知识准备

（一）利用多媒体识别公、母畜生殖器官

① 教师讲解各部分主要特点。

② 随机对学生提问，并点评。

第二循环　学生分组实训，教师指导

（二）实训方法

实训以动物种类分组。实训中注意观察阴囊、睾丸、附睾、精索和输精管、卵巢、子宫的形态、结构及它们之间的位置关系。

① 分别利用牛、羊、猪解剖模型进行公、母畜生殖器官的识别，并进行组内互考。

② 学生在动物标本不同的组进行轮换，每组均进行三种动物生殖器官观察。

③ 教师指导过程中对每组内任选同学进行抽考。

第三循环　考核

四、考核

现场实物标本考核。

考核标准（供参考）：能在规定的 5 分钟内，正确在实物或塑化标上识别公母畜生殖系统各器官。超时 5 分钟，或四项中一项不合格均记为不合格，重新申请考核。

考核内容	操作环节与要求	考核结果		考核方法	熟练程度
		合格	不合格		
生殖器官识别	能正确识别雌性（牛、猪）家畜的各生殖器官			实践操作及口述	熟练
	能正确识别雄性（牛、猪）家畜的各生殖器官				
	能说出母牛和母猪生殖器官的主要区别 2 处				不熟练
	能回答关于生殖器官的相关问题 2 个				

注意事项：活体实训动物做好检疫，离体新鲜标本取于检疫过的动物。

实训九　心脏的构造与全身主要血管的观察

一、实训目标

① 识别心脏的形态构造。

② 观察家畜主要动脉主干及其主要分支。

二、实训材料与设备

猪（牛）离体新鲜心脏；猪、牛的塑化心脏标本；家畜血管塑化标本；解剖器械；消毒液；

一次性手套等。

三、实训过程设计

第一循环　知识准备

（一）教师利用多媒体讲解循环系统结构特点

① 教师讲解心脏解剖结构；回顾体、肺两个循环的主要血管。

② 随机对学生提问相关问题，并点评。

第二循环　学生分组实训，教师指导

（二）操作步骤

1. 心脏解剖

① 心包注意心包的壁层和紧贴心脏的心外膜之间构成心包腔，腔内有少量滑液。

② 剥去心包观察心脏的外形、冠状沟、室间沟、心房、心室及连接在心脏上的各类血管。

③ 切开右心房和右心室、右房室口观察右心房和前、后腔静脉入口，用尺量心房肌的厚度（记录）。观察右心室和肺动脉口的瓣膜，右心室的厚度（记录）、乳头肌、腱索。观察右房室瓣，注意腱索附着点。

④ 切开左心室、左心房和左房室口观察左心室壁，测量其厚度并和右心室壁作比较。观察左房室口的瓣膜，并和右房室瓣做比较。观察左心房，找到肺静脉的入口。沿左房室瓣深面找到主动脉口并做纵行切口，观察主动脉瓣的结构。

2. 小循环血管

肺动脉起于右心室，于主动脉后方分为两支，分别进入左、右肺。

肺静脉以数支进入左心房。

3. 大循环的动脉

（1）主动脉及其分支　起于左心室的主动脉口，其根部叫主动脉球，在此分出左右冠状动脉分布于心脏。主动脉向后上方形成主动脉弓，主动脉弓向前分出臂头动脉总干，向后延续为胸主动脉，穿过膈至腹腔移行为腹主动脉。

（2）臂头动脉总干及其分支　斜向前方分出左锁骨下动脉和右锁骨下动脉，右臂头动脉分出右锁骨下动脉和颈动脉总干，颈动脉总干在胸口处分左、右颈总动脉。

（3）前肢的动脉　是左、右锁骨下动脉的延续，主要大的分支有腋动脉、臂动脉、正中动脉、指总动脉。

（4）胸主动脉　沿途分出第5~18对肋间动脉和支气管动脉。

（5）腹主动脉　沿途主要有以下大的分支。

① 腹腔动脉，分布于肝、脾、胃。

② 肠系膜前动脉，分布于小肠、盲肠和大肠的一部分。

③ 肾动脉，分布于肾脏。

④ 肠系膜后动脉，分布于结肠后部和直肠。

⑤ 精索内动脉，公畜分布于睾丸、附睾、输精管；母畜分布于卵巢、子宫角、输卵管。

⑥ 腰动脉。

（6）后肢的主要动脉　由腹主动脉分出一对大的分支——髂外动脉分布于后肢，主要有股动脉、动脉、跖背外侧动脉、趾总动脉。

（7）髂内动脉　是腹主动脉延伸到骨盆部的主动脉总干。

四、作业

① 绘制心脏结构的模式图。

② 绘制一个大小循环的流程图。

第三循环　考核

五、考核

考核标准（供参考）：能在10分钟完成规定考核内容，记为合格，超时5分钟或规定的四项中有一项不合格，均记为不合格，需重新申请考核。

考核内容	操作环节与要求	考核结果		考核方法	熟练程度
		合格	不合格		
心脏及全身主要血管的识别	能正确识别心脏各部分结构			实践操作及口述	熟练
	能在全身血管塑化标本中正确识别主动脉、肠系膜前动脉、颈静脉、卵巢动脉				
	能说门脉循环或肺循环路径				不熟练
	能回答关于血液循环器官的相关问题2个				

注意事项：注意解剖器械的使用安全，新鲜标本应取于检疫过的动物。

实训十　大家畜活体触摸及内脏器官体表投影

一、实训目标

① 能在活体上识别大家畜的常用骨性、肌性标志。

② 能熟练地找到畜体各主要关节的位置并说出其名称。

③ 在活体上识别主要内脏器官的体表投影位置。

④ 能在活体上识别乳镜。

二、实训材料与设备

大家畜保定栏；健康牛（公、母各一头）；羊、牛模型；消毒液；一次性手套等。

三、实训过程设计

第一循环　知识准备

（一）师生共同回顾主要内脏的解剖学位置及主要的骨性、肌性标志。

（二）教师接近大家畜示教。

第二循环　学生分组训练，教师指导

（三）操作步骤

（1）家畜的接近　应先以温和的呼声，向家畜发出欲要接近的信号，然后再从其前侧方慢慢接近，之后用手轻轻抚摸家畜的颈侧，待其安静后，再进行体表触摸。

（2）活体触摸　触摸主要的骨性标志（面嵴、枕嵴、眶上突、鬐甲、肋弓、荐结节、髋结节、坐骨结节、肘突、跟结节）、肌性标志（颈静脉沟、髂肋肌沟、股二头肌沟）和全身骨骼及四肢关节。

（3）指出主要器官体表投影位置

① 心脏：前缘凸，与第3肋骨或肋间隙相对；后缘短而直，与第6肋骨或肋间隙相对。在家畜左前肢肘部与胸壁相贴处。

② 肺：牛（羊）肺底缘的体表投影为一条从第12肋骨的上端至第4肋间隔下端凸向后下方的弧形线。在体表左右胸腔处均是肺的投影区。

③ 瘤胃：主要位于腹腔左侧，前界与第7～8肋间相对，后界达骨盆腔前口。

④ 网胃：对应于6～8肋间、稍偏左侧。

⑤ 瓣胃：在右侧与7～11肋间相对应，瓣胃注射点在9～10肋间与肩关节水平线的交点上，针刺方向为对侧肘突。

⑥ 皱胃位于剑状软骨部，与8～11下肋骨相对。

⑦ 牛的小肠大部分位于右季肋部、右髂部和右腹股沟部。

⑧ 牛的大肠呈圆盘状，位于腹腔右季肋部和右髂部，听诊部位为右肷部及其周围。

（4）皮肤及皮肤衍生物的观察

① 观察家畜的皮肤的特点，观察毛的分布情况及汗腺、皮脂腺位置角的形态。

② 观察牛的乳腺：观察乳腺基部、体部、乳头部三部分的组成及乳腺表面的纵沟和横沟将乳腺隔开形成的乳丘。观察正常形态结构，触摸乳镜。

四、作业

书写一份实训报告。

第三循环　考核

五、考核

考核标准（供参考）：10 分钟内完成各项考核内容，记为合格。超时 5 分钟或规定的四项中有一项不合格，均记为不合格，需重新申请考核。

考核内容	操作环节与要求	考核结果		考核方法	熟练程度	
		合格	不合格			
家畜活体触摸与器官体表投影位置的识别	能正确接近家畜			实践操作及口述	熟练	
	能在活体上指出胃、小肠、盲肠、结肠、心、肺、喉、肾、卵巢等器官的体表投影					
	能识别乳房的各部分结构				不熟练	
	能正确识别 3 个重要的骨性标志点					

注意事项：注意手术器械的使用安全，活体实训动物应进行检疫。

实训十一　全身主要淋巴结分布观察

一、实训目标

熟悉主要淋巴结的名称和位置。

二、实训材料与设备

健康的仔猪；多媒体；一次性手套；消毒液等。

三、实训过程设计

第一循环　知识准备

（一）观看猪的体表淋巴结位置

教学录像。

第二循环　学生小组实训，教师指导

（二）利用活体动物进行各淋巴结的查找

胸腹腔的打开方式参见家畜的大体解剖。

① 下颌淋巴结：位于下颌间隙中、下颌骨血管切迹的稍后方。

② 颈深淋巴结：位于颈深部的气管上，沿颈动脉分布分前、中、后三组。

③ 肩前淋巴结：位于肩胛前缘，臂头肌的深面。

④ 腋淋巴结：位于前肢内侧，肩关节稍后方。

⑤ 肘淋巴结：在肘关节的内侧。

⑥ 股前（膝上）淋巴结：位于髋结节与膝关节之间，股阔筋膜张肌的前缘。

⑦ 腘淋巴结：位于腓肠肌的起始部，覆盖于股二头肌和半腱肌之间。

⑧ 腹股沟深淋巴结：位于耻骨肌和缝匠肌之间。

⑨ 腹股沟浅淋巴结：位于腹股沟内环的前方，公畜位于阴茎背外侧，母畜位于乳腺的后上方。

⑩ 纵隔后淋巴结：位于心后纵隔上。

⑪ 腹腔淋巴结：位于腹腔动脉的起始部。

⑫ 肠系膜淋巴结：位于肠系膜上。

第三循环　考核

四、考核

考核标准（供参考）：10 分钟内完成各项考核内容，记为合格。超时 5 分钟或规定的三项中有一项不合格，均记为不合格，需重新申请考核。

考核内容	操作环节与要求	考核结果		考核方法	熟练程度
		合格	不合格		
全身主要淋巴结的识别	能说出淋巴结的结构特点			实践操作及口述	熟练
	能在活体上识别下颌淋巴结等 5 处以上的淋巴结				
	能说出畜体其他的免疫器官 2 个				不熟练

教学建议：此项实训的考核可分散进行。每次大体解剖实训、生理实训、活体触摸等均可进行体表和体内淋巴结的观察的考核。

实训十二　家畜的大体解剖及内脏的观察

一、实训目标

① 学会家畜大体解剖的术势。

② 能识别家畜各主要器官的形态、结构及位置关系。

二、实训材料与设备

成年羊（或猪）；解剖器械；一次性手套；小动物扑杀器；消毒液等。

三、实训过程设计

第一循环　知识准备

（一）观看家畜大体解剖的录像，学习解剖过程。

第二循环　学生分组实训，教师指导

（二）操作步骤

（1）家畜的外表观察　主要观察羊或猪的鼻唇镜（吻突）、口唇、舌、蹄、被毛特点及外生殖器官的观察等，并记录。

（2）首先将羊的四肢保定。

（3）致死

① 空气栓塞法：找到羊或猪的心脏的体表投影位置，右手持注射器（针筒内已抽有 8～10ml 空气），将针头刺入心腔，徐徐注入空气，致羊死亡。

② 小动物扑杀器扑杀：直接将羊电击而死。

③ 放血：将保定好的羊放置于解剖台上，头颈部的 1/3 放到解剖台外，用解剖刀割断颈静脉、颈动脉。

（4）剥皮（羊需要剥皮）　放血后立即剥皮，否则尸体僵冷后兔皮不易剥离。先将前肢腕关节以下和后肢跗关节以下的皮剪断，并从两后肢股内侧至外生殖器的皮肤剪开，然后在胸骨和腹白线至耻骨之间将羊的皮肤切开，再沿此到四肢下切至环切线处，然后在腹中线处剥皮。

（5）全身浅层肌肉的观察

① 头部肌：颜面，咬肌。

② 脊柱肌：主要有背最长肌和髂肋肌。

③ 颈腹侧肌：主要有胸头肌、肩胛舌骨肌和胸骨甲状舌骨肌。

④ 腹壁肌：腹外斜肌、腹内斜肌、腹直肌、腹横肌。观察腹股沟管和腹白线。

⑤ 前肢肌：主要有肩带肌（斜方肌、菱形肌、臂头肌、背阔肌、腹侧锯肌和胸肌）、作用于肩关节的肌肉（冈上肌、三角肌、肩胛下肌、冈下肌）、作用于肘关节的肌肉（臂三角肌、臂二头肌）。

⑥ 后肢肌：作用于髋关节的肌肉（臀肌、股二头肌、半腱肌、半膜肌、股阔筋膜张肌），并观察股二头肌沟。作用于膝关节的肌肉（股四头肌、腘肌）。

（6）胸腹腔内器官的观察（按打开后所看到器官的先后观察）

① 打开胸腔：在剑状软骨下方，用解剖刀切一个 3cm 左右的口，然后将左手的食指和中指伸入切口内，手心朝上。右手的解剖发夹在左手的中指和食指中间，沿腹中线向前推动解剖刀，遇到外生殖器应避开。至耻骨联合处。暴露腹腔按解剖的顺序观察。

② 大网膜观察：羊的大网膜呈网格状，半透明。猪等营养良好的家畜会有一些脂肪沉积。观察其起始点。包裹着大部分的肠管。详参大网膜的解剖结构。然后，用解剖刀沿肋弓处将腹壁处肌肉切开。打开观察。

③ 胃的观察：羊的瘤胃青绿色，体内所占体积最大的部分。与膈后紧贴的是网胃，用手摸起来坚实的是瓣胃。最软是皱胃，淡粉色。详见消化系统。与皱胃末相连是十二指肠，十二指肠的"U"形曲之间淡粉肉色的为胰腺。猪胃就在肝后，囊状，较皱胃坚实些，乳白色。

④ 肠管观察：羊肠呈青绿色。连在一起呈圆盘状肠圈的是升结肠的旋袢。活动管径最粗，以盲端起始的就是盲肠，与盲肠肠管呈"乙"字形相接的是初袢。盲肠的起始处有一个短而窄的韧带，即回盲韧带，与回盲韧带相接的另一处肠管那一段就是回肠。管径细，肠管较直。其余凌乱堆放的就是空肠，颜色与盲肠不同，食糜较少，空虚。降结肠可见羊粪球。

猪呈螺旋状的深绿色的为结肠，盲端起点的为盲肠。结肠与盲肠管径区别不大。但大小肠管径差别较大些。

（注：分别将消化、呼吸、心脏器官单独取下观察用绳将膈后方的食管做两处结扎，在直肠末端也做两处结扎，在前、后两个结扎处切断，将消化管内的胃肠取出。可见沿脊柱有一个乳白色的空管，这应为腹主动脉。由于放血，与之伴行的静脉不易观察到。）

⑤ 肝的观察：将肝脏从膈处切断镰状韧带，将肝脏取出。观察肝脏的形态及分叶情况。其中肝圆韧带，在脏面是一个白色的短的似肌腱色的线。

⑥ 膈肌的观察：位于胸腔与腹腔之间，打开腹腔后，在肝的前方可见到，中间为亮白色，四周为红棕色的圆顶形板状肌。接近两侧腰椎附近的红色的肌肉部分称为膈肌脚。

⑦ 隔的观察：在肋软骨与胸骨之间用解剖刀切开胸腔。将一侧肋骨与胸椎外翻使其脱臼。观察纵隔。为透明的薄膜。心脏位于其中。左右两侧是两个肺脏。呈粉红色，由于放血不尽的关系，各别肺脏有一些紫红色或紫黑色的斑块是正常现象。

⑧ 消化器官观察：过程同实训五。

⑨ 呼吸器官观察：在头部观察咽喉部后，切开颈部肌肉可见气管环两侧有哑铃状的甲状腺。然后将喉到肺取出各个观察。找到声带、气管环、喉软骨几块骨、肺的分布情况。用手捏肺叶感之其的弹性及泡沫感。肺的三面和三缘、心压迹、心切迹、肺门、触摸肺的质地，分辨肺的分叶和肺小叶。

⑩ 心脏及主要血管的观察：观察外观处的左、右心壁厚度，分出左、右心室、心房。切开心室处观察腱膜、腱索，沿房室口找到心房，观察心耳。将手指或手术刀柄插入主动脉和肺动脉找到血管的走向。在主动脉口处将主动脉剖开，在口处可见似 5ml 注射器针头粗细的孔为冠状动脉的开口，可见两个半月开透明的凹袋，为半月瓣。

（7）盆腔器官的观察

① 肾：羊在右前方有一个右肾，稍后的左侧腰椎附近有一个左肾。猪则是左、右肾对称。

沿正中矢状面肾纵切，观察其皮质、髓质及肾盂。羊为平滑单乳头肾，猪为平滑多乳头肾。肾表面有一个光滑的纤维膜，纵切后可剥离至肾门处，呈半透明的结缔组织膜。

② 膀胱与输尿管：在耻骨联合附近的一个白色的囊为膀胱，观察输尿管（注意起始端）、膀胱顶、膀胱颈、膀胱体、膀胱外膜、膀胱黏膜，公畜骨盆部尿道和阴茎部尿道、尿道外口、母畜尿道外口，尿道憩室。

③ 子宫：如果是母畜，可在膀胱的下方观察到子宫。如是未产的母羊子宫很小，长度似一根火柴长短。细端一直延续观察可见弯曲的输卵管，其末为卵巢。找到子宫，将其打开，可见子宫内膜上有规律排列的突出的子宫黏膜，呈乳白色，大小似粟米大小。如是猪则没有子宫阜。然后再剖开子宫颈处，可见子宫颈处的厚的黏膜褶，突出于黏膜表面。

（8）颅腔的观察

① 用解剖锯可将鼻骨横切，观察鼻甲骨及鼻旁窦。

② 可将头骨剖开观察脑组织及脑膜结构。

（9）全身主要关节的观察　将动物的前、后肢卸下，观察四肢各处各关节的结构特点。

四、作业

书写一份实训报告。

第三循环　考核

五、考核

考核标准（供参考）：在规定的 15 分钟内完成考核内容，记为合格超时 5 分钟或七项中有一项不合格均记为不合格，需重新申请考核。

考核内容	操作环节与要求	考核结果		考核方法	熟练程度
		合格	不合格		
家畜的大体解剖与内脏观察	正确说出胸、腹、盆腔的分界			实践操作及口述	熟练
	能正确识别教师所指出的 3 个消化器官				
	能正确识别蹄的各部分结构				
	能正确识别教师所指出的泌尿生殖器官结构 4 处				
	能正确指出教师所指出的主要骨性肌性标志 4 处				不熟练
	能正确识别教师所指出的心脏的结构 2 处				
	能正确识别教师指出的呼吸器官的结构 2 处				

注意事项：解剖器械的使用安全，活体实训动物应做好检疫。

实训十三　尿的分泌观察

一、实训目标

了解一些生理因素对尿分泌的影响及其调节。

二、实训材料与设备

兔；注射器；手术台；手术器械；膀胱套管；20% 戊巴比妥钠溶液；20% 葡萄糖溶液；0.1% 肾上腺素；生理盐水；烧杯；消毒液；一次性手套等。

三、实训过程设计

第一循环　知识准备

（一）学生观看教师示教的录像或现场讲解或利用实训录像进行示教（注：动物在实验前应

给予足够的饮水或多给予多汁青绿饲料）。

（二）初步学习手术缝合的方法及手术器械的使用。

第二循环　学生分组实训，教师指导

（三）操作步骤

（1）麻醉　注入麻醉药后3～5分钟后观察兔子是否进入麻醉态。如无眼睫毛反射或反应慢为进入麻醉状态。将麻醉好的家兔仰卧固定在手术台上保定。

（2）尿液的收集　收集可选用膀胱套管法或输尿管插管法。

① 膀胱套管法：在耻骨前缘部位用剪毛剪一个长2cm、宽约2cm的口。切开（切口选择见图3），找到膀胱，在其腹面正中做一荷包缝合，再在中心剪一小口，插入膀胱套管，收紧缝线，固定膀胱套管，并在膀胱套管及所连接的橡皮管和直套管内充满生理盐水，将直套管下端连于记滴装置（对雌性动物为防止尿液经尿道流出，影响实验结果，可在膀胱颈部结扎）。

② 输尿管插管法：找到膀胱后，将其移出体外，再在膀胱底部找出两侧输尿管，在输尿管靠近膀胱端分离输尿管，用细线在其下结一松结，在结下方的输尿管上剪一小口，向肾脏方向插入一条适当大小的塑料管，并将松结抽紧以固定插管，另一端则连至记滴器上，以便记滴。

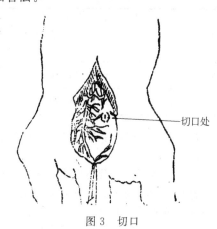

切口处

图3　切口

（3）实训项目

① 记录对照情况下每分钟尿分泌的滴数。可连续计数5～10分钟，求其平均数。

② 静脉注射38℃的0.9%氯化钠溶液20ml，记录每分钟尿分泌的滴数。

③ 静脉注射38℃的20%葡萄糖溶液10ml，记录每分钟尿分泌的滴数。

④ 静脉注射0.1%肾上腺素0.5～1ml后，记录每分钟尿分泌的滴数。

（注：在进行每一实验步骤时必须待尿量基本恢复或者相对稳定以后才开始，且在每项实验前后要有对照记录，讨论实验结果，分析其原因。）

四、结果讨论

实训项目②与③对尿液分泌有什么影响，为什么？

注意事项：

① 注意培养学生手术过程的规范意识。

② 建议实训前了解麻醉药的使用，由专人进行兔子进行麻醉，负责麻醉药的管理。

实训十四　动物生理常数的测定

一、实训目标

① 掌握家畜生理常数的测定方法。

② 进一步熟悉各主要器官的体表投影位置。

③ 使学生自己来感受各种生理音的音质特点，为后续的临床诊断打基础。

二、实训材料与设备

健康的马、牛、犬、绵羊；体温计；听诊器；酒精棉；植物油或石蜡油等。

三、实训过程设计

第一循环　知识准备

（一）师生共同回顾畜体各主要脏器的体表投影位置及各种生理音听取的部位。

（二）教师示教对生理常数听取及测定。

生理常数	特　点	听取部位
心音	第一心音,第一心音持续时间长、音调低,属浊音。第二心音持续时间较短,音调较高	左侧3～6肋间听取
呼吸音	呼吸运动时气体通过呼吸道及出入肺泡时,与其摩擦产生的声音叫做呼吸音	常于胸廓的表面或颈部气管附近听取
脉搏	一般与心跳次数一致。马的心跳次数是26～50次/分,牛是60～80次/分	大动物(马、牛等)一般测尾动脉,猪测股内侧动脉
肠音	小肠音似流水音,大肠音似远炮	牛小肠在腹腔右腹底,大肠音在右侧髋结节前的盲肠区。马放于左髋上1/3听取小肠音,放于肋弓上下听取大肠音
体温	畜体的正常体温(见第十三章)	直肠
牛的瘤胃蠕动音	类似于远炮、雷鸣	左肷部

第二循环　学生分组训练,教师指导（以小组为单位进行,请学生实训完成下表）

（三）操作步骤

（1）心音听取　及心率测定使动物处于自然站立姿势,左前肢向前移半步,将听诊器紧贴心区,进行听诊,同时数出每分钟心跳的次数。（注：3～6肋的识别,可选择从最后一根肋骨倒着往前数,数到第6肋。）

（2）脉搏测定　检查部位以尾中动脉（牛）、颌外动脉（马）为最好。将食指和中指放于触摸的部位进行检查。

（3）呼吸音听取　听取及呼吸测定将听诊器放于肺区及颈部气管处进行听取肺泡音和支气管呼吸音。数出牛（马）胸腹部在2分钟内起伏次数,求出平均1分钟的呼吸次数。

（4）肠音听取　将听诊器放于牛右侧腹部听取大、小肠音；马放于左髋上1/3听取小肠音,放于肋弓上下听取大肠音。

（5）体温测定　测定将体温计中的水银柱甩至35℃以下,并在外面涂以少量的润滑油,用左手提起尾根,右手持体温计旋转插入直肠中,并用铁夹夹于动物的尾部或近处的皮毛上固定体温计,3～5分钟后取出,读数即可记录该动物的体温。

（6）牛的瘤胃蠕动音听取　牛站立保定后,在其腹腔左侧的左肷窝部,将听诊器紧贴该处听取即可。

动物名称	主要生理音	测定部位	记录结果
牛	瘤胃蠕动音		
	小肠蠕动音		
	大肠蠕动音		
	气管、支气管呼吸音		
	肺泡呼吸音		
	呼吸频率		
	心音		
	心率		
	体温测定		
	体表温度触摸		

第三循环　考核

四、考核

考核标准（供参考）：能在 10 分钟内任选四项考核内容，记为合格。超时 5 分钟或四项中有一项不合格均记为不合格，需重新申请考核。

考核内容	操作环节与要求	考核结果		考核方法	熟练程度	
		合格	不合格			
家畜生理常数的测定	能正确接近家畜			实践操作及口述	熟练	
	能正确识别胃、小肠、大肠音的听取位置并说出音质特点					
	能正确选择支气管呼吸音、肺泡呼吸音的听取位置并说出音质特点				不熟练	
	能正确使用体温计给家畜测定直肠内温度					

注意事项：

① 要对家畜进行安全的保定，防止走动或伤人。

② 听取生理音时应在安静环境中进行。

③ 活体实训动物做好检疫。

学习建议：

① 听取呼吸音时，牛、马等大家畜由于胸壁肌的厚度而影响听取效果，最好听取羊、犬的呼吸音。

② 测定动物直肠内温度有几点注意：提前检查体温计的水银球是否有破损，在测定时不要用力过度，以免造成温度计的破损。天气情况、季节等会影响到动物体温的测定结果。

实训十五　反射弧的观察

一、实训目标

通过实验证明，任何一个反射，只有在反射弧存在并完整的情况下才能实现。

二、实训材料与设备

蛙（蟾蜍）；解剖器械；铁架台；烧杯；滤纸片；纱布；1％可卡因；0.5％和1％ H_2SO_4 等。

三、实训过程设计

第一循环　知识准备

（一）教师示教

教师观现场示教讲解。

第二循环　学生分组实训，教师指导

（二）操作步骤

① 自蛙的鼓膜前缘剪去全部脑髓，使成脊蛙，悬于铁架台上，进行实验。

② 正常反射活动观察：将蛙的一只后腿浸入 0.5％ 的 H_2SO_4 中，可见有屈腿反射出现（当反射出现后，迅速用清水将后腿皮肤洗净）。

③ 用剪刀在同一侧后肢股部皮肤做一个切口，并将皮肤剥离，再用上述方法刺激，结果如何？

④ 在另一侧后肢股部背侧，沿坐骨神经的方向将皮肤做一个切口，将坐骨神经分出，并在下面穿一条线，以便将坐骨神经提起。然后将有1％的可卡因的小棉球放在神经干上，约经半分

钟后，再以同样的方法进行刺激，结果如何？（如果没有反应，则等候时间需要长一点。）

当反射消失后，迅速以浸有1‰可卡因的小块滤纸于与该后肢同侧的躯干皮肤上，结果如何？为什么？

⑤ 破坏中枢，将滤纸取下，用任氏液洗净，待反射恢复后，即用探针将脊髓破坏，再刺激机体任何部位，有何反应？

结果讨论：分析反射弧的组成以及各个部分的位置。

四、作业

实训报告。

注意事项：注意解剖器械及硫酸等化学药物的使用安全。

实训十六　经济动物解剖及内脏的观察

一、实训目标

① 能识别兔的主要器官。

② 了解家兔的解剖术势。

二、实训材料与设备

兔；解剖器械；消毒液；一次性手套等。

三、实训过程设计

第一循环　知识准备

（一）师生共同回顾兔的解剖生理结构特点。

第二循环　学生分组实训，教师指导

（二）操作方法

1. 致死

（1）空气栓塞法　兔耳背外缘的静脉较粗大，易于进针。先用水将进针处弄湿，用左手的食指和中指夹住耳缘静脉的近心端，使血管充血，并用左手拇指和无名指固定兔耳。右手持注射器（针筒内已抽有8～10ml空气），将针头平行刺入静脉，徐徐注入空气。若针头刺入静脉内，可见随着空气的注入，血管由暗红变白。注射完毕即抽出针头，用干棉球压住针孔。空气注入后，兔倒地挣扎片刻后窒息死亡。

（2）击晕放血　左手捉提兔的两耳或倒提两后肢，右手握一木棒，在兔的延髓部猛击一下，也可用右手小手指基部猛击，只要击准，兔即休克。然后割断颈动脉，倒悬兔体至放血完全。

2. 剥皮

放血后立即剥皮，否则尸体僵冷后兔皮不易剥离。先将前肢腕关节以下和后肢跗关节以下的皮剪断，并从两后肢股内侧至外生殖器的皮剪开，然后将一侧（或两侧）后肢吊起，将兔皮由尾部向头部如翻衣服一样毛向里皮向外扒下。

3. 打开胸腹腔进行器官的观察识别

① 沿腹中线由外生殖器上方剪开腹肌至剑状软骨处，暴露腹腔器官。观察主要的器官有胃、肝、小肠、大肠（特别是盲肠）。

② 然后剖开胸腔，依次观察相应器官。观察胸腔纵隔、肺、心、膈肌。

四、作业

实训报告将家兔各主要脏器的位置、形态写清楚。并将图4各部分结构标注。

教学建议：此项实训可进行两次、在消化系统学习后进行到概述部分进行，可增强学生的感性认识，提高教学效果。

五、考核

考核标准（供参考）：能在10分钟内完成三项内容，记为合格。超时5分钟或三项中有一项不合格均记为不合格，需重新申请考核。

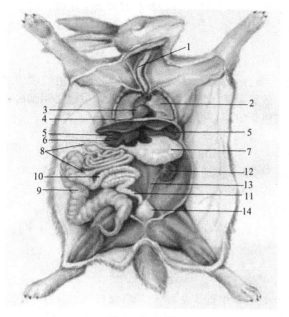

图 4　兔解剖

1 :
2 :
3 :
4 :
5 :
6 :
7 :
8 :
9 :
10 :
11 :
12 :
13 :
14 :

考核内容	操作环节与要求	考核结果		考核方法	熟练程度	
		合格	不合格			
兔的解剖结构识别	能正确识别家兔的 5 个器官			实践操作及口述	熟练	
	能正确识别家兔的各肠管					
	能回答关于家兔的 2 个相关问题				不熟练	

实训十七　鸡的生理解剖及内脏的观察

一、实训目标

① 熟悉鸡的生理解剖技术。

② 进一步掌握鸡内脏器官的解剖特征。

③ 区别成禽和雏禽的解剖学特点。

④ 练习鸡的采血技能。

⑤ 练习血涂片的制作。

二、实训材料与设备

成年公鸡、母鸡；10 日龄以内的雏鸡；手术刀；剪刀；水盆；铜管（或玻璃管，直径约0.5cm）；载玻片；瑞氏染液；蒸馏水；滤纸；注射器（1ml 和 5ml）；多媒体实训室等。

三、实训过程设计

第一循环　知识准备

（一）利用多媒体学习禽的解剖学特点。

（二）对鸡的采血，血涂片的制作，成鸡、雏鸡生理解剖进行示范。

第二循环　学生分组实训，教师指导

（三）采血练习

1. 成鸡的采血

（1）成鸡的保定　徒手保定法。鸡在站立时，右手拇指和食指抓住鸡的两个翅膀，用左手帮助，将鸡右侧后爪用右手的小拇指勾住其跗关节。同时，大拇指和食指可捏住鸡冠，这样就将鸡做好保定。

（2）采血的部位

① 翼下静脉采血：将保定好的鸡放到平台上，可使其侧卧，松开一只翅膀，用酒精棉球消毒翅膀内侧的采血部位，酒精干燥后用针头刺破翼下静脉，待血液流出后吸取。也可用细的针头刺入静脉内，让血液自由流入瓶内。采血后，用干棉球进行压迫止血。

② 鸡冠采血：将保定好的鸡的鸡冠松开，用酒精棉球消毒鸡冠，待酒精干燥后，在消毒部位用针头刺破鸡冠，待血液流出后采取。采血后，用干棉球进行压迫止血。

③ 心脏采血：将鸡右侧卧保定，用手触摸胸部心搏动最明显处，用酒精棉球消毒，待酒精干燥后，用注射器在胸骨嵴前端至背部下凹处连接线的1/2点进针，针头与皮肤垂直，刺入2～3cm即可采到心脏血液。采血后用酒精棉球消毒进针部位。

2. 雏鸡的采血　在鸡的胸骨柄处一只手拿注射器，在此处直插入心脏采血。用1ml的注射器最好。

（四）血涂片的制作

（1）取血　取上述所采的新鲜鸡血少许滴于载玻片上。

（2）涂片　用另一载玻片的一端与有血液的载玻片倾斜成45°角，将血液推成薄薄一层涂片。

（3）染色涂片　自然干燥后滴加瑞氏染液数滴，经固定及染色1～2分钟后，滴加等量蒸馏水，使之与染液混合。

（4）水洗　5分钟后水洗，用吸水纸或滤纸吸干后即可观察。

（五）成鸡的生理解剖

1. 致死

采血后鸡会自然死亡。如果仍为活鸡，成鸡可采取颈部放血致死，雏鸡可溺水致死。死后的鸡需要用水把颈、胸、腹部羽毛刷湿。

2. 成鸡各主要器官的观察

（1）鸡体表观察　观察冠、肉髯、耳垂、喙、鼻孔、爪、主翼羽、副翼羽、主尾羽、覆尾羽、距、第1趾、第2趾、第3趾、第4趾。

（2）运动系统观察　观察鸡全身主要骨骼，重点观察舌骨、综荐骨、尾综骨、肋骨、胸骨、乌喙骨、锁骨、髂骨、耻骨、坐骨的形态特征；观察鸡全身主要肌肉，重点观察胸部肌和腿部肌，观察白肌、红肌、中间肌的分布及区别。

3. 观察胸、腹、盆腔脏器

自胸骨尖（后）端至泄殖腔剪开腹腔，或相反向从泄殖腔一直前到胸骨尖都可。成鸡在剪之间，避免被毛的影响，也可将此部的皮毛拔去。再由此切口沿胸骨两侧缘向前剪至锁骨，然后把胸骨翻向前方。由喉口插入细铜管或玻璃管，慢慢吹气，观察各气囊的位置与形状，然后剪除胸骨。

（1）消化系统观察

① 食管与嗉囊：食管壁薄、管腔宽阔在胸前口处有食管膨大部叫嗉囊，在头部下方不远处打开皮肤可见。

② 胃：分腺胃和肌胃。腺胃又称前胃，较小，呈纺锤状，前连食管后通肌胃。肌胃又称砂囊，呈扁圆形，其外面有白色腱质黏膜表面被有一层黄色坚硬的角质层，称鸡内金。

③ 肝：深棕色，分两叶，右叶有一胆囊，其胆囊管和胰管共同开口于十二指肠末端。

④ 胰：黄色，长叶状，位于十二指肠肠袢内，分背腹两叶，有三条导管开口于十二指肠末端。

⑤ 肠：分小肠、大肠和泄殖腔。肠管较短。小肠又分为十二指肠、空肠和回肠。十二指肠起于肌胃，形成"U"形肠袢；空肠较长，形成许多半环状肠袢；回肠较短，与两盲肠相接。大肠由一对盲肠和直肠所组成，在回盲口有肌性回盲瓣。直肠之后接泄殖腔。泄殖腔腔体被两个环

形褶分成粪道、泄殖道、肛道三部分。在泄殖道背侧有输尿管及输卵管（输精管）的开口。在泄殖道与肛道交界处的背侧有一腔上囊。成熟鸡腔上囊逐渐退化而消失。

（2）心脏的观察 鸡的心脏位于体腔前部稍偏左，夹于肝左、右叶之间，构造与家畜的基本相似。

（3）呼吸系统 喉分前喉和后喉。前喉由环状软骨和两个勺状软骨构成，表面有两个肌性而呈唇形的瓣。后喉又称鸣管，位于气管分为支气管处，有一脊状隆起。肺小，鲜红色，紧贴于胸腔的背侧面，并嵌于肋骨之间。支气管进入肺后再分出初级、次级、三级支气管。三级支气管与气囊相连。

（4）泌尿系统 肾较发达，位于脊柱腰荐部和髂骨腹侧的凹陷中。分前、中、后三叶，呈暗红色，肾质软而脆。输尿管沿肾内侧后行，开口于泄殖腔。

（5）生殖系统

① 雄性生殖器官：睾丸有两个，呈豆形，左右对称位于腹腔内，以睾丸系膜悬挂于同侧肾前端的腹侧，终于肋骨的上方。在睾丸的凹缘附有退化的附睾。输精管弯曲，沿肾的腹面向后伸延，与输尿管并行，开口于泄殖腔内。

② 雌性生殖器官：卵巢位于左肾前叶下方，一端以腹膜褶与输卵管相连接。卵巢有大小不一的卵细胞，成熟的卵细胞富有卵黄，体积很大。输卵管是一条长而弯曲的管道，沿左侧腹腔背侧面向后行走，后端开口于泄殖腔中，全段顺次分为下列五部分。

a. 输卵管伞：漏斗状，开口于腹腔。

b. 蛋白分泌部：是最长的部分，此部在母鸡产卵期特别发达，其壁肥厚，黏膜内有大量腺体。

c. 峡部：是蛋白分泌部和子宫交界处较狭窄的部分。

d. 子宫部：是输卵管的扩大部分。

e. 阴道部：是输卵管的末端，较窄，开口于泄殖腔。

（6）免疫器官的观察 胸腺位于颈部的气管的两侧，成年鸡只能看到一些胸腺的痕迹。偶尔也可见到乳黄色扁平状如米粒大小的胸腺。脾位于腺胃与肌胃交界处的右侧，是一红褐色卵圆形小体。泄殖腔在直肠的背侧成年禽已经没有了法氏囊。

（六）雏鸡解剖及主要器官的观察

1. 雏鸡的生理解剖术势

方法一：可用成鸡的解剖方法打开胸腹腔进行观察，注意用力要轻，以免伤及内部器官。

方法二：可用左手握住雏鸡，鸡的背侧与左手掌心相贴，然后用左手虚握鸡的颈部下三分之一及胸部，右手抓住鸡的两翅膀，两手用力撕扯，打开雏鸡的胸腹腔。然后进行各主要器官的观察。

2. 观察胸、腹、盆腔内的器官

雏鸡由于刚孵出，许多器官的形态颜色均与成年禽不同，均要浅一些。有胸腺和法氏囊，胸腺呈串珠样分布于颈部气管两侧，需剥开颈部的皮肤，有时采取撕扯法时可直接看到，法氏囊呈乳白色，似黄豆粒大小或比黄豆粒稍小。其腺胃一肌胃颜色均淡的乳白色，肌胃与腺胃同质软，甚至用手可以可捏开。雏鸡的肠管细，稚嫩，淡乳白色。在空肠肠管有一个与之相连的由透明的薄膜包裹的囊，质软，有的呈黄色，有的呈黄绿相间，这是还未吸收完的卵黄。

注意事项：自胸骨尖（后）端至泄殖腔剪开腹腔，把胸骨翻向前方时注意勿伤气囊。

四、作业

实训报告。

第三循环 考核

五、考核

考核标准（供参考）：能在10分钟内任选四项内容，记为合格。超时5分钟或四项中有一项不合格均记为不合格，需重新申请考核。

考核内容	操作环节与要求	考核结果		考核方法	熟练程度
		合格	不合格		
家禽生理解剖结构识别	能准确地对雏鸡、成鸡进行采血			实践操作及口述	熟练
	能正确识别消化、呼吸器官5处				
	能正确识别雌禽、雄禽的生殖器官及泄殖腔的结构				不熟练
	能正确识别禽的免疫器官2个				

注意事项：注意使作解剖器械及注射器的使用安全。

参 考 文 献

[1]　内蒙古农业大学，安徽农业大学．家畜解剖及组织胚胎学．北京：中国农业出版社，1987.
[2]　范作良．家畜解剖．北京：中国农业大学出版社，2001.
[3]　范作良．家畜生理．北京：中国农业大学出版社，2001.
[4]　周元军．家畜解剖．北京：中国农业大学出版社，2007.
[5]　尹秀玲．动物生理．北京：化学工业出版社，2009.
[6]　陈耀星．畜禽解剖学．北京：中国农业大学出版社，2001.
[7]　南京农业大学．家畜生理．北京：农业出版社，1978.
[8]　内蒙古农牧学院．家畜解剖学．北京：农业出版社，1978.
[9]　陈功义．动物解剖．北京：中国农业大学出版社，2010.
[10]　蒋春茂，孙裕光．畜禽解剖生理．北京：高等教育出版社 2001.
[11]　朱金凤，陈功义．动物解剖．重庆：重庆大学出版社，2008.
[12]　丁玉玲，李术．畜禽解剖与生理．黑龙江：黑龙江人民出版社，2005.
[13]　曲强，程会昌等．动物解剖生理，北京：中国农业大学出版社，2012.
[14]　沈霞芬．家畜组织学与胚胎学，北京：中国农业出版社，2001.
[15]　董常生．家畜解剖学．北京：中国农业大学出版社，2000.
[16]　郭以和．家畜解剖．北京：中国农业出版社，2005.
[17]　马仲华．家畜解剖学及组织胚胎学．北京：中国农业出版社，2001.
[18]　北京农业大学．家畜组织学与胚胎学．北京：中国农业出版社，1992.
[19]　张春光．宠物解剖．北京：中国农业出版社，2007.
[20]　肖卫苹．动物生物化学．北京：化学工业出版社，2008.
[21]　周其虎．动物解剖生理．北京：中国农业出版社，2009.
[22]　王会香，孟婷．畜禽解剖生理．北京：高等教育出版社．2009.
[23]　刘莉．动物微生物与免疫．北京：化学工业出版社，2008.

彩图 1 单层柱状上皮

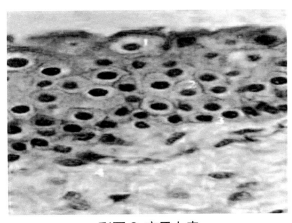

彩图 2 变异上皮

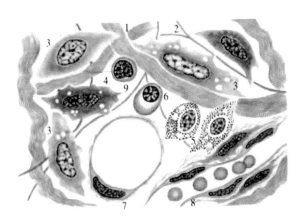

彩图 3 牛皮下疏松结缔组织彩图

1—胶原纤维；2—弹性纤维；3—成纤维细胞；4—组织
细胞；5—肥大细胞；6—浆细胞；7—脂肪细胞；8—毛
细血管；9—淋巴细胞

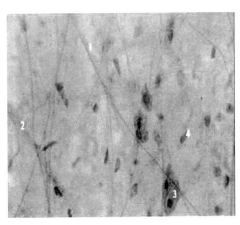

彩图 4 疏松结缔组织

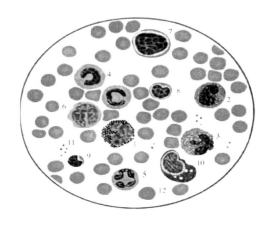

彩图 5 猪血涂片

1—嗜碱粒细胞；2—幼稚型嗜酸粒细胞；3—分叶核型
嗜酸粒细胞；4—幼稚型中性粒细胞；5—分叶核型中
性粒细胞；6—单核细胞；7—大淋巴细胞；8—中淋巴
细胞；9—小淋巴细胞；10—浆细胞；11—血小板；
12—红细胞

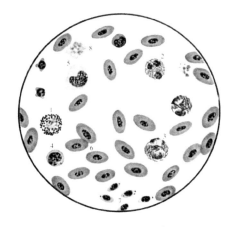

彩图 6 鸡血涂片

1—嗜碱粒细胞；2—嗜酸粒细胞；3—中性
粒细胞；4—淋巴细胞；5—单核细胞；6—
红细胞；7—血小板；8—核的残余

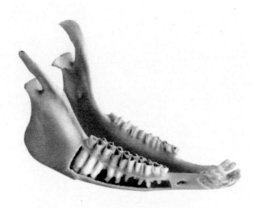

彩图 7　山羊的下颌骨塑化标本

彩图 8　猪的胸椎塑化标本

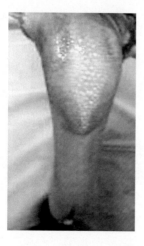

彩图 9　羊的舌及舌圆枕

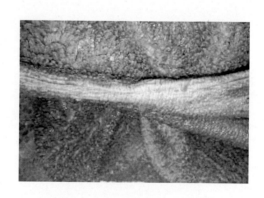

彩图 10　瘤胃黏膜上的肉柱

彩图 11　羊的瓣胃黏膜

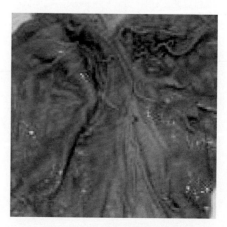

彩图 12　羊的皱胃胃底腺黏膜

彩图 13 羊的大网膜和空肠

彩图 14 猪的空肠黏膜

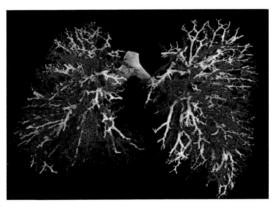

彩图 15 支气管树塑化标本

彩图 16 羊肾的塑化标本

彩图 17 羊的子宫塑化标本

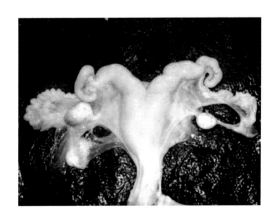

彩图 18 猪的卵巢和子宫

彩图 19 马的子宫塑化标本

彩图 20 猪脑的塑化标本

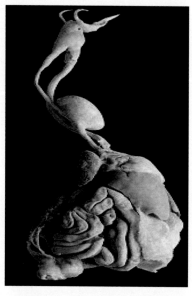

彩图 21 鸡的内脏塑化标本

彩图 22 鸡的盲肠

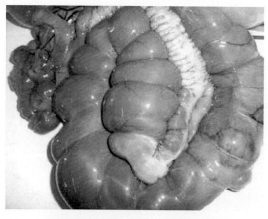

彩图 23 兔的回肠、盲肠和空肠

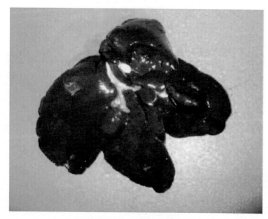

彩图 24 兔的肝脏